Miriam Löffler, Christine van Tübbergen (Hrsg.)

Content 360 Grad

Das Praxishandbuch für Content-Strategie und Content-Marketing

Rheinwerk
Computing

Liebe Leserin, lieber Leser,

es gibt inzwischen eine Vielzahl an Büchern zur Content-Erstellung. Vielleicht haben Sie auch schon die ein oder andere Publikation zum Thema gelesen oder konnten schon eigene Erfahrungen im Content-Marketing sammeln. Warum dann noch ein weiteres Buch? Ich bin mir sicher, dass Sie den enormen Nutzen von »Content 360 Grad« sehr schnell schätzen werden. Dieses Buch hebt sich nämlich von allen anderen Titeln deutlich ab. Mit der Expertise des namhaften Autorenteams erhalten Sie einen detaillierten Einblick in die unterschiedlichsten Bereiche guten Contents: Text, Design, Video, Audio, Wissensvermittlung und Social Media. Aber Sie erhalten auch wichtige Informationen zu Content im B2B und im Online-Marketing sowie zu Ausbildungs- und Weiterbildungsmöglichkeiten.

Das wirklich Besondere an diesem Praxisbuch sind die wertvollen Erfahrungsberichte der Spezialist*innen. Sie geben Ihnen nützliche Tipps und Tricks aus ihrem Berufsalltag, die Sie sofort in die Praxis umsetzen können. Lassen Sie sich von diesem Content-Rundumblick inspirieren!

Dieses Buch wurde mit großer Sorgfalt lektoriert und produziert. Sollten Sie dennoch Fehler finden oder inhaltliche Anregungen haben, scheuen Sie sich nicht, mit mir Kontakt aufzunehmen. Ihre Fragen und Änderungswünsche sind jederzeit willkommen.

Ich wünsche Ihnen viel Spaß und Erfolg.

Ihr Erik Lipperts
Lektorat Rheinwerk Computing

erik.lipperts@rheinwerk-verlag.de
www.rheinwerk-verlag.de
Rheinwerk Verlag · Rheinwerkallee 4 · 53227 Bonn

Auf einen Blick

Wir hoffen, dass Sie Freude an diesem Buch haben und sich Ihre Erwartungen erfüllen. Ihre Anregungen und Kommentare sind uns jederzeit willkommen. Bitte bewerten Sie doch das Buch auf unserer Website unter **www.rheinwerk-verlag.de/feedback**.

An diesem Buch haben viele mitgewirkt, insbesondere:

Lektorat Erik Lipperts, Stephan Mattescheck
Korrektorat Annette Lennartz, Bonn
Herstellung Stefanie Häb
Typografie und Layout Vera Brauner, Maxi Beithe
Einbandgestaltung Mai Loan Nguyen Duy
Satz III-Satz, Kiel
Druck mediaprint solutions, Paderborn

Dieses Buch wurde gesetzt aus der Syntax Next (9,25/13,25 pt) in FrameMaker.

Gedruckt wurde es mit mineralölfreien Farben auf chlorfrei gebleichtem, PEFC®-zertifiziertem Offsetpapier (90 g/m²).

Hergestellt in Deutschland.

Bibliografische Information der Deutschen Nationalbibliothek:
Die Deutsche Nationalbibliothek verzeichnet diese Publikation in der Deutschen Nationalbibliografie; detaillierte bibliografische Daten sind im Internet über *http://dnb.dnb.de* abrufbar.

ISBN 978-3-8362-8107-2

1. Auflage 2023

Informationen zu unserem Verlag und Kontaktmöglichkeiten finden Sie auf unserer Verlagswebsite **www.rheinwerk-verlag.de**. Dort können Sie sich auch umfassend über unser aktuelles Programm informieren und unsere Bücher und E-Books bestellen.

Inhalt

Kapitel 1

Content 360 Grad – Rundumblick auf die Praxis der Content-Arbeit

Noch ein Content-Buch? Ernsthaft? Wozu? Ganz einfach: Fürs Machen! Man könnte auch sagen, dass »Content 360 Grad« ein Buch für (künftige) Macher von Machern ist, das viele Insights aus der Praxis für die tägliche Arbeit liefert. Bei der Arbeit mit Content reicht es nicht aus, nur einen bestimmten fachlichen Aspekt im Blick zu haben – der Rundumblick ist entscheidend für den Erfolg Ihrer Inhalte. Dafür müssen diese zu »360 Grad« sitzen.

»Einen Sack Flöhe hüten« – dieser Spruch hat schon das eine oder andere Jahrhundert auf dem Buckel und beschreibt die Mühen, die man hat, Flöhe zu greifen, da sie zum einen schwer zu fassen und zum anderen noch schwerer zu hüten sind. Kleinteiliges zu fassen, es (nach Überwindung einiger Hürden) zu einem großen Ganzen zusammenzuführen und danach auch erfolgreich im Griff zu haben, das ist im Prinzip schon eine Aufgabenbeschreibung aus dem Rollenprofil eines Content-Mitarbeiters. Der alleinige Fokus auf eine Content-Task wird nie zum besten Erfolg führen. Wer mit Content arbeitet, muss neben dem großen Ganzen auch die kleinteiligen Prozesse auf dem Schirm haben – sozusagen mit einem ausgeprägten 360-Grad-Blick. Und genau diesen Blick auf die vielen strategischen wie operativen Handgriffe – direkt aus der Praxis – werfen wir in diesem Experten-Sammelband.

Wir? An diesem Wir sind maßgeblich meine Kollegin Christine van Tübbergen gemeinsam mit ihrem Content-Frauen-Netzwerk, der *Content Queens Sisterhood*, beteiligt. Mit ihr habe ich mich im Herbst 2020 im beschaulichen Glückstadt getroffen, um konkreter über eine Buchidee zu sprechen, die in unserem vorherigen Austausch entstanden ist. Zu all den großartigen Mitwirkenden sage ich gleich noch etwas. Wenn Sie schon jetzt neugierig geworden sind, können Sie kurz ans Buchende springen, wo Sie die Vorstellungsseiten der einzelnen Autor*innen finden.

Warum ist dieses Buch nun eine Herzensangelegenheit? Viele von uns arbeiten seit mehr als zehn Jahren in den verschiedensten Rollen mit Content. Wir sehen, dass das Große und Ganze zum Thema digitale Inhalte mittlerweile von den Unternehmen (ordentlich) verstanden wurde. Sprich – ich reduziere das mal –, man hat dort verstanden, dass Content wichtig ist. Allein für dieses Verständnis wurden viele Jahre in die Beratung investiert und das Wieso, Weshalb, Warum nahezu schon mantraartig in die Stakeholder-Ebenen getrieben.

Jedoch merken wir in der Praxis immer wieder, dass beim Verständnis für das *konkrete Handling* von Content noch einiges im Argen liegt. Was am meisten fehlt, ist das Verständnis für die Rollen und Aufgaben der Content-Mitarbeiter. Diese werden oft mit den Herausforderungen der täglichen Content-Produktion allein gelassen und dürfen sich überlegen, wie sie neue Content-Creation-Aufgaben lösen sollen. Neben dem fehlenden Rollenverständnis mangelt es leider auch viel zu oft an der Wertschätzung für das Ergebnis, das fertige Produkt. Content wird in mühevoller Kleinstarbeit geplant, produziert, distribuiert, aktualisiert, adaptiert, getestet, evaluiert, kuratiert oder recycelt. Das ist ein Monsterjob, der Mitarbeitenden einiges abverlangt und ein breites (fachliches wie menschliches) Skillset erfordert.

Eines der Ziele unseres Buches ist es, dass dieses Praxiswerk als Sparringspartner für das operative Tagesgeschäft eine unkomplizierte, konkrete und anschaulich Hilfe leistet. Das ist, wie eben erwähnt, nur die eine Herzensseite, die uns motiviert hat, das Buchprojekt an den Start zu bringen. Auf der anderen stehen wir selbst als Zielgruppe für dieses Buch.

Wenn man sich mit Content beschäftigt, ist man ständig auf der Suche: nach Lösungen, Inspirationen, Vorlagen, Hilfestellungen sowie smarten Tipps, Tools und Beispielen. Als Christine und ich uns erstmals über unsere Content-Pain-Points austauschten, stellten wir beim Stöbern durch unsere eigenen Fachbuchregale fest, dass uns noch ein Buch für die (erweiterte, tiefe) Praxis fehlt. Wir dachten an ein Buch, das idealerweise über die Basisdefinitionen und Standardthemen hinaus zusätzlich direktes Insiderwissen von Kollegen und Kolleginnen aus der Praxis liefert, die sich auf einzelne Content-Disziplinen bzw. -Formate spezialisiert haben, einen *Content Deep Dive* sozusagen – den Sprung in mehr und tieferes Anwendungs-Know-how, möglichst einfach serviert. Wir stellten uns viele, sehr viele und konkrete Fragen, wie beispielsweise die folgenden:

- Wie gestalte ich Kurzvideos für Instagram, TikTok oder YouTube möglichst kurzweilig und unterhaltsam?
- Was, bitte schön, ist ein Audio-Selfie, und was versteht man grundsätzlich unter dem Begriff Social Audio?
- Wie finde ich den passenden Audiosound für meine Firma?
- Sprechen wir künftig von B2H anstelle von B2B, und wofür steht der Begriff überhaupt?

- Welche Hashtag-Typen gibt es, und wann nutze ich wie welchen Typ korrekt (mit Blick auf meine Ziele)?
- Welche Texterinfos könnten Auftraggebern künftig die Zusammenarbeit mit externen Creators erleichtern?
- Können E-Learning-Angebote für B2B-Unternehmen einen Vorteil bringen? Und falls ja, was muss man bezüglich Aufwand, Kosten und Machbarkeit beachten?
- Ich sehe den Wald vor lauter Bäumen nicht: Nicht erst seit der Pandemie schießen Coaches, Weiterbildungsangebote, digitale Lernprogramme und Onlinekurse aus allen Ecken hervor. Wo und wie kann ich mich im Content-Bereich am besten weiterbilden, und welche Kompetenzen sind überhaupt am Markt gefragt?

Natürlich kann man heute – mit Blick auf die immer besser werdenden Google-Suchergebnisse sowie die mit künstlicher Intelligenz ausgestatteten Recherche-Chatbots und Tools (dazu mehr in Abschnitt 1.3, »Content der Zukunft – auf Kollaborationskurs mit der KI?«) – durchaus leicht im Web Antworten auf solche und andere Content-Produktions-Fragen finden. Wobei, leicht? Meist muss man immer noch erst die Inhalte verschiedener Ergebnisseiten zusammenführen, um eine ganzheitliche Lösung zu finden.

Ich kopiere mir oft von verschiedenen Seiten die Absätze heraus, die ich wirklich benötige, und stelle mir ein eigenes Antwortdokument zusammen. Das mache ich aber immer leicht genervt, weil es diesen Zwischenschritt überhaupt braucht und das Ganze auch etwas mehr Zeit kostet. Das bedeutet nicht, dass die Artikel, aus denen ich die jeweiligen Hilfestellungen herauskopiere, schlecht sind. Sie gehen nur oft nicht ans Eingemachte. Das glasklare *Doing*, so idiotensicher, dass auch ich es verstehe, fehlt.

Das Konzept zu »Content 360 Grad« entstand also einerseits aus der Erfahrung heraus, die wir Tag für Tag bei der Arbeit als Content-Strateginnen mit unseren Kunden sammeln, andererseits aber eben auch ein wenig aus egoistischen Beweggründen, Stichwort Eigenbedarf! Denn selbst als Branchenexpertinnen können wir nicht immer alle Detailfragen ad hoc beantworten und dürfen bzw. müssen ständig dazulernen.

Wir kennen das operative Content-Dilemma vieler Mitarbeiter, das meist mit Sätzen beginnt wie:

- »Mach doch mal schnell XY.«
- »Kannst du auf der Messe nicht mal ein schickes Video produzieren?«

- »Wir haben kein Budget für Designer, kannst du nicht mal eben ein paar Grafiken für die Website erstellen?«
- »Als Marketer kannst du doch sicher noch die Textarbeit nebenher übernehmen? Das ist jetzt nicht so aufwendig.«
- »Kümmere dich mal um die Produktseiten auf Amazon. So schwer kann das nicht sein, und stell dabei sicher, dass wir da auch wirklich gut gefunden werden.«
- »Du hast jetzt den Content-Lead beim Relaunch. Wir haben eine Agentur. Da musst du ja nicht viel selbst machen.«

Was dabei übersehen wird, ist, dass Mitarbeiter, die erstmals mit so einer Aufgabe konfrontiert werden, so nicht wirklich effizient arbeiten können und dass ein praktisches Rüstzeug unerlässlich ist, wenn man ein gutes, qualitativ zufriedenstellendes Ergebnis erreichen möchte.

Ursache für diese Arbeitsweise ist oft ein nicht vorhandenes oder falsches Rollenverständnis mit Blick auf die Content-Mitarbeitenden.

Hinter einem falschen Rollenverständnis wiederum steckt oft ein weitverbreiteter und unkluger Content-Ressourcen-Geiz (Manpower, Weiterbildung). Dieser führt dazu, dass Mitarbeiter*innen wortwörtlich die Rolle der eierlegenden Wollmilchsau übernehmen dürfen, häufig als Quereinsteiger und mit der Ansage von oben: Du kümmerst dich ab sofort auch um den Content! Nur mal fürs Protokoll – anbei ein schneller Realitätscheck ...

In den seltensten Fällen ist

- eine CMO (Chief Marketing Officer) auch eine Content Producerin,
- ein SEO-Profi ein Texter,
- ein Designer ein Content-Stratege,
- eine Produktmanagerin ein Webkommunikationsprofi,
- ein Onlineredakteur ein Social-Media-Spezialist,
- eine IT-Projektleiterin eine Content-Konzepterin oder UX-Expertin,
- eine Social Media Managerin eine geborene Storytellerin usw.

Auch als Beraterin durfte ich schon einmal die Erfahrung machen, dass ein Kunde, der mich als Interim Head of Content Marketing beauftragt hatte, primär einen Content Producer für alles Mögliche benötigte. Abgesehen von der Fehlplanung auf Kundenseite (trotz intensiver Vorgespräche) wäre ein Nachschlagewerk mit klaren How-tos auch für mich zur Erstellung des einen oder anderen Content-Pieces hilfreich gewesen.

Übrigens, den wichtigen Themen Content-Rollen sowie Weiterbildung widmet sich Ute Klingelhöfer ausführlich in Kapitel 10, »Content-Profi werden und bleiben – Aus- und Weiterbildungsmöglichkeiten« – ein Must-read für alle, die ein besseres Content-Rollenverständnis brauchen. Bei allen meine ich mit Blick auf meine Erfahrung auch Kunden bzw. Entscheider, die Content-Mitarbeiter auf verschiedenen Leveln beauftragen wollen. So weit erst einmal zu unserer Motivation für die gemeinsame Arbeit an diesem Buch. In Abschnitt 1.5 finden Sie noch einen kurzen Rundgang durch die einzelnen Kapitel und was Sie bei deren Lektüre erwartet.

Primär wollen wir Ihnen Wissen an die Hand geben, das Sie benötigen, um *guten Content* für die jeweilige Zielgruppe zu erstellen. Aber genau da stehen wir schon vor der ersten Praxisherausforderung: Was ist eigentlich guter Content?

1.1 Endlich! Die Content-Qualitätssicherung rückt immer mehr in den Fokus

Halleluja! Endlich sprechen wir mehr über Content-Qualität und weniger über: »Lass uns noch ein paar Landings zu verschiedenen Keywords für Google erstellen!« Doch vorweg die Frage: Was ist eigentlich *guter* Content? Das ist eine meiner klassischen Einstiegsfragen in meinen Trainings, Workshops oder Kundengesprächen. Jedes Mal bekomme ich die unterschiedlichsten Antworten, die auch allesamt richtig sind. Allein die Anzahl der genannten Qualitätskriterien zeigt schon, wie vielschichtig und anspruchsvoll die Arbeit mit Content ist und wie viele Content-Flöhe man bei der Quality Assurance (QA) hüten darf.

Die Liste der gängigsten Teilnehmerantworten finden Sie gleich im Anschluss an einen Screenshot, der einen kurzen »Austausch« zur Frage nach gutem Content mit einem KI-Chatbot[1] (KI = künstliche Intelligenz) dokumentiert (siehe Abbildung 1.1).

Da stehen schon einmal ein paar gute Hinweise zur Content-Qualitätssicherung drin. Danke an das künftige (oder schon aktuelle) zweite digitale Gehirn an dieser Stelle, das in Abschnitt 1.3, »Content der Zukunft – auf Kollaborationskurs mit der KI?«, noch etwas genauer unter die Lupe genommen wird. Was mir besonders gefällt, ist, gerade im KI-Kontext, folgender guter Content-Punkt, den der Bot selbst ausgespuckt hat:

> *»Einzigartigkeit: Der Inhalt sollte nicht einfach eine Kopie anderer Inhalte sein, sondern eine neue Perspektive oder Informationen bieten.«*

1 Link zum ChatGPT Bot: *https://chat.openai.com/chat*

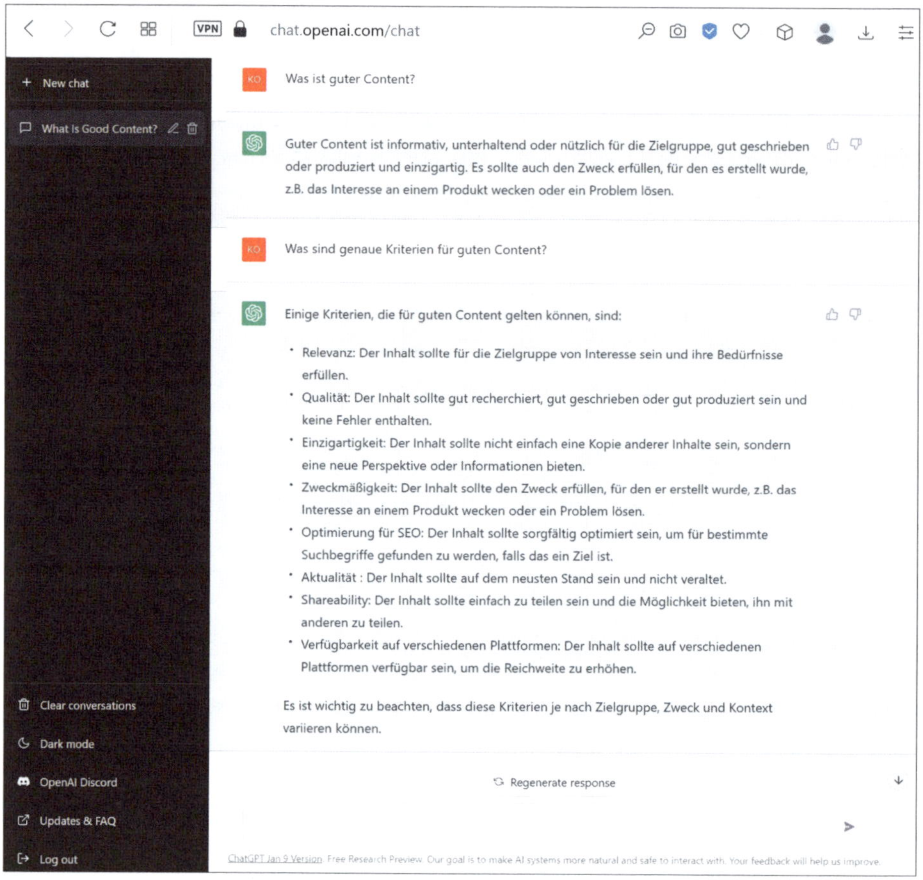

Abbildung 1.1 Dialog mit einem virtuellen »Gesprächspartner« über die Frage: Was ist guter Content?

Das ist schon einmal ein wertvoller Impuls, der aufzeigt, wie wir KI-generierte Inhalte einordnen können, sprich: Wir müssen uns grundsätzlich keine Sorgen machen, dass uns eine künstliche Intelligenz die Content-Jobs wegschnappt – eher darum, dass Content-Profis, die KI smart nutzen und richtig einsetzen, durchaus die Nase im Jobrennen vorn haben werden. Vorausgesetzt, sie bringen die KI-Ergebnisse sowie ihre strategische, fachliche sowie empathische Denke klug zusammen. Doch erst einmal zurück zu den Antworten der Teilnehmer aus Webinaren oder Kundenworkshops. Unter anderem werden gutem Content folgende Eigenschaften zugeschrieben:

- nützlich
- hilfreich
- sympathisch

- unterhaltsam
- auf die Bedürfnisse der Zielgruppe eingehend
- zielorientiert
- messbar
- authentisch
- empathisch
- inhaltlich korrekt
- geprüft (Qualitätssicherung)
- redaktionell hochwertig verfasst und gut recherchiert
- Trägt zur Markenbildung bei, betont die USPs (Unique Selling Propositions – Alleinstellungsmerkmale), unterstützt die Positionierung.
- Wird richtig im digitalen Umfeld ausgespielt.
- Hört, liest und sieht sich gut an (User Experience): Lesbarkeit, Hörbarkeit.
- attraktiv
- leicht zugänglich (Accessibility)
- barrierefrei
- Lädt schnell.
- Motiviert, aktiviert, animiert (Call-to-Action: teilen, klicken, liken etc.).
- Passt zum aktuellen Zeitgeist.
- leicht für andere Formate adaptierbar
- Wird getrackt, evaluiert, getestet.
- maximal genutzt (Curation/Recycling)
- Ist kein Keyword-Minenfeld.
- Wird nicht ausschließlich für SEO geschrieben.
- bestmöglich gekürzt (»Schreib so viel wie nötig in so wenigen Worten wie möglich.« »Kill your Darlings.«)
- conversion-stark
- klar/leicht verständlich
- anschaulich

Und das sind noch lange nicht alle Qualitätskriterien. Dennoch zeigt diese Liste schon deutlich, wie umfassend der Blick auf Content gerichtet sein muss, damit man am Ende auch das Ergebnis erhält, das man sich von dem jeweiligen Inhalt erhofft. Wer auch in Zukunft wirtschaftlich mit Content arbeiten will und versteht, dass digitale Inhalte ein wichtiges Business-Asset sind, kann nur auf strategisch klug geplanten Qualitäts-Content setzen und muss alle notwendigen (Prozess-)Puzzleteile von der Planung bis zur QA richtig zusammenfügen.

1.1.1 Less and better is more!

Wenn man wissen möchte, wie viele Seiten es im digitalen Universum gibt, bekommt man verschiedene Informationen, die alle zu einer Schlussfolgerung führen: Es sind zu viele! Kennt der (aktuelle) Suchmaschinengigant Google wirklich 1.300.000.000.000.000.000 Seiten (ganze 17 Nullen!), die alle indexiert werden wollen[2]? »Mein« KI-Chatbot (der auf einen Datenwissensstand von 2021 zurückgreift) hat mich bei der zusätzlichen Recherche darauf hingewiesen, dass diese Zahlen auf Schätzungen basieren, die mithilfe verschiedener Methoden ermittelt und von Google selbst nicht bestätigt wurden. Was sicher unstrittig ist, ob jetzt 15, 17 oder 20 Nullen am Ende stehen: Die meisten Firmen produzieren zu viel Content. Nach meiner Erfahrung könnte man auf meist 30–40 % der Inhalte, die erstellt werden, gut verzichten. Die freigeschaufelten Ressourcen aus der Produktion könnte man dann wunderbar für die Qualitätssicherung nutzen. Die Anforderungen für die QA sollten wiederum bereits ganz am Anfang bei der strategischen Themenplanung diskutiert und definiert werden.

Sie merken schon: Wir wollen Sie mit diesem Buch ohne Umwege direkt auf den Content-Qualitäts-Kurs bringen, der Ihnen in Zukunft helfen wird, wirtschaftlicher und erfolgreicher mit digitalen Inhalten zu arbeiten.

Die zukünftigen Erfolgsnavigatoren des Unternehmens werden mit Sicherheit Kollegen und Kolleginnen sein, die sich intensiv mit dem Thema Qualitätssicherung (QA) auseinandersetzen. Sie gewährleisten unter anderem, dass

- Content seine strategischen Ziele erfüllt,
- er sauber in allen Endgeräten ausgespielt wird,
- ordentliche Testprozesse aufgebaut werden,
- der Content für jeden zugänglich und barrierefrei ist,
- er handwerklich sauber produziert wurde,
- die Zielgruppe das jeweilige Content-Piece ganz leicht konsumieren kann,
- die Vorgaben im Briefing eingehalten wurden,
- die wesentlichen Regeln der User Experience und Usability eingehalten werden und
- alle Mitarbeiter für die klassischen Qualitätsfehlschritte sensibilisiert werden und regelmäßige Trainings den Wissenstand immer aktuell halten.

---

2 Quelle: *https://searchengineland.com/googles-search-indexes-hits-130-trillion-pages-documents-263378*

Eine derartige (menschliche) Kontrollinstanz ist nicht unbedingt neu. Ende der 1990er Jahre gab es für mich als Redakteurin bei Amazon.de zwei Hürden, die meine Inhalte nehmen mussten bevor sie live geschaltet wurden: das Copy Editing und die QA. Ehrlich gesagt war ich sehr dankbar für diese strenge Content-Prüfinstanz, da ich selbst ab und an meine Huddel[3]-Patzer nicht immer erfolgreich beim Eigenredigieren herausfischen kann. Wie viel Kontrolle uns künftig die KI abnehmen kann, wird sich noch zeigen, aber für viele Qualitätsfaktoren, die mit der menschlichen Reaktion auf einen Content zu tun haben, wird es immer auch die menschliche Mitarbeit brauchen. Danke an der Stelle auch an die ganzen kritischen Querleser, unseren tollen Fachgutachter, den geduldigen Verlagsbetreuer sowie an das gründliche Lektorat vom Rheinwerk Verlag. Ihr habt wie immer mit viel Sorgfalt und Mühe meine größten Textfehltritte korrigiert.

1.1.2 Content-Fachkräfte werden verzweifelt gesucht und zu wenig gefördert

Noch fehlt es in Unternehmen auf Entscheiderebene oft am Verständnis, dass gute Inhalte nur von exzellent ausgebildeten sowie bestens motivierten Mitarbeitern erstellt werden können. Diese benötigen für ihre tägliche Arbeit unter anderem ein solides Wissen über Zielgruppen, Content-Qualitätsanforderungen, kanalspezifische Content-Eigenschaften, Produktionsprozesse, UX/Usability, SEO, Barrierefreiheit, Content-Tools und -Technologien sowie ein solides Rüstzeug für die Erstellung von einzelnen Content-Formaten wie Text, Video oder Audio. Nur dann kann Content zu dem wertvollen Business-Asset werden, das er ohne Wenn und Aber heutzutage sein muss.

An dieser Stelle verweise ich gerne noch einmal auf Kapitel 10 zum Thema Weiterbildung. Wir brauchen dringend top ausgebildete Content-Leute, die ein sehr profundes Verständnis für die Arbeit mit Content haben und fachlich in der Lage sind, Masse von Klasse zu unterscheiden.

Eine Frage, die ich am Ende von Trainings und Workshops stelle, schließt die eingangs aufgemachte Qualitätsklammer ganz gut, sie lautet schlicht und ergreifend: Was heißt Content eigentlich übersetzt? Prompt kommt von den Kundinnen und Kunden im Anschluss die Antwort: Inhalt. So weit, so gut. Wenn man das Wort allerdings nicht als Substantiv, sondern als Adjektiv oder Verb einordnet, stecken in denselben Buchstaben noch weitere schöne Bedeutungen.

---

3 »Huddeln« bedeutet, (der Schnelligkeit oder mangelnder Konzentration geschuldet) nicht ganz sauber abzuliefern. So nennt man das zumindest in meiner badischen Heimat.

Bedeutung des Wortes »Content«

content (engl.): zufrieden

to content somebody (engl.): jemanden zufrieden stellen

content (franz.): wunschlos, erfreut, zufrieden

contento (span.): froh, glücklich, zufrieden

contento (ital.): befriedigt, fröhlich, vergnügt, zufrieden

Fazit: Guter Content macht Ihre Zielgruppe in jedem Fall auch froh, stellt sie zufrieden und lässt sie wunschlos glücklich zurück. Meine Aufforderung an Sie kann mit Blick auf ein optimales Ergebnis daher nur lauten: Produzieren Sie Content, der glücklich macht! Wie das in einzelnen Bereichen funktionieren kann, verraten Ihnen die Expert*innen in diesem Buch.

Auf dem Weg zur Content-Qualität ist es auch wichtig zu verstehen, welches die Widersacher sind, die Ihnen das Ergebnis versemmeln wollen. Im folgenden Abschnitt finden Sie eine kompakte Übersicht zu den gängigsten Content-Qualitäts-Querschlägern.

1.2 Meine Top 10 der Content-Stolperfallen

In den einzelnen Kapiteln tauchen die Autor*innen mit Ihnen, wie bereits erwähnt, tiefer in die Content-Arbeit ein. Dabei wird an der einen oder anderen Stelle aufgezeigt, mit welchen Abhängigkeiten wir es in der Praxis zu tun haben und warum es wichtig ist, diese zu kennen und jederzeit »auf dem Schirm« zu haben. Viele dieser Abhängigkeiten haben nicht immer direkt mit der Content-Produktion zu tun, jedoch beeinflussen sie das Ergebnis wesentlich.

Schauen wir uns ein paar dieser Abhängigkeiten kurz an. Zu manchen finden Sie längere Anmerkungen von mir, andere sprechen schon fast für sich selbst und bedürfen nur weniger Worte. Wichtig ist, dass wir diese Abhängigkeiten als Content-Verantwortliche im Blick haben und bei Bedarf entsprechende Maßnahmen zur Optimierung einleiten.

1.2.1 Infrastruktur: Prozesse

Fehlende Prozesse sind das größte Manko in der Content-Arbeit sowie der Hauptgrund für Ineffizienz und Mitarbeiterfrust. Allein der Überblick darüber, welche Prozesse man idealerweise an den Start bringen sollte, fehlt oftmals. Im Zusammenhang mit der Content-Arbeit haben Sie es (mal weniger, mal mehr) mit folgenden Prozessen zu tun:

- Planungsprozess
- Briefing-Prozess
- Produktionsprozess (Content Creation, Lokalisierung, Lektorat)
- Content-Management-Prozess (Content-Lebenszyklus, Recycling, Aktualisierungen)
- Testprozesse
- QA-Prozesse
- Evaluierungs-/Controlling-Prozesse (die leider oft ans Ende fallen, wenn man eine Content-Strategie aufsetzt, dabei wäre es gar nicht so verkehrt, diese etwas früher mit anzuschieben)

Handlungsempfehlung:

- Verschaffen Sie sich einen Überblick über bereits bestehende und noch fehlende Prozesse (Prozess-Audit).
- Evaluieren Sie, was bereits gut läuft und welche Hürden es noch zu meistern gilt.
- Definieren Sie die notwendigen Änderungsmaßnahmen und Projektaufgaben.
- Erarbeiten Sie einen (neben dem Tagesgeschäft gut machbaren) Plan.
- Prüfen Sie, welche Tools Ihnen bei welchen Prozessen helfen können (Projektmanagementtools, Chatbots, Content-Management-Systeme, Analysesoftware, Automationsanbieter usw.).
- Gehen Sie schrittweise in die Optimierung – ein Prozess nach dem anderen. Jeder neu aufgestellte Prozess ist eine Verbesserung. Sie entscheiden das Tempo: nach Unternehmensgröße, Ressourcen und Zeitkontingent.

Allein die Zeit, die Sie in saubere Briefing-Prozesse investieren, zahlt sich schnell aus. Je sorgfältiger Sie in der Vorarbeit agieren, desto weniger Zeit benötigen Sie beispielsweise für die Qualitätssicherung, da im Rahmen der Produktion schon viele mögliche Fehler vermieden werden.

1.2.2 Infrastruktur: Tools und Software

Werde ich Ihnen hier konkret Content-Technologie-Lösungen vorstellen? Jein. Es gibt eine immer größer werdende Zahl an Content-Software- und -Toolanbietern sowie großartige Open-Source-Lösungen, mit denen wir uns die Content-Arbeit erleichtern können. Mittlerweile lassen sich sogar die ganzen strategischen Informationen sowie die Planungs- und Produktionsabläufe fürs Tagesgeschäft aus einem Guss organisieren/managen.

Welche Lösung für Sie die richtige ist, können Sie über ein Tool-Audit (gegebenenfalls mithilfe eines externen Dienstleisters) ermitteln. Ein paar konkrete Tipps zur Produktion finden Sie in den einzelnen Kapiteln der hier versammelten Autor*innen. Ich möchte Sie an dieser Stelle lediglich auf ein paar wichtige Auswahlkriterien für nahezu jedes technologische Spielzeug aufmerksam machen:

- Akzeptanz der Mitarbeiter
- einfache, intuitive Bedienbarkeit/Nutzerführung (»Don't make me think«[4])
- Marktstabilität des Anbieters
- Schnittstellenkompatibilität zu bereits bestehenden Systemen
- Kostentransparenz und Kostenentwicklung (Versionierungen, Updates, mehr Rechte/Zugriffe etc.)
- Adaptierbarkeit/Individualisierbarkeit für unternehmensspezifische Anforderungen
- Datensicherheit (Serverstandort)
- Kundensupport/Trainings

Übrigens bieten viele Hersteller einen sogenannten Deep Dive für ihre Softwarelösung an und nehmen sich großzügig Zeit, Ihnen (kostenfrei) ihre Systeme vorzustellen. Laden Sie idealerweise aus jedem Bereich Mitarbeiter zu den Deep Dives ein, die später mit den Lösungen arbeiten sollen. Manche Technologiefirmen bieten auch kostenlose Test-Accounts an, damit man prüfen kann, wie sich die jeweilige Lösung im Tagesgeschäft bewährt.

1.2.3 Die menschliche Ressource

Mit der menschlichen Ressource steht und fällt alles. Und doch gibt es immer noch zu wenig davon – und das in vielen Unternehmen. Für mich besetzen Content-Mitarbeiter eine ganz wesentliche und ungemein wichtige Rolle im digitalen Business: Sie sind die Vertriebler der Zukunft. Der von ihnen produzierte Content entscheidet bisweilen in Sekundenbruchteilen über Sympathie, Konversion, Aktivierungen, Image, Upselling, Sichtbarkeit, Auffindbarkeit, Markenbekanntheit, Klarheit, Nutzbarkeit und vieles mehr.

Vielfach hilft es schon, die bestehenden eigenen Ressourcen einmal gründlich auf den Prüfstand zu stellen. Dabei entdeckt man oft auch »Hidden Champions«, die man beim Content-Thema noch nicht auf dem Schirm hatte und die perfekt auf

4 »Don't make me think« ist der Buchtitel des 2000 in Erstauflage erschienenen Designstandardwerkes von Steve Krug und wird im digitalen Arbeitsumfeld gerne als Zitat für eine leichte Nutzbarkeit herangezogen.

eine neue oder erweiterte Rolle passen würden. In Kapitel 10 finden Sie ein paar Tipps zum Thema Mitarbeiter-Audit und noch mehr Impulse zu wertvollen Human Resources aka Mitarbeiter.

1.2.4 Keine Strategie

Das Thema füllt ganze Bücher und muss hier nicht weiter erörtert werden: Keine Strategie zu haben ist einer der größten Fails, wenn nicht der größte, den man dringend anpacken sollte.

1.2.5 Ziellosigkeit

Vision, Mission, glasklare (Content- und Marketing-)Ziele: Quo vadis, Unternehmen? Eine antriebslose Haltung in der Zieldefinition ist der Hauptgrund für ineffizientes Arbeiten mit Content. Schon ein Briefing, das keine Ziele für einen Text oder ein Video beschreibt, erfüllt seinen wichtigsten Zweck nicht. Die Content-Produzenten arbeiten unter anderem mit dem beliebten Bauchgefühl drauflos. Dieses darf grundsätzlich immer ein Bestandteil des kreativen Arbeitens sein, aber gepaart mit dem Fokus auf das eine oder andere Ziel wird das Ergebnis besser und kann im Ernstfall einfach auch mehr erreichen. Ziele (teilweise konkret messbar) können beispielsweise sein:

- klare KPIs (Key Performance Indicators), die man später im Controlling messen möchte
- Marketingkennzahlen, die dabei helfen, die Texte darauf abzustimmen (Konversionsoptimierung, Liken, Kommentieren, Image/Marke unterstützen)
- inhaltliche Ziele (informieren, beraten, aktivieren, verkaufen, inspirieren, Alleinstellungsmerkmale herausstellen, sensibilisieren etc.)
- emotionale Ziele (der Text soll zum Nachdenken anregen, bestimmte Bedürfnisse ansprechen, eine Stimmung transportieren)
- Webmetriken (Verweildauer, Weiterleitung auf andere Seiten, Absprungraten verringern etc.)
- weitere Soft Figures (z. B. weniger Beschwerden)
- die Festlegung von smarten (spezifischen, messbaren, ausführbaren, realistischen und terminierten) Zielen (Mehr zum SMART-Konzept finden Sie in Kapitel 8, »Content im B2B – da geht noch einiges!«.)

1.2.6 Keine (Eigen-) Liebe zur Firma

Wenn ich andere von einem Thema begeistern möchte, sollte ich idealerweise das Thema ein klein wenig mögen oder das Unternehmen. Begeisternd zu schreiben kann man nur bedingt in Schreibtrainings lernen, die innere Haltung ist entscheidend. In meinen Trainings fordere ich die Teilnehmer dazu auf, sich zunächst einmal in das, worüber sie schreiben sollen, regelrecht zu »verknallen«. Wenn wir frisch verliebt sind, konzentrieren wir uns nicht nur auf die Stärken des neuen Herzensmenschen, wir wollen vor allem auch eines erreichen: dass andere schnell mitbekommen, warum die Wahl auf diesen Menschen gefallen ist. Wir brauchen Zustimmung, Anerkennung, Bestätigung und wollen auch, dass unsere Begeisterung schnellstmöglich rüberkommt. Ein paar Monate später ärgert man sich über die Socken, die überall herumliegen. Und Sockentexte finden wir auf Webseiten zuhauf. Für mehr Produkt- und Firmenliebe hilft es schon, wenn man sich ein Fakten-Sheet mit den wichtigsten (liebenswerten) Highlights zusammenstellt und in den Texten an passenden Stellen die sogenannten USPs (Unique Selling Propositions) hervorhebt. Das hätte zumindest schon einmal etwas von einem ersten Flirt mit der Thematik.

1.2.7 SEO-Wissen aus der Mottenkiste

Wer heute noch eine Landingpage für Rosmarin erstellt, um eine Italienreise zu promoten, weil SEO-Mitarbeitende da irgendeinen Zusammenhang sehen, dem ist nicht mehr zu helfen. Bitte entschuldigen Sie diese harten Worte, aber – auch im Jahr 2023 erlebe ich genau solche Content-Planungs-Herangehensweisen im SEO-Kontext und laufe dann regelmäßig Gefahr, dass mein diplomatisches Kommunikationsgeschick entgleist. Kleiner Tipp am Rande: Ab und an kann ein sehr guter Artikel über Rosmarin, der großartige italienische Gerichte aufpeppt und in einer bestimmten Region in Italien (die man bewerben möchte) besonders gut gedeiht, auch einfach mal ein guter Artikel im Bereich Native Advertising sein. Die diversen Möglichkeiten exzellenten Content Marketings bieten uns im Ernstfall mehr Aussichten auf Erfolg als der Windmühlen-Platzierungskampf bei Google, der mit schlechtem Content geführt wird.

Meine Bitte an der Stelle: Schaffen Sie sich ein solides SEO-Basiswissen an, und halten Sie sich auf dem Laufenden. Das geht (neben der Teilnahme an Weiterbildungsveranstaltungen) komfortabel über folgende Wege:

- Social Media (folgen Sie beispielsweise Experten, Onlineportalen, Medien und Softwareanbietern)
- die Einrichtung eines Google Alerts
- #-Abonnierung (auf LinkedIn beispielsweise)
- Fachmagazine wie T3N, Website Boosting

Google ist konstant auf der Suche nach hilfreichem, nützlichem Content und behält sich auch schon mal vor, Seiten überhaupt nicht zu indexieren, ob Sie das wollen oder nicht.[5] Das Aussieben der Klasse aus der Masse ist auch im SEO-Bereich in vollem Gange.

»Ihr wollt besser ranken? Dann werdet besser!«[6]

Treffender als mit den Worten des bekannten SEO-Gurus John Mueller[7], kann man diesen Pain Point gar nicht abschließen.

1.2.8 Schönheit vor User Experience und Nutzbarkeit

Eine Frage: Was gab es zuerst? Ein Theaterstück oder das dazu passende Bühnenbild? Genau! Shakespeare und Co. haben zuerst die Feder gespitzt und Content zu Papier gebracht, der heute von Bühnenbildnerinnen und Regisseuren bildgewaltig inszeniert wird. Wenn am Theater so gearbeitet werden würde, wie wir beim Thema Design vs. Content agieren, käme ein Bühnenbildner gegebenenfalls auf die Idee, unglaublich viele Bäume als Kulisse auf die Bühne zu bringen, ohne dabei zu wissen, dass das Stück schlimmstenfalls auf dem Mars spielt.

Was ist die Rolle des Bühnenbildes? Es soll den Charakter des Werkes unterstützen, mit den Schauspielern interagieren, ihnen den Raum für ihre Darstellung bieten und natürlich optisch beim Publikum für Begeisterung sorgen. Und jetzt drehen wir die Frage mal in unsere digitale Richtung: Welche Rolle spielt das Design? Ich bin mir sicher, Sie kennen die Antwort bereits. Daher: Helfen Sie User*innen, Ihren Content zu erkunden, ohne sich dabei in einem Designwald zu verirren. Sehen Sie Design als Nebenrolle im Content-Stück. Und Filmfans wissen genau, dass die Darsteller in der Nebenrolle zwar »nur« den Hauptcharakter unterstützen sollen, aber oft zum heimlichen Star werden, auch wenn sie nicht im Vordergrund stehen. Robert Weller gibt Ihnen in Kapitel 3, »Gutes Design, guter Content?«, ein paar handfeste Designtipps an die Hand. Achten Sie künftig idealerweise darauf, dass Sie die Designrolle im Zusammenspiel mit Content richtig gewichten, und zwar: Content first!

1.2.9 An den Emotionen kommen wir nicht mehr vorbei

B2H (Business-to-Human): Löst dieser Begriff einmal das B2B oder das B2C ab? Man weiß es nicht. Was jedoch in diesem B2H wunderbar mitschwingt ist, dass das der

5 Quelle: *www.seo-suedwest.de/8033-google-erklaert-warum-scheinbar-immer-weniger-seiten-indexiert-werden.amp.html*

6 Quelle: *www.seo-suedwest.de/8254-googles-john-mueller-ihr-wollt-besser-ranken-dann-werden-besser.html*

7 John Muellers SEO-Infoquellen: *https://twitter.com/JohnMu*, *www.youtube.com/@JohnMueller/channels*

Mensch die Hauptrolle spielt und nicht seine Rolle im Markt als Geschäfts- oder Endkunde. Selbstverständlich kann ich nicht alle Zielgruppen im Markt über einen Kamm scheren, aber wir können uns mehr um die Bedürfnisseite unserer Kunden und Kundinnen kümmern, um diese besser zu adressieren. Denn jede Kaufentscheidung, jede Handlung, jede Aktion wird aus emotionalen Gründen durchgeführt. Kennen Sie die Bedürfnisse Ihre User*innen? Ja? Perfekt! Nein? Wie wollen Sie dann bei der Content-Erstellung die notwendige emotionale Tiefe und Empathie einbringen? Ein kurzer, abschließender Gedankenimpuls zur Bedürfnisthematik: Sie, ich, mein Neffe, Popstar Robbie Williams und mein Lieblingsgemüsehändler vom Wochenmarkt – wir könnten alle mit Blick auf ein Produkt dieselben Bedürfnisse haben, passen aber unter Umständen in keine gemeinsame Persona-Kategorie[8].

1.2.10 Zu große Change-Schritte auf einmal

Warum scheitern viele beim Auf- und Ausbau ihrer Content-Strategie? Weil sie zu viel auf einmal wollen. Je nachdem, an welchem Punkt Sie starten oder welche Content-Change-Maßnahmen bereits umgesetzt wurden, kann die Einführung einer ganzheitlichen Content-Strategie ein ressourcenbindendes, langwieriges Projekt sein, das neben dem Tagesgeschäft laufen muss und schnell zu einer Überforderung der Mitarbeiter führen kann. Geduld lautet das Zauberwort, einfach nur Geduld. Setzen Sie das Projekt so auf, dass die einzelnen Tasks in machbare Häppchen unterteilt werden. Der Support eines/einer externen Content-Strateg*in kann dabei nicht schaden, da es von außen oft leichter fällt, das große Ganze zu überblicken und pragmatische Empfehlungen zur schrittweisen Umsetzung abzuleiten. Das A und O beim Einführen einer Content-Strategie sind motivierte Mitarbeiter, und diese verliert man, wenn man sie überfordert und das Projekt nicht in einem realistischen Umfang/Ablauf aufgesetzt wird.

1.3 Content der Zukunft – auf Kollaborationskurs mit der KI?

Der Begriff Kollaboration bedeutet im ursprünglichen Sinne die Zusammenarbeit mit einem Feind und klingt erst einmal unbequem. Warum habe ich jetzt diesen Begriff in der Headline gewählt? Es gibt durchaus die Befürchtung einiger Content-Professionals, dass künstliche Intelligenz (KI), ähnlich einer feindlichen Übernahme, langfristig ihre Jobs übernehmen könnte. Und genau dieser Angst/diesem

8 Personas stellen in der digitalen Welt stellvertretend eine Zielgruppe dar. Sie werden oft als Mittel zur Festlegung für die Kommunikationsansprache genutzt, greifen aber aus meiner Sicht oftmals zu kurz, wenn es um die emotionale Ebene geht.

Feind gilt es, sich entgegenzustellen, indem man die Vorteile der Zusammenarbeit erkennt und für sich nutzt. In der Robotik wird die Symbiose zwischen Mensch und Maschine übrigens auch als Cobot bezeichnet (aus dem Englischen: collaborative robot). Damit bezeichnet man Industrieroboter, die im Rahmen von Automationsprozessen für die Kollaboration mit Menschen konzipiert wurden. Es geht also nicht um ein (feindliches) Gegen-, sondern ein Miteinander in der Arbeitswelt von heute und morgen.

Die folgende Aussage, die schon vielfach auf Social Media zitiert wurde, bringt es auf den Punkt und richtet sich an alle Zauderer und Bedenkenträger:

> *»KI nimmt einem nicht die Arbeit weg. Der Mensch, der KI einsetzt, tut es!«*

Sprachbots wie ChatGPT sind heute bereits in der Lage, menschenähnliche Texte zu generieren, beispielsweise über eine Anwendung wie *https://chat.openai.com*. Und was sagt der Chatbot selbst zu der Frage, ob uns die KI künftig die Content-Produktion vollständig abnehmen wird?

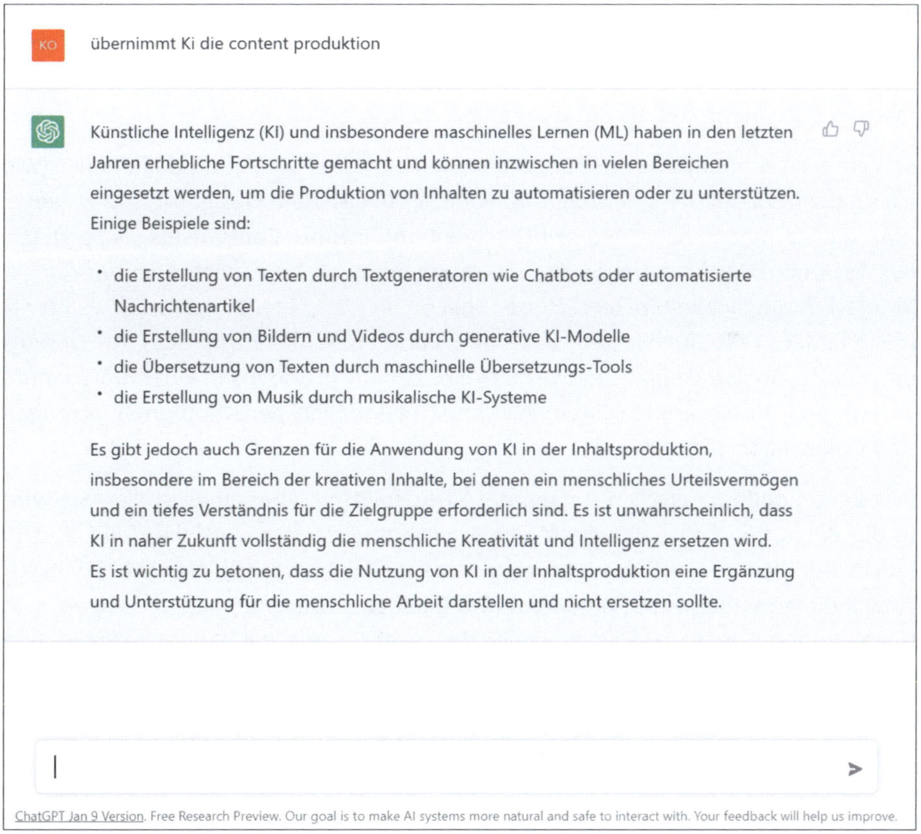

Abbildung 1.2 ChatGPT und die Content-Produktion

An dem Beispiel in Abbildung 1.2 sehen Sie schon, dass damit noch nicht alles zum Thema gesagt wurde, denn es gibt noch viele weitere Gründe, warum KI kein (umfassendes) Job-Hijacking vollziehen wird und alle Content-Produzenten-Jobs von heute auf morgen obsolet werden. Die Betonung liegt dabei auf »nicht alle«. Billig produzierte Texte, wie sie beispielsweise durch reine Clickworker-Jobs entstehen, die auf Basis von dünnen Briefings en masse Texte aus verschiedenen Quellen wortwörtlich zusammenklicken, dürften bald der KI zum Opfer fallen. Vielmehr werden wir mit der KI eine Symbiose eingehen können, die uns dabei hilft, einige Arbeitsprozesse und Inhalte zu optimieren. Zudem können nervige Routinearbeiten, die lediglich Zeit fressen und wenig Denkleistung erfordern, von KI übernommen werden (mehr dazu in Abschnitt 1.3.3).

1.3.1 Warum ich als Content-Strategin die KI-Entwicklung feiere

Ich habe keine Geduld. Frickeleien treiben mich in den Wahnsinn, und komplexe Toolanwendungen bringen keinen Spaß bei der Arbeit. Irgendwas in HTML selbst basteln, mehrere Ebenen auf Photoshop jonglieren, sich mehrfach durch schwer lesbare Texte wurschteln? Mit fortschreitendem Alter wird man zwar gelassener, aber die Laune bleibt so halbgar, wenn man bei der Arbeit unnötige Handgriffe machen oder mehr Zeit als nötig investieren muss.

Seit ein paar Jahren habe ich immer bessere Laune bei der Arbeit dank neuer (wie ich sie nenne) Content-Spielzeuge, wie beispielsweise dem Designtool *www.canva.com*, die ich nutzen kann, um selbst schnell und intuitiv Content-Pieces zu erstellen. Was mir bzw. uns die diversen KI-Anwendungen im nächsten Entwicklungsschritt für Möglichkeiten bieten, ist schlicht und ergreifend großartig! Content-Ideen finden, Texte übersetzen, schreiben, kuratieren oder korrigieren, Ad-Designs entwickeln, Social-Media-Creatives basteln, Longform-Videos in kürzere Varianten verwandeln, Videoskripts schreiben, Übersichtstabellen per Knopfdruck erzeugen und vieles mehr: I love it!

Wir stehen definitiv erst am Anfang der KI-Revolution, aber eines ist klar: Sie wird in die Büros der Content- und Marketingverantwortlichen einziehen und dort in jedem Fall bleiben. Und das ist auch gut so! Vielleicht werden die zahlreichen KI-Anwendungen auch viele Menschen und (kleinere) Unternehmen ermutigen, sich durch Content sichtbarer zu machen, die bisher – wie ich – eher technikscheu waren. Für die KI braucht es keine Programmierkenntnisse oder ein technisches Studium, lediglich Entdeckerlust sowie die Neugier darauf, diese neue Content-Spielwiese zu betreten, und zwar in dem Wissen, dass die Content-Arbeit in Zukunft schneller und leichter von der Hand gehen wird.

1.3.2 Im Toolrausch – sind Sie bereit für die KI-Party?

Einen kompletten KI-Rundumschlag mit allen Tools und Einsatzmöglichkeiten würde in diesem Abschnitt leider den Rahmen sprengen. Zudem werden künftig viele neue, weitere Tools in die Arbeitswelt gespült werden, die es Stand heute (Anfang 2023) noch nicht gibt. Anbei ein paar Tipps, wo Sie Ihre (künftigen) Kollaborationspartner finden können oder mit welchen es sich schon heute leichter arbeiten lässt:

- *https://omr.com*: Plattform mit vielen Tool-Reviews. Die AI wird hier sicher stärker ausgebaut werden. Daher lohnt es sich, immer mal wieder vorbeizuschauen.
- *www.ki-toolparty.de*: Nennt sich selbst *»Die ›Stiftung Warentest‹ für KI-Tools für Dein Marketing«*.
- *www.futurepedia.io*: Eine KI-Tool-Monsterdatenbank mit Filtermöglichkeiten nach Anwendungsbereichen. Sie finden auf der Seite rund 800 Tools zu ca. 50 Kategorien: Viel Spaß beim Stöbern!
- *www.futuretools.io*: noch eine Toolsammlung mit ca. 500 Tooltipps
- *www.deepl.com/write*: Mein Redigierheld! Rechtschreibfehler ausmerzen, alternative Schreibweisen oder Formulierungen erhalten, Kürzungsvorschläge vornehmen, kreative Schreibimpulse serviert bekommen: Deepl bringt noch mehr Spaß und Qualität in die Textarbeit.
- *www.deepl.com/translator*: Lokalisierungsprofi, der Ihnen bei Übersetzungen ganzer Texte einen sehr guten Qualitäts-Output liefert
- *https://app.copy.ai*: Werbliche Texte für die verschiedensten Zwecke gehen in Zusammenarbeit mit diesem coolen Kreativtool leichter von der Hand.
- *www.gospeech.com*: Vom Audio zum Text. Das ist nur ein Beispiel zahlreicher Tools, die es heute schon im Markt gibt und die uns dabei helfen werden, Texte schneller zu transkribieren (aus Interviews beispielsweise) oder unsere Gedanken schneller und sauberer zu Papier zu bringen. Weitere Alternativen zu diesem Tool finden Sie auf dieser Seite: *www.capterra.com.de/software/1039562/gospeech*
- *www.capterra.com.de/directory/30938/artificial-intelligence/software*: weitere KI-Tools in der Übersicht inklusive Bewertung

Nicht nur für die Textarbeit, auch für Podcasts, die Videoproduktion oder das Webdesign sind schon zahlreiche KI-Helfer am Start. Wer sich über die Entwicklung auf dem Laufenden halten möchte und einen LinkedIn-Account hat, kann sich bequem alle Beiträge abonnieren, die mit relevanten KI-Hashtags veröffentlicht werden, beispielsweise mit dem Hashtag *#ChatGPT*. Oder erstellen Sie doch einfach mal einen Promt (KI-Chat-Befehl) mit der Frage: »Kannst du bitte alle Tools (kostenfrei und kostenpflichtig bis maximal 20 Euro) in einer Tabelle darstellen?«

Im Folgenden stelle ich Ihnen einige Einsatzmöglichkeiten vor und gehe auch auf die Fallstricke und Herausforderungen im Umgang mit KI-Tools ein.

1.3.3 Möglichkeiten und (vorläufige) Grenzen der KI-Nutzung

Alles beginnt mit einem *Prompt*, einem Befehl an die KI, eine Aufgabe zu lösen. Wie Sie am folgenden Beispiel sehen können, hängt das Ergebnis der angefragten Inhalte von meiner (menschlichen) Eingabe ab – meinen Prompts. Dann schauen wir uns einmal an, was unser neuer Content-Sparringspartner so alles kann und wie stark das Ergebnis von unserer Mitarbeit abhängt. Im Folgenden finden Sie einen Austausch mit *https://chat.openai.com*. Angenommen, ich möchte gerne einen Blogbeitrag über die Jobs in der Content-Branche schreiben, dann wäre folgendes Dialogszenario denkbar.

Mein erster Promt: »Liste alle Jobs im Content-Bereich auf und was man in diesen Jobs verdienen kann. Bitte stelle das Ergebnis als Tabelle dar.« Das Ergebnis sehen Sie in Abbildung 1.3.

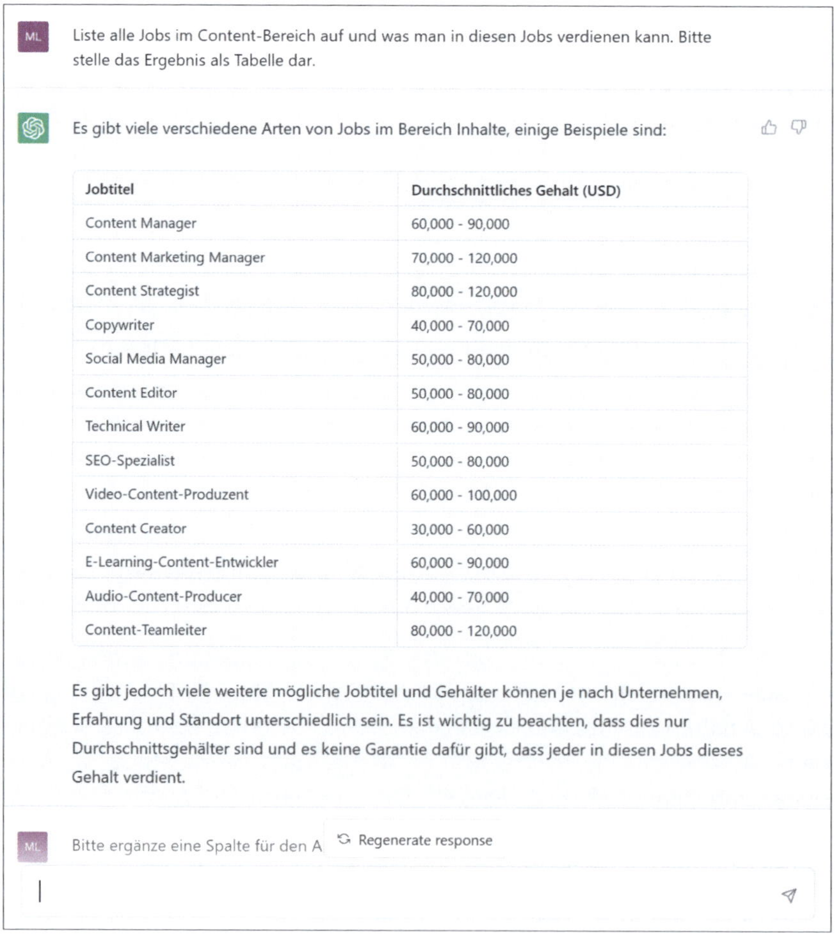

ML Liste alle Jobs im Content-Bereich auf und was man in diesen Jobs verdienen kann. Bitte stelle das Ergebnis als Tabelle dar.

Es gibt viele verschiedene Arten von Jobs im Bereich Inhalte, einige Beispiele sind:

Jobtitel	Durchschnittliches Gehalt (USD)
Content Manager	60,000 - 90,000
Content Marketing Manager	70,000 - 120,000
Content Strategist	80,000 - 120,000
Copywriter	40,000 - 70,000
Social Media Manager	50,000 - 80,000
Content Editor	50,000 - 80,000
Technical Writer	60,000 - 90,000
SEO-Spezialist	50,000 - 80,000
Video-Content-Produzent	60,000 - 100,000
Content Creator	30,000 - 60,000
E-Learning-Content-Entwickler	60,000 - 90,000
Audio-Content-Producer	40,000 - 70,000
Content-Teamleiter	80,000 - 120,000

Es gibt jedoch viele weitere mögliche Jobtitel und Gehälter können je nach Unternehmen, Erfahrung und Standort unterschiedlich sein. Es ist wichtig zu beachten, dass dies nur Durchschnittsgehälter sind und es keine Garantie dafür gibt, dass jeder in diesen Jobs dieses Gehalt verdient.

ML Bitte ergänze eine Spalte für den A Regenerate response

Abbildung 1.3 Erstellung einer Tabelle mit KI

Mein zweiter Promt lautet: »Bitte ergänze eine Spalte für den Aufgabenbereich.«

Das Ergebnis zeigt Abbildung 1.4.

ML Bitte ergänze eine Spalte für den Aufgabenbereich

‹ 2 / 2 › Gerne, hier ist die Tabelle mit einer Spalte für den Aufgabenbereich:

Jobtitel	Durchschnittliches Gehalt (USD)	Aufgabenbereich
Content Manager	60,000 - 90,000	Strategieentwicklung, Produktion und Verwaltung von Inhalten
Content Marketing Manager	70,000 - 120,000	Planung, Entwicklung und Umsetzung von Marketingstrategien durch Inhalte
Content Strategist	80,000 - 120,000	Entwicklung von Inhaltsstrategien, Optimierung von Inhalten und Analyse von Leistungsdaten
Copywriter	40,000 - 70,000	Schreiben und Bearbeiten von Texten für Werbung, Marketing, Online-Inhalte und mehr
Social Media Manager	50,000 - 80,000	Planung, Schreiben und Verwalten von Inhalten für soziale Medien
Content Editor	50,000 - 80,000	Überprüfung, Bearbeitung und Optimierung von Inhalten
Technical Writer	60,000 - 90,000	Schreiben von technischen Dokumentationen und Handbüchern
SEO-Spezialist	50,000 - 80,000	Optimierung von Inhalten und Websites für Suchmaschinen
Video-Content-Produzent	60,000 - 100,000	Planung, Produktion und Bearbeitung von Video-Inhalten
Content Creator	30,000 - 60,000	Erstellung von Texten, Bildern, Videos und anderen Inhalten
E-Learning-Content-Entwickler	60,000 - 90,000	Erstellen von Lehrmaterialien und Kursen für das E-Learning
Audio-Content-Producer	40,000 - 70,000	Produktion und Bearbeitung von Audio-Inhalten
Content-Teamleiter	80,000 - 120,000	Verantwortung für die Planung, Produktion und Verwaltung von Inhalten und das Führen eines Content-Teams

Es ist wichtig zu beachten, dass die Aufgabenbereiche je nach Unternehmen und Position unterschiedlich sein können und dies nur eine allgemeine Übersicht darstellt.

Abbildung 1.4 Ergänzung einer weiteren Spalte

Der dritte Promt: »Bitte tausche die Währung in EUR.«

Das Ergebnis finden Sie in Abbildung 1.5 (angeschnitten, den Rest kennen Sie ja bereits).

ML Danke. Bitte tausche jetzt noch die Währung in EUR in der Tabelle

Gerne, hier ist die Tabelle mit den Durchschnittsgehältern in Euro:

Jobtitel	Durchschnittliches Gehalt (EUR)	Aufgabenbereich
Content Manager	48,000 - 72,000	Strategieentwicklung, Produktion und Verwaltung von Inhalten
Content Marketing Manager	56,000 - 96,000	Planung, Entwicklung und Umsetzung von Marketingstrategien durch Inhalte
Content Strategist	64,000 - 96,000	Entwicklung von Inhaltsstrategien

Abbildung 1.5 Umrechnung der Währung

Der Bot macht, was ich sage. Und genau das ist die Leistung, die ich als Mensch einbringen muss: klare Ansagen machen. Mit den Prompts steht und fällt das Ergebnis. Dessen Qualität fängt bei den Vorüberlegungen sowie der korrekten, fachlichen Einschätzung an, damit man die KI zum gewünschten Ergebnis navigieren kann.

Ist das Ergebnis perfekt? Nicht immer, aber immer öfter. Wenn ich mir die Liste anschaue, scheint alles so weit vollständig zu sein. Allerdings finde ich aus Expertensicht, dass bei der Beschreibung der einzelnen Rollen noch etwas Luft nach oben ist. Hier könnte ich jetzt noch mit einem weiteren Prompt an der Verbesserung arbeiten, etwa an ausführlicheren Beschreibungen oder einer besseren Abgrenzung einzelner Rollen. Dennoch, ohne mein Zutun bekomme ich noch nicht die inhaltliche Qualität, die ich mir wünsche.

Bevor ich meine weiteren Gedanken und Erfahrungen zur Nutzung von ChatGPT teile, anbei noch ein kleines »Interview«, in dem sich der Chatbot selbst vorstellt.

ChatGPT im Interview

Ich möchte etwas über dich scheiben. Was denkst du, sollte der Leser oder die Leserin über dich wissen?

Ich bin ChatGPT, ein großes Sprachmodell, das von OpenAI trainiert wurde. Ich kann verstehen und auf Fragen in verschiedenen Sprachen antworten sowie menschenähnlichen Text erzeugen. Ich habe Zugang zu einer großen Menge an Wissen, aber es gibt bestimmte Dinge, die ich nicht weiß, da mein Wissensstand bis zu einem bestimmten Datum begrenzt ist. Ich tue mein Bestes, um auf Ihre Fragen so präzise und klar wie möglich zu antworten.

Auf welches Datum bist du begrenzt?

Mein Wissensstand ist bis zum Jahr 2021 begrenzt. Es kann also sein, dass ich nicht über Ereignisse oder Entwicklungen nach diesem Datum informiert bin.

Interessant. Was muss ich also bei der Nutzung beachten?

Wenn Sie meine Hilfe in Anspruch nehmen, sollten Sie berücksichtigen, dass mein Wissensstand begrenzt ist und ich möglicherweise nicht über die neuesten Entwicklungen oder Ereignisse informiert bin. Es ist auch wichtig zu beachten, dass ich ein computergestütztes Modell bin und meine Antworten nicht immer 100 % korrekt sein werden. Es wäre am besten, meine Antworten mit anderen Quellen zu vergleichen und zu überprüfen, bevor Sie auf diesen handeln.

Fazit: Ohne menschliche Mitarbeit, Faktenchecks und Qualitätssicherung sollte man keinen Content blind übernehmen, der über eine künstliche Intelligenz erstellt worden ist. Auch wenn die Ergebnisse oft sehr verblüffend und nahezu perfekt sind bzw. scheinen, sollte man nicht der Versuchung (oder der Bequemlichkeit) erliegen, die Inhalte 1:1 zu nutzen, ohne diese vorab auf Herz und Nieren zu prüfen.

Ich habe mir auch einmal den Spaß gegönnt und mich bei der KI über mich als Autorin erkundigt. Danach kann ich nur eine augenzwinkernde Warnung aussprechen: Do not ChatGPT you! Das kann schon sehr ernüchternd sein, wenn man plötzlich merkt, dass man nicht existiert.

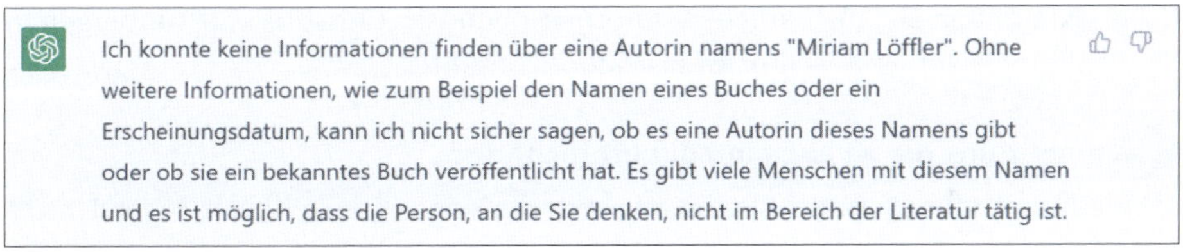
Ich konnte keine Informationen finden über eine Autorin namens "Miriam Löffler". Ohne weitere Informationen, wie zum Beispiel den Namen eines Buches oder ein Erscheinungsdatum, kann ich nicht sicher sagen, ob es eine Autorin dieses Namens gibt oder ob sie ein bekanntes Buch veröffentlicht hat. Es gibt viele Menschen mit diesem Namen und es ist möglich, dass die Person, an die Sie denken, nicht im Bereich der Literatur tätig ist.

Abbildung 1.6 Bitte: Don't ChatGPT you!

Wovon profitieren Content-Mitarbeitende bei der Nutzung von KI?

Der größte Profit, den wir aus der Nutzung künstlicher Intelligenz im Tagesgeschäft herausschlagen können, ist die Zeitersparnis. Da einer der größten Pain Points bei der Content Creation bisher immer der Faktor Zeit war, kann uns die KI also das Leben tatsächlich ein wenig erleichtern. Zudem profitieren wir von der einfachen, unkomplizierten Handhabung. Welche Vorteile – neben der Redigierhilfe (über Tools wie *www.deepl.com/write*) – bietet die Kollaboration mit KI darüber hinaus?

- Support bei der Ideenfindung
- Sparringspartner beim Brainstorming, Inspiration für Metaphern, Headlines und Teaser
- Schnelligkeit (mit Blick auf die Content-Produktion)

- Recherchesupport
- mehr Zeit für die Quality Assurance (QA)
- mehr Gestaltungsmöglichkeiten beim Texten (z. B. Tabellen im Handumdrehen erstellen)
- mehr Zeit für content-strategische Aufgaben
- mehr Fokus auf Ziele und Struktur
- Ideen für die Visualisierung von Content/Inhalten
- mehr Möglichkeiten im Bereich der Content Curation
- effizientere Zusammenarbeit mit externen Dienstleistern und Agenturen durch umfassenderes Briefing-Material, das man im Vorfeld (klug ausgewählt und fachlich geprüft) zur Verfügung stellen kann
- schnelleres Abfrühstücken von »Dienst-nach-Vorschrift-Texten«, wie ich sie gerne nenne, also Texten, die jetzt nicht wirklich viel können müssen und einen sehr einfachen Infocharakter haben
- Manche Aufgaben können verstärkt Inhouse übernommen werden, wie beispielsweise die Entwicklung von Kampagnenideen, Werbetexten, Videoskripten (sofern kompetente Mitarbeiter die KI richtig einsetzen können).
- mehr Zeit für Testing und Conversion-Optimierung
- Mehr Speed bei der Content Creation im E-Commerce. Zum Thema Textautomation finden Sie ausführlichere Informationen von Christine van Tübbergen in Kapitel 9, »Der Umsatz-Rockstar – Shop-Content«.

Was nimmt uns die KI auch in Zukunft nicht ab?

»Schreib mal schnell einen Blogbeitrag mithilfe von KI. Das dauert ja jetzt nicht mehr so lange.« Nope. So wird das auch in Zukunft nicht wirklich laufen. Das Denken wird uns definitiv nicht abgenommen. Das steht vor jeder Nutzung eines KI-Tools. Damit sind wir auch schon beim ersten Punkt der Dinge, die uns die KI auch in Zukunft nicht abnehmen wird:

- Kompetenz, Fachwissen, querdenken, hinterfragen, den eigenen Erfahrungsschatz nutzen: Ihr Gehirn ist Ihr unschlagbarer Content-USP und von einer KI nicht zu toppen.
- Vorarbeit: Je mehr Briefing-Informationen Sie in die Prompts einfließen lassen, desto besser werden die Ergebnisse.
- Empathie: Unsere emotionale Intelligenz wird unter anderem gespeist aus (individuellen) Erfahrungen, Emotionen, (selbst gewählter) Lektüre, Bildung, den eigenen Charakterzügen sowie menschlichen Begegnungen. Keine Maschine kann uns in dieser Disziplin das Wasser reichen.
- Berücksichtigung der strategischen Parameter (Ziele) sowie der Textstruktur

- Trotz zahlreicher Tools, die kreatives Arbeiten unterstützen können, behalten wir auch in puncto Kreativität die Nase vorn. Bevor ich hier jetzt weit aushole und darlege, warum Kreativität kaum erlernbar ist, empfehle ich Ihnen einen wirklich lesenswerten Artikel, der zwar schon ein paar Jahre alt ist, aber zeitlose Aussagen zum Thema Kreativität beinhaltet: *www.sueddeutsche.de/wissen/psychologie-kreativitaet-ist-harte-arbeit-1.492003*
- Die Formulierung von zielorientierten und intelligenten Prompts. Anschaulich und wirklich sehr hilfreich hat das Marketingexperte Jens Polomski in einem Artikel zur KI-Texterstellung zusammengefasst. Dort finden Sie alle Hacks für die Eingabe sinnvoller Chat-Befehle: *https://jens.marketing/gpt-3-promts*
- Nach der Content-Erstellung sollte der Mensch dann noch das Thema Struktur auf dem Schirm haben. Die Texte müssen auf ihre Lesbarkeit hin geprüft und entsprechend optimiert werden (grafisches Schreiben).

Zusammengefasst kann man festhalten, dass ChatGPT eine Antwort- und keine Suchmaschine ist. Das wiederum bedeutet, dass die Qualität Ihrer Fragen sowie Ihre Suchkompetenz über die Qualität der Antworten entscheidet. Eine gelungene Kombi aus Grips, Strategie und Anwendungs-Know-how sind bei der Nutzung unabdingbar.

Ein paar kritische Gedanken zur Nutzung von ChatGPT

Die Entwicklungen der KI-Tools werden weiter rasant fortschreiten, und sicher werden die einen oder anderen Fallstricke bei der Nutzung in Zukunft noch behoben werden. Dennoch ist es wichtig, sich darüber im Klaren zu sein, dass (zumindest mit dem Wissen zum jetzigen Stand der Buchveröffentlichung) auch auf lange Sicht kein Tool das menschliche Denken, die Steuerung und Zuarbeit ersetzen kann. Folgende Punkte sollten Sie bei der Nutzung eines KI-Tools also berücksichtigen:

1. Sie wissen nicht, was der Bot nicht weiß. Sie müssen sich also auf dem Gebiet auskennen, zu dem Sie recherchieren, damit Sie die Antworten inhaltlich und qualitativ bewerten können. Für die Nutzung ist daher eine hohe Fachkompetenz eine Grundvoraussetzung.
2. Wenn Sie nicht in der Lage sind, den Bot genau zu briefen, bekommen Sie nicht den Content, der wirklich etwas kann. Hier braucht es eine hohe Medienkompetenz und tiefes Fachwissen, damit man die Technologie zu einem guten Ergebnis navigieren kann.
3. Wollen Sie verantwortlich für die Veröffentlichung von Fehlinformationen sein? Ohne Quellenangabe? Ohne Überprüfung auf inhaltliche Korrektheit? Davon würde ich bei vielen Themen abraten. Wenn Sie Inhalte veröffentlichen, sind Sie für die Aussagen und Reaktionen verantwortlich und haftbar. In letzter Instanz würde ich diese Verantwortung niemals einer künstlichen Intelligenz überlassen.

4. Rechtliche Grauzonen: Noch ist unklar, wer für Fehlinformationen haftet. Und wie sieht es eigentlich mit dem Urheberschutz aus? Gehört Ihr Text Ihnen oder der KI? Und nutzt die KI auch Inhalte, die geschützt sein müssten (Quellenangaben)?
5. Kann die KI Informationen richtig gewichten, negative und positive Inhalte kritisch sortieren und darstellen? Wenn über ein Thema primär positive Texte im Web stehen, könnten die kritischen Stimmen hinten runterfallen. Wollen wir das?
6. Wie sieht es mit der Wertschätzung einer Leistung aus? Oder was ist eine Leistung wert, die von einem Menschen geschrieben wurde (Doktorarbeiten, Hausaufgaben, Arbeitszeugnisse)? Will man diesen Wertverlust riskieren, wenn man sich komplett auf die KI verlässt?
7. Haben wir bald alle dieselben FAQs und Inhalte auf der Seite? Wohl kaum. Ich gehe davon aus, dass Individualität im Zusammenhang mit Produkten, Themen und dem Unternehmen weiterhin den Unterschied machen und Duplicate Content im Ernstfall eine Ausnahme sein wird. So vielschichtig, wie Promts (professionell) formuliert werden können, so variantenreich wird der Content sein, der von den Bots ausgespuckt wird. Nach der individuellen Nachbearbeitung sollte dann auch ein individueller Text entstehen.
8. Wie sieht es mit Ihrem Image, Ihrem Markenwert, Ihrer Positionierung, Ihren Unternehmenszielen aus? Unique bleibt unique, und das sind Sie als Anbieter nur, wenn Sie sich menschlich und emotional zeigen und ein positives Markenbild transportieren. In dem Punkt würde ich an Ihrer Stelle (außer beim Einholen von Ideen und als Inspiration) die Finger von der KI lassen.
9. Budget: Noch sind viele Tools kostenfrei, doch das wird nicht so bleiben. »Kleinvieh macht auch Mist«, wie man so schön sagt. Das kann in Zukunft ein kleiner Zusatzkostenposten werden, wenn man diverse Bezahltools im Einsatz hat. Da lohnt sich dann, das Thema Kosten vs. Nutzen noch einmal genauer zu beleuchten.
10. Lost im Toolwald: Gefühlt schießen KI-Tools im Moment aus jeder Ecke hervor. Spart man einerseits Zeit bei der Nutzung, kann das Austoben im KI-Wald aber auch sehr zeitintensiv sein. Orientieren Sie sich an Expertenlisten, Fachbeiträgen oder Empfehlungen von Infoportalen, und treffen Sie eine kleine Auswahl fürs Testing. Über kurz oder lang wird sich die Spreu vom Weizen trennen – sprich, der Markt reguliert das Toolchaos meist von selbst.

Wenn Sie im Unternehmen KI einsetzen wollen, sollten vorab klare Spielregeln festgelegt werden. Ebenso sollten die Mitarbeiter für eine kluge Nutzung der Technologie sensibilisiert/geschult werden. Der altbekannte Spruch »A fool with a tool« gilt auch für die neuen Content-Spielzeuge.

Übrigens, SEO ist noch lange nicht tot. Für eine sehr gute Sichtbarkeit bleibt uns die Suchmaschinenoptimierung erhalten. Und einzigartiger, hilfreicher, klarer, gut konsumierbarer Content bleibt weiterhin die Basis für eine erfolgreiche Suchmaschinenoptimierung, meint auch mein geschätzter SEO-Kollege Severin Lucks (*https://delucks.com*):

> *»Weder Nutzerinnen noch Suchmaschinen haben Interesse an K.I.-generierten Websites. Solch generische, austauschbare Texte wird Google auf kurz oder lang selber ausgeben, anstatt sie von Websites zu verlinken. Daher ist es wichtig, sich nicht von den Automatisierungsmöglichkeiten der K.I. irreführen zu lassen, sondern Wert auf persönliche und differenzierte Kommunikation zu legen. Umgekehrt ist K.I. als Unterstützung bei der Kommunikation eine großartige Hilfe, bspw. zum Gliedern, Bewerten und Optimieren von Inhalten.«*

Ergänzend dazu zwei Beispiele von Severin aus der Praxis: Neben der Standardsuchmaschinenoptimierung und unabhängig von allen Rankingfaktoren, die man in die Waagschale werfen kann, wurde dabei der Fokus auf die Textwirkung gelegt, die in Zusammenarbeit mit der KI entstanden ist:

> *»Mit etwa 80 % K.I.-Anteil (also ganze Textabschnitte) haben wir es bei einer kleinen Anwaltskanzlei ohne Reputation binnen 6 Monaten bisher nur auf Seite 2 in Google geschafft: www.kanzleiheinrich.de/arbeitsrecht-muenchen/arbeitsvertrag/*
>
> *Mit etwa 20 % K.I.-Anteil (nur Stichpunkte übernommen) ist das SEO-Seminar mit mittelgroßer Website und mit Reputation binnen sechs Monaten fast bei allen Keywords in den Top 3 gelandet: www.embis.de/seminare/seo-seminar/«*

Am Ende noch (einmal) der Hinweis darauf, wer die wahren Gewinner der KI-Entwicklung sein werden: die Content-Strategie und die Quality Assurance! Und das wird endlich dazu führen, dass Firmen noch professioneller im digitalen Raum agieren werden. Danke, KI!

1.3.4 Content 360 Grad – eine »New Work«-Teamleistung

Sie halten gerade einen – oldschool ausgedrückt – Sammelband in der Hand. Genauso interdisziplinär, wie die Arbeit mit digitalen Inhalten am Arbeitsplatz erfolgen soll, wurde hier an dieser Content-Praxis-Gesamtschau gearbeitet. Gute Inhalte sind immer das Ergebnis einer hervorragenden Teamleistung – auch als Freiberuflerinnen haben wir in vielen Projekten gelernt, dass wir zwar meist selbstverantwortlich arbeiten, aber selten allein erfolgreich sind.

90 % der Buchbeteiligten kenne ich nicht persönlich (also live). Das Buch ist komplett *remote* entstanden. Die unterschiedlichsten Charaktere und Content-Profis haben sich in virtuellen Räumen getroffen, telefonisch abgestimmt oder via E-Mail

bzw. Chats ausgetauscht – ein für alle Beteiligten lehrreiches und herausforderndes Projekt mit Happy End sozusagen! Da schicke ich doch gleich mal ein Zeichen an alle Entscheider, die mitlesen: Content können Sie ganz wunderbar remote organisieren und produzieren. Die Prozesse dafür lassen sich in einem überschaubaren Zeitraum aufstellen und einführen. Nur Mut!

Ein Großteil der Autorenschaft ist Teil der Content Queens Sisterhood. Hier haben sich Freelancerinnen zusammengeschlossen, die alle in ihrem Fachgebiet seit vielen Jahren in der ersten Content-Liga mitspielen. Als wir das Buchprojekt »Content 360 Grad« erstmalig im Netzwerk vorgestellt hatten, dauerte es nicht lange, bis wir die Supportzusagen für nahezu alle zu bearbeitenden Kapitel hatten. Ob die Content Queens ihren Job lieben und gerne machen? Nein, sie brennen regelrecht für guten Content, was die Arbeit an diesem Buch zu einem ganz besonderen Teamerlebnis gemacht hat. Zu dem Kernautorenteam rund um die Content Queens Sisterhood konnten wir zudem für einzelne Kapitel ganz wunderbare Co-Autoren gewinnen. Und auch wenn das ganze Buchprojekt stark in einem Frauennetzwerk verortet ist, freuen wir uns, dass wir den einen oder anderen großartigen Mann mit an Bord holen konnten, der mit seiner Expertise eine passende Ergänzung zu unserem Netzwerk-Know-how bietet. Hier geht es nicht um Quote, sondern um Können, denn Content(-Expertise) ist divers – »Content 360 Grad« ebenso.

1.4 In a nutshell – Sie sind die richtige Buchzielgruppe, wenn …

»Content 360 Grad« ist eine Art How-to-FAQ-Hilfe-Sammelband. Jedes Kapitel wurde von einem erfahrenen Profi erstellt und soll einen konkreten Nutzen im Tagesgeschäft bieten – für Mitarbeiter, Selbstständige oder Entscheider mit den unterschiedlichsten fachlichen Backgrounds.

Konkret profitieren Sie von diesem Praxiskurs zwischen zwei Buchdeckeln, wenn Sie

- ein Verständnis für die praktische Arbeit mit Content entwickeln möchten,
- tiefere Einblicke in die Content-Produktion einzelner Formate wünschen,
- eine Anleitung für die Umsetzung eines bestimmten Content-Pieces suchen,
- verstehen wollen, was Ihre Content-Mitarbeiter leisten wollen,
- sensibilisiert werden möchten, worauf man bei der Qualitätssicherung einzelner Formate Rücksicht nehmen muss,
- den Aufwand für die Produktion einzelner Formate besser verstehen möchten, um diesen bei der Ressourcenplanung entsprechend besser zu berücksichtigen,

- über Insights von Macher*innen aus der Praxis lesen möchten,
- Ihr Content-Mindset erweitern möchten,
- Ihren Entscheidern aufzeigen möchten, was Sie benötigen, damit Sie Ihre Rolle vernünftig ausfüllen können,
- sich als Content-Strateg*in auf dem Laufenden halten wollen.

Wir freuen uns, wenn Sie als Content Manager, CMO, IT-Projektmanagerin, Onlineredakteurin, freiberuflicher Content-Profi, Quereinsteiger, erfahrener Content-Macher, SEO-Kollegin, interessierter UX- oder Design-Professional, Marketing Stakeholder oder (angehende) Content-Strategin von dem gesammelten Praxis-Know-how für Ihre tägliche Arbeit profitieren können.

1.5 Was Sie in diesem Buch erwartet

Vorweg ein Hinweis: Alle Kapitel sind so gestaltet, dass Sie jederzeit in das Thema einsteigen können, das Sie interessiert. Wiederholen sich in einem Kapitel einmal die Hinweise auf Zielgruppen, Ziele oder sonstige Content-bezogene Strategiebestandteile, die bereits in einem anderen Kapitel beschrieben wurden? Das kann sein! Allerdings ist das gewollt und wird in den jeweiligen Kapiteln immer mit einer besonderen Perspektive auf das jeweilige Fachthema abgegrenzt.

Ziel der einzelnen Fachkapitel ist es, die wesentlichen, relevanten Aussagen und Informationen zum jeweiligen Thema in einem Kapitel zusammenzufassen, um dem Buchcharakter eines Nachschlagewerkes gerecht zu werden.

Werfen wir mal einen kurzen Rundumblick auf die folgenden Kapitel und ihre Besonderheiten:

- Kapitel 2, »Das Königsformat Text heute – und auch in der Zukunft?« (Kathi Grelck)

  In Kapitel 2 bekommen Sie Einblicke in die vielfältige Welt des Content-Gebietes *Text*. Kathi Grelck liefert Ihnen wichtiges Wissen zur Formatvielfalt, Suchmaschinenoptimierung und Messbarkeit von Texten. Sie geht auf Spezialthemen wie Produktbeschreibungen, Storytelling und Textautomatisierungssoftware ein. Und sie erweiterten Ihren Horizont mit spannenden Fakten zu Barrierefreiheit, einfacher und leichter Sprache und Gendern.

- Kapitel 3, »Gutes Design, guter Content?« (Robert Weller)

  In Kapitel 3 lernen Sie das CUBI UX-Modell als grundlegendes Framework für die zielgerichtete Gestaltung von Content kennen. Robert Weller zeigt Ihnen diverse Beispiele, wie Sie mit Ihrem Content aus der Masse hervorstechen und Aufmerksamkeit generieren oder Konsument*innen zu einer bestimmten Handlung – etwa den Kauf oder die Anmeldung für Ihren Newsletter – motivieren. Darüber hinaus erfahren Sie in diesem Kapitel mehr über die Rolle des Content Designers: von den individuellen Fähigkeiten im Vergleich zu anderen Content-Jobs bis hin zu den alltäglich genutzten Tools in der Praxis.

- Kapitel 4, »Video ist King! Setzen Sie Bewegtbild gezielt für Ihr Marketing ein« (Christine Henning und Hendrik Unger)

  Wie macht man erfolgreiches Videomarketing? Sie ahnen es schon – mit Köpfchen, Strategie, Einsatz und Geduld. Kapitel 4 gibt Ihnen umfassende praktische Antworten auf Fragen zur passenden Location, zu benötigtem Equipment, Video-Storytelling, anfallenden Kosten, dem Mehrwert von Video-Content, sinnvollen Produktionsfrequenzen und vielen anderen videobezogenen Fragen zum Aufbau Ihres Content Marketings.

- Kapitel 5, »Schon gehört? Audio-Content ist der Nachwuchsstar am Content-Himmel« (Katrin Schüler-Springorum)

  In Kapitel 5 geht es ums Hören sowie die vielfältigen Nutzungsmöglichkeiten von Audio-Content. Außerdem erhalten Sie einen praxisnahen Einblick in die Welt der Audio- und Podcast-Produktion mit kreativen Ideen und Anregungen, die Sie unkompliziert ausprobieren und umsetzen können.

- Kapitel 6, »Mehrwert trumpft klassisches Marketing – wie Sie mit Wissen begeistern« (Jennifer Fritz)

  Was macht einen guten Wissensinhalt aus? Welche Zutaten brauchen Sie dafür? Kapitel 6 trumpft mit jeder Menge Mehrwerten zum Thema Webinar- und Onlinekurserstellung, von den ersten Schritten bis zum (fast) fertigen Content. Erstellen Sie Ihr einzigartiges, formidables Onlinewissensformat mit einem Kapitel, das jeden Schritt mit Ihnen gemeinsam geht.

- Kapitel 7, »Content auf Speed – Inhalte für Social Media« (Anna Turner)

  In Kapitel 7 erfahren Sie nicht nur, was erfolgreichen Social-Media-Content ausmacht, sondern lernen anhand praktischer Übungen und Beispiele, Ihre Inhalte strategisch zu planen, umzusetzen und auszuwerten. Content auf sozialen Netzwerken ist schnelllebig und abwechslungsreich gestaltet. Sie erhalten deshalb einen Überblick über die wichtigsten Social-Media-Formate und lernen effektive Formeln kennen, um Ihre Texte, Grafiken und Videos social-media-gerecht aufzubereiten.

- Kapitel 8, »Content im B2B – da geht noch einiges!« (Caroline Hof)

  Das Kapitel leitet Sie als B2B-Marketer und -Kommunikationsverantwortliche an, wie Sie Content Marketing auch mit begrenzten Ressourcen effektiv und strategisch umsetzen. Es gibt Ihnen Tipps an die Hand, wie Sie Ihren individuellen Fahrplan aufsetzen, und stellt hilfreiche Tools zur Umsetzung Ihrer Content-Marketing-Maßnahmen vor. Sie erfahren, wie Sie Content entlang der Customer Journey einsetzen, damit aus Interessenten Kunden und sogar Multiplikatoren werden. Konkrete Praxisbeispiele aus dem B2B zeigen, wie Sie mit Content Marketing die richtigen Menschen im Web und auf Social Media erreichen – mit besonderem Fokus auf LinkedIn. Und um Ihre Geschäftsleitung zu überzeugen, erfahren Sie schließlich, wie Sie Ihr inhaltsgetriebenes Marketing mithilfe SMARTer Ziele messbar machen.

- Kapitel 9, »Der Umsatz-Rockstar – Shop-Content« (Christine van Tübbergen)

  In Kapitel 9 erfahren Sie, was Content für Onlineshops so besonders macht und wie Sie Verkaufs-Content gezielt einsetzen können. Sie lernen grundlegende Content-Regeln kennen, wie Texte, Bilder und Videos im E-Commerce funktionieren und wissen am Ende, warum sich alles jederzeit um Ihren potenziellen Kunden drehen sollte.

- Kapitel 10, »Content-Profi werden und bleiben – Aus- und Weiterbildungsmöglichkeiten« (Ute Klingelhöfer)

  Kapitel 10 beleuchtet, wie Sie Ihren Weiterbildungsbedarf strategisch ermitteln, sodass Unternehmen ihr knappes Budget in einem wenig normierten Weiterbildungsmarkt effektiv einsetzen. Dazu werden konkrete Studiengänge, Ausbildungen und Seminarangebote (online und offline) zum Auf- und Ausbau Ihrer Content-Karriere vorgestellt und Kriterien ermittelt, mit denen Sie deren Qualität beurteilen können. Netzwerkfans erhalten vielfältige Tipps und Angebote für Konferenzen und Feierabendveranstaltungen, mit denen sie ihr Wissen rund um Content-Strategie und Marketing dauerhaft up to date halten.

1.6 Abschließend: Content-Strategie = Mach einfach das Richtige!

Jetzt habe ich an vielen Stellen bereits erwähnt, dass »Content 360 Grad« ein Buch aus der Praxis für die Praxis darstellen soll. Wieso poppt dann am Ende wieder dieser Strategiebegriff auf? Ist eine Strategie nicht etwas höchst Abstraktes und Theoretisches bzw. weit von der operativen Ebene entfernt? Ja und nein. Als der Begriff Content-Strategie aus den USA in unserer Branche aufgeschlagen ist, war ich damit zunächst nicht wirklich glücklich. Aus meiner Sicht wurde der Begriff den Macheraufgaben, die im Rahmen einer Content-Strategie erledigt werden müssen, nicht gerecht. Ergo versuchte ich, mich erst einmal (unter anderem auch im Rahmen meiner Arbeit an meinem ersten Fachbuch »Think Content!«) mit dem Begriff anzufreunden, und recherchierte ein wenig nach den verschiedenen Bedeutungen und Interpretationen zum Strategiebegriff an sich.

Dabei bin ich auf eine Definition gestoßen, die mich komplett mit dem Content-Strategie-Begriff versöhnt hat. Diese stammt von Peter Drucker, einem US-amerikanischen Ökonomen und Fachbuchautor. Anbei ein Auszug aus Wikipedia zu Druckers Strategiedefinition:[9]

> *»Die Strategie wird von Peter Drucker auf ›doing the right thing‹ generalisiert. Nach Drucker soll ein Unternehmen das Richtige tun. Daher bedeutet die Strategie, die Zukunft zu gestalten, nicht auf die Zukunft zu reagieren. Die zentrale Aufgabe des Unternehmens ist herauszufinden, wie es seine Kunden mit seinen Problemlösungen bzw. Leistungen befriedigen kann. Um dieses Ziel zu erreichen, soll das Unternehmen seine Ressourcen effizient einsetzen.«*

Was mir besonders an dieser Definition gefällt, ist, dass er den Begriff »Doing« enthält, **das Machen** bzw. das richtige **Tun**! Genau darum geht es auch beim strategischen Arbeiten mit Content, und zwar in allen Bereichen: von der Content-Konzeption über das Content-Relaunch-Management bis hin zum täglichen Arbeiten mit digitalen Inhalten!

Dieser Sammelband beinhaltet Macherinformationen, die Ihnen dabei helfen, strategisch mit Content zu arbeiten und praktisch in Content zu denken. Dabei schadet es nicht, wenn Sie sich künftig beim Planen von Inhalten oder bei der Content-Arbeit immer wieder die Frage stellen: Mache ich hier eigentlich das Richtige? Sprich, arbeite ich mit meinen Ressourcen effizient und hilft mein Content meiner Zielgruppe wirklich weiter?

Doing the right thing! Was für ein wunderbarer Auftrag an alle Content-Schaffenden. Was man beispielsweise beim Texten richtig macht, erfahren Sie im anschließenden Expertenkapitel zum Thema Text von unserer Mitautorin Kathi Grelck.

Wir wünschen Ihnen viel Spaß bei der Lektüre. Außerdem ebenso viel Spaß und Erfolg sowie eine nie endende Leidenschaft bei Ihrer Content-Arbeit!

---

9 Quelle: *https://de.wikipedia.org/wiki/Strategie_(Wirtschaft)*

Kapitel 2

Das Königsformat Text heute – und auch in der Zukunft?

Text galt lange Zeit als das wichtigste Content-Format. Aber was macht einen richtig guten Onlinetext aus? Welche neuen Entwicklungen in der Textwelt gilt es zu berücksichtigen? Und wird Text auch zukünftig noch die Bedeutung haben, die er heute hat?

Ich arbeite seit fast zwölf Jahren mit Sprache. Zuerst habe ich neben dem Studium Deutsch und Englisch am Gymnasium unterrichtet und in den späteren Semestern als Copywriterin gearbeitet. Schon vor dem Abschluss bin ich in die zweisprachige Technische Redaktion gerutscht und habe mich danach als Texterin, Übersetzerin und Lektorin selbstständig gemacht. Inzwischen leite ich das Content Marketing einer großen Unternehmensgruppe. Außenstehenden ist oft nicht bewusst, an wie vielen Stellen richtig gute Texte gebraucht werden, wie viele unterschiedliche Textformate und Spezialisierungen es gibt und wie groß der Unterschied zwischen einem schlechten, einem mittelmäßigen, einem guten und einem sehr guten Text sein kann.

Gute Texte werden gebraucht, damit die richtigen Informationen den richtigen Empfänger*innen auf die richtige Art und Weise vermittelt werden. Nur so werden Menschen für Ihr Unternehmen begeistert, Ihre Produkte gekauft und nur so bewirbt sich jemand auf eine Ihrer Stellen. Was jeweils die richtigen Informationen, die richtigen Empfänger*innen und die richtige Art und Weise sind, ist teils Best Practice und teils individuell und muss definiert werden, lange bevor das erste Wort geschrieben wird.

In diesem Kapitel kann ich Ihnen nicht alles beibringen, was es über das Texten zu wissen gibt. Damit könnte ich mehr als ein ganzes Buch füllen. Stattdessen setze ich Schwerpunkte an Stellen, die meiner Erfahrung nach besonders entscheidend sind: Zuerst gebe ich Ihnen in Abschnitt 2.1 einen Einblick in die umfangreiche Formatvielfalt von Text, damit Sie ein Gefühl dafür bekommen, wie unterschiedlich zwei verschiedene Texte sein können.

Anschließend bekommen Sie in Abschnitt 2.2 von mir und anderen Textexpertinnen Tipps, die Sie auf jede Art von digitalem Text anwenden können. In Abschnitt 2.3 zeige ich Ihnen, dass Sie sogar analysieren können, wie gut ein Text ist – das ist nämlich nicht nur Geschmackssache. In Abschnitt 2.4 bis Abschnitt 2.6 gehe ich zu drei wichtigen Spezialisierungen über: Suchmaschinenoptimierung, Produktbeschreibungen und Storytelling. Jede für sich ist und wird immer wichtiger und hat deshalb einen eigenen Abschnitt verdient.

Im Content Marketing können gesellschaftliche Entwicklungen nicht einfach ignoriert werden. Die Zielgruppe ist immer das A und O, und je nachdem, wie Ihre Zielgruppe aussieht, lohnt sich ein Blick auf die Themen Diversität und Inklusion. Betrachten Sie Abschnitt 2.7 insofern als Anregung und Unterstützung, damit Sie selbst entscheiden können, ob Sie Ihre Texte so schreiben und gestalten wollen, dass sie genderkonform, leicht verständlich und für alle konsumierbar sind.

Den Abschluss bildet eine Art Vorausschau. Manche denken, Text werde in Zukunft nicht mehr gebraucht, weil Videos immer wichtiger und beliebter werden und der Markt mit immer mehr Textautomatisierungstools gefüllt wird. Dass und warum das aber gar nicht stimmt, erfahren Sie am Ende des Kapitels in Abschnitt 2.8, »Automatisierung, künstliche Intelligenz, die Ära des Bewegtbildes – ist Text ein Auslaufmodell?«.

Was können Sie also von diesem Kapitel erwarten? Unbezahlbares Expertenwissen, Empfehlungen von Tools und weiterführender Literatur und Anregungen zu neuen Entwicklungen in der Content-Welt. Ich erweitere Ihren Horizont und lenke Ihre Aufmerksamkeit auf Aspekte des Textens, die Sie noch gar nicht bedacht haben. Anhand von expliziten Beispielen zeige ich Ihnen, was Text alles kann und wie unterschiedlich Texte sein können – je nachdem, für wen und zu welchem Zweck Sie schreiben.

2.1 Text ist nicht gleich Text? Ein Blick auf die Formatvielfalt

Was ein Text ist, ist jedem Menschen bekannt. Auch unter der Berufszeichnung Texter*in kann sich jede und jeder etwas vorstellen. Genauer betrachtet gibt es aber tonnenweise verschiedene Arten von Text: Buch, Blogartikel, Whitepaper, Pressemitteilung usw. Die verschiedenen Formate unterscheiden sich unter anderem in Länge, inhaltlichem Fokus, Leseintention. Sie lassen sich unterschiedlich clustern, z. B. in Wissenstexte, Verkaufstexte, Unterhaltungstexte, Servicetexte etc. Es gibt aber auch Texte, die mehr als einer Gruppierung zugehörig sein können. Ein

Werbeanzeigentext kann sowohl ein Online- als auch ein Offlinetext sein, ein SEO-Text kann sowohl strategische als auch kundenbindende Intentionen haben.

Damit Sie trotzdem einen Eindruck von der umfangreichen Formatvielfalt bekommen, stelle ich Ihnen hier einige Formate exemplarisch vor. Die Aufstellung ist weder in der Erwähnung der Formate noch in der Lieferung von Informationen vollständig, sondern bietet lediglich einen ersten Einblick.

2.1.1 Newsletter

Ein guter E-Mail-Verteiler kann Gold wert sein. Darin sind nämlich Kontakte, die wirklich Interesse an Ihren Angeboten haben. Auf der Kundenreise sind sie also schon weit vorangeschritten. Wie viele Ihrer Abonnenten Ihre E-Mails tatsächlich lesen, hängt zu großen Teilen von der Qualität des Newsletters ab – sowohl inhaltlich als auch sprachlich – und ganz besonders von der Betreffzeile.

- Länge: Betreff maximal 40–50 Zeichen (je nach E-Mail-Programm), Haupttext ca. 150–300 Wörter (entspricht einer Lesedauer von 1 bis 2 Minuten)
- Intention: Kundenbindung stärken, informieren, in Erinnerung bleiben, auf neue Angebote hinweisen
- Schreibart: konversationell, aktivierend, persönlich
- Besonderheiten: Der wichtigste Textbaustein ist der Betreff, weil er über die Öffnungsrate bestimmt.

2.1.2 Claim

Ein Claim fasst eine Markenessenz in wenigen Worten zusammen und ist schwieriger zu erstellen, als Sie vielleicht denken. Claims müssen auf den Punkt gebracht sein, ein Markenversprechen enthalten, griffig sein und ein Gefühl auslösen.

- Länge: ca. drei bis sechs Wörter
- Intention: Markenpositionierung, Alleinstellungsmerkmal oder Versprechen kommunizieren, Etablierung einer bekannten Marke
- Schreibart: kurz, prägnant, griffig, differenzierend, assoziierend, positiv
- Besonderheit: Claims sind oft markenrechtlich geschützt.

Dies sind ein paar berühmte Beispiele für Claims, die sich durchgesetzt haben und von Kundinnen und Kunden fest mit einer Marke verbunden werden:

- Real: Einmal hin, alles drin
- McDonald's: I'm loving it
- toom: Respekt, wer's selber macht

2.1.3 FAQ

FAQ bedeutet auf Deutsch »Häufig gestellte Fragen«. Diese auf der Website zu integrieren ist eine Serviceleistung, die Sie besonders bei erklärungsbedürftigen Produkten oder Dienstleistungen nicht vernachlässigen sollten. Gute FAQ können Serviceanfragen verringern und umlenken sowie Ihre Kompetenz verdeutlichen.

- Länge: ab ca. 100 Wörtern
- Intention: Klärung häufiger und erwartbarer Fragen, informieren, beraten, Suchmaschinenoptimierung
- Schreibart: Teilüberschrift als Frage aus Kundensicht, Antwort aus Sicht des Unternehmens
- Besonderheit: Hat positive Auswirkungen auf SEO.

Richtig formuliert können sich FAQ nebenbei positiv auf Ihre Suchmaschinenoptimierung auswirken.

Wenig hilfreiche FAQ, die sich nicht positiv auf SEO auswirkt:

Was passiert, wenn es kaputt geht?

Im Fall eines Schadens müssen Sie persönlich vorbeikommen. Den zeitlichen Aufwand und die damit verbundenen Kosten können wir nur vor Ort bestimmen.

FAQ mit Mehrwert, die sich positiv auf SEO auswirkt:

Welche Kosten kommen auf mich zu, wenn das Headset defekt ist?

Je nach Schaden an Ihrem Headset können wir Ihnen eine Reparatur oder ein Ersatzgerät anbieten. Bei eindeutig selbst verschuldeten Schäden müssen Sie mit Kosten zwischen 20 und 100 € und einer Bearbeitungszeit von bis zu fünf Werktagen rechnen. Für eine erste Einschätzung können Sie uns telefonisch kontaktieren.

Tipp: Schauen Sie nach, ob eine Frage bereits eine FAQ-Antwort bei Google ergibt, und orientieren Sie sich an der Formulierung und dem Inhalt der Frage und der Antwort. Kopieren Sie den Text aber nicht!

2.1.4 Call-to-Action

Calls-to-Action werden nahezu überall gebraucht: Auf Landingpages, in Kontaktformularen, in Newslettern, in Social-Media-Beiträgen etc. Menschen erkennen ohne konkrete Handlungsaufforderung nämlich nicht automatisch, was von ihnen gewünscht wird. Formulieren Sie Ihre CTAs kurz, präzise und eindeutig – und geben Sie immer nur eine Handlungsaufforderung. Ansonsten verwirren Sie die Leserschaft.

- Länge: maximal ein Satz
- Intention: Handlungsaufforderung
- Schreibart: direkt, aktivierend, einladend, Imperativ
- Besonderheit: Muss kein vollständiger Satz sein, wird oft für verlinkte Buttons genutzt, greift die Handlungsintention des Textes auf.

Wenn Sie lernen wollen, wie Sie optimale Calls-to-Action schreiben, empfehle ich Ihnen das Buch »UX Writing & Microcopy« von Kinneret Yifrah.

2.1.5 Pressemitteilung

Pressemitteilungen sind ein wichtiger Bestandteil der externen Unternehmenskommunikation und werden verwendet, um Unternehmensneuigkeiten zu veröffentlichen. Ein Führungswechsel, ein innovatives neues Produkt, die Erschließung eines neuen Marktes – all das sind gute Gründe für eine Pressemitteilung. Sie sollten aber nicht zu werblich formuliert werden, da die objektive Informationsvermittlung im Fokus steht.

- Länge: ca. eine halbe bis zwei Seiten
- Intention: Informieren über unternehmensspezifische Neuerungen, Reichweitenstärkung, Bekanntmachung, Werbung
- Schreibart: professionell, knapp, positive Formulierungen, aktivierend
- Besonderheit: Enthält Zitate aus dem Unternehmen oder der Kundschaft, verzichtet außerhalb dessen auf direkte Anrede und Ich-/Wir-Formulierungen.

2.1.6 Whitepaper

Ein Whitepaper widmet sich detailliert einem Fachthema und ist damit oft umfangreicher als ein Blogartikel. Whitepaper gehen in die Tiefe und enthalten wertvolles Branchenwissen. Deshalb werden sie oft hinter einer Paywall versteckt. Sie eignen sich auch für den Aufbau einer E-Mail-Kontaktliste.

Sprachlich werden Whitepaper meist beinahe akademisch gehalten. Außerdem werden Case Studies, Zahlen und Infografiken integriert. Der Inhalt kann gut für kleinere Content-Pieces wie Advertorials und Ads wiederverwendet werden.

- Länge: meist mehr als sechs Seiten
- Intention: komplexe Sachverhalte beleuchten, Wissensvermittlung, Präsentation einer Expertise
- Schreibart: professionell, mit Fachbegriffen, in der Regel keine direkte Ansprache der Lesenden
- Besonderheiten: Die Inhalte werden oft für zusätzliche Kanäle und Formate (Advertorial, Newsletter) anders aufbereitet.

2.1.7 Anzeigentext

Auf Google und in den sozialen Netzwerken Werbung zu schalten wird immer lukrativer. Dafür müssen die Texte aber auf den Punkt gebracht sein und beim Scrollen sofort auffallen. Für viele Worte ist kein Platz. Stattdessen muss sofort klar werden, worum es in der Anzeige geht. Damit Nutzerinnen und Nutzer dem hinterlegten Link folgen, muss schnell ersichtlich sein, was sie davon haben.

Tipp: Recherchieren Sie unbedingt, wo sich Ihre Zielgruppe aufhält, bevor Sie viel Geld in Werbeanzeigen investieren! Businessthemen lassen sich z. B. oft besser auf LinkedIn platzieren als auf Instagram. Außerdem haben verschiedene Plattformen oft zusätzliche Regeln für mögliche Textinhalte in Werbung, die Sie beachten sollten.

- Länge: abhängig von der Plattform (z. B. LinkedIn, Google, Facebook)
- Intention: Traffic generieren, Leads generieren, Suchende auf eine bestimmte Webseite locken
- Schreibart: aktiv, direkte Ansprache, Handlungsaufforderung, Schlagwörter
- Besonderheiten: Basiert auf Keyword-Recherche bzw. Hashtag-Recherche, wird als Anzeige deklariert, kann mit Alternativtext versehen werden.

Abbildung 2.1 Die Facebook-Anzeige von HubSpot springt sofort ins Auge und ist unmissverständlich.

2.1.8 Suchmaschinenoptimierter Blogartikel

Auf Suchmaschinenoptimierung gehe ich in Abschnitt 2.4 genauer ein, aber so viel sei hier bereits gesagt: Auch wenn Sie sich nicht immer streng an alle SEO-Regeln halten müssen, damit Ihre Texte bei Google und Co. ranken, gibt es Feinheiten, die einen reinen Blogartikel von einem suchmaschinenoptimierten unterscheiden. Mir fällt am meisten auf, dass die Zwischenüberschriften nicht strategisch genug gewählt werden. Sie müssen den darunter kommenden Textabschnitt einleiten und einen Hinweis auf den Inhalt geben. Das ist auch für Leserinnen und Leser viel freundlicher.

- Länge: ca. 300 bis 4.500 Wörter
- Intention: Traffic generieren, in Ergebnislisten von Suchmaschinen gut ranken, Vertrauen aufbauen, Expertise präsentieren
- Schreibart: kurze Sätze, keine Verschachtelungen, möglichst einfache Formulierungen, Fachbegriffe erläutern
- Besonderheiten: Bedarf einer Keyword-Recherche, wird idealerweise mit weiterführenden Links und visuellen Formaten (Bild, Grafik, Video) unterstützt.

Beispiel für eine weniger gelungene Struktur an Zwischenüberschriften

1. Aller Anfang ist schwer
2. So wird es auf jeden Fall etwas
3. Und einmal mit Gefühl
4. Darf es noch ein bisschen mehr sein?
5. Fazit

Beispiel für eine aussagekräftige Struktur an Zwischenüberschriften

1. Schwarzwälder Kirschtorte backen: Aller Anfang ist schwer
2. Den Tortenboden fluffig backen – so wird es auf jeden Fall etwas
3. Und einmal mit Gefühl – die Cremefüllung für Ihre Schwarzwälder Kirschtorte
4. Passende Heißgetränke für den Kaffeeklatsch: Darf es noch ein bisschen mehr sein?
5. Fazit: Der Sonntagskuchen ist gerettet

2.2 Be a pro! Tipps für das Verfassen von (digitalen) Inhalten

Texten ist zu gleichen Teilen Kunst wie Handwerk – einen eigenen Stil werden Sie selbst entwickeln müssen, und manchen fällt das Schreiben guter Texte leichter als anderen. Das Einhalten von Tipps und Regeln macht aber schon viel aus. Ich habe für Sie Profitipps bei Expertinnen eingeholt.

Den Anfang machen Tipps, die Sie besonders beim Verfassen digitaler Inhalte beachten sollten. Denn im Internet sind nicht nur die Formate ganz andere, sondern auch das Leseverhalten unterscheidet sich grundsätzlich von dem bei Printprodukten: Ihre Leserinnen und Leser haben weniger Geduld, eine niedrigere Aufmerksamkeitsspanne und die Angewohnheit, Texte nur zu scannen, anstatt sie komplett zu lesen.[1]

Die Onlineverkaufspsychologin Natalie Müller erklärt, warum Sie bei digitalen Texten neben inhaltlichen auch visuelle Aspekte berücksichtigen müssen:

Tipp 1: Die erste Zeile bzw. die Überschrift muss überzeugen, weil sie der Verkaufstext für den Text darunter ist. Ist die erste Zeile schlecht, brauchen Sie keine Mühe mehr auf den restlichen Text zu verwenden.

Tipp 2: Setzen Sie Bullet Points ein! Achten Sie aber darauf, dass es sich um eine ungerade Anzahl handelt und Sie niemals mehr als sieben Bullet Points verwenden. Das nimmt das Auge als schöner wahr. Der erste und der letzte Punkt sind immer die wichtigsten Argumente. Die bleiben beim Lesen am stärksten im Kopf.

Tipp 3: Setzen Sie Fettungen und Kursivschreibung nur ausgewählt ein, und markieren Sie damit in erster Linie Positives, denn diese Bereiche werden vorrangig gelesen. Markieren Sie nur Negatives, springen Ihre Leser schnell ab. Schließlich will sich niemand schlecht fühlen.

Kennen Sie das Zitat: »Kill your Darlings«? Was die Aufforderung aussagen will: Eliminieren Sie alles, was Ihre Geschichte nicht wirklich braucht – jede Figur, jeden Handlungsstrang, jeden Satz, jedes Wort. Was für kreatives Schreiben gilt, lässt sich auch auf unsere Art des Schreibens übertragen. Die Copywriterin Nicola Stefan-Weissenböck hat den Schreibtipp für uns Texter und Texterinnen upgedatet:

> *»Kürzen Sie, bis es nicht mehr geht. Und dann noch ein bisschen mehr. Speziell dann, wenn ich ein bisschen (zu) verliebt in meine eigenen Worte bin, ist es hart, mich von ihnen zu trennen. Immer wieder erstaunlich ist, wie klar und gut Texte erst dann werden, wenn ich gnadenlos streiche und weglasse. Denn was dann bleibt, ist ein wunderschöner, klarer Fokus.*

1 Kate Moran hat dazu 2017 einen Artikel geschrieben, in dem sie Visualisierungen des Scanverhaltens anhand von Heatmaps verwendet hat: *www.nngroup.com/articles/heatmap-visualizations-signifiers*. Unter anderem aus diesem Leseverhalten hat sich herauskristallisiert, dass Texte auch visuell aufbereitet werden müssen, um Erfolg zu haben. Robert Weller geht darauf in einem Fachbeitrag genauer ein: *https://wortliga.de/texte-visuell-gezielt-gestalten*.

Was mir hilft, mich beim Werbetexten zu disziplinieren (und mich von scheinbar unverzichtbaren Lieblings-Langschreibungen zu trennen): Ein Blick auf die mobile Ansicht. Das macht immer wieder sehr schnell klar, mit wie wenig Worten die Botschaft tatsächlich ankommen und überzeugen muss.«

In eine ähnliche Richtung geht der erste Tipp von Schreibcoach Hilge Kohler. Darin widmet sie sich einem meiner Lieblingsthemen: den Schachtelsätzen. Schachtelsätze sind ein No-Go. Lesen Sie selbst, wieso das so ist:

»Kennen Sie den Mann, der sich, als er seinen Satz, den er sorgfältig erdacht, geplant und letztendlich in die Tasten gehauen hatte, sich nochmals genüsslich zu Gemüte führen wollte, in selbigem beim Versuch, ihn sich laut vorzulesen, den Atem verlor und, wäre nicht unversehens Hilfe gekommen, fast jämmerlich erstickt wäre? – Ich kenne ihn nicht. Und ich möchte seine Texte nicht lesen. Schreiben Sie kurze Sätze. So kurz, dass Sie den Satz in einem Atemzug vorlesen können.«

Ist das nicht ein unfassbar gut formulierter und anschaulicher Tipp? Zum Glück hat Hilge Kohler es sich nicht nehmen lassen und mir noch einen weiteren zukommen lassen, der nicht nur für digitale Inhalte, sondern nahezu jede Art von Text gilt:

»Schreiben Sie mit allen Sinnen. Saisonale Gewürzsortimente, Objekte in Signalfarben oder Geräusche in hohen Tonlagen lassen mich kalt. Aber ich kenne den Duft von Zimt, das Glänzen der Bratäpfel und das aufgeregte Kichern der Kinder.«

Dass gutes Texten nicht nur bedeutet, gut schreiben zu können, hat Allround-Marketingexpertin Ulrike Zecher in ihrem Tipp verarbeitet. Lange bevor ein Text geschrieben wird, braucht er nämlich ein Konzept und eine Struktur. Damit behalten Sie den roten Faden. Das klingt unfassbar kompliziert, wird mit Ulrikes Tipp aber zum Kinderspiel:

»Sie wollen Blogartikel mit Lesernutzen produzieren? Dann legen Sie vor dem Schreiben einen konkreten Arbeitstitel fest. Immer. Der Arbeitstitel, der eine nanokleine Themenfacette beschreibt, hält Sie beim Bloggen auf der Spur. Wichtig: Schreiben Sie den Arbeitstitel so, dass ihn Ihre Oma Erna aus Wanne-Eickel versteht – ganz ohne Marketing-Blabla. Falsch: ›Ich schreibe einen Blogartikel über Kommunikationstraining für Führungskräfte‹. Richtig: ›Ich will einen Blogartikel für männliche Führungskräfte schreiben, denen der Arsch auf Grundeis geht, wenn sie in den ersten 100 Tagen im Job vor Publikum reden wollen oder müssen.‹ Sie hören es? Der Arbeitstitel ist nur für Sie.«

Von mir bekommen Sie auch noch zwei kleine Hinweise:

Lassen Sie möglichst immer mindestens eine zweite Person über Ihre Texte drüberschauen. Sie werden überrascht sein, welche Logiklücken und Schreibfehler Ihnen entgehen, anderen aber nicht. Das liegt daran, dass man recht schnell blind für den eigenen Text wird. So etwas können Profis aus den Bereichen Text, Korrektorat, Lektorat, Redaktion oder Content Management am besten.

Und last but not least: Fassen Sie wichtige Aussagen am Schluss von längeren Texten immer noch mal zusammen. Das hilft dabei, dass Ihre Informationen im Gedächtnis bleiben, und ist ein kleiner Service für die Lesenden. Diesen Trick mache ich mir jetzt selbst zunutze und gebe Ihnen eine Miniauflistung der eben aufgeführten Tipps.

Profitipps für das Verfassen von (digitalen) Inhalten

1. Ihre erste Zeile oder Überschrift muss Wumm haben.
2. Benutzen Sie bei Bullet Points immer eine ungerade Anzahl (maximal sieben), und setzen Sie die wichtigsten Argumente an die erste und letzte Stelle.
3. Verwenden Sie Fettungen und Kursivschreibung spärlich und überwiegend für positive Aussagen.
4. Kürzen Sie Ihren Text, bis nur noch Wichtiges darin steht.
5. Ihre Sätze sollten so kurz sein, dass Sie sie in einem Atemzug vorlesen können.
6. Schreiben Sie mit allen Sinnen.
7. Legen Sie einen Arbeitstitel nur für sich fest, der auch Ihrer Oma klarmachen würde, worum es in Ihrem Text gehen soll.
8. Lassen Sie Ihre Texte immer gegenlesen.
9. Fassen Sie bei längeren Texten die Kernaussagen am Ende zusammen.

2.3 Messbar, evaluierbar, testbar? Kann Text überhaupt was?

Im Internet lässt sich nahezu alles kontrollieren, analysieren und auswerten – auch Texte. So können Sie z. B., noch bevor Sie einen Text schreiben (lassen), nach passenden Keywords suchen. Abbildung 2.2 zeigt, was das Tool Sistrix ausgibt, wenn Sie nach dem Keyword »Alpaka Wanderung« suchen: Neben dem von Ihnen eingegebenen Begriff sehen Sie:

- weitere verwandte Keywords
- das Suchvolumen (wie häufig pro Monat nach diesem Begriff gesucht wird)
- den Wettbewerb (wie schwierig es für Sie wird, sich gegen andere durchzusetzen und organisch mit diesem Keyword auf einem gewünschten Platz der Suchergebnisse zu landen)

- den Trend (Schwankungen im Suchverhalten)
- den CPC, also Cost-per-Click (wie teuer eine Google-Werbeanzeige pro Klick durchschnittlich für Sie wäre)

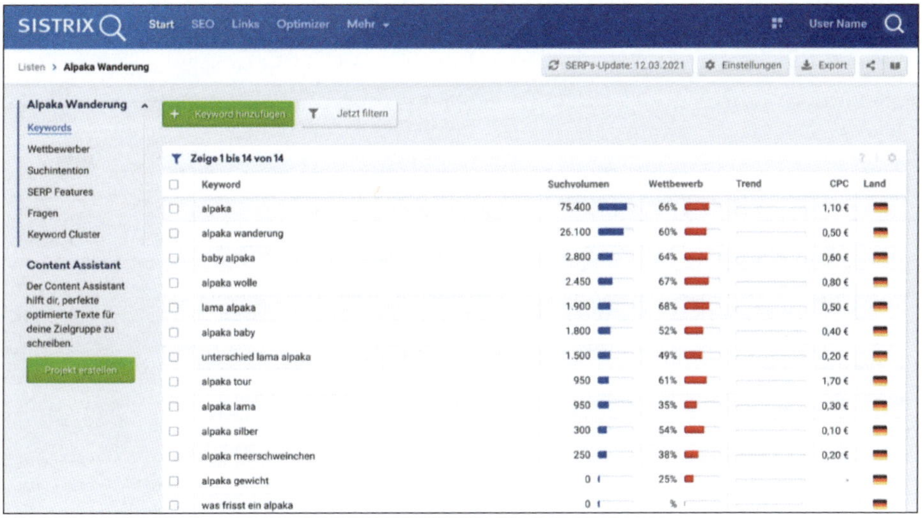

Abbildung 2.2 Keyword-Recherche im Tool Sistrix (Quelle: *www.sistrix.de*)

In Sistrix können Sie aber auch noch andere Informationen erhalten, z. B. wie gut die Sichtbarkeit Ihrer Website ist. Abbildung 2.3 zeigt eine positive Entwicklung des Sichtbarkeitsindex, die dem Einsatz von SEO-Maßnahmen zu verdanken ist. Mit diesem Index können Sie langfristig nachverfolgen, ob die Sichtbarkeit Ihrer Website steigt.

Das ist sinnvoller, als einfach danach zu googeln. Denn Ihre persönlichen Suchergebnisse sind nicht repräsentativ, sondern auf Ihr individuelles Suchverhalten abgestimmt. Suchmaschinen sammeln nämlich bei jeder Ihrer Suchanfragen Informationen, um ein Nutzungsprofil von Ihnen zu erstellen. Je mehr Informationen eine Suchmaschine hat, desto besser kann sie einschätzen, welche Intention Sie mit einer Suchanfrage verfolgen. So können jeder Person individuell passende Suchergebnisse ausgespielt werden.

Wenn eine Suchmaschine wie Google Ihre Seiten indexiert hat, ranken die Inhalte in der Regel auch. Wenn Sie beginnen, sich mit SEO zu befassen, müssen Sie also nicht bei null starten. Tools geben Ihnen einen Überblick darüber, für welche Keywords und wie gut Ihre Domain aktuell rankt. Hier können Sie ablesen, wo Potenzial besteht, und Sie können Seiten auf dieser Basis weiter optimieren.

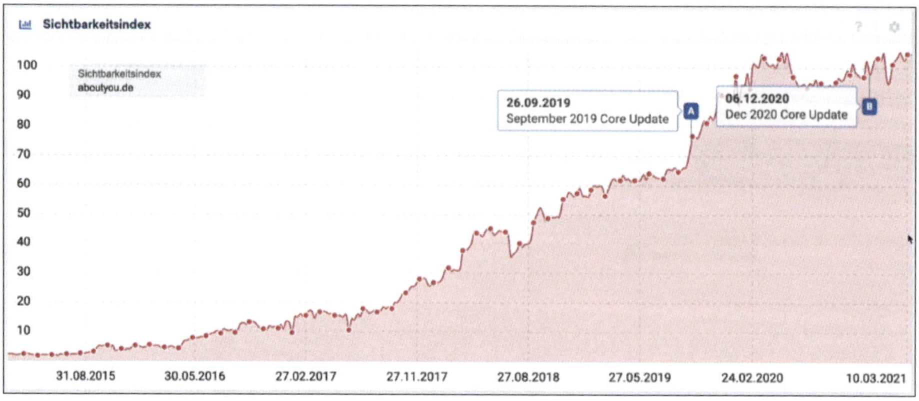

Abbildung 2.3 Sichtbarkeitsindex von aboutyou.de im Tool Sistrix (Quelle: *www.sistrix.de*)

Zeige 1 bis 40 von 40

Keyword	Position		Suchvolumen ...	Wettbewerb	CPC	Tags	Stand...	D..	S..	Datum
druckerei	5		12.700		4,00 €		DE		G	08.03.21
online druckerei	5	+1	7.150		7,00 €		DE		G	08.03.21
broschüren drucken ...	6		750		9,90 €	Broschüre	DE		G	08.03.21
onlinedruckerei	6	-2	850		8,90 €		DE		G	08.03.21
briefpapier	7	+2	10.200		1,50 €	Briefpapier, Short...	DE		G	08.03.21
hardcover	8	+1	1.400		1,60 €		DE		G	08.03.21
buch drucken	9	+1	2.350		3,70 €	Buch, Büttenpapi...	DE		G	08.03.21
briefpapier drucken	11		2.100		6,30 €	Briefpapier, Druck...	DE		G	08.03.21
plakate drucken	12		2.150		4,80 €		DE		G	08.03.21
flyer erstellen	12	+1	15.500		2,50 €		DE		G	08.03.21
postkarten drucken	13		5.750		2,50 €		DE		G	08.03.21
visitenkarten online	14		1.950		9,50 €	Visitenkarten	DE		G	08.03.21
visitenkarten	14	+1	46.000		4,50 €	Visitenkarten	DE		G	08.03.21
flyer drucken	14		7.000		12,00 €	Flyer	DE		G	08.03.21
einladungskarten dr...	15	+1	1.450		3,80 €	Einladung	DE		G	08.03.21

Abbildung 2.4 Darstellung der Keywords, für die eine bestimmte Domain bei Google rankt (Quelle: *www.sistrix.de*)

Auch Google-Werbeanzeigen können Sie im Blick behalten und vergleichen. Abbildung 2.5 zeigt Ihnen, wie viele Menschen eine meiner persönlichen Anzeigen gesehen und wie viele tatsächlich daraufgeklickt haben. Sie sehen: Die Anzahl der Klicks ist um ein Vielfaches geringer als die der Impressionen. Entsprechend gering ist in Relation die Menge der qualifizierten Kontakte, zu denen Ads schlussendlich führen. Die hängt aber auch von der Landingpage ab, auf die die Ad weiterleitet. Die Landingpage wiederum lässt sich mit anderen Tools wie Google Analytics auswerten.

Wenn Sie herausfinden wollen, wie gut sich ein Werbetext macht, können Sie alternative Beschreibungen gleichzeitig verwenden und auswerten, welcher Text die besseren Klickzahlen hatte. Die schlecht performenden Texte können Sie dann später einfach deaktivieren und analysieren, worin sie sich von den besser performenden unterscheiden.

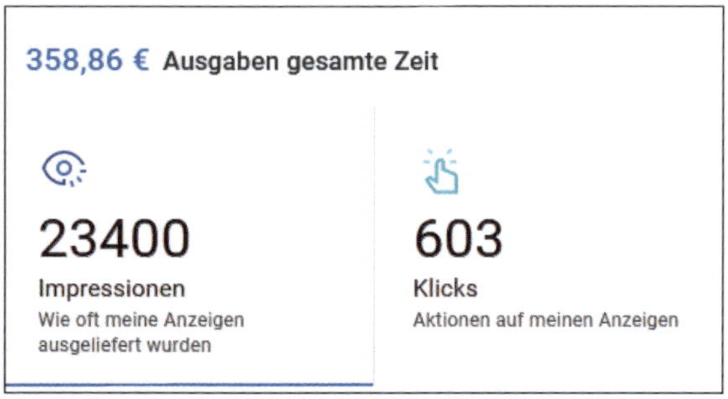

Abbildung 2.5 Auswertung in Google Ads der Impressionen und Klicks auf eine Werbeanzeige

Im Google-Ads-Menü selbst finden Sie noch weitere hilfreiche Informationen über die von Ihnen erreichte Zielgruppe. Abbildung 2.6 zeigt, dass meine Anzeige in ca. zwei von drei Fällen über ein Mobilgerät ausgespielt worden ist. Das ist deshalb relevant, weil mobiloptimierte Texte teils anderen Regeln folgen als solche, die für den Konsum am Desktop bestimmt sind. Die Auswertungen zeigen außerdem Tendenzen zum Wohnort und Alter der Personen, denen meine Anzeige ausgespielt wurde. Besonders das Alter ist wichtig, da junge Menschen anders angesprochen werden als ältere.

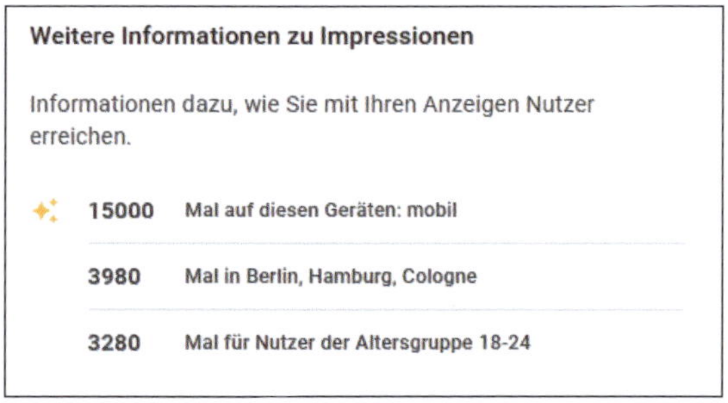

Abbildung 2.6 Insights über das Verhalten der Personen, die mit meiner Anzeige erreicht worden sind

Wie gut Ihre Website-Texte abseits von SEO performen, können Sie mit Google Analytics oder einem vergleichbaren Tool (z. B. Adobe Analytics oder Mapp Intelligence) auswerten. Da das Tool sehr umfangreich ist, müssen Sie sich aber zunächst etwas einarbeiten. Dafür können Sie auf allerlei Hilfsartikel, YouTube-

Videos und sogar Gratisschulungen von Google selbst zurückgreifen. Google Analytics liefert Ihnen ein breites Spektrum an Auswertungen: von der Quelle, über die jemand auf Ihre Website gelangt, über das Land, von dem aus auf Ihre Website zugegriffen worden ist, bis hin zum Verhaltensfluss (von welcher Unterseite aus wie viele Besucherinnen und Besucher auf welche nächste Unterseite klicken bzw. abspringen und Ihre Website verlassen).

Abbildung 2.7 zeigt nur einen winzigen Ausschnitt dessen, was Google Analytics alles auswertet. Der Screenshot zeigt Schwankungen bei den Besuchen der Website, die effektive Anzahl an Besuchern und Sitzungen, die Absprungrate und die durchschnittliche Sitzungsdauer. Außerdem wird ein Trend angezeigt. Wenn Sie Ihre Texte ändern, empfehle ich Ihnen, die Auswertungen vorab zu analysieren und die Prüfung einige Zeit nach der Änderung der Texte zu wiederholen. Wenn sich die Sitzungsdauer verlängert oder die Absprungrate reduziert hat, wissen Sie, dass Ihr Text besser geworden ist. Verhält es sich andersherum, sollten Sie dem lieber noch einmal auf den Grund gehen.

Keine Sorge: Sie müssen nicht unbedingt selbst das Content Controlling übernehmen und sich in all diese Bereiche einarbeiten. Überlegen Sie, wer bei Ihnen im Unternehmen gut mit Zahlen umgehen und Ihnen beim Erstellen eines Reportings weiterhelfen kann. Größere Unternehmen mit Content-Abteilung gliedern diese Aufgabe oft mit ins Content Management ein oder an eine externe Agentur aus.

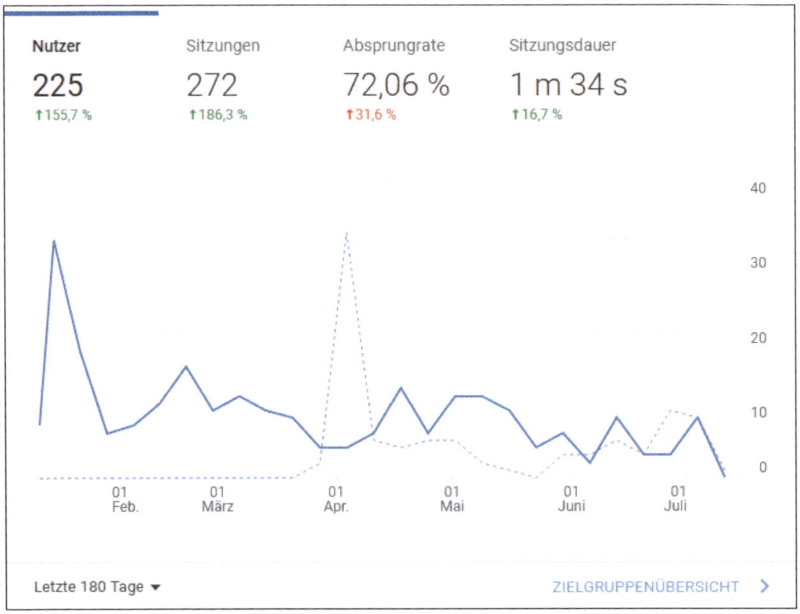

Abbildung 2.7 Startseiten-Auswertung in Google Analytics für meine persönliche Website

Sie sehen: Es gibt viele Möglichkeiten, den Erfolg Ihrer Texte auszuwerten. Bedenken Sie aber immer, dass Ihre Texte nur selten für sich allein stehen. So entscheiden z. B. bei SEO auch technische Aspekte und bei Ihrer Website auch das Design darüber, wie gut jemand Ihre Inhalte findet. Im Buch »Content Design« von Robert Weller und Ben Harmanus erfahren Sie, wie wichtig die visuelle Aufbereitung von Content (sowohl von Text als auch von anderen Formen) ist.

Texte messen und auswerten im Überblick

1. Mit Tools wie Sistrix können Sie noch vor dem Schreiben eines Textes anhand konkreter Zahlen erkennen, wie beliebt ein Thema bzw. Suchbegriff ist.
2. In Sistrix können Sie außerdem auswerten, wie gut Ihre Website im Vergleich zu Ihrer Konkurrenz rankt.
3. Sistrix bietet ein Blog und Tutorials, mit denen Sie sich in die Software einarbeiten können.
4. Wenn Sie ermitteln wollen, wie gut eine Website für einen Suchbegriff rankt, verlassen Sie sich immer auf Tools. Ihre eigene Internetsuche ist nicht aussagekräftig.
5. Ihre Texte können auch dann gute Rankings erzielen, wenn Sie bei der Erstellung nicht primär auf SEO geachtet haben.
6. In Sistrix können Sie sehen, welche Ihrer Landingpages großes Potenzial haben und mit wenig Optimierung noch besser in den Suchmaschinen performen können.
7. Schalten Sie Anzeigen in Google, können Sie deren Erfolg jederzeit einsehen und weitere Informationen zum Nutzungsverhalten Ihrer Zielgruppe erhalten.
8. Wenn Sie Google Analytics in Ihre Website integrieren, können Sie messen, wie viele Besucherinnen und Besucher Ihre Website besuchen, wie diese sich innerhalb der Website bewegen und wo sie abspringen.
9. Da Google Analytics sehr umfangreich ist, empfehle ich Ihnen, auf das umfangreiche Lernangebot von Google zurückzugreifen.
10. Auch wenn all diese Tools Ihnen viel über den Erfolg Ihrer Texte sagen, müssen Sie sich nicht zwingend selbst damit befassen. Sie können die Arbeit mit Zahlen im Unternehmen übergeben oder sogar an eine Content-Agentur auslagern.

2.4 Text und SEO – Suchmaschinenoptimierung ist mehr als Keywords

Als ich 2014 neben dem Studium angefangen habe, Texte für das Internet zu schreiben, gab es einen Trend: Keyword Stuffing. Keywords sollten unverhältnismäßig oft eingebunden werden. Was dabei herauskam, waren Texte, die ich schon damals grauenhaft fand. Denn in 300 Wörtern fünf Keywords jeweils drei- bis fünfmal unterbringen zu müssen ist im besten Fall eine Herausforderung und im schlimmsten Fall unmöglich – zumindest, wenn der Text noch gut zu lesen sein soll. Damals kam nämlich noch erschwerend hinzu, dass man ein Keyword 1:1 verwenden musste; Flexionen, Synonyme, Stoppwörter oder andere Reihenfolgen bei Long-Tail-Keywords hat Google nämlich nicht erkannt.

Zum Glück sind die Algorithmen im Laufe der Zeit immer besser geworden und Keyword Stuffing führt nicht mehr zu guten Rankings. Im Gegenteil, heutzutage landen Sie damit eher auf schlechten Platzierungen.

Das heißt nicht, dass Sie nicht mehr auf Keywords setzen sollten. Eine ausgiebige Keyword-Recherche ist für die Suchmaschinenoptimierung immer noch das A und O.

Mit welchen Tools Sie diese Recherche am besten durchführen können, entnehmen Sie Tabelle 2.1. Besonders, wenn Sie eine neue Website aufsetzen wollen, wird eine große Keyword-Recherche fällig, anhand derer Sie Themen-Cluster, Kategorisierungen und eine Informationsstruktur festlegen können. Doch SEO ist heutzutage so viel mehr als das Einbinden einzelner Keywords in einen Text.

Toolname	Zweck	Was das Tool kann	Kosten
UberSuggest.io	mehr Webseitenbesuche	▪ Domain-Übersicht (SEO, Content Marketing und Social Media der Konkurrenz analysieren) ▪ Top-SEO-Seiten (Übersicht über beliebte Keywords und Facebook-Seiten) ▪ Keyword-Vorschläge ▪ Content-Ideen ▪ Backlink-Daten	▪ kostenlose 7-Tage-Testversion ▪ 29 € bis 99 € pro Monat
AnswerThePublic	Content-Ideen sammeln	▪ vom Land und der Sprache abhängige Darstellung von Suchanfragen zu einem bestimmten Suchbegriff	▪ kostenfreie Basisversion ▪ 79 US$ bis 199 US$ pro Monat

Tabelle 2.1 Ein Überblick über gängige SEO-Tools

Toolname	Zweck	Was das Tool kann	Kosten
Sistrix	Sichtbarkeit steigern, Wettbewerb analysieren, Webseite verbessern, perfekten Content erstellen	▪ Keywords (Recherche, Ideen, Gruppen) ▪ Rankingveränderungen ▪ Sichtbarkeitsindex ▪ SERPs ▪ Fehler auf der eigenen Seite (z. B. fehlende Meta Descriptions) ▪ Insights zu Amazon, Instagram etc.	▪ kostenloser 14-Tage-Test-Account ▪ 100 € pro Monat pro Modul (inklusive sechs Nutzern)
HyperSuggest	Keywords finden	Angaben über Suchbegriffe in Relation zu einem Keyword (unterteilt in Google-Ergebnisse, W-Fragen, Bilder, Amazon, eBay, Shopping, YouTube, Instagram und News)	▪ kostenfreie Basisversion ▪ 14,90 € pro Monat ▪ Add-ons 4,90 € bis 19,90 € pro Monat
KeywordShitter	Keywords finden, Brainstorming	unstrukturierte Liste mit Keywords ohne weitere Angaben	kostenlos
SERP Keyword Scraper (Extension für Chrome und Firefox)	Keyword-Recherche	Download von Suchergebnissen aus Google oder Bing (inklusive Fragen)	kostenlos
Keyword Planer	Ermittlung von Keyword-Ideen für Suchkampagnen	▪ unternehmensbezogene Keywords inklusive Schätzung der Suchanfragen und Kosten ▪ Keywords mit Bezug auf eigene Marke organisieren ▪ Kampagnen erstellen	kostenlos

Tabelle 2.1 Ein Überblick über gängige SEO-Tools (Forts.)

Übrigens besteht Suchmaschinenoptimierung aus sehr viel mehr als reinen Keywords. Wenn Sie in Ihrem Leben schon einmal Tabu gespielt haben, wissen Sie, dass Keywords nicht einfach künstlich von Google erzeugt werden. Stattdessen stehen sie in direktem Zusammenhang mit anderen Wörtern und ergeben erst in der Gesamtheit und im richtigen Kontext Sinn. Die Grafik von Jasmin Di Pardo von *innotag* in Abbildung 2.8 verdeutlicht das sehr schön: Es kann viele Begriffe geben, die klar mit einem Hauptsuchbegriff verbunden sind. Wenn Sie für einen bestimmten Begriff ranken wollen, nutzen Sie verwandte und ähnliche Begriffe, anstatt immer wieder das gleiche Wort zu benutzen. So bekommen Sie Texte, die nicht nur suchmaschinenoptimiert sind, sondern sich auch angenehm lesen lassen.

Abbildung 2.8 Auch wenn Ihr Fokus-Keyword »Hund« lautet, müssen Sie das nicht unfassbar oft verwenden. Suchmaschinen können auch inhaltlich daran anknüpfende Begriffe wie »Hunde«, »Hundehütte« und »Wauwau« erkennen und in die Bewertung Ihres Textes einfließen lassen.

Zu guter Letzt gibt es noch einen Punkt, den Sie mit Ihren Texten schlicht nicht abdecken können, und das ist die technische Suchmaschinenoptimierung. Technisches SEO umfasst Aspekte, die wenig bis nichts mit Worten zu tun haben. Wenn das technische SEO nicht stimmt, kann die Suchmaschinenoptimierung Ihrer Texte das nicht ausgleichen. Holen Sie sich deshalb am besten einen guten SEO-Berater oder eine gute SEO-Beraterin an Ihre Seite, der oder die Sie langfristig begleitet. Langfristig deshalb, weil Suchmaschinenoptimierung nichts ist, was man einmal erledigt und dann ignorieren kann. Die Algorithmen ändern sich regelmäßig und Ihre Konkurrenz schläft nicht – deshalb muss das Thema SEO am besten konstant, zumindest aber regelmäßig angegangen werden.

2.5 Text als Vertriebsprofi – Tipps für das Schreiben überzeugender Produkttexte

Sie haben nur wenige Sekunden, um Besucherinnen und Besucher von Ihren Produkten oder Dienstleistungen zu überzeugen. Jedes Wort ist eine Chance, Markenvertrauen aufzubauen und ein positives Kauferlebnis zu schaffen. Das gilt von der Kontaktseite bis zur Produktbeschreibung Ihres Onlineshops.

Professionell verfasster Content animiert Besucher von Onlinemarktplätzen, von Ihnen gewünschte Handlungen auszuführen. Fühlen sie sich verstanden, informiert und gut beraten, handeln sie aus freien Stücken und schenken Ihrer Marke ihre Aufmerksamkeit. Digitale Inhalte werden zur Kaufberatung, sobald sie veröffentlicht sind. Ihr Verkaufs-Content repräsentiert Ihr Unternehmen und lädt Userinnen ein, sich in Ihrem Schaufenster umzusehen.

Wenn ich ein Geschäft meiner *Lovebrand* betrete, erwarte ich freundliches Verkaufspersonal, das meine aktuelle Situation versteht und sich um mein Problem kümmert. Ich freue mich über authentische Hilfsangebote sowie die unkomplizierte Bereitschaft, mir bewährte Alternativen aufzuzeigen. Wenn ich das alles erhalte, habe ich das Gefühl, zur richtigen Zeit am richtigen Ort für meinen Einkauf zu sein.

Genauso ist es mit Ihren Verkaufstexten. Denken Sie beim Schreiben Ihrer Texte an folgendes Zitat:

> *»Du verkaufst kein Produkt. Du verkaufst deinem Kunden eine bessere Version von sich selbst.«*[2]

2 Quelle: Aus einem Blogbeitrag von Robert Weller: *www.toushenne.de/content/rule-of-one-copywriting.html*.

Texte verkaufen nicht nur Produkte, sondern ein besseres Lebensgefühl. Der Staubsaugerroboter macht die Fußböden nicht nur sauber, sondern schafft die Basis für ein ordentliches, gemütliches Zuhause, in dem sich die ganze Familie wohlfühlt.

Die Vision der User sollte den Hauptteil Ihrer Texte einnehmen. Ich überlege vor dem Schreiben, was sich die Lesenden an Informationen wünschen. Dann strukturiere ich den Text. Auszeichnungen und Bewertungen liefern Beweise für die gute Qualität der Produkte und untermauern meine Aussagen.

Jeder noch so kurze Text auf Ihrer Webseite oder im Onlineshop setzt wichtige Impulse für die Kaufentscheidung. Menschen kaufen am liebsten von Menschen. Begegnen Sie ihnen aus diesem Grund mit einer freundlichen, natürlichen und unmissverständlichen Sprache.

Überzeugende Verkaufstexte beantworten wichtige Fragen:

- Welche Leistung erhält die Kundschaft?
- Welche Merkmale hat das Produkt? Was macht es so besonders?
- Welche Probleme löst das Angebot im Alltag der User?

Jedes Wort auf Ihrer Webseite ist ein Gespräch mit den Besucherinnen und Besuchern. Verwickeln Sie Ihr unsichtbares Gegenüber beim Schreiben in ein freundliches Gespräch, das menschlich klingt. Im Buch »UX Writing & Micocopy« stellt Kinnerath Yifrah vor, welche Eigenschaften das gesprächshafte Schreiben charakterisieren:[3]

- Sprechen Sie User*innen direkt an.
- Brechen Sie mit einer Prise Humor das Eis.
- Schreiben Sie authentisch, natürlich und menschlich.
- Halten Sie sich kurz und bündig.
- Sprechen Sie Ihre Leser respektvoll an, mit alltäglichen Wörtern.
- Formulieren Sie aktive Sätze und verwenden Sie einen fließenden Schreibstil.

Lesen Sie sich das Geschriebene anschließend selbst laut vor, bevor Sie die Texte veröffentlichen. Fühlen Sie sich respektvoll und gleichberechtigt behandelt? Entlockt Ihnen der Text ein Schmunzeln und lässt er sich angenehm lesen?

Ein Beispiel für einen gelungenen Verkaufstext ist diese Produktbeschreibung eines Zweiersets Menstruationstassen des jungen Start-ups einhorn in Abbildung 2.9.

3 Quelle: Kinnerath Yifrah: UX Writing & Microcopy. Bonn: Rheinwerk Verlag 2020, S. 59.

Was ist besser als 1? 2 natürlich! Außer in der Schule, da ist es besser, wenn man eine 1 bekommt. Oder bei der Wartezeit, 1 Minute ist ja kürzer als 2. Oder wenn einem die Oma zum Geburtstag diese seltsamen Schnapspralinen schenkt, deren Existenz eine der großen Mysterien der Lebensmittelindustrie sind. Dann lieber nur eine Packung davon. Ok… vielleicht ist 2 nur manchmal besser als 1. Aber das hier ist einer dieser Ausnahmefälle! Denn Ausnahmen bestätigen die Regel (hihi).

Du bekommst nämlich nicht zweimal das Gleiche, sondern 2 unterschiedliche Cups. Das ist toll, wenn du

- zwei Vulven hast oder
- eine Tasse für dich bestellen willst und eine zweite für deine*n Menstruations-BFF

Oder du verwendest eine Tasse und stellst die zweite als Götzenstatue in dein Wohnzimmerregal. Ergibt zwar keinen Sinn, macht aber Spaß. Genau wie dieser Produkttext.

Und was das alles mit dem Titel dieses Produkts zu tun hat? Gar nichts! Also los, bestell dieses magische Duo der Menstruationsprodukte.

Abbildung 2.9 Produktbeschreibung von einhorn

Der Produkttext liefert streng genommen keine Informationen über das Produkt. Das muss er aber auch nicht, weil alles Wichtige bereits dem externen Infokasten entnommen werden kann. Stattdessen bietet die Produktbeschreibung Mehrwert in Form von Unterhaltung: Beim Lesen wird sofort deutlich, dass eine ganz spezifische Zielgruppe angesprochen wird. Der Text greift popularkulturelle Phänomene auf und beschreibt einen Zeitgeist, der nur von Menschen einer bestimmten Altersspanne nachvollzogen werden kann. Er polarisiert und eckt an, anstatt wahllos für jede und jeden irgendwie ansprechend zu sein.

Auch im B2B-Bereich machen gute Texte, die exakt auf die Zielgruppe abgestimmt sind, einen gewaltigen Unterschied. Auch wenn Ihre Kunden selbst Unternehmen sind und die Kommunikation natürlich professionell aussehen muss, sollten Ihre Texte nicht langweilig sein. Aus der Masse herauszustechen und eine Verbindung aufzubauen ist auch da elementar – und natürlich das Wissen darum, was Ihre Unternehmenskundschaft sich von Ihren Produkten und Dienstleistungen erhofft.

Ein schönes Beispiel: Das Unternehmen heyconnect ist ein E-Commerce-Dienstleistungsunternehmen. Marken, die ihre Produkte auf großen Onlineshopping-Plattformen platzieren wollen, beauftragen das Unternehmen. Der Pain Point der Kundinnen und Kunden: Selbst schaffen sie es nicht auf die Plattformen. heyconnect dient als Schnittstelle und Möglich-macher. Das verdeutlichen auch die Leistungstexte:

> *Gute Argumente für heyconnect*
>
> *Wir kennen das Geschäft*
>
> *Die Marktplätze kennen und vertrauen uns. Und umgekehrt kennen auch wir die Marktplätze und deren besondere Gegebenheiten. Damit sind wir der perfekte Partner für Ihr Plattformgeschäft.*
>
> *Wir machen es Ihnen einfach*
>
> *Ihre Marke erfolgreich auf den unterschiedlichen Plattformen zu präsentieren, bedeutet komplexe Abläufe und eine Menge Arbeit. Darum: Überlassen Sie das doch einfach uns.*
>
> *Wir sind Ihr zentraler Ansprechpartner*
>
> *Jede Plattform hat eigene Anforderungen und Voraussetzungen. Mit uns als zentraler Schnittstelle stellen Sie sicher, allen gerecht zu werden – und das ohne zusätzlichen Aufwand.*

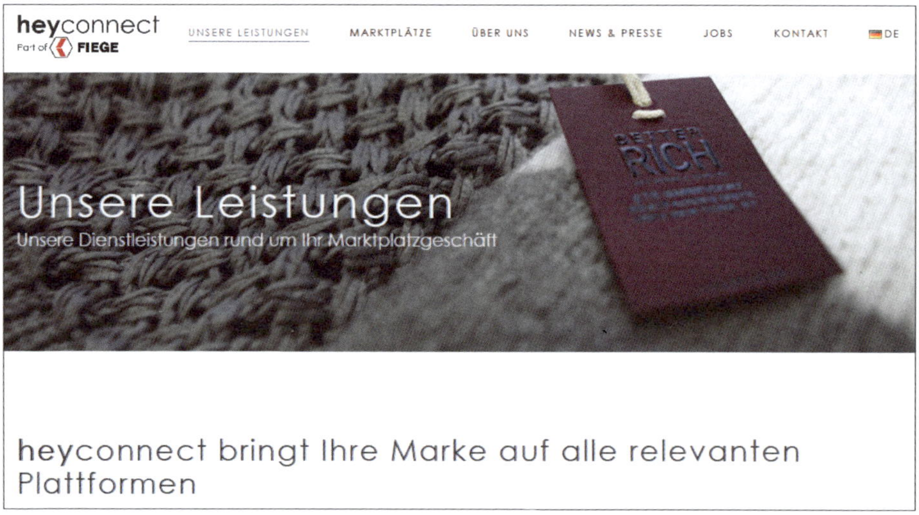

Abbildung 2.10 Direkt beim Öffnen der Leistungsseite entdecken Sie bei heyconnect ein Verkaufsversprechen.

Was heyconnect hier besonders gut macht: Die Wünsche und Probleme der Zielgruppe werden jeweils geschickt aufgegriffen – ohne platte Floskeln. Anschließend wird klargemacht: »Wir können Ihr Problem lösen! Und das einfach.« Passend zum Credo, dass mit heyconnect Arbeit wegfällt und komplexe Prozesse vereinfacht werden, kommen die Texte ohne Schnörkel und Chichi aus.

Die folgenden Tipps aus dem Buch »UX Writing & Microcopy« geben meiner Meinung nach für das Schreiben natürlicher Verkaufstexte abschließend eine gute Orientierung:

- Stellen Sie sich mit Ihrem unsichtbaren Kunden einen Gesprächsverlauf über das Produkt vor. Welche Fragen würden die User stellen, und was würden Sie ihnen antworten?
- Überlegen Sie, in welchem Kontext sich die Kunden befinden, die Ihre Texte lesen. Wie sind die äußeren Umstände, die Situation und Verfassung, in der sie sich befinden?
- Um die Neugier zu wecken, beginnen Sie einen Verkaufstext mit Fragen. Der Text sollte aber kein Interview sein.
- Verwenden Sie beim Schreiben die aktive Form.
- Verzichten Sie nicht auf Verbindungsworte. Sie sind wichtiger Bestandteil einer natürlichen, persönlichen Sprache.[4]

Sie sehen, es lohnt sich Verkaufs-Content mehr Aufmerksamkeit zu schenken und ihn aus mehreren Perspektiven zu denken. Wem es schwerfällt, überzeugende Produkttexte zu formulieren, dem gebe ich als Fazit fünf goldene Regeln der freien Texterin und Content Queen Iris Staron an die Hand – und einen Tipp von E-Commerce-Expertin Christine van Tübbergen.

Regeln für überzeugende Produkttexte

1. Schreiben Sie so, wie Ihre Zielgruppe spricht.
   Von Headline bis Call-to-Action gilt: Jedes Wort, das Sie formulieren, sollte die Motivatoren der User ansprechen und eine Verbindung zur Marke aufbauen. Begegnen Sie Ihren Zielgruppen von Anfang an mit einer authentischen (Marken-)Stimme und dem passenden Tonfall. Ob Sie Ihre Produkte humorvoll, nostalgisch oder eher hip beschreiben, hängt davon ab, welche Wortwahl die Zielgruppe favorisiert. Es lohnt sich, in den Social-Media-Kanälen oder bei Produktbewertungen gut hinzuhören und ein Gespür für die Sprache der Userinnen und User zu entwickeln.
2. Erkennen Sie die Bedürfnisse Ihrer Kunden.
   Zauberwort Empathie: Fühlen Sie sich in die Probleme und Herausforderungen Ihrer Zielgruppen ein, um Vertrauen zu gewinnen. Ihre Angebote oder Dienstleistungen sollten die beste Lösung sein. Beweisen Sie echtes Verständnis für die Ausgangslage und besondere Situation der User. Wir vertrauen am liebsten Menschen (und Marken), die uns aufmerksam zuhören und unsere Probleme verstehen. Geben Sie den Besuchern in Ihrem Onlinestore vom ersten Moment an ein gutes Gefühl, und beweisen Sie Ihnen, dass sie hier gut aufgehoben sind.
3. Stellen Sie alle Vorteile heraus, die für Ihre Zielgruppe relevant sind.
   Eine Produktbeschreibung muss das fehlende Produkterlebnis im Geschäft ersetzen.

4 Kinnerath Yifrah: UX Writing & Microcopy. Bonn: Rheinwerk Verlag 2020, S. 59.

Sie hat einen maßgeblichen Einfluss auf die Kaufentscheidung. Wählen Sie bewusst relevante, differenzierende Merkmale aus, die Sie in den Vordergrund stellen. Ihr Unternehmen ist der Problemlöser.

4. Verkaufen Sie keine Produkte, sondern ein besseres Lebensgefühl.
   Wie Steve Jobs schon sagte: »*Sell dreams, not products.*« Überlegen Sie vor dem Schreiben der Produkttexte, welche Gefühle Ihre Kundinnen und Kunden zum Kauf bewegen und welche emotionalen Benefits die einzelnen Produktmerkmale liefern.
5. Verabschieden Sie sich von alten Schreibgewohnheiten.
   Denken Sie jeden noch so kurzen Produkttext neu und ganzheitlich. Lassen Sie sich nicht dazu verleiten, immer die gleichen Wörter und Satzbausteine zu verwenden. Betonen Sie Markenwerte und Produktvorteile, die Ihre Zielgruppe tatsächlich interessieren. So sichern Sie sich einen Wettbewerbsvorteil und bieten den Nutzern ein unverwechselbares Shoppingerlebnis.
6. Verkaufen Sie mit allen Sinnen.
   Wenn Sie ein physisches Produkt verkaufen, beschreiben Sie es so, dass die Leserinnen und Leser es sich bildlich und haptisch vorstellen können: Wie fühlt sich ein Stoff an? Wie riecht ein Parfüm? Wonach schmeckt eine Gewürzmischung?

2.6 Storytelling – mit Emotionen Kunden begeistern

Storytelling heißt Geschichten erzählen – und genau das ist es im Grunde auch. Es handelt sich dabei um eine Erzählmethode, bei der Botschaften und Informationen indirekt, nämlich verpackt in eine anschauliche Geschichte, vermittelt werden. Menschen sind hungrig nach Geschichten, die sie emotional berühren. Das ist ein Grund dafür, dass sich Märchen früher weit und schnell verbreitet haben.

Laut Adobe Spark lässt sich die magische Wirkung von guten Geschichten auf unser Gedächtnis mit Psychologie erklären. Die unterscheidet zwischen dem analytischen Gedächtnis, das für Planung und logische Argumentation zuständig ist, und dem biografischen bzw. narrativen Gedächtnis, das Erlebnisse zu einer Geschichte zusammenfügt und emotional einordnet.

Hören wir eine Geschichte, springt das narrative Gedächtnis an und erzeugt Emotionen, was entscheidende Vorteile gegenüber der Kommunikation reiner Fakten hat, weil diese für das Gehirn schwer abzurufen sind. In eine Geschichte verpackt lassen dieselben Fakten Bilder im Kopf entstehen, die besser im Gedächtnis bleiben und Neugier wecken. Die so entstandenen Emotionen regen unser Einfühlungsvermögen an. Können wir uns mit einer Geschichte identifizieren, führt das zu emotionaler Involviertheit und Bindung an den Kommunikator. Außerdem haben Geschichten das Potenzial, uns zu motivieren und zu aktivieren. Das kann genutzt werden, um z. B. zu einem Kauf oder der Anmeldung für einen Newsletter anzuregen.[5]

5 *https://t3n.de/news/warum-funktioniert-storytelling-adobe-spark-1277676/*

Der Vorteil des Einsatzes von Storytelling im Content Marketing ist also klar: Das Instrument macht es möglich, ein lebendiges, menschliches Bild Ihres Unternehmens und Ihrer Marke zu vermitteln und im Gedächtnis Ihrer Zielgruppe zu bleiben. Mit Storytelling verankern Sie Botschaften im Bewusstsein und Unterbewusstsein Ihrer Kundschaft.

Hornbach nutzt den Werbe-Claim »Respekt, wer's selber macht« konsequent auf der Website. In Abbildung 2.11 sehen Sie, dass bei Aufrufen der Homepage direkt »Du willst es. Dann mach es. So verlegst du Estrich.« steht. Aber auch weiter unten folgen Überschriften wie »Dein Hof ist so lange dreckig, bis du ihn sauber machst.« oder »Wohnen hinterlässt Spuren. Dein Tatendrang auch.« Kaum ein Unternehmen traut sich, so klare Ansagen zu machen. Aber es lohnt sich. Wer angesprochen werden soll, fühlt sich angesprochen, und wir alle verstehen, was da vermittelt werden soll: Anpacken, Dinge selbst in die Hand nehmen. Hornbach fungiert hier als Coach, treibt an und lässt keine Ausreden zu. So schafft ein »Gemeinsam stemmen wir Dein Projekt.« wieder eine Verbindung.

Abbildung 2.11 Storytelling auf der Homepage von Hornbach

Ausreden gelten für Sie übrigens auch nicht: Kein Produkt ist zu schwierig und kein Unternehmen zu klein, um eine fesselnde Story zu erzählen, die Ihre Kunden und

Kundinnen berührt und Ihnen hilft, sichtbar zu werden. Auch ein kleines Budget ist kein Hinderungsgrund. Sie müssen dafür aber Inhalte und Storys entwickeln, die für Ihre Zielgruppe relevant sind und nicht nur Ihnen aus Unternehmenssicht gefallen. Thematisch sollten Sie sich mit den Zielen, Wünschen oder Problemen Ihrer Kundschaft beschäftigen. Dabei muss eine Story nicht einmal komplex sein – beginnen Sie mit kleinen Alltagsgeschichten über Ihre Kunden oder Produkte, anstatt auf ein besonderes Ereignis zu warten. Achten Sie darauf, dass Ihre Story unmittelbar verständlich ist und man sie sich leicht merken und wiedergeben kann.

Die mit Abstand wichtigste Regel im Storytelling lautet: Nicht Sie sind der Held der Geschichte, sondern Ihre Kundinnen und Kunden. Sie nehmen die Rolle des Mentors ein, der die Helden auf ihrem Weg unterstützt. Das baut Vertrauen auf und macht den Wert Ihres Angebots erkennbar. Außerdem ist es eine elegante Lösung, wenn Sie nicht gern selbst im Mittelpunkt stehen.

Eine Geschichte muss laut Filmeditor und Regisseur Michael Schär übrigens nicht glaubwürdig sein, um zu funktionieren, weil Storytelling in der Werbung auf einer tieferen, unterschwelligen Ebene funktioniert:

> *»Wenn eine Story gut erzählt ist, versetzt sich der Zuhörer in sie hinein. Er setzt sich an die Stelle der Hauptperson und lebt mit. Je besser die Geschichte erzählt ist, desto mehr seiner natürlichen Barrieren lässt der Zuhörer fallen.*
>
> *Der Zuhörer identifiziert sich immer mehr mit der Hauptperson. Je weiter diese Identifikation fortgeschritten ist, desto mehr kann der Erzähler auf den Zuhörer Einfluss nehmen. Im Gehirn des Zuhörers werden die entsprechenden Regionen aktiviert. Wenn ›Rot‹ gesagt wird, dann sieht das innere Auge des Zuhörers rot, und wenn der Zuhörer ›samtig weich‹ hört, dann fühlt sein Hirn den zugehörigen haptischen Reiz. Ganz primitiv gesagt: Wenn der Lieblingsheld in der Story am spannendsten Punkt eine Fanta trinkt, dann hat der Zuhörer nicht nur Lust auf eine Fanta, sondern er sieht die Flasche, hört das Zischen, wenn sie aufgemacht wird, fühlt den ersten eiskalten Schluck mit zu viel Kohensäure, der auf der Zunge fast brennt und würde um ein Haar ›Aaaah …!‹ sagen.«*[6]

Wie schaffen Sie es, dass Ihre Storys genau diesen Effekt erzielen? Grundsätzlich lassen sich folgende Muster in guten Storys erkennen:

- Die Geschichten wirken nicht gestellt, sondern authentisch. Statt selbstverliebter Werbung wird das (mehr oder weniger) reale Leben gezeigt.

6 Aus dem Blogbeitrag von Michael Schär aus dem Upload-Magazin mit dem Titel: Storytelling und Glaubwürdigkeit in der Unternehmenskommunikation. *https://upload-magazin.de/22889-storytelling-und-glaubwuerdigkeit-in-der-unternehmenskommunikation/*

- Die Marke rückt aus dem Zentrum des Geschehens heraus und überlässt die Hauptrolle z. B. den Konsumierenden.
- Echte Menschen, echte Botschaften!
- Die Geschichten haben einen Spannungsbogen und sprechen emotional an.
- Sie hinterlassen ein gutes Gefühl und erwecken den Eindruck, man habe nicht seine Zeit vergeudet.
- Es gibt immer Hauptpersonen, mit denen man sich identifizieren und mitfühlen kann.
- Jede Geschichte startet mit einer Herausforderung, einem Konflikt oder etwas Bewegendem.
- Die Geschichten haben virale Kraft und sind es wert, weitererzählt zu werden.
- Am Ende der Geschichte verbindet man etwas Spezifisches mit der Marke, z. B. Abenteuer bei Redbull oder Zusammenhalt bei Guinness.

Die Expertin für digitale und visuelle Kommunikation, Content Creation und Content Management Stephanie Kowalski hat außerdem noch diese Aspekte als Bestandteil einer jeden guten Geschichte identifiziert:[7]

- Drama: Erzählungen brauchen eine dramatische Entwicklung und emotionale Dynamik. Das Leben hat Hochs und Tiefs. Menschen identifizieren sich besonders mit dramatischen Geschichten.
- Vertrautheit: Je vertrauter eine Geschichte für die Zielgruppe ist, desto mächtiger ist sie. Vertraute Geschichten erleichtern den Zugang zur Geschichte, auch wenn diese bisher Unbekanntes vermittelt. So können Emotionen schneller hervorgerufen und so kann Vertrauen geschaffen werden.
- Einfachheit: Einfache Geschichten sind starke Geschichten. Nehmen Sie alles heraus, was der Geschichte nicht dient. Wer einfache Geschichten erzählt, kann die Zielgruppe dazu bringen, zu den gewünschten Schlussfolgerungen zu kommen.
- Immersion: Je tiefer Menschen in eine Geschichte eintauchen, desto stärker identifizieren sie sich mit ihr. Im Storytelling ist es daher wichtig, Menschen möglichst schnell in die Geschichte hineinzuziehen und sie mitzunehmen.
- Identifikation: Je mehr sich Menschen mit einer Geschichte identifizieren können, desto wahrscheinlicher sind sie zu überzeugen. Wer Ähnlichkeiten zwischen seiner eigenen Geschichte oder Situationen und Erlebnissen feststellt, findet schneller eine emotionale Ebene und wird von der Geschichte gefesselt.

---

7 Aus dem Blogbeitrag »Dossier Content für Marketing und Kommunikation« des Upload-Magazins von Stephanie Kowalski mit dem Titel: Wirkungsvolle Storytellingformate

- Vertrauen in den Erzähler: Die Qualität der Geschichte ist auch abhängig von den Gefühlen, die wir gegenüber dem Geschichtenerzähler entwickeln. Storytelling funktioniert daher dann am besten, wenn Marken und Unternehmen bereits ein gewisses Maß an Vertrauen genießen und in die Beziehung zu ihren Kunden investieren.

2.7 Diversität und Inklusion im Text – Gendern, Leichte Sprache, Barrierefreiheit

Ein neues Zeitalter hat vor ein paar Jahren begonnen, und es ist eines, in dem marginalisierte Gruppen sich immer mehr Gehör verschaffen. Menschen, die vorher explizit oder implizit ausgeschlossen worden sind, wollen und sollen immer mehr eingeschlossen werden. Dabei gibt es drei starke Strömungen, die alle auf stärkere Inklusion im Bereich der Texte ausgerichtet sind: gendergerechte Sprache, Leichte Sprache und Barrierefreiheit.

2.7.1 Gendern

Das Thema Gendern wird (immer noch) heiß diskutiert. Es gibt Personen, die gendergerechte Sprache als notwendige Entwicklung verfechten, solche, die Gendern für unnötig halten, und alles dazwischen. Ich persönlich finde Gendern wichtig. Es bietet die Möglichkeit, Zielgruppen – zum Teil ganz neue – direkt anzusprechen. Und genau das ist ja ein Ziel von meinen und Ihren Texten. Dafür müssen Sie aber auf die Art gendern (oder eben nicht), wie es zu Ihnen passt.

In Unternehmen wird oft darüber diskutiert, ob man überhaupt anfangen soll zu gendern oder ob man nicht beim generischen Maskulinum bleibt. Da verhärten sich gerne einmal die Fronten, und die Diskussion ufert aus. Wenn Sie das Thema Gendern in Ihrem Unternehmen anstoßen möchten, kann ich Ihnen Folgendes bieten: die drei meistgenutzten Argumente für das Beibehalten des Status quo samt passenden Argumenten für das Gendern, die Sie verwenden können.

Gendern – pro und kontra

Argument 1: Gendern ist unnötig. Frauen wurden schon immer mitgemeint.

Gegenargumente:

1. Das ist faktisch nicht korrekt. Nehmen Sie das Beispiel Bürgerwehr: Als sich die etabliert hat, ist Frauen der Eintritt in die Bürgerwehr versperrt gewesen. Mitgemeint waren sie eindeutig nicht. Das Gleiche gilt für Berufsbezeichnungen: Arzt, Astronaut, Bäcker. Die gab es schon lange, bevor Frauen in Deutschland 1958 erlaubt wurde zu arbeiten. Viele Begriffe gibt es nur in der männlichen Form, weil Frauen ursprünglich

nicht mitgemeint gewesen sind. Die Position der Frau in unserer Gesellschaft hat sich zum Glück drastisch verbessert. Die Sprache hat aber nicht nachgezogen. Wenn überhaupt ist also jeweils irgendwann später, als Frauen Teil von etwas geworden waren, entschieden worden, dass sie einfach mitgemeint sind.

2. Es gibt Situationen, in denen sollte man Frauen nicht einfach mitmeinen, nämlich dann, wenn die Zielgruppe eines Textes auch aus Frauen besteht. Das kann der Fall sein, wenn Sie Produkte speziell für Frauen vertreiben (z. B. Periodenprodukte), eine an Frauen gerichtete Kampagne ausarbeiten oder durch Personalisierung im Newsletter nur die Person ansprechen wollen, die den Newsletter erhält.
3. Es gibt nicht nur Männer und Frauen, sondern auch Menschen, die sich außerhalb dieser Binarität bewegen. Diese können durch manche gendersensiblen Formulierungen inkludiert werden (z. B. Medienschaffende).

Argument 2: Gendern stört die Verständlichkeit. Texte im generischen Maskulinum lassen sich kognitiv besser verarbeiten.

Gegenargumente:

1. Auch dieses Argument ist wissenschaftlich falsch. Die Technische Universität Braunschweig hat 2019 in einer Studie nachgewiesen, dass geschlechterbewusste Sprache die Verständlichkeit eines Textes nicht beeinträchtigt.[8]
2. Es gibt viele verschiedene Möglichkeiten zu gendern. Wenn Sie eine oder mehrere davon als schwer verständlich wahrnehmen, entscheiden Sie sich einfach für eine andere. Auch in der Fachliteratur liest man immer öfter gegenderte Texte, deren Inhalte innerhalb der jeweiligen Communitys problemlos verstanden werden.

Argument 3: Gendern zerstört die (deutsche) Sprache

Gegenargumente:

1. Wenn wir versuchen, geschlechtergerecht zu sprechen, verändern wir Dinge an der Sprache. Das ist aber normal. Sprache unterliegt immer dem Wandel. Denken Sie an die vielen englischen oder sogar pseudo-englischen Begriffe, die sich in unseren Wortschatz integriert haben, oder an die Jugendwörter, die jedes Jahr neu gewählt werden. In der klassischen Literatur, besonders der Poesie, waren Wortneuschöpfungen (Neologismen) sogar ein bewusst eingesetztes Stilmittel.
2. Auch hier gilt wieder: Es gibt viele Arten zu gendern. Gendern ist keine exakte Wissenschaft, es gibt kaum bis keine festen Regeln. Sie dürfen sich ausprobieren. So können Sie Texte erschaffen, die alle ansprechen, die sich angesprochen fühlen sollen, und die sich gleichzeitig schön lesen. Dafür müssen Sie zugegebenermaßen manchmal etwas Zeit investieren.

Nachdem Sie erfolgreich durchgesetzt haben, dass bei Ihnen zukünftig gegendert wird, stehen Sie vor der nächsten Herausforderung: Welche Art des Genderns wollen Sie nutzen? Sie dürfen sich ruhig ausprobieren und auch verschiedene Optionen mixen.

---

8 *https://magazin.tu-braunschweig.de/pi-post/aus-gruenden-der-verstaendlichkeit/*

In Abbildung 2.12 sehen Sie eine tolle Übersicht vom Projekt Genderleicht, das verschiedene Varianten zu gendern nebeneinanderstellt. Oben links steht der Begriff Journalist im generischen Maskulinum. Daneben die Schrägstrichvariante, die amtlich korrekt ist, und daneben das sogenannte Binnen-I. In der mittleren Reihe ist links das sogenannte Gendergap, daneben das Gendersternchen, das neben Männern und Frauen auch alle anderen Geschlechter und Geschlechtsidentitäten abdeckt, und daneben das Femininum, das dem generischen Maskulinum (bisher erfolglos) entsprechen soll. Die untere Reihe zeigt links das Ausrufezeichen, daneben den Doppelpunkt und rechts das substantivierte Adjektiv, bei dem die Handlung in den Vordergrund gerückt wird.

Abbildung 2.12 Visuelle Darstellung möglicher Varianten des Genderns
(Quelle: *www.genderleicht.de/genderzeichen*)

Wenn Sie sich für das Gendern entscheiden, sollten Sie überlegen, für wen genau Sie schreiben und mit welcher Variante Ihre Zielgruppe sich am wohlsten fühlt. Dabei müssen Sie auch die Nachteile bedenken, die das Gendern tatsächlich noch hat:

- Neu entstandene Lösungen wie das Sternchen sind nicht konform mit der aktuell gültigen Rechtschreibung. Ist Ihnen das wichtig, nutzen Sie lieber Umschreibungen oder die Beidnennung von Männern und Frauen.

- Die Lösungen mit dem Sternchen, dem Doppelpunkt und dem Ausrufezeichen sind von Screenreadern nicht gut erfassbar und machen das Hörerlebnis unangenehm. Auch hier bietet sich die Beidnennung an oder alternativ Umschreibungen und das substantivierte Adjektiv.
- Gendern und Barrierefreiheit lassen sich schwer vereinen. Der Blinden- und Sehbehindertenverband bemängelt Probleme mit allen Genderzeichen und empfiehlt nur die Nutzung des Gendersternchens.[9]
- Für Menschen mit Lese- oder Rechtschreibschwäche, Behinderung oder Migrationshintergrund erschweren komplizierte Varianten des Genderns das Verständnis und das Erlernen der deutschen Sprache. Eine möglichst leicht verständliche Lösung wie die Beidnennung oder Umschreibung sind hier die beste Wahl.
- Die Beidnennung schließt nichtbinäre und intersexuelle Menschen nicht mit ein. Wenn Ihr Ziel die Inklusion aller Menschen ist, eignet sich diese Variante also nicht.

Die eine einzig richtige Lösung für geschlechtergerechte Sprache gibt es aktuell noch nicht. Am besten entwickeln Sie eine individuelle Lösung, die sich an Ihren Werten orientiert, Ihrem Veröffentlichungsmedium angepasst ist und Ihre Zielgruppe bedenkt.

Sie müssen sich dem Thema Gendern nicht allein stellen. Am besten holen Sie dazu verschiedene Abteilungen mit ins Boot und vor allem diejenigen, die bei Ihnen Texte schreiben. Die Entwicklung einer passenden Strategie können Sie schön in einen Workshop verpacken. Dazu können Sie gängige Varianten inklusive ihrer Vor- und Nachteile vorstellen und dann eine Diskussionsrunde starten. Wenn Sie zwischen mehreren Optionen schwanken, empfehle ich Ihnen eine Übung: Nehmen Sie sich gemeinsam ältere, ungegenderte Texte vor und schreiben Sie sie anhand der zur Wahl stehenden Optionen um. So merken Sie, wie natürlich oder kompliziert das Texten damit ist und wie sehr Ihnen die Lösungen im Vergleich miteinander und zu vorherigen Versionen gefallen.

Wenn Sie sich entschieden haben, sollten Sie einen Guide erstellen und für alle im Unternehmen verfügbar machen, damit die geschlechtergerechte Schreibweise kanalübergreifend verwendet werden kann. Unter *www.genderleicht.de/wissen* gibt es den Punkt SPRACHLEITFÄDEN. Hier können Sie sich die Guides der TU Berlin, der TU Dresden und der Universität zu Köln ansehen und sich bezüglich der wichtigsten Fragen inspirieren lassen:

- Warum soll auf geschlechtergerechte Sprache geachtet werden?
- Welche Varianten gibt es und welche werden empfohlen?
- Beispiele

9 *www.dbsv.org/gendern.html*

Je nachdem, wie wichtig Ihnen nicht nur die Einhaltung geschlechtergerechter Sprache ist, sondern auch das Verständnis, können Sie zusätzlich kurz im Guide erklären, warum die Wahl auf eine bestimmte Lösung gefallen ist. Um Verwirrung zu vermeiden, können Sie auch darauf verzichten, die Varianten vorzustellen, für die Sie sich nicht entschieden haben.

2.7.2 Einfache Sprache und Leichte Sprache

Deutsch gilt gemeinhin als recht komplizierte Sprache. Wir haben drei grammatische Geschlechter, sechs Zeitformen, unzählige Regeln und Ausnahmen davon und eine allgemeine Begeisterung für unfassbar lange Sätze und Fachsprache. Das sorgt dafür, dass viele Texte nur von einer elitären Gruppe gelesen und verstanden werden können. Damit grenzt man potenzielle Zielgruppen aus. Dazu gehören:

- Menschen mit Lern- oder Leseschwäche
- Menschen mit niedrigem Bildungsgrad
- Menschen mit Migrationshintergrund
- Menschen mit gesundheitsbedingten Einschränkungen

Einfache Sprache hat das Ziel, das Leseniveau an die Fähigkeiten der breiten Masse anzupassen. Diese Art der Texte finden sich z. B. häufig in nach DIN-Norm erstellten Gebrauchsanleitungen.

Im Gegensatz zur Leichten Sprache folgt die Einfache Sprache keinen vorgeschriebenen Regeln. Es reicht schon aus, wenn Sie sich an diese groben Richtlinien von »Einfache Sprache Bonn«[10] halten:

1. Schreiben Sie Sätze mit maximal 15 Wörtern.
2. Benutzen Sie pro Satz maximal ein Komma.
3. Packen Sie in jeden Satz jeweils nur einen Gedanken.
4. Vermeiden Sie das Passiv. Schreiben Sie stattdessen im Aktiv.
5. Vermeiden Sie Fremdwörter.
6. Erklären Sie schwierige Begriffe.
7. Schreiben Sie lange oder zusammengesetzte Wörter mit einem Bindestrich.
8. Vermeiden Sie Sprichwörter und Metaphern.
9. Nutzen Sie Abkürzungen wie usw., d. h., etc. spärlich bis gar nicht.
10. Verzichten Sie möglichst auf Negationen.
11. Vermeiden Sie Synonyme.

---

10 *https://einfachesprachebonn.de/grundregeln_einfache_sprache.html*

Das klingt komplizierter, als es tatsächlich ist. Viele der Vorgaben werden ohnehin für das Verfassen von Webtexten empfohlen und gelten insbesondere für Anleitungen. Abbildung 2.13 zeigt schön, wie sich ein in Alltagssprache vorliegender Text in Einfache Sprache übertragen lässt. Das Ergebnis zeigt: Der rechte Text lässt sich allgemein viel besser lesen, auch wenn man selbst nicht von Einschränkungen betroffen ist.

Alltagssprache	Einfache Sprache
Die Städte stehen weltweit vor großen Herausforderungen – allein deshalb, weil sie sehr stark wachsen. „Die Menschheit zieht um", so beschreibt der Wissenschaftliche Beirat der Bundesregierung Globale Umweltveränderungen die gegenwärtige Situation. Starben die meisten Menschen im 19. Jahrhundert noch im selben Ort, in dem sie geboren wurden, so wechseln sie heute – oft mehrmals im Leben – den Wohnort. Angetrieben vom Streben nach Glück, aus wirtschaftlichen Gründen oder auf der Flucht vor Gewalt, Not und Chancenlosigkeit verlassen immer mehr Menschen rund um den Globus ihre Heimatorte. Vor allem zieht es sie in die Städte. Schon jetzt lebt die Hälfte der Weltbevölkerung in Städten, 2050 könnten es nach Schätzungen der Vereinten Nationen zwei Drittel der Menschheit sein. Damit steigt auch der Anteil der Städtebewohner mit Behinderung.	Auf der ganzen Welt verändern sich Städte sehr stark. Der Grund: Viele Menschen ziehen vom Land in die Städte. Heute ziehen viel mehr Menschen um als früher. Manche ziehen um, weil sie einen Job an einem anderen Ort gefunden haben. Oder sie möchten näher beim Partner leben. Andere flüchten aus ihrer Heimat, weil dort Krieg oder Gewalt herrscht. Viele dieser Menschen ziehen vor allem in die Städte. Schon jetzt lebt die Hälfte der Weltbevölkerung in Städten. 2050 könnten es nach Schätzungen der Vereinten Nationen schon Zweidrittel der Menschheit sein. Damit steigt auch der Anteil der Städtebewohner mit Behinderung.

Abbildung 2.13 Beispielhafte Darstellung der Übersetzung eines alltagssprachlichen Textes in Einfache Sprache von »Einfache Sprache Bonn«

Leichte Sprache soll ebenfalls der Inklusion dienen, unterliegt aber strengeren Regeln. Sie ist dem Grundsatz nach noch leichter zu verstehen und richtet sich laut dem »Ratgeber Leichte Sprache« aus dem Duden Verlag primär an:

- Personen mit geistiger Behinderung[11]
- Personen mit Lernschwierigkeiten
- Personen mit Demenz
- von Gehörlosigkeit Betroffene
- Personen mit Aphasie

11 Im Ratgeber wird darauf hingewiesen, dass Betroffene die Fremdbeschreibung »geistig behindert« teilweise ablehnen oder zumindest Vorbehalte dagegen haben. »Menschen mit Lernschwierigkeiten« wird bevorzugt. Es wird darauffolgend erklärt, man habe sich dennoch dafür entschieden, weil Lernschwierigkeiten eine andere Konnotation hätten und im selben Kontext für einen anderen Personenkreis verwendet würden (Bredel, Ursula und Maaß, Christiane: Ratgeber Leichte Sprache: Die wichtigsten Regeln und Empfehlungen für die Praxis. Berlin: Duden 2016, S. 31 ff.

In zweiter Instanz richtet sich die Leichte Sprache an:

- funktionelle Analphabet(inn)en
- Personen mit geringen Deutschkenntnissen (Deutsch als Zweitsprache)

Neben sprachlichen Vorgaben gelten für Leichte Sprache auch typografische und Formatierungsrichtlinien, wie z. B., dass die Texte in einer bestimmten Schriftgröße vorliegen müssen und pro Zeile nur ein Satz eingefügt werden darf.

Damit ein Text offiziell als in Leichter Sprache verfasst bezeichnet werden darf, muss er ein Gütesiegel bekommen. Dafür sind eine Verstehens- und eine Verständlichkeitsprüfung nötig: Die Verständlichkeitsprüfung stellt sicher, dass ein Text gemäß den Regeln für Leichte Sprache geschrieben wurde. Diese Prüfung kann durch automatisierte Prüftools oder von qualifizierten Korrektorinnen und Korrektoren durchgeführt werden. In der Verstehensprüfung wird Ihr Text einer repräsentativen Gruppe an Menschen vorgelegt, für die Ihr Text gedacht ist.

Es gibt einige Fälle, in denen Einfache und Leichte Sprache bereits zum Einsatz kommen, z. B. auf Internetseiten, die auf diese Themen spezialisiert sind oder sich in erster Linie an Menschen mit Lernschwierigkeiten richten. Ämter und Behörden sind seit einiger Zeit sogar verpflichtet, ihre Internetauftritte in Leichter Sprache vorzuhalten. In Bremen sind alle Wahlunterlagen seit 2015 komplett nur in Leichter Sprache geschrieben. Viele Texte liegen aber noch nicht entsprechend vor. Das liegt teilweise daran, dass Leichte Sprache Einschränkungen hat, durch die sehr komplexe Sachverhalte nicht oder nur schwer ausgedrückt werden können.

Oft wird aber auch einfach vergessen, dass Menschen zur eigenen Zielgruppe gehören, die angepasste Texte benötigen. Falls Sie feststellen, dass Sie Ihre Texte gerne einer breiteren Zielgruppe zugänglich machen würden, empfehle ich Ihnen, sich detaillierter mit Einfacher und Leichter Sprache auseinanderzusetzen. Für Leichte Sprache kann ich den »Ratgeber Leichte Sprache« von Ursula Bredel und Christiane Maaß empfehlen. Der beinhaltet allerdings nicht die Perspektive der Betroffenen. Ein offizielles Regelwerk hat das Netzwerk Leichte Sprache in Zusammenarbeit mit dem Bundesministerium für Arbeit und Soziales veröffentlicht.[12]

2.7.3 Barrierefreiheit

Eine durchschnittliche Webseite ist für den durchschnittlichen Menschen gemacht, der einer gewissen Norm entspricht. Diese Norm geht davon aus, dass die meisten Menschen keinerlei Behinderungen oder Einschränkungen haben. Wer dieser Norm nicht entspricht, stößt im Internet an vielen Stellen auf Barrieren. Klingt erst

12 *www.bmas.de/DE/Service/Publikationen/Broschueren/a752-leichte-sprache-ratgeber.html*

mal nicht so schlimm, weil man davon ausgeht, dass die meisten Menschen der Norm entsprechen. Tatsächlich sind aber viel mehr Menschen betroffen, als man denkt: In Deutschland betrug Ende 2019 der Anteil schwerbehinderter Menschen an der Gesamtbevölkerung ganze 9,5 %, das entspricht 7,9 Millionen Personen.[13]

Zu Menschen, die aufgrund von Behinderungen mit Barrieren im Internet konfrontiert werden, gehören hauptsächlich:

- Sehbehinderte
- Blinde
- Schwerhörige
- Gehörlose
- motorisch eingeschränkte Personen
- Menschen mit Lese- und Rechtschreibschwäche
- Lernbehinderte
- geistig beeinträchtigte Personen

In einer Studie der Aktion Mensch zum Thema Barrieren im Internet sind Betroffene befragt worden, was Sie im Internet am meisten stört. 5 % der Sehbehinderten und sogar 39 % der Blinden gaben fehlende Tags und Captchas und 10 % der Gehörlosen fehlende Untertitel als am schwerwiegendsten an. Außerdem störten je nach Betroffenengruppe zwischen 3 % und 10 % eine Informationsüberflutung am meisten. Verständnisprobleme wurden von bis zu 6 % der Befragten als größtes Problem angegeben.[14]

All das sind Schwierigkeiten, die aus der Gestaltung und Formulierung von Texten entstehen. In der Studie wurden vier verschiedene Klassen abgegrenzt, um anschließend Maßnahmen zur Steigerung der Barrierefreiheit abzuleiten. Bezüglich des Themas Text wurde festgehalten:

- Redaktionelle und inhaltliche Barrieren beruhen auf unzureichender redaktioneller oder struktureller Aufbereitung des Inhalts und deren Umsetzung für das Internet.
- Beispiele sind schwierige Sprache, fehlende Textstrukturen, fehlende Auszeichnung von Bildern.

---

13 Nach Aussage des Statistischen Bundesamtes: *www.genesis.destatis.de/genesis/online?sequenz=statistikTabellen&selectionname=22711* und *www.destatis.de/DE/Presse/Pressemitteilungen/2020/06/PD20_230_227.html*

14 Aktion Mensch: Web 2.0/barrierefrei. Eine Studie zur Nutzung von Web 2.0 Anwendungen durch Menschen mit Behinderung (*http://medien.aktion-mensch.de/publikationen/barrierefrei/Studie_Web_2.0.pdf*), S. 64.

- Diese Barrieren liegen im Verantwortungsbereich von Webredakteuren.
- Richtlinien zu ihrer Beseitigung sind Europäische Richtlinien für leichte Lesbarkeit, WCAG (Web Content Accessibility Guidelines).[15]

Um auf textlicher Ebene die Barrieren zu senken, bedarf es Ihrerseits der Vereinfachung von Texten hinsichtlich Formulierung, Nutzung von Fremdwörtern, Länge von Sätzen und Verwendung von Absätzen und Zwischenüberschriften. Außerdem wäre es für Sehbehinderte förderlich, wenn Sie Ihre Texte so bereitstellen würden, dass sie sie mithilfe von Screenreadern anhören könnten. Auch Kleinigkeiten können schon helfen: So könnten Sie prüfen lassen, ob die Farbe Ihres Textes auf der Farbe des Hintergrundes auch für Menschen mit Rotgrünschwäche gut lesbar ist.

2.8 Automatisierung, künstliche Intelligenz, die Ära des Bewegtbildes – ist Text ein Auslaufmodell?

Lange Zeit war Text die Königsdisziplin im Content Marketing. Mittlerweile gibt es Trends, die von manchen als »Bedrohung« angesehen werden: automatisiert erstellte Texte und Videos. Ich kann Ihnen sagen, dass beides keinesfalls Text als wertvolle Disziplin bedroht. Stattdessen verhält es sich gegenteilig: Textautomatisierungssoftwares und Videos sind eine Ergänzung zu herkömmlich produzierten Texten und andersherum ebenso. Für jedes dieser Content-Formate gibt es eine Daseinsberechtigung und optimale Anwendungsfälle. Sehen wir uns das alles genauer an.

2.8.1 Automatisierung und KI

Es gibt Bereiche, in denen wird viel Text-Content benötigt, sehr viel. Und oft folgt dieser sich stets wiederholenden Strukturen. Das sind z. B. Produktbeschreibungen oder Wettervorhersagen. In einigen Fällen reden wir da von so viel Text, dass ihn eine Person allein unmöglich produzieren könnte. Zumindest wäre es aber eine unfassbar langwierige, langweilige und kostspielige Aufgabe, wenn wir von Onlineshops sprechen, die 100 oder mehr Produkte im Monat mit Content versehen müssen.

In so einem Fall kann Textautomatisierungssoftware eingesetzt werden. Die erstellt die Texte »quasi« von allein. Für die einen klingt das zu gut, um wahr zu sein, und für die anderen wie eine Bedrohung ihrer Arbeit. Ich kann alle Texterinnen und Texter beruhigen und muss alle, die an das Wunder glauben wollten, enttäuschen: Textautomatisierungssoftware macht erfahrene Textprofis nicht obsolet.

15 Ebd. S. 133.

Wie funktioniert Textautomatisierungssoftware? Ich habe recht ausführlich mit zwei verschiedenen Softwares aus deutschen Entwicklungsschmieden gearbeitet, TextEngine und ax semantics, und die beiden könnten von der Bedienoberfläche her unterschiedlicher nicht sein. Im Grunde genommen arbeiten sie aber nach demselben Prinzip: Man füttert das System mit einer Datenquelle und legt Satzbausteine fest, die mit den Daten aus der Quelle gefüttert werden. Die Daten können im Optimalfall technisch über eine sogenannte JSON-Datei eingespeist werden und müssen im schlimmsten Fall manuell in einer Excel-Tabelle gesammelt werden. Die Erstellung einer solchen Excel-Datei selbst kann Dutzende Stunden dauern. Ich selbst habe pro Produkt 3 Minuten nur für die Befüllung der Excel-Tabelle benötigt. Bei gerade einmal 100 Produkten sind das schon 5 Stunden. Auch die Satzbausteine müssen selbst eingepflegt werden. Der Aufwand dafür ist unabhängig von der Menge der Datensätze. Er orientiert sich daran

- wie lang jeder Text werden soll,
- wie komplex die Sätze sind,
- wie viele Varianten Sie pro Satz(-baustein) hinterlegen,
- wie unterschiedlich die einzelnen Varianten grammatikalisch sind.

Aus den hinterlegten Satzbausteinen, der eingestellten Logik und den Daten in der Datenquelle entstehen dann Sätze und Texte, die einem ähnlichen Muster folgen, die aber trotzdem einzigartig sind.

Zur Veranschaulichung: Wenn Sie in ax semantics die Produktion von Texten für Börsenschwankungen einrichten wollen, sieht der Ablauf so aus:

1. Sie öffnen in ax semantics eine neue Map.
2. Ein Programmierer erstellt eine JSON-Datei, über die Informationen zu börsennotierten Unternehmen ins System gelangen, z. B. der tagesaktuelle Börsenwert. Die JSON-Datei wird mit Ihrer Map verknüpft.
3. Sie erstellen Logiken im System, die Programmiersprache ähneln.
4. Sie erstellen Satz für Satz einen Rohtext.
5. Den Rohtext versehen Sie mit Variablen, die an die zuvor erstellten Logiken geknüpft sind. So kann das System z. B. den Wert »das deutsche Unternehmen« übernehmen, wenn er für einen Datensatz passt.
6. Für jede einzelne Variante jedes Textbausteins stellen Sie die korrekte grammatikalische Form ein (siehe Abbildung 2.14), falls sie von der Grundform abweicht.
7. Als Nächstes geht es an die Qualitätssicherung. Sie gehen einige Datensätze durch und lesen die vom System erstellten Texte. Hier sehen Sie, ob eine Varia-

ble nicht richtig eingestellt oder verknüpft ist oder eine grammatikalische Einstellung falsch ist.

8. Ist die Qualitätssicherung abgeschlossen, können Sie auf Knopfdruck Texte für alle Datensätze erstellen und (dank JSON) auf Ihrer Website ausspielen lassen.
9. Je nach Ihren Einstellungen wird das System jetzt zu jedem von Ihnen vorgegebenen Zeitpunkt die eingehende JSON-Datei abrufen, für neu hinzugekommene Datensätze Texte generieren und diese über die ausgehende JSON-Datei auf Ihrer Website platzieren.

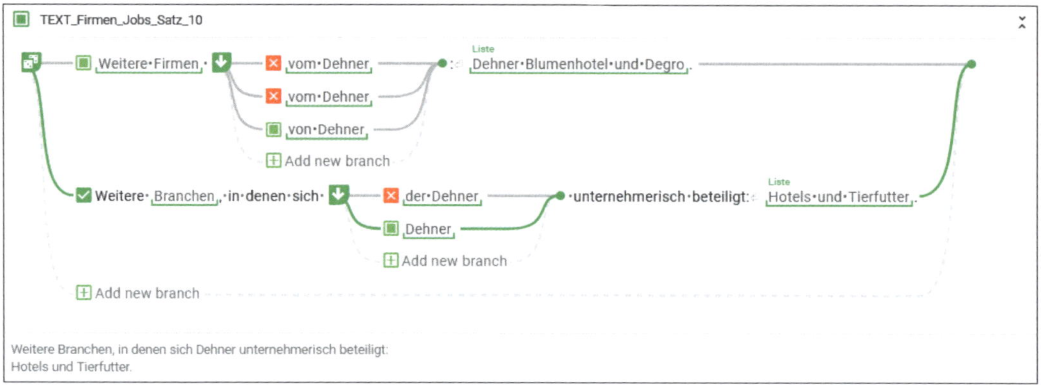

Abbildung 2.14 Das rote x visualisiert, welche Varianten gemäß der grammatikalischen Einstellungen nicht ausgespielt werden dürfen.

Das Vorgehen in TextEngine weicht leicht ab, folgt aber prinzipiell derselben Logik und Reihenfolge. Je mehr Zeit man investiert, um alternative Satzstrukturen und Formulierungen zu hinterlegen, desto weniger kann man den Endergebnissen anmerken, dass sie einer automatisierten Quelle entstammen.

Allerdings ist Zeit hier ein wichtiger Aspekt: Für TextEngine musste ich, wie bereits erwähnt, die Daten selbst in Excel-Tabellen zusammenführen, weil mein Auftraggeber keine Schnittstelle programmieren konnte. Pro Produkt habe ich allein dafür ca. 3 Minuten benötigt. Inklusive der Erstellung des Rohtextes und der Varianten sowie der Qualitätssicherung habe ich für 100 Texte ca. 40 Stunden gebraucht, also 24 Minuten pro Text. Zum Vergleich: Die E-Commerce-Expertin Christine van Tübbergen schafft es in 7 Minuten, einen Produkttext zu schreiben und live zu stellen. Sie hätte in der gleichen Zeit also knapp 343 Texte geschafft. Aber steht in TextEngine erst einmal alles, entfällt die Zeit für die Einrichtung. Ist alles optimal eingerichtet, reicht 1 Minute Qualitätssicherung pro Text. Schon bei 500 Produkten wendet sich das Blatt, und die Erstellung mit der Software wird schneller als das individuelle Schreiben eines Menschen.

Bei der Arbeit mit ax semantics hatte ich Glück: Dieser Kunde konnte eine Schnittstelle erstellen. Die Daten kamen also ohne mein Zutun ins System. Dafür erstellte ich in vielen Support-Sessions mit einer Mitarbeiterin von ax semantics die Logik, mit der das Tool Informationen verarbeiten sollte. Das war recht aufwendig. Abbildung 2.15 zeigt, wie kompliziert die Benutzeroberfläche des Tools aussieht. Die Logik dahinter erinnert stark an Programmierung, und auch wenn das Design den Nutzerinnen und Nutzern verdeutlichen soll, was genau im Hintergrund passiert, ist ax semantics äußerst kompliziert.

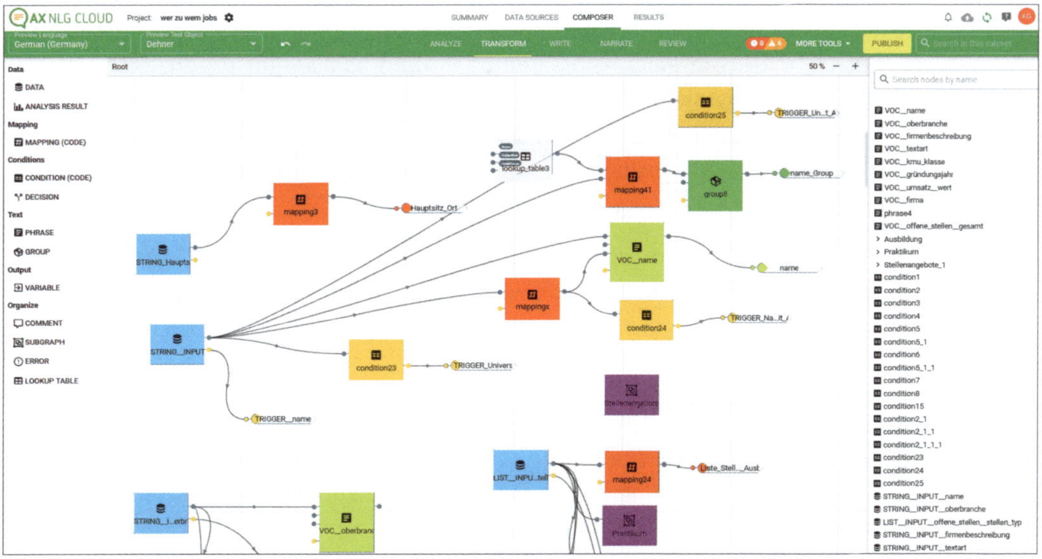

Abbildung 2.15 Interface in ax semantics

Trotz Unterstützung brauchte es mehr als 20 Stunden, um das System dazu zu bringen, zwar einzigartige, gut leserliche, logische und grammatikalisch korrekte Texte zu produzieren. (Das ist schon eine Leistung!) Sie waren aber immer noch recht ähnlich und im Vergleich leicht als das Ergebnis einer Textautomatisierungssoftware zu erkennen.

Das bedeutet nicht, dass diese Softwares schlecht wären oder keine Daseinsberechtigung hätten. Es bedeutet nur, dass sie nicht die magische Lösung sind, dank der Unternehmen auf uns Texterinnen und Texter verzichten könnten. Teilweise hätte ich mit identischem Zeitaufwand selbst alle Texte schreiben können. Individueller wären sie dann auf jeden Fall geworden. Wenn aber Individualität gar nicht das Maß der Dinge ist, weil z. B. eine menschenunmögliche Menge an Text produziert werden muss oder wenn Sie die Zeit haben, das Tool mit vielen Datenquellen zu füttern und sich darüber eine stärkere Individualisierung erreichen lässt, ist mit Textautomatisierungssoftware vieles möglich. Beispiele von Produktbeschreibungen, die mit KI geschrieben worden sind, bewertet Christine van Tübbergen in Kapitel 9, »Der Umsatz-Rockstar – Shop-Content«.

Ganz aktuell im Bereich der Text-KI macht ChatGPT Schlagzeilen und wirft Fragen auf, die ich in Bezug auf ax semantics und TextEngine teilweise schon beantwortet habe: Was für Texte kann eine KI erstellen, und macht eine KI professionell Schreibende obsolet?

Meine Einschätzung ist auch hier: ChatGPT ist für manche Anwendungsbereiche eine hervorragende Alternative oder Ergänzung zu menschlichen Texter*innen. Das Tool kann nämlich gut Daten aus dem Internet sammeln und zusammenfassen. Sachliche Texte (wie einen Glossareintrag) kann es also gut produzieren. Was es allerdings definitiv nicht kann, ist einerseits, die Richtigkeit von Informationen zu prüfen. Dafür muss immer ein Mensch die Qualitätskontrolle übernehmen. Andererseits kann ChatGPT keine menschlichen Emotionen, Humor, Sarkasmus etc. in einen Text einfließen lassen.

Also gilt auch hier: Für manche Aufgabenstellungen kann ChatGPT eine gute Alternative oder Ergänzung zu Textenden sein. Es wird sie aber nicht so schnell überflüssig machen.

2.8.2 Das Verhältnis von Text und Bewegtbild

Videos werden immer beliebter. Social-Media-Plattformen wie TikTok setzen fast ausschließlich auf den Einsatz von Videos, und auch auf Facebook und Instagram performen Videos besser als Texte. Und die »Statista Content Marketing Trendstudie 2021« hat ergeben, dass 66 % der Unternehmen in Zukunft mehr auf Videos in ihrem Content Marketing setzen wollen.[16]

Texte sind im Internet aber immer noch das Maß aller Dinge. Das liegt besonders an SEO. Suchmaschinen sind (noch) nicht in der Lage, Inhalte von Fotos, Infografiken und Videos zu analysieren. Wenn Sie möchten, dass Google und Co. diese Arten des Contents in die Bewertung Ihrer Website mit einbeziehen, brauchen Sie Texte: Beschreibungstexte, ALT-Texte, Videotitel, Hashtags und aussagekräftige Benennungen der Originaldateien. Ansonsten wird niemand Ihre Videos sehen. Dazu kommt, dass Sie für Videos zunächst einmal Skripte benötigen, und auch diese müssen geschrieben werden.

Wenn die Entwickler von Suchmaschinen ihre Ressourcen einsetzen, um die Auswertbarkeit von (Bewegt-)Bildern anzutreiben, könnten Videos Texte den Rang ablaufen. Ich persönlich halte das Content-Format Text aber auf keinen Fall für ein

16 *https://statista.design/wp-content/uploads/2021/05/Statista-Content-Marketing-Trendstudie-2021.pdf*, S. 15.

Auslaufmodell. Die eben erwähnte Trendstudie hat gezeigt, dass Text eine maßgebliche Rolle im Content Marketing spielt. Abbildung 2.16 offenbart, welche Formate in welcher Reihenfolge von Unternehmen eingesetzt werden, und alle sind mit Text verbunden.

Abbildung 2.16 Die Auswertungen der »Statista Content Marketing Trendstudie 2021« zeigen, welche Content-Formate Unternehmen mit welcher Gewichtung verwenden.

Kapitel 3

Gutes Design, guter Content?

Guter Inhalt allein reicht nie aus – nicht, um die gewünschten Marketingziele zu erreichen, nicht, um die Identität der eigenen Marke zu prägen, und auch nicht, um wichtige Informationen zu kommunizieren. Halten Sie das für eine gewagte These? Gut, dann ist dieses Kapitel genau das Richtige für Sie!

Es ist nun mal so, dass niemand einen Text lesen wird, der wie eine überwältigende »Bleiwüste« auf Papier bzw. »Pixelwüste« am Bildschirm wirkt – da kann er noch so gut geschrieben sein. Um Content – nicht nur schriftlich, sondern auch bildlich und auditiv – wirklich ansprechend zu gestalten, sodass er als wichtigstes Werkzeug im Content Marketing funktioniert, braucht es Content Design.

In diesem Kapitel erhalten Sie abseits einer Definition vor allem einen praktischen Eindruck davon, wie Content Design funktioniert und warum dedizierte Content Designer eine wertvolle Ergänzung für jedes Content- und Marketingteam darstellen.

Als Beruf steckt Content Design noch in den Kinderschuhen und verbreitet sich vor allem von Großbritannien und den USA aus. Dabei sind es in erster Linie große Unternehmen wie HubSpot, Spotify oder Shopify mit dedizierten, mehrköpfigen Content-Teams und Dienstleister im Sinne von Agenturen wie Content Design London (CDL) und Freelancern, die bereits auf den Zug aufspringen. Doch Content Design ist nicht gleich Content Design, denn es existieren in gewisser Weise zwei Seiten derselben Medaille: einerseits ein radikal nutzerzentrierter Ansatz, der sich durch Jobs-to-be-done (JTBD) und User bzw. Job Storys (Winters 2017[1]) auf das Nutzungs- und Nutzererlebnis (User Experience) fokussiert, andererseits ein performanceorientierter Ansatz, der, vor allem aus dem Marketing heraus gedacht, konkrete Ziele, wie beispielsweise die Reichweitenmaximierung oder Conversion-Optimierung, verfolgt. Um bestmöglich zu wirken, muss Content also sowohl die Ziele eines Unternehmens als auch die Anforderungen der Konsumenten und Konsumentinnen berücksichtigen. Das CUBI UX-Modell veranschaulicht dies als eingän-

1 Winters, S. (2017). The difference between job stories and user stories. *https://contentdesign.london/blog/The-difference-between-job-stories-and-user-stories*

giges Venn-Diagramm (siehe Abbildung 3.1) und hat sich durch die erweiterten Gedanken als gute Grundlage für das Content Design bewährt.[2]

Das Jobs-to-be-done-Framework

Das JTBD-Framework bietet einen Rahmen für die Definition, Kategorisierung, Erfassung und Organisation von Kundenbedürfnissen. Innerhalb weniger Tage kann durch Userinterviews ein kompletter Satz an Bedarfserklärungen erfasst werden, wobei diese selbst über Jahre hinweg gültig sind. Der große Vorteil für Unternehmen besteht darin, noch nicht bediente Jobs zu identifizieren und auf Basis von Job Storys entsprechende Lösungen – in diesem Fall primär Content – für eine bestimmte Zielgruppe zu entwickeln.

3.1 Das CUBI UX-Modell als Framework für die zielgerichtete Gestaltung von Content

Das CUBI UX-Modell, wie in Abbildung 3.1 zu sehen, setzt die beiden genannten Zieldimensionen in Beziehung zu Content und Interaktion. Die Schnittmengen dieser vier Dimensionen beschreiben im sogenannten *Action Cycle*, wie sich die Nutzer durch den Content navigieren: beginnend bei der Attraktion über eine Reaktion, gefolgt von einer Interaktion, die bestenfalls eine Transaktion darstellt.

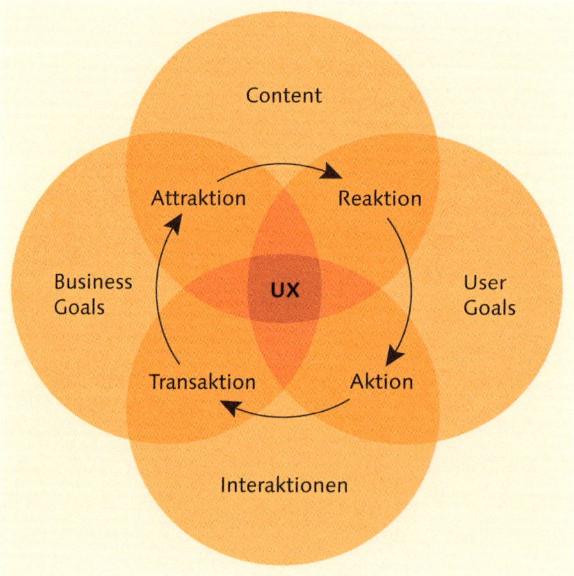

Abbildung 3.1 Der Action Cycle des CUBI UX-Modells beschreibt, wie Nutzer Content erleben.

2 Stern, C. (2014). CUBI: A User Experience Model for Project Success. *https://uxmag.com/articles/cubi-a-user-experience-model-for-project-success*

Aus dieser Abfolge werden bereits unterschiedliche Ziele für die (visuelle) Gestaltung von Content sichtbar:

1. **Attraktion (Anziehung)**: Jeder Content dient dem Unternehmen als Touchpoint, um auf sich aufmerksam zu machen und mit der Zielgruppe, sprich vor allem potenziellen Kundinnen und Kunden, in Kontakt zu kommen. Das Ziel der visuellen Gestaltung ist demnach vor allem Kontrast (im aktuellen Umfeld auffallen) und Stimulanz (eine Reaktion bewirken). Unbounce-Mitbegründer Oli Gardner hat diesen Ansatz als *Attention-driven Design* beschrieben und in seiner ursprünglichen Publikation[3] insgesamt 23 visuelle Gestaltungsprinzipien gesammelt. Die vermeintlich wichtigsten, die an die bewährten Gestaltgesetze angelehnt sind, finden Sie im Exkurs in Abschnitt 3.1.1.
2. **Reaktion**: Auf den Kontakt (das heißt wahrgenommen werden) folgt automatisch eine Reaktion. Konsument*innen bewerten meist spontan, unbewusst und situativ, ob der Content für sie gerade relevant ist oder nicht. Das geschieht mit der kognitiven Verarbeitung des Gesehenen und der damit gegebenenfalls schon verbundenen Emotion.

Abbildung 3.2 Rolex spricht durch die Verwendung von goldener Farbe und Superlativen in Texten vor allem dominanzorientierte Menschen an. (Screenshot: *www.rolex.com/de*)

Effektives Content Design erfordert ein gutes Verständnis für die Wertewelt der eigenen Zielgruppe(n), die beispielsweise mithilfe der von der Gruppe Nymphenburg definierten Limbic® Types beschrieben werden kann. Konsument*innen, die sich beispielsweise nach Sicherheit sehnen, reagieren positiv auf eine Gestaltung, die ihnen vertraut vorkommt und die sie von anderen Web-

3 Gardner, O. Attention-Driven Design: 23 Prinzipien für die visuelle Gestaltung von überzeugenden Landingpages. *https://ebook.unbounce.com/de/attention-driven-design/*

seiten schon kennen – etwa die bekannte Anordnung von Elementen, ähnliche Farbwelten und dieselbe Tonalität. Hedonistisch veranlagte Personen springen hingegen eher auf unbekanntes, neuartiges Design und eine individuelle Sprache an. Und dominanzorientierte Menschen reagieren auf Content, der nach Luxus, Leistung und Erfolg anmutet – etwa goldene Farbe und Superlative in Texten, wie z. B. auf *rolex.com* in Abbildung 3.2 zu sehen).

3. **Aktion**: Diese Reaktion, quasi der erste Eindruck, zieht in jedem Fall eine Handlung nach sich – bewusst oder unbewusst. Das kann eine einfache passive Handlung in der Form sein, dass wir auf einer Website verweilen, oder als Reaktion auf ein eher negatives Erlebnis, diese Seite unmittelbar wieder verlassen. Beides kann sowohl intrinsisch motiviert zur Befriedigung eigener Bedürfnisse (Jobs) oder extrinsisch motiviert geschehen, z. B. durch einen Anreiz (»Klicken Sie hier und Sie erhalten …«). Die gestalterische Komponente kann dementsprechend schon etwas so Grundlegendes sein wie ein auffallender und klickbar aussehender Textlink oder Button. Das ist leider nicht selbstverständlich, es gibt immer wieder Designtrends wie die sogenannten Ghost Buttons oder das inzwischen erlernte Burger-Menü (siehe Abbildung 3.3 rechts), die gegen etablierte Konventionen verstoßen – etwa wie ein klickbarer Button auszusehen hat, um als solcher erkannt zu werden – und durch die Elemente nicht mehr direkt interaktiv wirken.

Abbildung 3.3 Dass blauer, unterstrichener Text einen klickbaren Hyperlink darstellt, haben wir über die letzten Jahrzehnte gelernt. Aber erkennt wirklich jeder das sogenannte Burger-Icon rechts als interaktives Element?

4. **Transaktion (Abwicklung)**: Aus Unternehmenssicht stellt die Aktion im Idealfall eine geschäftliche Transaktion dar. Je nach Ziel des Unternehmens ist dies ein Kaufabschluss, eine Anmeldung zum Newsletter, der Download eines Whitepapers oder eine andere Handlungsaufforderung (ein sogenannter Call-to-Action, kurz CTA). Content Designer*innen können diese Entscheidung durch das Auslösen psychologischer Verhaltensmuster mithilfe visueller Elemente motivieren, etwa der Vorschau auf Inhalte in unmittelbarer Nähe zum CTA. Das verringert Bedenken und weckt die Neugier der Nutzer. Der in Abbildung 3.4 zu sehende Ausschnitt der Produktseite eines von CDL angebotenen Buches zeigt, wie das auf eine sehr puristische, aber dennoch effektive Art und Weise umgesetzt werden kann.

   Weitere Anregungen und die zugrunde liegenden Prinzipien des – ebenfalls durch Unbounce-Mitbegründer Oli Gardner begründeten Ansatzes *Conversion-centered Design* finden Sie im Exkurs in Abschnitt 3.1.2.

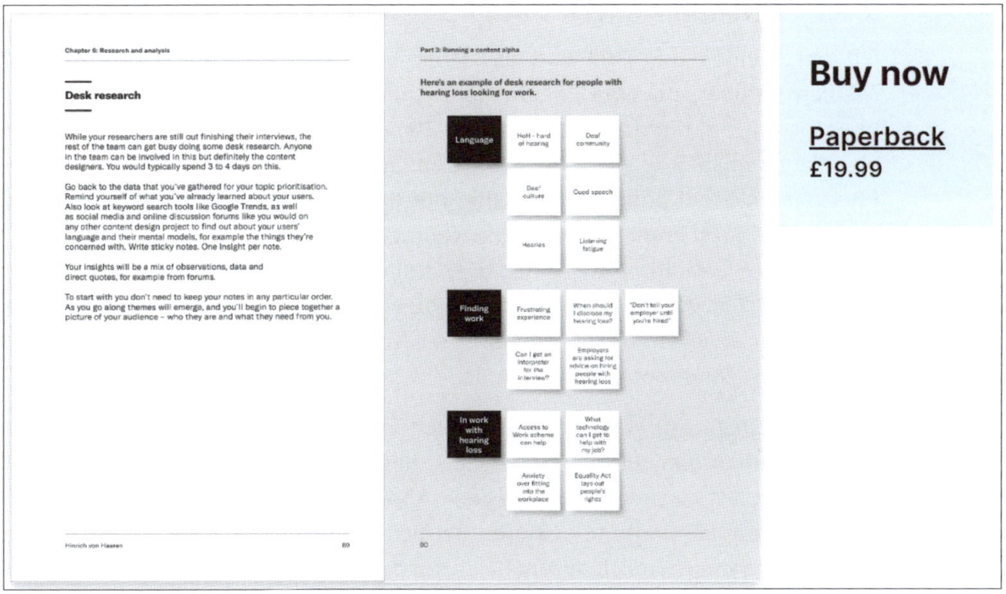

Abbildung 3.4 CDL gewährt Interessierten einen Einblick ins Buch und hält dabei die Handlungsaufforderung in Form eines visuell hervorgehobenen blauen Kastens samt Produktlink stets im unmittelbaren Umfeld. (Screenshot: *https://contentdesign.london/shop/content-transformation-by-hinrich-von-haaren-paperback*)

Betrachten Sie Ihre eigenen Inhalte, insbesondere kommerziell orientierte Produktseiten, Service- und Landingpages, aber auch Newsletter-Anmeldeseiten oder in Blogartikel integrierte Handlungsaufforderungen: Wie verständlich sind diese formuliert? Nehmen Sie alle möglichen Einwände vorweg? Haben Interessenten eine klare Vorstellung davon, was sie nach dem Klick erwartet? Motivieren Sie Interessenten durch die Ergänzung konkreter Inhaltselemente zum Klick?

Als Content-Verantwortliche sollten wir hierbei allerdings nie außer Acht lassen, dass sich die verschiedenen Dimensionen aus dem CUBI UX-Modell inhaltlich verändern können und es mit Blick auf die aktuelle Situation durchaus unterschiedliche Schwerpunkte geben kann. Ist aus Unternehmenssicht beispielsweise Reichweite wichtiger oder sind es Klicks und Conversions? Welche Bedürfnisse haben Konsumentinnen und Konsumenten heute, und welche haben Priorität? Wann können wir uns auf Kosten des einen auf das andere fokussieren? Allein diese Dynamik reicht schon aus als Erklärung, weshalb Content Design aktives Management erfordert – und damit eben auch spezialisierte Content Designer, die über das notwendige Skillset verfügen. Dazu zählen vor allem, aber – wie Sie im nachfolgenden Abschnitt lesen werden – nicht ausschließlich Experience-Design-Know-how, Systemdenken und Kommunikationskompetenz.

3.1.1 Attention-driven Design

Oft entscheiden der Titel und ein Titel- bzw. ein Linkvorschaubild in sozialen Medien darüber, ob eine Person Ihren Content konsumiert. Der erste Eindruck muss also sitzen, um das Interesse Ihrer Zielgruppe nicht gleich wieder zu verlieren – und zwar unabhängig von der Plattform, auf der Sie Ihre Inhalte anbieten. Sei es Ihr LinkedIn-Profil oder Ihre Website, die Aufmerksamkeit Ihrer Konsumentinnen müssen Sie quasi immer wieder aufs Neue gewinnen, halten und bestmöglich lenken. Ziel der Gestaltung ist es daher, mithilfe der Gestaltgesetze und sogenannter *Behavior Pattern* Aufmerksamkeit zu erzeugen und auf einfachste Art und Weise die unmittelbar aufkommenden Fragen Ihrer Konsumenten zu beantworten: Was ist Ihr (Content-)Angebot, und warum ist es für die Zielperson relevant?

PayPal ist ein gutes Beispiel dafür, wie ein starker Farbkontrast (hier 8 : 1 zwischen Gelb und Blau) die Aufmerksamkeit der Besucher zunächst auf die wichtige Botschaft lenkt: BIS ZU 50 € ERHALTEN (siehe Abbildung 3.5). Durch die Gestaltung und Hierarchie der Elemente fokussieren Betrachtende im Anschluss ihre Aufmerksamkeit höchstwahrscheinlich automatisch auf den prominenten Call-to-Action-Button GLEICH LOSLEGEN. Die klaren Formulierungen sorgen dafür, dass die Fragen Was? und Warum? direkt beantwortet werden können. Messen können Sie diese Wirkung am besten durch Eye-Tracking-Studien, schneller und kostengünstiger sind hingegen entsprechende Simulatoren, wie beispielsweise Feng-GUI (*feng-gui.com*).

Erkennen Sie, welche Wirkung das Bild auf der rechten Seite haben könnte?

Abbildung 3.5 Durch den starken Farbkontrast springt der gelbe Button vor blauem Hintergrund direkt ins Auge. (Quelle: *paypal.com/de*)

Genauso können Sie Farbe auch auf anderen Plattformen nutzen, um aus der Masse hervorzustechen und Aufmerksamkeit zu generieren. Scrollen Sie doch mal selbst durch Ihren Twitter- oder LinkedIn-Feed. Welche Beiträge stechen ins Auge? Wahrscheinlich weniger reine Textbeiträge, Umfragen oder visuelle Posts, die gedeckte Farben verwenden, sondern mehr diejenigen, die mutiger mit Farbe, Form(at) oder auch Textsymbolen wie Emojis arbeiten (siehe beispielsweise die Anzeige von Adobe im LinkedIn-Feed in Abbildung 3.6). Im Meer voller blauer, grauer, schwarzer und weißer Beiträge sticht dieses Design sofort heraus.

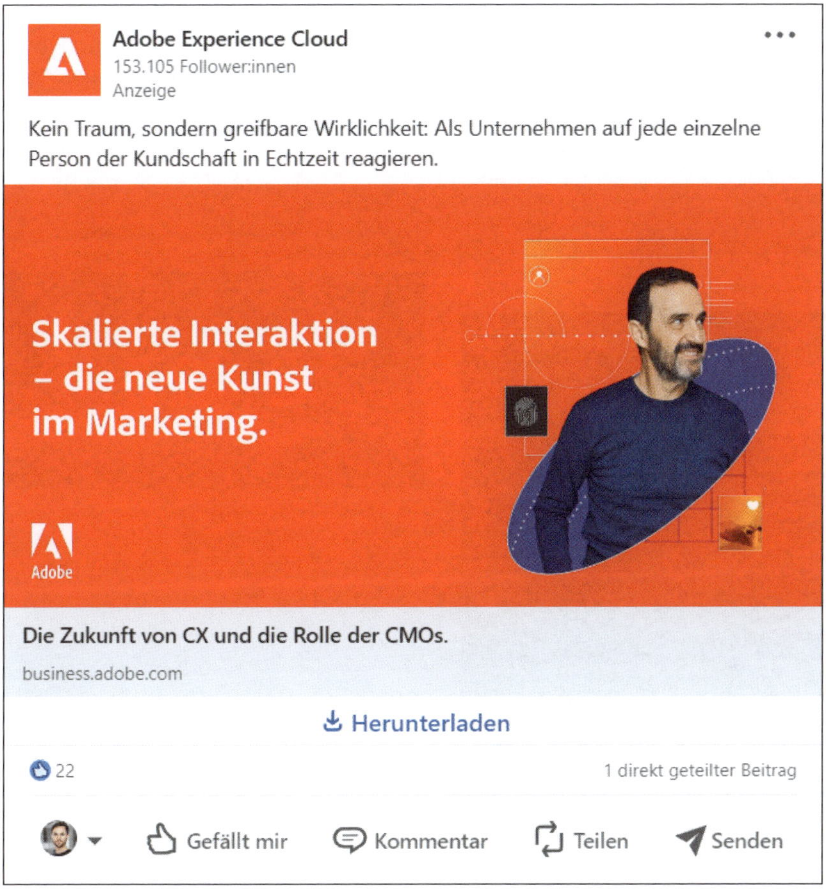

Abbildung 3.6 Dieser Beitrag von Adobe sticht vor allem durch die (Warn)Farbe Rot im LinkedIn-Feed heraus.

Bedienen Sie sich für Content Design mit dem Ziel, Aufmerksamkeit zu wecken, der Gestaltgesetze und Gestaltungsgrundlagen wie Größe, Nähe, Kontrast oder visuelle Dominanz. Wir sind zwar grundsätzlich gut beraten, uns an UX- und Designkonventionen zu orientieren, aber die User Experience bewerten, wie der Name schon sagt, nun mal die User. Und diese sind von Fall zu Fall verschieden, sodass effektives Content Design vor allem eins ist: individuell oder besser gesagt unternehmens-

und zielgruppenspezifisch. Verstoßen Sie also auch mal bewusst – aber kontrolliert! – gegen Konventionen im unmittelbaren Umfeld und gestalten Sie Ihren Content entgegen den Erwartungen der Zielgruppe.

- **Größe**: Je größer ein Element im Vergleich zu den anderen im unmittelbaren Umfeld (etwa eine Website oder ein Social-Media-Feed) ist, desto mehr Aufmerksamkeit erhält es. Nutzen Sie auf Plattformen wie LinkedIn beispielsweise die Möglichkeit, visuelle Medien wie in Abbildung 3.7 links im Hochformat zu integrieren. Insbesondere auf dem Smartphone nimmt Ihr Content dadurch maximal viel Fläche ein und fällt eher auf, als es mit einem Querformat (siehe Abbildung 3.7 rechts) der Fall ist.

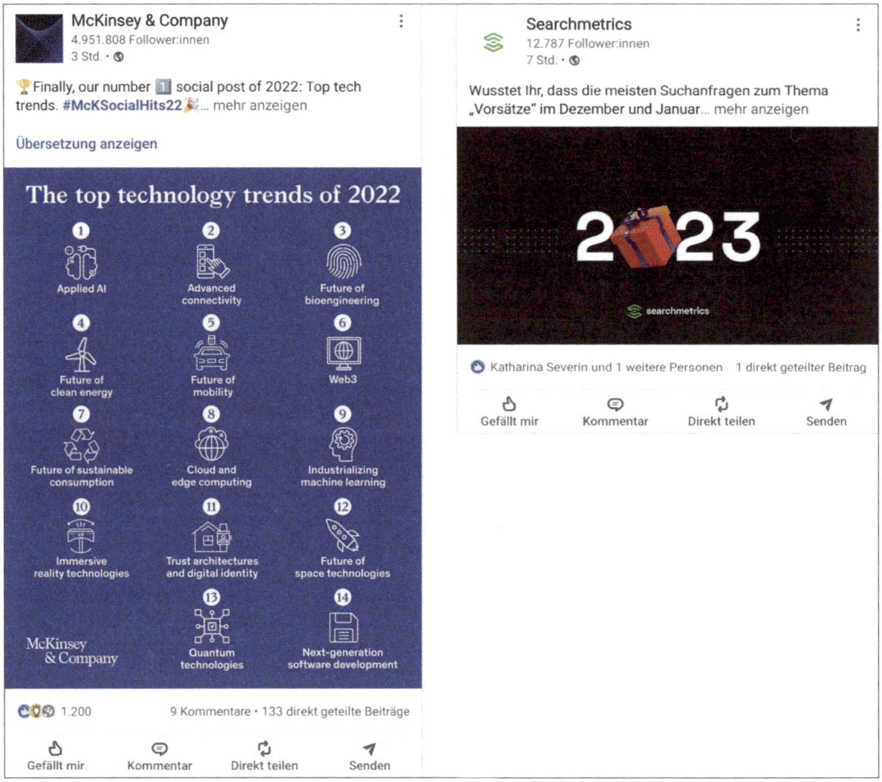

Abbildung 3.7 Die Größe eines Bildes auf Plattformen wie LinkedIn entscheidet maßgeblich über die Wirkung Ihres Beitrags, insbesondere dann, wenn es darum geht, Aufmerksamkeit zu gewinnen. (Quelle: LinkedIn-Feed)

- **Nähe und Gruppierung**: Elemente, die in der Nähe von aufmerksamkeitsstarken Elementen, wie beispielsweise dem gelben Button auf *paypal.com*, liegen, erhalten ebenfalls Aufmerksamkeit. Das gilt erst recht dann, wenn diese Elemente als Einheit gestaltet und visuell eingegrenzt sind, sei es durch Rahmen oder ihre Anordnung. Unter Umständen ist es auch erst diese Gruppierung, die die Aufmerksamkeit weckt. Der Produkthinweis im Blog von Springlane (siehe Abbildung 3.8) ist ein Beispiel dafür, wie eine solche »Gruppe« aus dem Text hervorsticht.

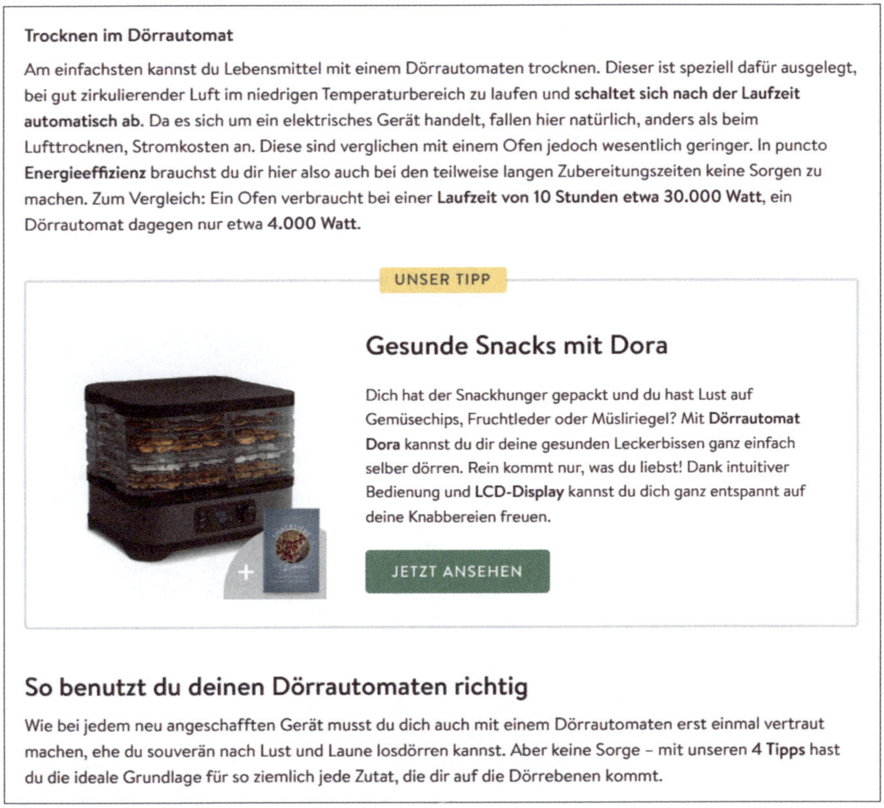

Abbildung 3.8 Produkthinweise sind im Springlane-Blog durch einen Rahmen vom Blogartikel getrennt und die produktbezogenen Informationen dadurch als Einheit erkennbar. (Quelle: *www.springlane.de/magazin/doerren-guide/*)

Nutzen Sie diesen Effekt, um beispielsweise auf Infotainment-Seiten wie Blogartikeln auf Produkte aufmerksam zu machen oder um auf kommerziellen, ergo Service- oder Produktseiten, verkaufsfördernde Argumente zu platzieren und damit die Chance einer (Trans)Aktion zu erhöhen. Testen Sie diese Wirkung jedoch genau, um nicht unbewusst das Gegenteil zu erreichen!

- **Kontrast und visuelle Dominanz**: Der Grund, weshalb ein gelber Button die Klickrate auf PayPals Website verbessert, ist nicht zwangsläufig die Farbe an sich, sondern der dadurch entstandene Kontrast zum blauen Grund. Diese Unterscheidung ist wichtig, denn die Farbe ist in diesem Kontext so gut wie irrelevant.

In Abbildung 3.9 sehen Sie die Startseite des SaaS-Unternehmens Unbounce. Sowohl im oberen Menüband rechts als auch auf der Bühne unten links befinden sich jeweils Button-Paare. Diese sind mit Blick auf den Kontrast aus verschiedenen Gründen unterschiedlich gestaltet:

- Im Menüband hebt sich der linke Button als sogenannter Ghost Button lediglich durch Farbe und eine Rahmenlinie von den übrigen Menüpunkten ab. Der rechte Button hingegen ist vollflächig und erzeugt dadurch einen stärkeren Kontrast zu seinem Umfeld – er erhält folglich mehr Aufmerksamkeit, was im Sinne der dahinterliegenden Aktion (Testphase für das Tool beginnen) aus Unternehmenssicht definitiv erstrebenswert ist.
- Die zwei Buttons auf der Bühne unten sind als Ghost Buttons gleichwertig gestaltet und unterscheiden sich lediglich durch ihre jeweilige Farbe. Aus Unternehmenssicht ist anzunehmen, dass beide dahinterliegenden Aktionen dieselbe Relevanz besitzen (die Hauptsache ist, Besucher*innen entscheiden sich für eines der Tools) und deshalb kein weiterer Kontrast gewünscht ist, um sie in Richtung der einen oder der anderen Option zu lenken.

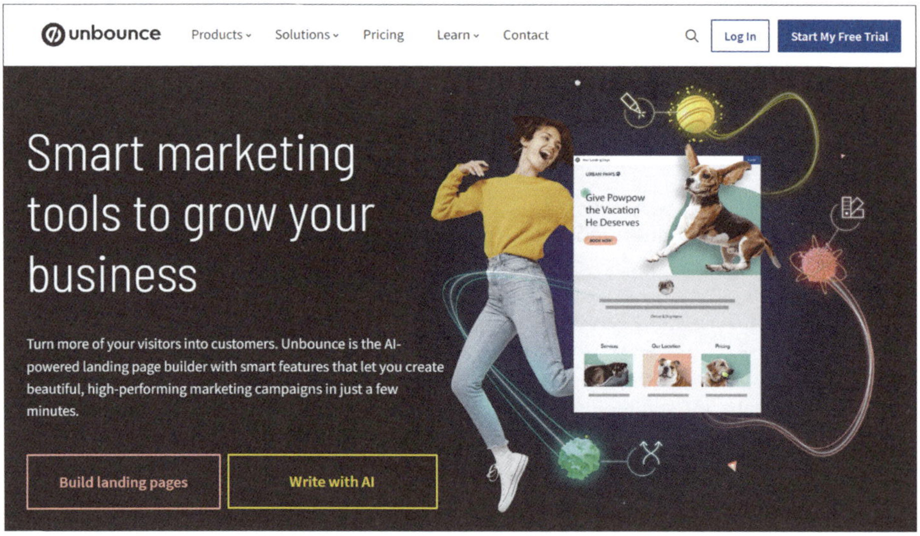

Abbildung 3.9 Durch die Gestaltung kontrolliert Unbounce die Aufmerksamkeit, die die einzelnen Buttons erhalten. (Quelle: *unbounce.com*)

3.1.2 Conversion-centered Design

Im Kern geht es beim Ansatz des Conversion-centered Designs (kurz CCD) um die Ausrichtung von Inhalt und visueller Gestaltung auf eine spezifische, für Sie als Content- bzw. Businessverantwortliche Person profitable (Trans)Aktion der Konsument*innen. Das kann der Kauf eines Ihrer Produkte sein, die Anmeldung zu Ihrem Newsletter oder der Klick aus einem Blogartikel heraus auf Ihre Kontaktseite.

Urheber der CCD-Frameworks ist Unbounce-Mitbegründer Oli Gardner, der dafür insgesamt sieben sowohl visuell-gestalterische als auch psychologisch wirksame Designprinzipien beschreibt:[4]

1. **Fokus schaffen**: Entfernen Sie alle alternativen Handlungsmöglichkeiten, bis nur noch eine einzige Handlungsaufforderung verbleibt – etwa GLEICH LOSLEGEN aus dem Beispiel PayPal (siehe Abbildung 3.5) oder WRITE WITH AI auf der Landingpage von Unbounce (siehe Abbildung 3.9). Sie vermeiden dadurch das Auswahlparadox[5] und andere psychologische Phänomene, die die Entscheidungsfindung beeinflussen und dazu führen können, dass Konsumenten womöglich gar nicht handeln. Sie erhöhen im Umkehrschluss quasi automatisch die Wahrscheinlichkeit, dass Konsumenten die gewünschte Aktion ausführen.

   Monday.com geht auf Landingpages sogar so weit, das reguläre Menüband zu entfernen (siehe Abbildung 3.10) und den Umfang der Navigation am Fußende stark zu reduzieren.

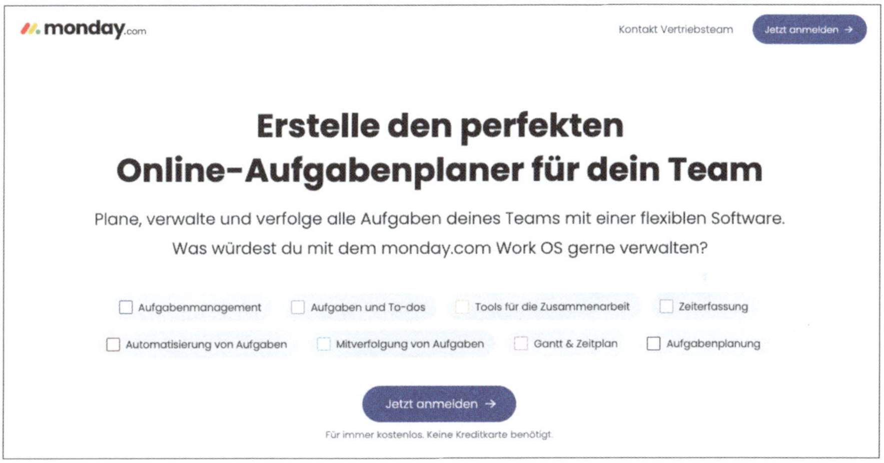

Abbildung 3.10 Monday.com reduziert die Handlungsmöglichkeiten, um die Wahrscheinlichkeit einer Anmeldung zu erhöhen. (Quelle: *https://monday.com/lp/lang/de/inter/task/new*)

Eine ähnlich minimalistische Gestaltung erleben Sie auch im Blog von Zendesk, das eine eigene, reduzierte Blognavigation bietet und im Artikelbereich frei von Ablenkungen, wie etwa der typischen Seitenleiste, ist (siehe Abbildung 3.11).

4 The 7 Principles of Conversion-Centered Design. *https://unbounce.com/conversion-centered-design/*

5 Schwartz, B. (2005). The Paradox of Choice: Why More Is Less. Harper Perennial.

Das stellt den Content an sich und die im Text enthaltenen (weitestgehend internen) Links in den Vordergrund und verhilft der kommerziellen Handlungsaufforderung im oberen Menüband (dem Button START FREE TRIAL) zu mehr visueller Prominenz.

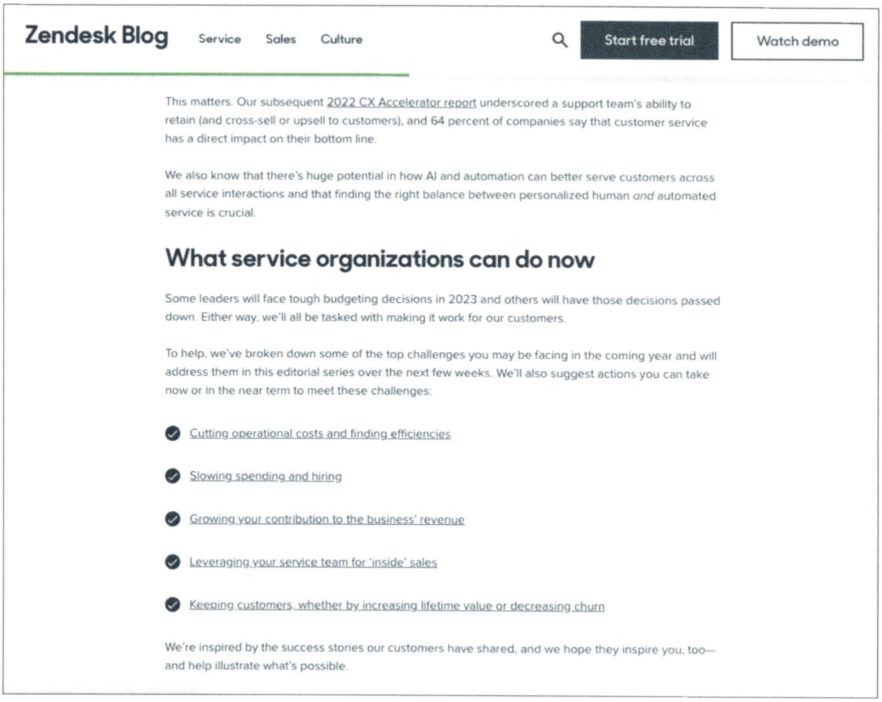

Abbildung 3.11 Zendesk reduziert im Blog das Risiko einer Ablenkung durch überflüssige Elemente wie die typische Blogseitenleiste, sodass der Artikel selbst die volle Aufmerksamkeit genießt. (Quelle: *www.zendesk.com/blog/customer-service-during-economic-downturn*)

2. **Struktur aufbauen**: Gestalten Sie Ihren Content so, dass er jederzeit visuell ansprechend ist und gleichzeitig Konsumentinnen den nächsten Schritt aufzeigt bzw. sie direkt dorthin führt. Orientieren Sie sich bei der Konzeption an *Flow Pattern*, wie beispielsweise der Z- oder F-Form[6] (siehe Abbildung 3.12), um wichtige Fokuspunkte auf Ihrer Website oder Ihrer Inhalte im Allgemeinen gezielt zu gestalten. Lesen Sie sich doch mal die Texte an den entsprechenden Stellen laut vor. Ergeben diese eine zusammenhängende Geschichte bzw. Argumentationskette oder eher eine Liste von nicht zusammenhängenden Informationen? Fragen Sie ergänzend dazu verschiedene Personen nach den Stellen und

6 Pernice, K. (2017). F-Shaped Pattern of Reading on the Web: Misunderstood, But Still Relevant (Even on Mobile). *www.nngroup.com/articles/f-shaped-pattern-reading-web-content/*

Informationen, die Sie auf den ersten Blick erfasst haben. Welches Bild Ihres Angebots ergibt sich daraus?

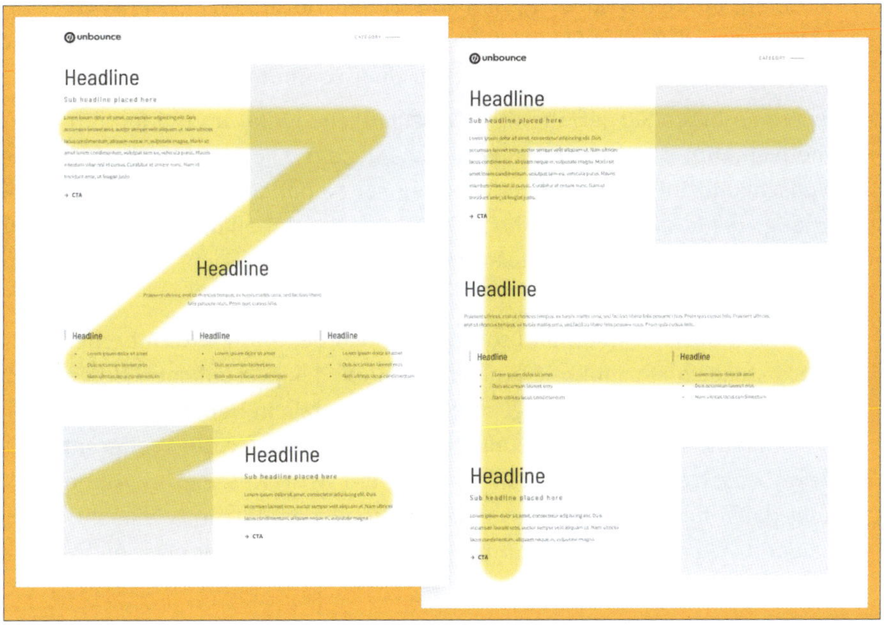

Abbildung 3.12 Wir betrachten eine (Web)Seite in der westlichen Welt von links nach rechts und von oben nach unten, woraus sich Z- und F-Muster ergeben. (Bild © Unbounce: *https://unbounce.com/conversion-centered-design/*)

3. **Konsistent bleiben**: Berücksichtigen Sie bei der Gestaltung stets das Umfeld und die User Journey. Gerade Landingpages sind ein wichtiges Bindeglied zwischen Werbeanzeigen oder Social-Media-Beiträgen und der eigenen Website bzw. dem eigenen Onlineshop. Alle Kontaktpunkte sollten hinsichtlich Farben, Schriften, Formen, Layout etc. einheitlich gestaltet sein, um zusammengehörend zu wirken.

   Vergleichen Sie zum Verständnis *zendesk.com*, *zendesk.com/blog/* und den Instagram-Account auf *instagram.com/zendesk/*. Sie werden sehen, dass das Design der Website, des Blogs und der Instagram-Beiträge das gleiche ist – Content, Produkte bzw. Dienstleistungen und Marke ergeben ein stimmiges Gesamtbild.

   Wie steht es um Ihren Content? Ist Ihr Blog in Ihre Website oder Ihren Onlineshop integriert oder wirkt es (auf potenzielle Kund*innen) wie eine losgelöste Instanz? Folgt Ihr Social-Media-Content denselben Design-Guidelines wie Ihre Website oder ist auf den ersten Blick kein Zusammenhang ersichtlich? Nutzen Sie die Macht der visuellen Gestaltung, um Ihre Marke zu stärken. Denken Sie an die Farbe Magenta und Ihre unmittelbare Markenassoziation, um sich dieses Potenzials bewusst zu werden.

4. **Nutzen zeigen**: Helfen Sie Ihren Kund*innen, sich den persönlichen Mehrwert Ihrer Produkte vorstellen zu können. Veranschaulichen Sie, wie schön die Welt mit Ihrem Produkt sein kann, und adressieren Sie so Fragen wie »Was habe ich davon?« visuell. Zeigen Sie Produkte beispielsweise als Foto in einem lebensechten Umfeld (Nutzungskontext) anstelle einer computeranimierten Grafik.

   Experimentieren Sie gezielt mit unterschiedlichen Bild- und Videoformaten und -motiven, um zu verstehen, wodurch Sie am ehesten Resonanz bei Ihren Wunschkund*innen erzeugen. Denn nur selten haben wir auf Anhieb die beste Lösung, dafür sind die Möglichkeiten einfach zu vielfältig: Foto oder Video? Produkte oder Menschen? Illustration oder Realbild? Reicht ein Bild oder brauchen wir mehrere?

   Dasselbe Prinzip können und sollten Sie auch bei Ihren Texten berücksichtigen und anstelle von Produktmerkmalen vor allem den persönlichen Nutzen herausarbeiten – Sie kennen womöglich den Spruch »talk in benefits, not in features«. In Abbildung 3.13 finden Sie ein einfaches Beispiel für die Weiterentwicklung dieses Ansatzes in Form einer sogenannten *MVP-Kette*[7]. Das Akronym MVP steht dabei für **M**erkmal, **V**orteil und **P**ersönlicher Nutzen. Vielleicht erkennen Sie darin Potenzial für die Optimierung der Texte auf Ihrer eigenen Website?

Abbildung 3.13 »Talk in benefits, not in features« ist ein guter Rat, noch stärker wirkt jedoch die Kommunikation des persönlichen Mehrwertes, der durch diese Vorteile entsteht.

---

7 Nauth, D. (2015). MVP – Wie aus Produktmerkmalen echter Kundennutzen entsteht. *www.konversionskraft.de/landing-page-optimierung/mvp-wie-sie-produktmerkmale-in-persoenlichen-kundennutzen-verwandeln.html*

5. **Aufmerksamkeit erregen**: Nutzen Sie Farbkontraste, Whitespace (wird auch als Blankspace oder Negative Space bezeichnet), sogenannte Directional Cues in Bildern als Richtungsweiser oder sogar Animationen, um Besucher und Besucherinnen auf die wichtigen Elemente aufmerksam zu machen.

   Das Beispiel in Abbildung 3.14 veranschaulicht, wie stark Bildmotive unseren Blick lenken können: Obwohl Sie aus Sicht der Struktur (siehe Punkt 2) zunächst links beginnen, die Seite zu betrachten, wird das Bild schnell Ihre Aufmerksamkeit auf sich ziehen und Sie durch die Blickrichtung und »Bewegungsrichtung« der Person wieder auf den Text und das Formular zurückleiten. Dasselbe Prinzip können Sie auch in Instagram Storys, LinkedIn Karussells oder Twitter Threads anwenden, um User zu »leiten« – per Bild, Text oder auch Emojis und Icons.

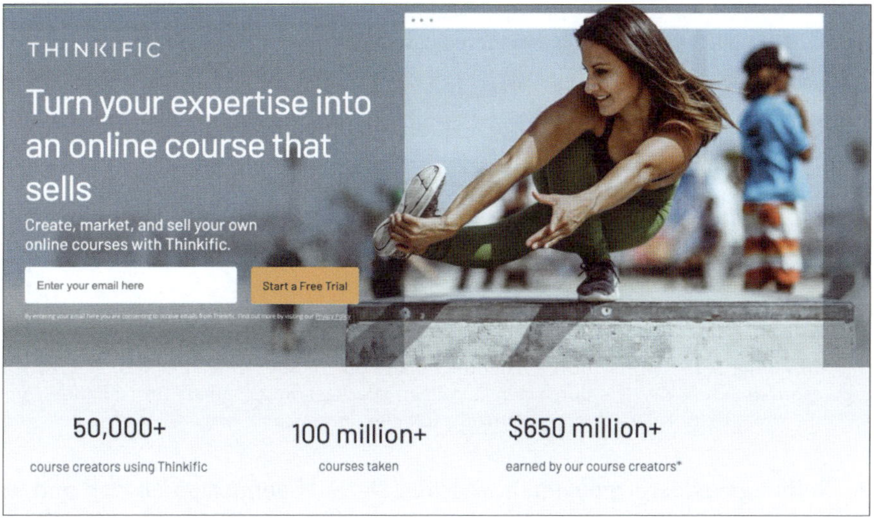

Abbildung 3.14 Die Blickrichtung von abgebildeten Menschen ist besonders effektiv, um die Aufmerksamkeit von Betrachtern zu steuern. (Quelle: *www.thinkific.com/start-now/*)

6. **Vertrauen schaffen**: Erzeugen Sie durch Kundenbewertungen, Testimonials und die Integration von Kundenlogos (die in Ihrer Zielgruppe bekannt sind) den sogenannten *Social Proof*, und steigern Sie dadurch Ihre Glaubwürdigkeit. Wenn Interessenten sehen, dass Kunden mit Ihrem Produkt oder Ihrer Dienstleistung zufrieden und erfolgreich sind, kommen Sie schnell in den Genuss des sogenannten Bandwagon-Effekts: Interessenten wollen dann nämlich auch von Ihren Produkten oder Dienstleistungen profitieren und vertrauen quasi »blind« auf die (indirekte) Empfehlung bestehender Kunden.

   Sie haben diese Wirkung vielleicht schon selbst in Form von »Bestsellern« oder »Kunden kauften auch …«-Hinweisen in Onlineshops erlebt, aber auch im Kontext digitaler Inhalte können wir diese Prinzipien einsetzen. Forbes nutzt das

Prinzip beispielsweise, wie in Abbildung 3.15 zu sehen, um in Echtzeit auf die derzeit meistgelesenen Artikel hinzuweisen. Wenn sich so viele andere User dafür interessieren, sollten wir uns das auch nicht entgehen lassen …

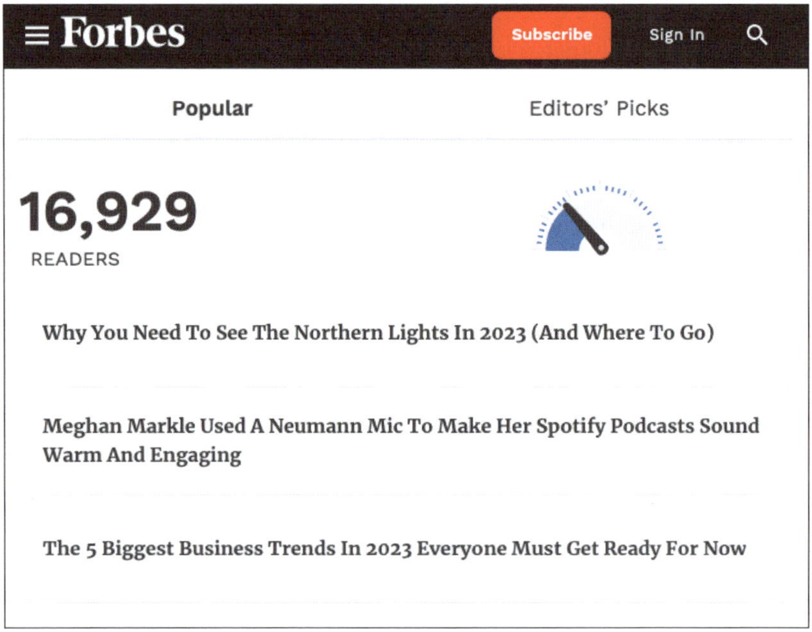

Abbildung 3.15 Forbes rückt »beliebte« Inhalte durch die Anzeige der aktuellen Zahl an Lesern in den Fokus. Die durch den ständigen Wechsel dieser Inhalte entstehende Dynamik erzeugt zusätzliche Aufmerksamkeit. (Quelle: *forbes.com*)

7. **Reibungsverluste reduzieren**: Machen Sie es Userinnen so einfach und komfortabel wie möglich, die gewünschte Aktion auszuführen. Schenken Sie insbesondere Formularen Aufmerksamkeit, um unnötig hohe Abbruchraten zu vermeiden. Auch die *Mobile Experience* (Accessibility, Responsive Design, Seitenladegeschwindigkeit) ist ein Faktor mit großem Potenzial, denn immer mehr Menschen nutzen Smartphones und »konvertieren von unterwegs«.

3.2 Content Designer*innen als Bindeglied für ganzheitliche Prozesse

Content Design vereint als Disziplin – oder noch besser als Mindset – viele andere, die bisher getrennt voneinander operiert haben. Die verschiedenen Teams in Unternehmen profitieren von:

- **einem gemeinsamen Verständnis** für die Bedürfnisse der Konsumenten – getrieben von Content-Design-Verantwortlichen, die nach einer Grundlage für »ihre« Inhalte verlangen
- **gemeinsamen Zielen** – getrieben von Content-Design-Verantwortlichen, die die Wirkung »ihrer« Inhalte messen und verstehen wollen
- **gemeinsamen Prozessen** – getrieben von Content-Design-Verantwortlichen, die nach Effizienz streben

Der Bedarf an dedizierten Content Designern als Bindeglied wird oft erst im Laufe der Zeit und im Zuge von Veränderungen im Unternehmen ersichtlich, etwa wenn bestimmte Fähigkeiten im Team oder Ressourcen für die Koordination fehlen. Diese Emergenz von Content Design als Funktion führt auch dazu, dass der Beruf vielseitig ist und quasi keine zwei Content Designer*innen dasselbe Profil aufweisen. Denn jede dieser Personen hat spezielle, unternehmensspezifische Aufgaben und Verantwortungen, persönliche Präferenzen und Erfahrungen und vor allem eine ganz individuelle Ausbildung – wie die folgenden Beispiele (inklusive meines eigenen Werdegangs) in Tabelle 3.1 belegen.

 **Sarah Winters** (geb. Richards) Gründerin von Content Design London	Sarah Winters gilt international als die Begründerin von Content Design als Begriff und eigenständige Disziplin. Seit 2017 unterstützt sie mit der von ihr gegründeten Agentur Content Design London (*content-design.london*) Unternehmen wie Deliveroo, UBS oder gov.uk dabei, durch Content erfolgreich zu wachsen. Zuvor war sie als Content-Strategin bei Co-op, Product Manager bei Citizens Advice sowie als Head of Content Design bei Government Digital Service in London tätig. Ihren professionellen Werdegang begann sie als Editorial Manager bei The AA und darauffolgend als Copywriter bei Ogilvy Interactive, nachdem sie ihr Designstudium abgebrochen und stattdessen Journalismus studiert hatte.

Tabelle 3.1 Unterschiedliche Profile von Content Designer*innen

 **Robert Weller** Gründer von toushenne.de und Content-Stratege bei konversionsKRAFT	Im deutschsprachigen Raum habe ich den Begriff Content Design gemeinsam mit Co-Autor Ben Harmanus vor allem durch unser gleichnamiges Buch geprägt. Parallel zu den Entwicklungen um Sarah Winters entstand die Idee dazu durch die Kombination meines Sportmanagementstudiums (Schwerpunkt Marketing) mit einer Designausbildung an der Hamburger Technischen Kunstschule. Denn für mich war Gestaltung ein essenzieller Aspekt, der in der klassischen Marketingschule meist zu kurz kam. Über Stationen als Online Marketing Manager eines Sport-E-Commerce-Unternehmens, als Social Media Editorial Manager in einer Werbeagentur und als Teamlead Content Marketing in einem SaaS-Start-up bin ich seit 2019 bei konversionsKRAFT tätig, anfangs als Business Owner für das Fort- und Weiterbildungsprogramm (einschließlich E-Learning-Content), heute als Content-Stratege mit einem Präferenzbereich für Content Design.
 **Catherine Carr** Principal Content Designer bei HubSpot	Catherine Carr ist seit Anfang 2021 Content Designerin bei HubSpot. Zuvor war sie Content-Strategin bei Uber, Content Designerin und Product Team Lead bei booking.com sowie selbstständige UX-Beraterin. Wie Sarah Winters hat auch sie Journalismus studiert und ihren Kompetenzbereich vor allem durch ihre verschiedenen Rollen in unterschiedlichen Unternehmen sowie Onlinefortbildungen erweitert.

Tabelle 3.1 Unterschiedliche Profile von Content Designer*innen (Forts.)

 **Tom Waterton** Content Design Lead bei IBM	Tom Waterton ist Content Design Lead bei IBM. Zuvor hatte er Positionen als technischer Redakteur, UX-Designer, Content Editor und Content-Team-Manager inne. Für die ersten zehn Jahre seiner professionellen Laufbahn war das Schreiben eigenen Angaben zufolge sein Schwerpunkt, bevor er seine heutige (und damals quasi noch nicht konkret definierte) Rolle bei IBM Design antrat.*

* Waterton, T. (2019). Confessions of a content designer. *https://medium.com/design-ibm/confessions-of-a-content-designer-9be86daca04*

Tabelle 3.1 Unterschiedliche Profile von Content Designer*innen (Forts.)

Alle diese Personen verbindet vor allem eine Sache: die – vorrangig intrinsisch motivierte – Kombination von mindestens zwei »klassischen« Disziplinen, entweder bereits in der Ausbildung (z. B. Journalismus und Design) oder im Job (z. B. Editor und UX-Designer). Multidisziplinarität ist ein typisches Merkmal von Content Designern und Designerinnen.

Diese Vielseitigkeit ist auch mit ein Grund, weshalb der Begriff Design noch häufig für Verwirrung sorgt. Wir alle haben eine eigene Vorstellung davon, was das genau ist, doch es mangelt an einem einheitlichen Verständnis. Das beweist der Umstand, dass Unternehmen ausdrücklich darauf hinweisen, dass es sich bei einer Stellenausschreibung als Content Designer*in nicht um eine Rolle im Marketing handelt, sondern beispielsweise um eine Rolle in der Produktentwicklung und in der klassischen Designabteilung.

In der akademischen Welt gibt es dafür sogar einen Fachbegriff: *Conceptual Stretching*. Er beschreibt die Verzerrung, die entsteht, wenn wir versuchen, ein Konzept (hier Design) auf immer mehr verschiedene Fälle anzuwenden, ohne den Kontext zu berücksichtigen. Wenn das passiert, verliert das Konzept seine Bedeutung und Aussagekraft. Ich möchte an dieser Stelle deshalb eine Definition für Design im vorliegenden Kontext nachreichen.

3.2.1 Design ist mehr als visuelle Gestaltung

Design ist die Spezifikation eines Objekts, das dazu bestimmt ist, in einer bestimmten Umgebung Ziele zu erreichen, indem es primitive Komponenten verwendet, die eine Reihe von Anforderungen erfüllen und bestimmten Beschränkungen unterliegen.[8] Daraus können wir die folgenden Aspekte ableiten, durch die sich im Kontext von Content ein ganzheitliches Verständnis von Design ergibt:

- **Spezifikation eines Objekts**: In unserem Fall ist Content das Objekt, z. B. im Sinne eines Blogartikels, Videos oder LinkedIn-Karussell-Posts, der aus verschiedenen textlichen, visuellen, auditiven oder interaktiven Komponenten bestehen kann.
- **Auf bestimmte Ziele hin ausgerichtet**: Jede (Inter- oder auch Trans)Aktion kann ein Ziel sein, das wir durch Content erreichen wollen – vom ersten Klick bis hin zum Kaufabschluss oder einer Kundenbewertung.
- **In einer bestimmten Umgebung**: Alle von uns bzw. unserer Zielgruppe genutzten Content-(Marketing-)Plattformen wie Websites, Social Media, E-Mails, Chatbots etc. stellen eine Umgebung für unseren Content dar.
- **Unter Verwendung verschiedener Komponenten**: Als solche gelten etwa die verschiedenen Content-Formate (Text, Bild, Ton, Video etc.) sowie andere Formen von Micro Content, die als kleinste Sinneinheit unabhängig verwendet werden können.
- **Bestimmte Anforderungen erfüllend**: Damit ist vor allem die Nutzbarkeit (Usability), aber auch die Nützlichkeit im Sinne einer emotionalen Befriedigung von Bedürfnissen nach Informationen oder Unterhaltung gemeint.
- **Unterliegt Einschränkungen**: Dazu zählen unter anderem Vorgaben an das Corporate Design, Urheberrechte oder kanalspezifische Restriktionen, wie beispielsweise auf YouTube, wo ausschließlich Video-Content existiert.

In gewisser Weise ist Content Design fürs Marketing das, was Architektur (was übersetzt übrigens Baukunst bedeutet) für den Hausbau ist: die handwerkliche Beschäftigung und ästhetische Auseinandersetzung des Menschen mit dem gebauten Raum – in diesem Fall eben dem Content und dessen Umfeld. Ebenso lassen sich die drei vitruvischen Prinzipien Stabilität (Firmitas), Nützlichkeit (Utilitas) und Anmut/Schönheit (Venustas) auf Content übertragen.

Stellen Sie sich selbst die Fragen: Wenn Ihr Content ein Haus wäre, würden Sie gerne hineingehen, ohne zu wissen, was Sie darin erwartet? Wie stabil wirkt Ihr Haus? Wie einladend und vertrauenswürdig sieht es aus? Sind Sie sich der einzel-

8 Ralph, P. and Wand, Y. (2009). A proposal for a formal definition of the design concept. In Lyytinen, K., Loucopoulos, P., Mylopoulos, J., and Robinson, W., Design Requirements Workshop (LNBIP 14), S. 103–136. Springer-Verlag, S. 109

nen Komponenten und Aspekte Ihres Designs bewusst, und haben Sie diese gezielt entwickelt? Welche Aspekte kommen möglicherweise zu kurz, und welche Auswirkungen hat das auf die Wirkung Ihrer Inhalte?

Wenn Sie wirklich verstehen möchten, was Content Design ist und wer Content Designer*innen sind, dann kommen Sie nicht umhin, sich mit entsprechenden Personen zu beschäftigen. Zu vielfältig sind die Werdegänge, zu unterschiedlich die Rollen und zu unternehmensspezifisch die jeweiligen Aufgaben. Tom Waterton bestätigt, dass keine einzelne Person alle Aufgaben mit Bezug zu Content realisieren kann. Vielmehr variiert der Einsatzbereich von Content-Design-Verantwortlichen je nach Unternehmenskontext: Die einen beschäftigen sich mit Informationsarchitektur und Content-Layout, andere mit dem Schreiben von UI oder E-Mail Copy und wiederum andere führen Content-Audits und Content-Tests durch. Es überrascht daher nicht, dass Content-Strateg*innen, Content Designer*innen, UX Writer oder Content Developer alle eine ähnliche Funktion erfüllen. Es existiert schlichtweg (noch) keine einheitliche Ausbildung, und hierzulande ist Content Design als Beruf sowieso noch nicht wirklich etabliert. Ich halte es als Disziplin aber für eine enorm wertvolle Ergänzung für quasi jedes Content-Team. Wenn ich Ihnen einen Startpunkt für Ihre Recherche empfehlen darf, dann ist es *workingincontent.com*. Sie finden dort vor allem Stellenausschreibungen für diverse Content-Jobs – und können dadurch ihr Verständnis für die Nuancen der einzelnen Rollen vertiefen – sowie Einblicke in die Karriere ausgewählter Interviewpartner im Blog.

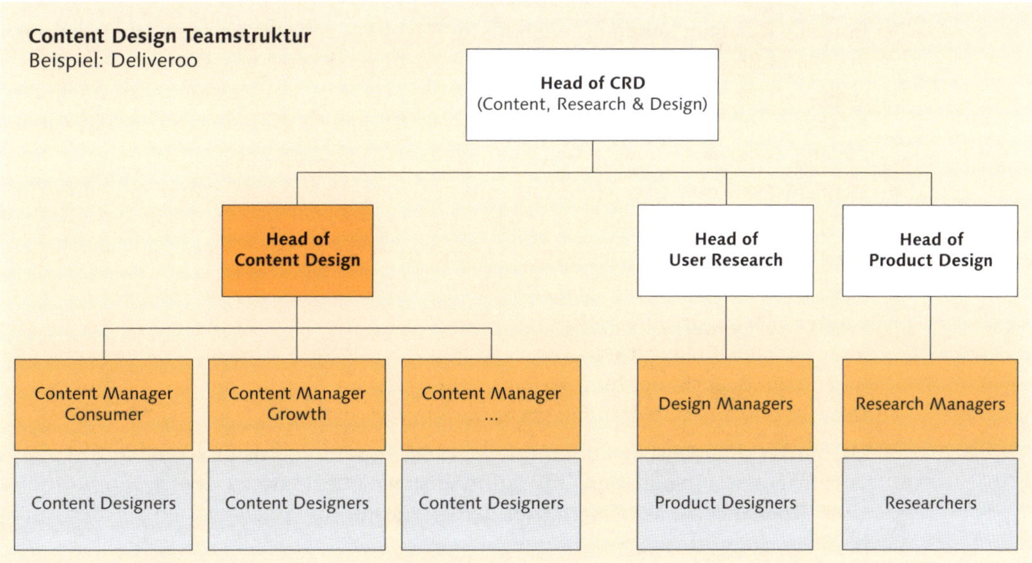

Abbildung 3.16 Bei Deliveroo ist der oder die Head of Content Design eine Führungsrolle, die weitere Content Designer mit unterschiedlichen Schwerpunkten (ergo Zielen) vereint.

Ein weiterer Einflussfaktor auf die Definition von Content Design ist die Teamstruktur in der Organisation. So sind manche Content Designer im Marketingteam integriert, andere in interdisziplinären Produktteams, wie etwa bei Deliveroo (siehe Abbildung 3.16), und wiederum andere in dedizierten Designteams mit verschiedenen Schwerpunkten, wie etwa Editorial Design oder UX Copywriting bei Spotify (siehe *https://spotify.design/team/*). Diese Verortung hat vor allem Auswirkungen auf die jeweiligen persönlichen Ziele von Content Designerinnen und ihren individuellen Einfluss auf den Erfolg des Teams. Nehmen Sie sich dahingehend also ausreichend Zeit, um ein geeignetes Set-up zu finden: In welchem Kontext kann ein Content Designer am stärksten wirken? Mit welchen Kollegen und Kolleginnen wird ein Content Designer intensiv zusammenarbeiten? Welchen Bedarf soll er oder sie aus businessinterner Sicht bedienen?

Content Designer*innen im Vergleich zu ...

Der folgende Vergleich von Content Designern mit anderen Rollenbildern (siehe Abbildung 3.17)[9] hilft Ihnen hoffentlich dabei, den Conceptual Stretch aufzulösen und die Disziplin besser zu (be)greifen:

- **Content-Strateg*innen** entwickeln Strategien, Systeme und Governance-Modelle für die digitalen und nicht digitalen Inhalte einer Organisation. Sie definieren die übergreifende Vision sowie die Parameter für Sprache, Tonalität und die Priorisierung von Content-Vorhaben auf Basis von Geschäftszielen und Performancedaten. Sie leiten auch Content-Audits und qualitative Analysen, um Optimierungspotenzial bestehender Inhalte zu identifizieren.
- **Content Designer*innen** arbeiten in der Regel mit anderen Fachbereichen zusammen, um die Bedürfnisse der Zielgruppe(n) zu ermitteln und Lösungen zu entwickeln, um diese zu befriedigen. Das kann das Schreiben von Texten bedeuten, muss es aber nicht. Darüber hinaus sind Content Designer für Konsistenz, Struktur und Zugänglichkeit von Content (auf Ihrer Website) verantwortlich.
- **Content Marketer** erstellen Inhalte mit dem Ziel, das Vertrauen ihrer Zielgruppe(n) zu gewinnen. Sie nutzen dafür vor allem Fachwissen und Storytelling, um die Bekanntheit eines Unternehmens im Markt zu steigern, und messen den Erfolg ihrer Inhalte anhand von geeigneten Analysen.
- **Content Manager*innen** pflegen das Content-Portfolio eines Unternehmens – meist in Zusammenarbeit mit anderen Personen –, um sicherzustellen, dass vorhandene Inhalte (und auch Content-Management-Systeme) aktuell, für die Zielgruppe(n) relevant und aus Unternehmenssicht performant sind.
- **UX Writer** sind meist Teil des (Produkt-)Designteams und dafür verantwortlich, die Tonalität des Unternehmens in klare und prägnante Texte zu übersetzen, um die User Experience zu verbessern. Auf der Grundlage von Erkenntnissen aus der Nut-

9 Tsang, C. (2021). From UX Writer to Content Designer, Let's Be Clear About What We're Asking For. *https://medium.com/deloitte-uk-design-blog/from-ux-writer-to-content-designer-lets-be-clear-about-what-we-re-asking-for-4530d9ad7f59*

zerforschung iterieren und verfeinern UX Writer alle kundenorientierten Texte – von großen Textblöcken bis hin zur sogenannten Micro Copy wie Schaltflächentexten, Fehlermeldungen oder Hinweistexten.

- **Copywriter** (übersetzt als Werbetexter*innen) hingegen verfassen im Vergleich zu UX Writern vor allem Marketingtexte, um neue Kunden zu gewinnen. Ihr Primärziel ist es, Menschen zu einer Handlung zu motivieren, etwa dem Kauf eines Produkts oder dem Ausfüllen eines Formulars.

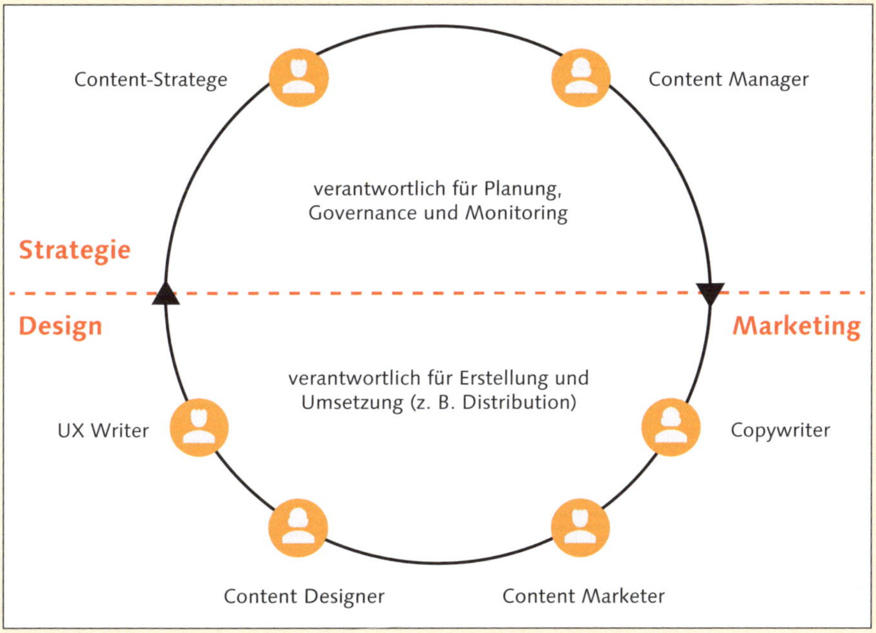

Abbildung 3.17 So sieht die typische Verteilung der unterschiedlichen Content-Jobs auf die verschiedenen Teams laut Tsang (Deloitte) aus.

Aus eigener Erfahrung bitte ich Sie, diese Unterschiede zu beherzigen. Sie können sich sicherlich vorstellen, welchen Einfluss es auf den Outcome unserer Arbeit hat, wenn wir zu viele Dinge gleichzeitig verantworten und erarbeiten sollen, die teilweise sogar außerhalb unseres Kompetenz- oder zumindest Präferenzbereichs liegen. Natürlich wird es Überschneidungen geben, vor allem dann, wenn Sie nicht alle diese verschiedenen Rollen in Ihrem Unternehmen besetzen können. Das sollte aber nicht dazu führen, dass Sie die jeweiligen Schwerpunkte und Stärken einzelner Personen in verschiedenen Rollen aus den Augen verlieren. Zwingen Sie Content Designer nicht, Content zu produzieren! Heuern Sie sie nicht aufgrund ihrer vielfältigen Fähigkeiten als Schweizer Taschenmesser und Lückenfüller an.

Ich selbst trage in meiner Rolle bei konversionsKRAFT offiziell den Titel Content-Stratege, bin Teil des sogenannten Growth-Teams und verantworte im Sinne der obigen Definition primär den strategischen Einsatz von Content. Gleichermaßen bin ich aber (Stand heute) auch für die Produktion und das Content Management verantwortlich, was auch die Analyse (kontextuelle Intelligenz) und kontinuierliche Optimierung einschließt. Würde ich mich vor diesem Hintergrund auch als Content Designer bezeichnen? Ja, definitiv, denn ich erfülle auch die Funktion eines Content Designers. Nur ist das eben nicht mein Schwerpunkt – und wäre in der Umsetzung insgesamt viel zu viel für mich allein …

Mit Blick auf Stellenausschreibungen und bereits besetzte Positionen in Unternehmen können wir bereits heute die folgenden drei Fähigkeiten identifizieren, die essenziell für die Arbeit als Content Designer zu sein scheinen:

1. **Experience Design**: Egal, ob Product Experience oder User Experience, es obliegt Content-Design-Verantwortlichen, komplexe Informationen so aufzubereiten, dass Konsumenten sie leicht verstehen können – sei es textlich oder visuell. Das können die von Reforge (*reforge.com*) gelehrten Strategien schnell wachsender Technologieunternehmen sein, produktspezifische Details umfangreicher SaaS-Lösungen wie HubSpot (etwa neue Features oder Workflows) oder auch User Interfaces der diversen Meta-Plattformen (Facebook, Instagram, WhatsApp etc.).
2. **System Thinking (Systemdenken)**: Damit Content Designer simple Lösungen erarbeiten können, müssen sie überhaupt erst in der Lage sein, komplexe Sachverhalte zu verstehen. Das heißt, sie müssen die verschiedenen Bestandteile (oder Komponenten, wie oben beschrieben) und deren jeweilige Funktionen und Abhängigkeiten erkennen können, in Prozessen statt in Zuständen denken und auch praktisch mit Designsystemen arbeiten können, um eigene Lösungen zu entwickeln.
3. **Kommunikation**: Content Designerinnen fungieren als Bindeglied, sowohl intern, z. B. zwischen Fachabteilungen, als auch nach außen zur Zielgruppe. Die visuelle Kommunikation ist dabei genauso wichtig wie die schriftliche – das spiegelt sich auch in der Herkunft von Content Designern wider: Viele begannen ihren beruflichen Werdegang im Grafik- oder Webdesign, andere begannen als Texter*innen und (UX-)Copywriter, und wiederum andere haben sich aus dem Bereich User Research heraus entwickelt. Sie alle eint die Fähigkeit, zu verstehen, zu sagen und zu zeigen. Je mehr Erfahrung Content Designer im Stakeholder Management haben, desto effektiver werden sie.

Darüber hinaus haben Content Designer sicherlich auch eine natürliche Affinität für Tools, die ihre vielfältige Arbeit erleichtern können. Ich kann zumindest von mir behaupten, dass ich einerseits immer nach Reibungsverlusten – oder positiver formuliert nach Optimierungspotenzial – in meinen Workflows suche und andererseits neugierig bin, wenn es um neue Tools geht, die zu meinem Tätigkeitsbereich passen.

Die Auswahl an Tools steigt rapide an, und es gibt leider kein fixes Set an Must-have-Tools. Ich möchte Ihnen im folgenden Abschnitt aber einen Eindruck von häufig genutzten Tools sowie mein eigenes Repertoire als Orientierungshilfe geben.

3.3 Nützliche Tools fürs Content Design

Wie Sie wissen, ist ein Tool nur so gut wie sein Anwender bzw. seine Anwenderin. Effektiv ist Content Design dann, wenn die vielen verschiedenen Elemente zielführend gestaltet sind und ineinandergreifen – Text, Bild, Ton, Video und alle Mischformen, aber auch Form, Farbe, Struktur und interaktive Elemente wie Links, Buttons oder Formulare. Ohne Content funktioniert Design nicht, aber ohne Design funktioniert auch Content nicht.

Es gibt jedoch keine Blaupause für Content Design. Vielmehr ist vor allem die Gestaltung ein iterativer, bestenfalls experimenteller und kollaborativer Prozess, wie ich ihn grob in Abbildung 3.18 skizziert habe.

3.3.1 Prozesse sind die wichtigsten Tools für Content Designer*innen

Es beginnt bei der Beobachtung Ihrer (potenziellen) Kunden und Kundinnen und der weiterführenden Analyse, um User Storys bzw. Job Storys zu schreiben. Ausgangsfragen könnten beispielsweise sein: Mit welcher Intention kommen Besucher und Besucherinnen auf unsere Website? Wie navigieren sie auf unserer Website? Welche Aktionen führen sie aus? Welche nicht und warum?

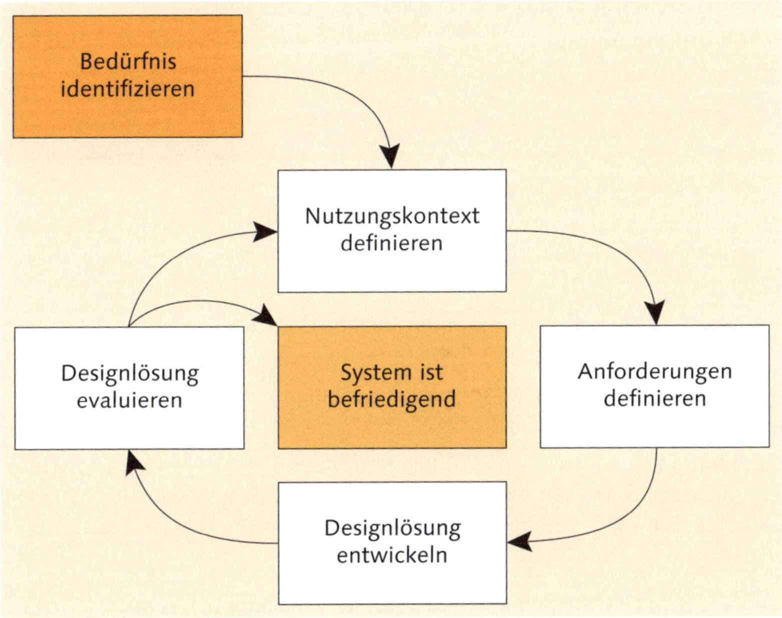

Abbildung 3.18 Das klassische Vorgehen beim UX-Design findet auch beim Content Design Anwendung.

Auf Basis dieser Erkenntnisse formulieren Sie im Anschluss Hypothesen, wie Sie die Situation verbessern könnten: Wenn wir [Maßnahme] tun, dann werden Besucher [Reaktion/Veränderung], weil [Begründung]. Diese Struktur hilft Ihnen, Ideen so weit zu konkretisieren, dass Sie sowohl ihre erwartete Wirkung als auch den Aufwand abschätzen können. Das wiederum ermöglicht es Ihnen, Ideen zu vergleichen und zu priorisieren.

Diese hypothesenbasierten Ideen können Sie dann durch Experimente mittels Tools wie *Kameleoon*, *Adobe Target* und ähnlichen A/B-Testing-Tools objektiv (!) validieren und das Content Design sukzessive optimieren.

Die *wichtigsten Tools* für erfolgreiches Content Design sind in diesem Sinne Ihr Prozess, Ihr Kundenverständnis, Ihre Kreativität (oder Lösungskompetenz) und die Zusammenarbeit im Team. Erst dann die technologischen Plattformen für Gestaltung, Testing etc.

Content Design ist in erster Linie ein »People Business«, bei dem Menschen im Mittelpunkt stehen. Denn nur dort, wo es »menschlich« zugeht, entsteht auch Content für Menschen (statt für Suchmaschinen oder etwa Content-Management-Systeme). In Kollaboration entstehen aus meiner Erfahrung meist auch die besseren Lösungen – sei es hinsichtlich der Ideenfindung, der Priorisierung von Content-Vorhaben oder der Konzeption und Umsetzung. Die Zusammenarbeit ermöglicht kurze Wege, schnelle Entscheidungen und die kontinuierliche Versorgung aller involvierten Personen mit Informationen und (Performance- oder Zielgruppen-)Insights. Achten Sie also immer darauf, wie gut Sie zusammenarbeiten – egal, ob im Team oder im Tool.

Bevor Sie Content-Design-Projekte beginnen ...

Geht es nach Hinrich van Haaren, seines Zeichens Content Strategy Lead bei CDL und Mitbegründer der Content Design Academy, fangen Content-Design-Projekte sogar weitaus früher an:

1. mit dem Aufbau von Beziehungen zu internen Stakeholdern, um ihnen den Wert von Content Design zu verdeutlichen
2. mit dem Pitch konkreter Content Cases, um notwendige Freigaben für die Umsetzung derartiger Projekte zu erhalten
3. mit der Organisation und Planung der zu involvierenden Personen, der benötigten Ressourcen, mit dem konkreten Projektinhalt sowie einer Projekt-Timeline, die in ein gemeinsames Kick-off-Meeting, den sogenannten Inception Day, als Startschuss für eine erste »Content Alpha« münden.

Auf Basis meiner eigenen Erfahrungen schätze ich diese in seinem Buch »Content Transformation« beschriebenen Prozessschritte als sinnvoll ein, wenngleich vieles davon natürlich von der Größe Ihres Unternehmens, Ihren Produkten und Ihrer Zielgruppe abhängt.

Für meine Arbeit bei konversionsKRAFT ist dieser erste Schritt erfolgsentscheidend, da vor allem die Kolleginnen und Kollegen aus den Fachabteilungen die für Content erforderliche Expertise besitzen, den Großteil ihrer Zeit jedoch in Kundenprojekten verbringen. Content-Projekte stehen dementsprechend schnell direkten Umsatzpotenzialen aus dem Beratungsgeschäft gegenüber, was die Argumentation für Content nicht unbedingt vereinfacht. Den zweiten Schritt hingegen kann ich vernachlässigen, da insbesondere der Vorstand den Wert von Content bereits verinnerlicht hat. Genau genommen ist die Marke konversionsKRAFT nämlich eine »Content Brand«, die aus dem gleichnamigen Blog heraus entstanden ist. Die dahinterstehende Aktiengesellschaft trug bis vor wenigen Jahren noch einen anderen Namen. Und der abgebildete Prozess zur Umsetzung von Content-Vorhaben entspricht ohnehin dem Standard, dem wir als kundenzentrierte und agil arbeitende Organisation folgen. Wir können nicht nicht experimentieren.

3.3.2 Meine (fast) täglich genutzten Content-Design-Tools

Da die Auswahl der passenden Tools für die Gestaltung von Inhalten vor allem von persönlichen Präferenzen und Fähigkeiten, dem verfügbaren Budget, der vorhandenen Tool-Landschaft im Unternehmen und natürlich den Content-Formaten abhängt, sind allgemeingültige Empfehlungen nur schwer machbar. Die folgende Liste der von mir häufig genutzten Tools gibt Ihnen aber eine erste Orientierung, wofür Sie welche Tools nutzen können.

Für die visuelle Gestaltung: Figma

Lange Jahre habe ich sämtliche Grafiken ausschließlich in *Adobe Photoshop* und *Illustrator* erstellt. Das hat sich in den letzten Jahren jedoch verändert, da ich immer mehr meiner Aufgaben direkt im Browser erledige. Als lokal installierte Software haben die beiden Anwendungen diese neue Anforderung nicht erfüllt[10], weshalb ich zwischenzeitlich viele Grafiken in *Google Presentations* erstellt habe (überwiegend Diagramme) und heute fast alles in *Figma* umsetze.

Für mich persönlich ist Figma auch eine geeignete Alternative zu *Canva* und *Adobe Express*, um Grafiken für Social-Media-Beiträge bequem von überall aus zu erstellen. Da ich beispielsweise auch das neue Design für meine Website in Figma erstellt habe (die Alternative wäre *Adobe XD*), ist es für mich nur von Vorteil, möglichst alle Designaufgaben in einem Tool umzusetzen. Mithilfe von Templates (inklusive Farben, Icons und wiederkehrenden Textinhalten), übergreifenden Designsystemen und Bibliotheken ist die Arbeit mit Figma sehr effizient.

10 Diverse Adobe-Programme wie Photoshop sind als browserbasierte Tools bereits in der Beta, bieten aber noch nicht denselben Funktionsumfang und Komfort wie ihre »großen Geschwister« oder Alternativen wie Figma.

Überlegen Sie doch mal selbst, wie Sie einzelne Tools verwenden: Wie viele verschiedene Tools nutzen Sie, und wie häufig müssen Sie zwischen diesen wechseln? Wie viele Funktionen kennen und nutzen Sie jeweils? Wie nutzen andere (nicht nur Content Designer) diese Tools? Welche Möglichkeiten und Synergieeffekte erkennen Sie?

Betrachten Sie Tools immer im Kontext ihrer Prozesse, und überlegen Sie, wie Sie diese durch ein Tool verbessern könnten. Welche Metriken können Sie beispielsweise durch Tools beeinflussen? Aus dieser Perspektive heraus kommen Sie womöglich auf neue Ideen zur Nutzung. Unterschätzen Sie niemals den *Cost of Switching*, der durch die Verwendung zu vieler Tools entsteht.

Für User Feedback: Markup.io und Hotjar

Figma selbst bietet zwar nützliche Kollaborationsfunktionen, ich bevorzuge jedoch *Markup.io*, um externes Feedback einzusammeln. Für das Redesign von *toushenne.de* habe ich dort beispielsweise zwei Screenshots hochgeladen und meinen Newsletter-Abonnenten über einen einfachen Link zum Kommentieren freigegeben (siehe Abbildung 3.19). Auf diese Weise konnte ich prüfen, inwieweit das neue Layout »funktioniert«.

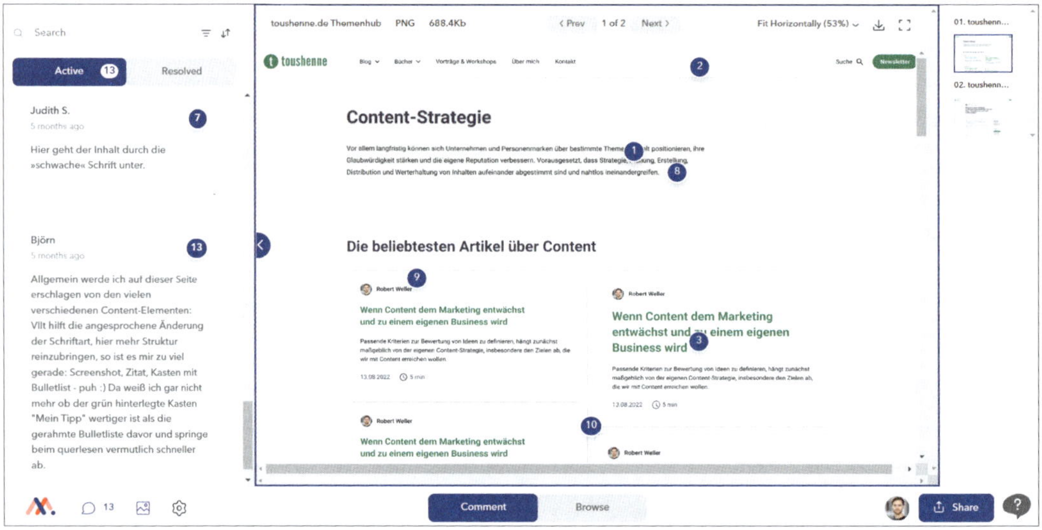

Abbildung 3.19 Markup.io ermöglicht es Nutzern, Designs zu kommentieren und Ihnen so wertvolles Feedback vor dem Roll-out mitzuteilen. (Screenshot: markup.io)

Ein weiteres Tool, dass ich immer wieder gerne nutze, um die Effektivität einer Website zu analysieren, ist *Hotjar*. Die Plattform bietet Heatmaps und Session Recordings zur Analyse des Nutzerverhaltens, Feedback- und Umfrage-Widgets zum Sammeln von qualitativem Feedback und neuerdings auch die Möglichkeit von Face-to-Face-Interviews. Damit können Sie also einen Großteil Ihrer User-Research-Bedürfnisse abdecken.

Für Texte: Google Docs, LanguageTool und KI-Textgeneratoren

Wenn es um das Schreiben von Blogartikeln, E-Books oder Büchern geht, dann nutze ich hauptsächlich *Google Docs* – aus demselben Grund, weshalb ich Figma nutze: Ich kann es von überall nutzen. Zudem lässt es sich als browserbasiertes Tool durch diverse Plug-ins erweitern. So habe ich beispielsweise *LanguageTool* zur Grammatik-, Stil- und Rechtschreibprüfung installiert. Eine gängige Alternative dazu ist *Grammarly*. Zudem bieten viele SEO-Tools entsprechende Plug-ins, um bei der Keyword-Abdeckung, Lesbarkeit und Einhaltung der gewünschten Tonalität zu unterstützen.

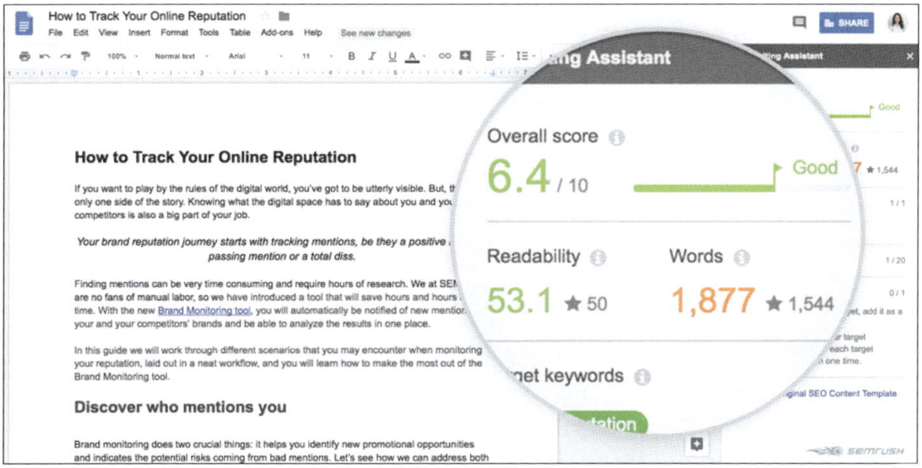

Abbildung 3.20 Mit Plug-ins wie dem SEO Writer Assistant von Semrush können Sie bereits beim Schreiben in Google Docs wichtige Metriken für die Qualität Ihres Contents berücksichtigen. (© Semrush: *https://de.semrush.com/news/seo-writing-assistant*)

Auf meiner persönlichen Liste stehen spätestens seit dem Release von ChatGPT außerdem diverse KI-gestützte Tools, die etwa beim Schreiben von Texten hilfreich sein können. Erwähnenswert sind dahingehend *neuroflash* (*neuroflash.com*) als eines der wenigen in Deutschland entwickelten bzw. speziell für die deutsche Sprache trainierten Tools, *Jasper* (*jasper.ai*) als eine der größten Plattformen im internationalen Raum sowie *Writer* (*writer.com*), das erweiterte Funktionen wie Brand Guidelines, eigene Glossare und Snippets bietet. Eine Alternative speziell zum letzten Anwendungsfall ist *Ditto* (*dittowords.com*). Ebenfalls einen Blick wert ist *DeepL Write*, mit dem Sie ganze Texte umformulieren und dabei auch dessen Ton festlegen können. Und fast alle dieser Tools bieten auch die erwähnten Integrationen an – zu Google Docs oder Microsoft Word, aber auch zu Figma oder Content-Plattformen wie Contentful.

Für alles andere: Miro, Notion und Airtable

Für alles andere, etwa Brainstorming, die Analyse, Konzepte, Audits oder Aufgabenmanagement, nutze bzw. empfehle ich vielseitige Tools wie *Miro*, *Notion* oder *Airtable*. Ich persönlich versuche, die Anzahl der genutzten Tools möglichst gering zu halten, sodass ich während der Arbeit möglichst selten die digitale Umgebung wechseln muss. Denn jeder Wechsel birgt die Gefahr einer Disruption meines Flows – und das kostet am Ende vor allem Zeit. Ich wäge daher immer ab, ob sich Airtable gegenüber einem einfachen *Google Spreadsheet* wirklich lohnt oder ob ich simple Notizen statt in Notion nicht auch einfach in einem Google Doc oder einem *Google Jamboard* speichern kann. Vielseitige Tools lohnen sich meines Erachtens nur dann, wenn wir sie auch intensiv nutzen. Notion beispielsweise kann Ersatz für Google Docs zum Schreiben sein, als Projektmanagementtool dienen, als Datenbank oder Glossar fungieren und mithilfe von Templates die vielen kleinen *Standard Operating Procedures* (kurz SOP, also die vielen verschiedenen Prozesse) abbilden. Ein Blick in die Template-Galerie dieser Tools – etwa über *www.notion.so/templates* oder *www.airtable.com/templates* – lohnt sich dahingehend definitiv, um vor allem beim Einstieg Zeit zu sparen. Viele Content Creators nutzen Notion beispielsweise für die Ideensammlung, Content-Planung, Produktion im Sinne des Projektmanagements und die Content-Distribution.

Die passenden Tools auswählen

Letztendlich ist die Entscheidung für oder gegen ein Tool vor allem eines: individuell. Wieso erwägen Sie, ein bestimmtes Tool zu nutzen? Verspüren Sie einen konkreten Schmerz im Prozess oder sind Sie mit Ihren Content-Ergebnissen unzufrieden? Oder sind Sie einfach nur durch eine Empfehlung oder Hörensagen auf ein Tool aufmerksam geworden und wollen es ausprobieren? Haben Sie einen echten Bedarf für ein weiteres Tool? Sind Sie sicher, dass keines Ihrer bereits genutzten Tools diesen Bedarf ausreichend bedienen kann? Ist Ihnen ein weiteres Tool die Kosten wert?

Am Ende stelle ich mir immer gerne eine Frage, auf die ich bei James Clear, Autor des Bestsellers »Atomic Habits« (auf Deutsch »Die 1%-Methode«), gestoßen bin: »*What am I currently optimizing for?*« Sinngemäß übersetzt stelle ich mir also die Frage, was mir momentan am wichtigsten ist: Möchte ich mehr Zeit haben und suche deshalb nach zeitsparenden Lösungen? Oder ist mir Geld wichtig, sodass ich offen dafür bin, mit neuen Einnahmequellen zu experimentieren? Das sind nur zwei Beispiele, ich denke Sie verstehen, was dahintersteckt. Kein Tool ist per se gut, richtig, falsch oder schlecht. Vielmehr hängt diese Bewertung vom Kontext ab, in dem Sie es verwenden werden. Nutzen Sie kein Tool um des Tools willen, sondern lösen Sie damit stets ein Problem. Oft reichen dafür aber auch Stift und Papier.

3.4 Fazit: Guter Content braucht gutes Design

Wie schließe ich nun am besten den Kreis zur eingangs formulierten Hypothese, dass guter Inhalt allein nie ausreicht, um die gewünschten Marketingziele zu erreichen? Wahrscheinlich mit einer abschließenden Frage an Sie:

Was haben Sie mit dem letzten von Ihnen produzierten (und publizierten) Content gelernt? Haben Sie etwas über Zielgruppe gelernt? Über die Plattformen, über die Sie mit Ihrer Zielgruppe kommunizieren? Oder über Ihre internen Prozesse?

Content Design dient vor allem dazu, zu lernen. Denn es basiert auf Nutzerforschung und auf Hypothesen, die es zu validieren gilt. Das erfordert Experimente und die wiederum liefern Erkenntnisse, die Ihnen langfristig nützlich sein werden. Es ist ein Kreislauf – im besten Fall eine Aufwärtsspirale: Sie testen etwas auf Basis von Annahmen, messen die Wirkung mit Blick auf Ihre Ziele, ziehen Ihre Schlüsse daraus und testen etwas Neues. Derweil dokumentieren – und teilen (!) – Sie Ihre Learnings und werden mit der Zeit immer besser darin, effektive Lösungen zu entwickeln.

Ein einfaches Beispiel: Wissen Sie, ob auf LinkedIn Textbeiträge oder Karussell-Posts besser funktionieren? Nein? Dann finden Sie es heraus! Und wenn es Karussell-Posts sind: Aus wie vielen Slides müssen diese bestehen? Reichen drei oder müssen es mindestens zehn sein? Finden Sie es heraus! Wie müssen Sie einzelne Slides gestalten, sodass Nutzer damit interagieren? Finden Sie es heraus!

Nur so können Sie Content-Vorhaben langfristig gezielt optimieren und die Anforderungen an Ihr Content Design definieren. Und wenn Sie selbst nicht in der Lage sind, das zu tun, dann heuern Sie einen Content Designer bzw. eine Content Designerin an, um Sie dabei zu unterstützen, so, wie es immer mehr Unternehmen tun, die den Wert von Content Design verstanden haben.

Kapitel 4

Video ist King! Setzen Sie Bewegtbild gezielt für Ihr Marketing ein

Bekanntheit über Nacht? Mit einem viralen Video auf YouTube sollte das kein Problem sein – oder etwa doch? Wenn Sie wissen, wie man Content im Alltag ideal einsetzt, sollte Ihnen auch klar sein, dass selbst beim leichtfüßigen Medium Bewegtbild Fleißarbeit und gute Planung gefragt sind. Denn eine hohe Reichweite attestiert einem Video zwar Erfolg, muss aber nicht bedeuten, dass dieses auch zu einem viralen Hit avanciert. In diesem Kapitel erhalten Sie ein solides Basis-Know-how und ein paar Geheimtipps für ein zielführendes Videomarketing.

Um mit Videomarketing auch langfristig Erfolge generieren zu können, müssen Sie stets am Ball bleiben. Denn die Welt bei YouTube, Instagram und Co. verändert sich rasant und erfindet sich immer wieder neu. Daher ist es ratsam, gemäß dem Trial-and-Error-Prinzip vorzugehen und verschiedene Ansätze zu testen. Je nachdem wird die Zielgruppe es Ihnen danken – oder Sie mit Ignoranz strafen. Damit Ersteres eintrifft, helfen wir Ihnen dabei, sich einen Weg durch den Dschungel des Videomarketings zu bahnen.

4.1 Warum Bewegtbilder das Web rocken

Videos haben sich in den letzten Jahren zu *dem* Highspeed-Vehikel für Informationen im Web entwickelt. Aber warum taucht das Wort Video immer wieder als Buzzword in Zusammenhang mit Marketing auf? Ist es eine Art Wunderwaffe? Die Antwort lautet: Ja und Nein.

Jeden Tag prasseln etwa 40.000 Reize auf das menschliche Gehirn ein, wobei die fünf Sinne des Menschen besonders empfänglich für Gesehenes und Gehörtes sind.

Audiovisuelle Reize finden am schnellsten den Weg ins Gehirn und können dort auch langfristig gespeichert werden. Deshalb wird Videomaterial den Ansprüchen vieler User der Jetztzeit gerecht. Allerdings ist diese auch sehr kurzlebig: »Wie gewonnen, so zerronnen« kann es bei den »neuen« Gehirnzellen eines erwachsenen Internetusers schon einmal heißen.

In Bezug auf die Perzeption von Inhalten im Web ist ein zunehmendes Vakuum zwischen Aufnahmefähigkeit und inhaltlicher Tiefe festzustellen. Vergleichen wir, wie Kinder und Erwachsene alltägliche Reize und Inhalte wahrnehmen, stellen wir Erstaunliches fest: Die Wahrnehmung von Kindern ähnelt der eines erwachsenen Internetusers. Dies hängt damit zusammen, dass sich die Fähigkeit zur Aufnahme von Wissen bei kleinen Kindern erst im Aufbau befindet. Bei Erwachsenen geht die Wissensaufnahme ähnlich eingeschränkt vonstatten, was jedoch durch andere Faktoren – etwa die allgemeine Hektik im Alltag oder Lärm, der während des Konsumierens besteht – begünstigt wird. Um Nutzer heutzutage schnell und einfach zu erreichen, braucht es deshalb sogenannten *Snack-Content*/Snackable Content.

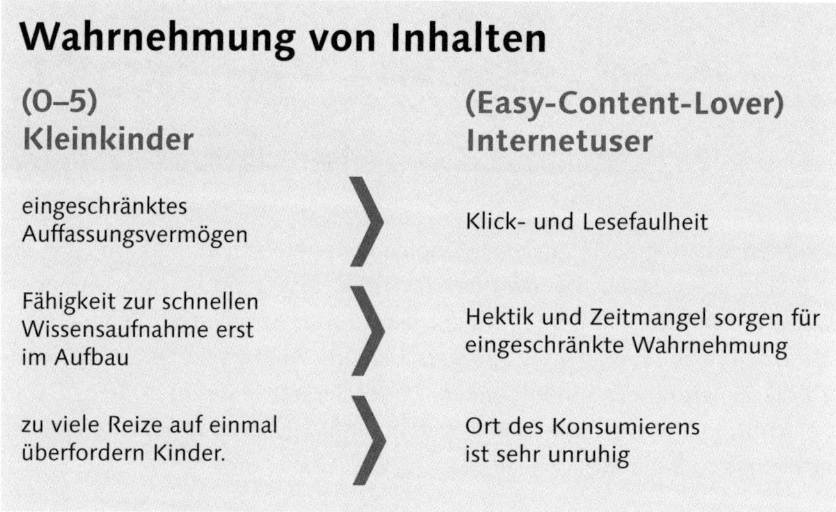

Abbildung 4.1 Grafik Kleinkind/Wahrnehmung

Wie lässt sich nun der sogenannte Snack-Content definieren? Es handelt sich um Inhalte, die schnell konsumiert werden können. Die Darbietungsform kann z. B. Bewegtbild sein, wobei es sich lohnt, knappe Videos oder kurze Ausschnitte aus längeren Interviews einzubinden, um neue User anzusprechen. Die Inhalte müssen leicht verständlich sein und ein einfaches Set-up aufweisen. Der Vorteil von Snack-Content: Er ist schnell anzufertigen und kann während der Erstellung herkömmlichen Contents mitproduziert werden.

Abbildung 4.2 Snack-Content für eine schnelllebige Zielgruppe

Sind neue Bewegtbildprojekte in Planung, stellt die Überzeugungsarbeit, die ein Mitarbeiter oder eine Mitarbeiterin in einer Firma zu leisten hat, oftmals die größte Hürde dar: Wie konstatiere ich den Stellenwert von Bewegtbild beispielsweise vor der Chefetage? Es gibt viele gute Gründe, die sich ganz simpel als Checkliste darstellen lassen:

- **Welche Kosten fallen an?** Onlinevideos sind nicht so teuer wie gedacht. Bei der YouTube-Community herrscht zwar die Meinung vor, dass ein verwackelter Handyfilm, bei dem man die Pixel mit bloßem Auge zählen kann, nicht mehr State of the Art ist. Hochglanzproduktionen, wie sie im Kino oder im Fernsehen zum Einsatz kommen, werden jedoch auch nicht benötigt. Selbst einfachste Smartphone-Videos lassen sich mithilfe eines Stativs in HD-Qualität produzieren und leicht auf dem Handy schneiden. Aber auch Einsteigerkameras im DSLR-Bereich sind erschwinglich geworden.
- **Wo sollen wir drehen?** Die Anmietung eines Studios muss nicht immer die Standardlösung sein – vor allem, wenn man ein geringes Budget hat. Es gibt viele Locations im urbanen Raum, die für einen kurzen Videodreh zweckentfremdet werden können. Das Tageslicht kann man sich zunutze machen, um natürliche Aufnahme zu erstellen. Aber auch innerhalb der eigenen Büroräume finden sich oft Ecken, in denen man eine Kamera und eine mobile Drei-Punkte-Beleuchtung aufstellen kann. Ist das Video abgedreht, empfiehlt es sich, Klebemarkierungen auf dem Boden zu hinterlassen. Denn entspricht der Clip den Erwartungen, kommt der nächste Dreh bestimmt, und Kamerastative und Licht können wieder an derselben Stelle platziert werden.

- **Wie oft sollen wir neue Videos produzieren?** Social-Media-Kanäle leben von frischem Wind. Daher muss auch bei einer Bewegtbildstrategie regelmäßig neuer Input her. Allerdings bedeutet dies nicht, dass tatsächlich jede Woche ein neues Video gedreht werden muss. Ein gutes Konzept kann dabei helfen, hier den Druck herauszunehmen. Dafür eignet sich ein Redaktionsplan, in dem man den Content, der anschließend in Staffelproduktionen erstellt wird, vorausplant. Womöglich lässt sich an zwei Drehtagen der Video-Content für die nächsten sechs Monate erstellen. Die Opportunitätskosten verringern sich so auf ein Minimum – ohne dass man darauf verzichten muss, regelmäßige Uploads zu tätigen.
- **Wer soll vor die Kamera?** In der Werbung oder in großen Videoproduktionen ist es Usus, dass Models gebucht werden. Selbstverständlich besteht diese kostspielige Möglichkeit auch für die Erstellung von YouTube-Content. Jedoch ist die Sinnhaftigkeit dessen zu hinterfragen. Optimalerweise findet auf Social-Media-Kanälen ein authentischer Austausch statt. Dieser wird durch den Einsatz echter Mitarbeiter befeuert – die Einbindung klassischer Werbegesichter wirkt hier eher abschreckend.
- **Lohnen sich Videos in unserer Branche?** Die Aussage »Wir haben das schon immer so gemacht« ist keine, auf die man sich heutzutage noch berufen darf. Die Devise lautet: neue Wege gehen! Denn Videos kommen schon lange nicht mehr nur bei der jungen Zielgruppe gut an. Die Kommunikation unterscheidet sich von Branche zu Branche – so kann eine Fashion-Brand etwa sehr einfach Storys erzählen, bei denen Produkte im Vordergrund stehen.

  Schwieriger ist es bei erklärungsbedürftigen Dienstleistungen oder im Bereich der B2B-Kommunikation, aber mit etwas kreativem Geschick können Sie auch hier den Zuschauer durch gelungenes Storytelling emotionalisieren. Egal, ob B2B-Kontakt oder nicht: Hinter jedem User steht ein Mensch, der durch Bewegtbild adäquat angesprochen werden will – und muss!

4.2 Tipps für die Einbettung von Videos

Ob auf Websites, in Onlineshops oder auf Social-Media-Kanälen – Videos sind variabel einsetzbar und bringen im Idealfall sogar noch positive Wechselwirkungen hervor.

4.2.1 Mein Channel ist der beste!

Eine gelungene Social-Media-Strategie definiert, über welche Accounts die eigenen Themen jeweils kommuniziert werden. Dass es Geschichten gibt, die auf verschiedenen Social-Media-Plattformen veröffentlicht werden, impliziert auch, dass die Texte und Creatives auf die Gepflogenheiten und Regelungen der jeweiligen Netzwerke einzahlen. Vor allem als Produzent oder Produzentin von Bewegtbild sollten Sie dies bereits konzeptionell mitdenken, also parallel zum querformatigen Video für YouTube etwa die Erstellung hochformatiger Ausschnitte für Stories und Reels auf Instagram oder Videos auf TikTok planen. Sie können das Set-up, das ohnehin errichtet ist, für sich nutzen und sind für jeden Fall gerüstet – und das mit minimalem Mehraufwand. Einzelne Plattformen als »Resterampen« zu nutzen, indem man nicht optimiertes oder übrig gebliebenes Bewegtbild veröffentlicht, ist dagegen nicht empfehlenswert.

Abbildung 4.3 Mein Channel ist der beste!

4.2.2 Echte Marketingziele

Es ist fundamental, sich zu überlegen, welches höhergestellte Marketingziel Sie mit der Einbindung von Bewegtbild erreichen möchten. Aussagen wie »sehr viele Klicks« oder »möglichst viele Abonnenten für meinen Social-Media-Kanal« bringen Sie jedoch zunächst nicht voran. Vor allem im B2B-Bereich sollte es nicht um einen Vergleich der Potenz gehen, der dem Motto »Schau her, ich habe die meisten Klicks auf meinem Kanal« folgt. Ein adäquates Marketingziel lässt sich stattdessen eher anhand der Anzahl von neu gewonnenen Kunden, verkauften Produkten oder wahrgenommenen Dienstleistungen bzw. Leads, also Anfragen auf einer Website, definieren.

Eine Betrachtung des YouTube-Algorithmus, der dafür sorgt, dass beliebte Videos gut sichtbar für den User platziert werden, akzentuiert dies, denn die entscheidende Rolle spielt nicht mehr die Klickanzahl, sondern die *Watchtime* eines Videos. Ist die Zahl der Klicks recht hoch, imponiert dies dem Zuschauer natürlich – der YouTube-Algorithmus bleibt jedoch zunächst unbeeindruckt, denn ihm ist Qualität wichtiger als Quantität.

Die Frage, die es zu beantworten gilt, lautet: Wie lange bleiben die Zuschauer dran? Schauen sie bei einem einminütigen Clip etwa 50 Sekunden zu oder bleiben sogar bis zum Schluss dabei, kann das als besonderer Ausweis von Qualität gesehen werden. YouTube wertet dies als positives Signal. Brechen Personen hingegen bereits nach 10 Sekunden ein Video ab, tragen sie wenig zur gesammelten Watchtime eines Videos und eines Kanals insgesamt bei. Dies registriert YouTube, führt in Anlehnung an die Wiedergabeminuten eine Aufteilung in qualitativ starke und schwache Aufrufe durch und gestaltet daraufhin das Ranking.

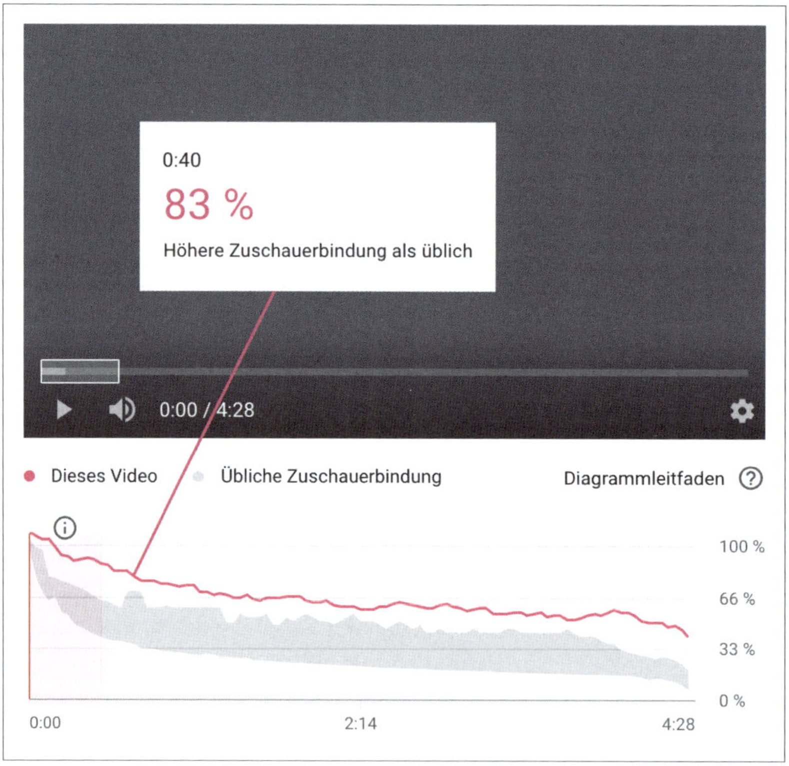

Abbildung 4.4 Watchtime bei YouTube – relevanterer KPI als reine Klicks

4.2.3 E-Commerce

Onlineshopping ist beliebter denn je und erlebte zuletzt durch Corona einen exorbitanten Aufschwung. Allerdings fehlt hier der haptische Zugang, den man zum Prozess des Shoppens hat, wenn man ein Ladenlokal betritt: Man kann Produkte nicht in die Hand nehmen, sie drehen und wenden und von allen Seiten begutachten. Deshalb gilt es, sie adäquat zu beschreiben und zu bebildern. Videos fungieren als wunderbares Mittel, um zu pointieren, wie Produkte in Verwendung tatsächlich aussehen. Ob auf dem virtuellen Laufsteg wie bei Asos (siehe Abbildung 4.5) oder über die Diskussion der Vor- und Nachteile eines Produkts (siehe Abbildung 4.6) – die Aufmerksamkeitssteigerung ist da. Vor allem die Übermittlung der Produktdetails an die potenziellen Käufer kann einprägsamer, spielerischer oder emotionaler gestaltet werden.

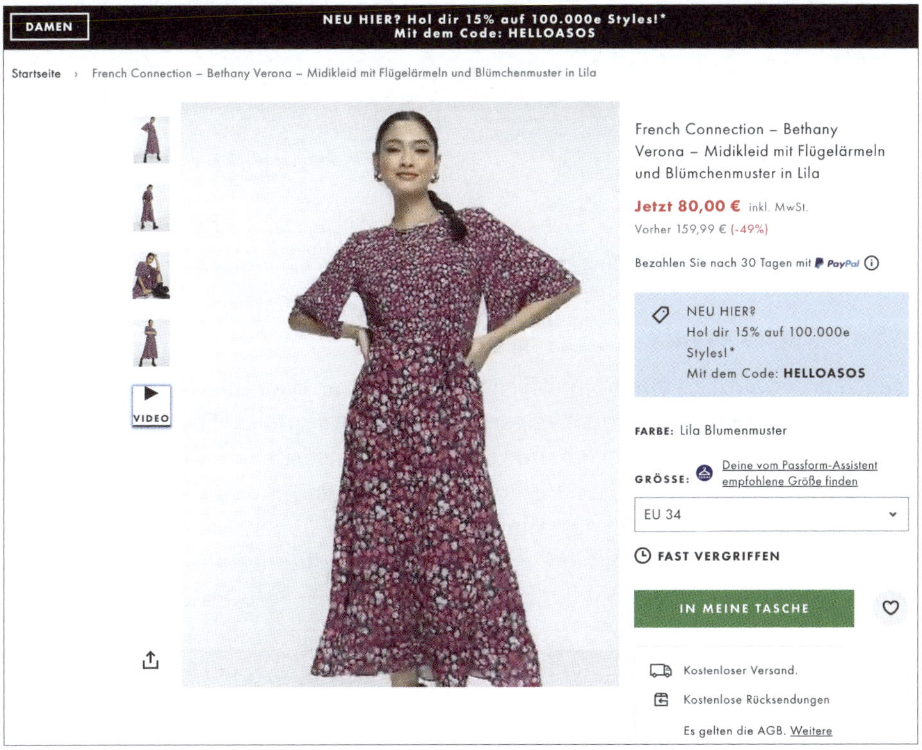

Abbildung 4.5 Onlineshop kombiniert Video und Produktpräsentation. (*www.asos.com/de/french-connection/french-connection-bethany-verona-minikleid-in-lila-mit-zierausschnitt/prd/24203133*)

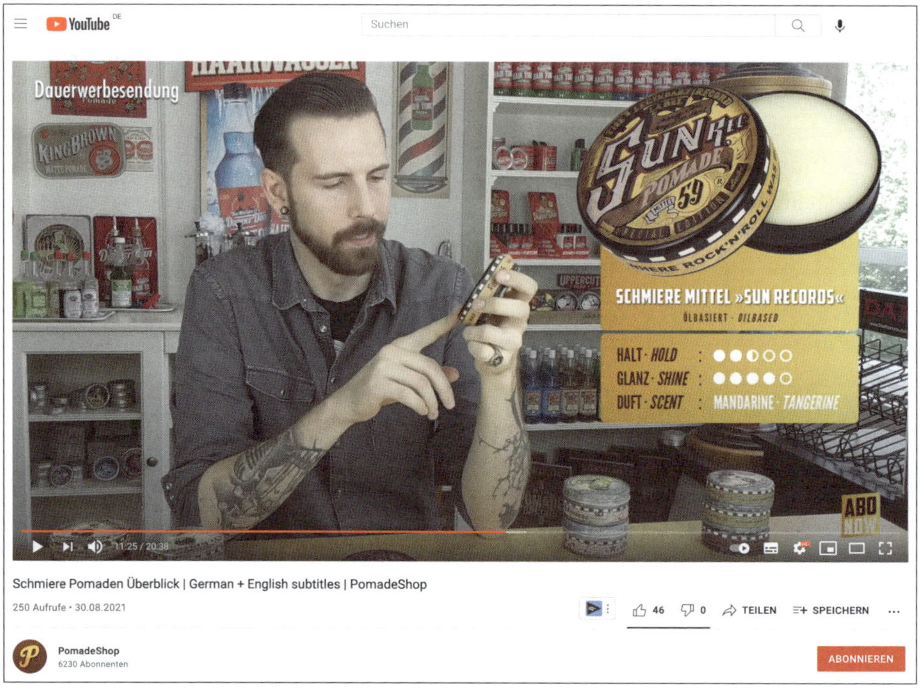

Abbildung 4.6 Produktvorstellung in Videoform (*www.youtube.com/watch?v=Q5VFVi_VH-o*)

4.2.4 Social Media

Täglich erreichen den durchschnittlichen Internetuser etwa 350 Nachrichten über diverse Newsstreams der einschlägigen Social-Media-Portale. Nicht jeder und jede schafft es, diese Unmenge an Inhalten tatsächlich zu konsumieren – deshalb vermag es nicht zu verwundern, dass sich das Verhältnis von Text-/Bild-Postings stark gewandelt hat und mitunter fast nur noch Videos in den Streams auftauchen. So können die Nutzer sofort und unvermittelt mit Informationen konfrontiert werden und verweilen eventuell länger als bei einem klassischen Foto-Post. Auch die Interaktionsrate eines Posts profitiert von der Darbietungsform: Bei Videoinhalten ist diese vergleichsweise höher. Videos sind aus dem Social-Media-Bereich deshalb nicht mehr wegzudenken.

Eine Besonderheit der Einbindung von Bewegtbild auf Social-Media-Kanälen ist das Autoplay – also das automatische Abspielen eines Videos ohne Ton. Dies wird der Entwicklung des Nutzerverhaltens im Social-Media-Bereich gerecht, die dahin geht, dass die meisten Menschen – auch Jugendliche – Datenflatrates besitzen, aber viele User sich vom unvermittelten Sound gestört fühlen oder in bestimmten Situationen schlichtweg auf den Ton verzichten müssen.

Da viele Menschen Social-Media-Inhalte »on the go« in ihrem Alltag konsumieren – etwa während sie in der U-Bahn sitzen oder im Patientenzimmer des Arztes auf ihren Termin warten – und sicher vermeiden möchten, dass sie ihre Umgebung mitbeschallen, ist es wichtig, zu überlegen, wie man ein Video so in Szene setzen kann, dass es anfänglich ohne Ton funktioniert. Dem zuträglich ist der Fokus auf das richtige Format: Während bei Instagram etwa ein Verhältnis von 1:1 vorherrscht, ist 4 : 5 die richtige Abmessung für LinkedIn. Blendet man zusätzlich Untertitel ein und klammert kleinteilige Szenen aus, erleichtert man den Nutzern ein schnelles Verständnis der Inhalte.

4.2.5 Websites

Innerhalb der letzten 20 Jahre erleben wir eine zunehmende Bebilderung des Internets. Selbst große Tageszeitungen, Dienstleister und Landingpages kommen nicht mehr ohne die Einbindung großflächiger Bilder oder Videos aus. Der Vorteil dessen liegt auf der Hand: So kann das Highspeed-Vehikel Video gewinnbringend im Onlinemarketing eingesetzt werden. Von einem Eigenhosting ist abzuraten, denn dies ist oft mit hohen Kosten verbunden und verunmöglicht gleichzeitig die Nutzung von Synergien durch Social-Media-Funktionen. Wie das beste Set-up im Detail funktioniert, wird im Folgenden dargelegt.

Websites profitieren von der Einbettung von Videos, da dies die Nutzerfreundlichkeit maximiert. Im besten Fall verstehen die User schnell, worum es geht, und werden zudem mittels einer attraktiven Musik- und Bildauswahl emotional angesprochen. Darüber hinaus können Synergieeffekte zwischen der Videoplattform und der Website, auf der das Video eingebettet wurde, entstehen. Die Wechselwirkung ergibt sich daraus, dass Klicks doppelt zählen, wenn sie z. B. über die Unterseite des Webauftritts erfolgen: Der Klick auf die Website schlägt innerhalb des SEO-Rankings zu Buche, während der Videoklick als Aufruf gewertet wird. Davon, wie viele qualitativ hochwertige Aufrufe ein Video aufweist, ist abhängig, ob und wie oft es durch den Algorithmus von YouTube gerankt und vorgeschlagen wird.

Möchten Sie die Sichtbarkeit des eigenen Clips steigern, besteht die Möglichkeit, dass Sie ihn auf einer frequentiert geklickten Seite Ihrer eigenen Website einbetten. Wichtig ist hierbei, dass Sie die Regeln, die seitens der Videoplattform für das Embedding definiert wurden, nicht verletzen. Es ist etwa nicht vorgesehen, dass das eingebundene Video beim Aufruf der Seite sofort startet. Modifiziert man den Embedding-Code dahingehend, kann es passieren, dass die Views nicht mehr zu YouTube übertragen – und damit auch nicht mehr als Aufrufe gezählt – werden. Zwingend beachten sollten Sie überdies die Datenschutzbestimmungen im Bereich des Embeddings. Weitere Informationen zu den Embedding-Regeln bei YouTube erhalten Sie hier: *https://support.google.com/youtube/answer/171780?hl=de*

Abbildung 4.7 Wechselwirkung dank YouTube-Video-Embedding auf Websites

4.3 Pimpen Sie Ihr Video SEO-fit!

Alle Videos – egal, wie groß oder klein die Kanäle sind, auf denen sie veröffentlicht werden – haben eine Gemeinsamkeit: Am Tag der Veröffentlichung fangen sie bei null an. Selbst dem größten viralen Hit ergeht es so. Wer es schafft, die Kennzahlen für die Klicks, die Watchtime und die Interaktionen innerhalb kürzester Zeit zu maximieren, gewinnt das Rennen um die oberen Rankingplätze in großen Suchmaschinen.

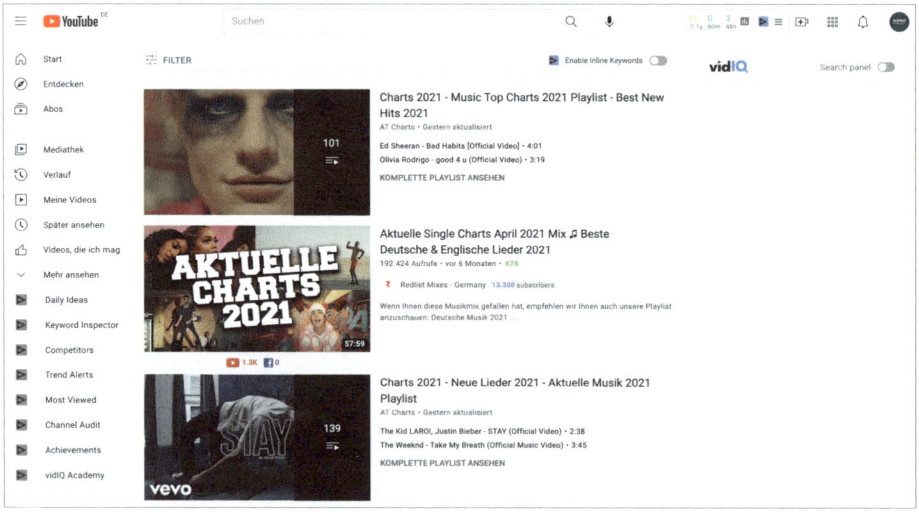

Abbildung 4.8 Ranking in der Suchmaschine YouTube

Hier tritt das Stichwort Video-SEO (Video-Search-Engine-Optimization) auf den Plan, denn neben dem klassischen Website-SEO hat sich diese ausschließlich auf Videos bezogene Disziplin innerhalb der letzten Jahre herausgebildet. Wenngleich das Video-SEO viel rudimentäreren Regeln folgt als das herkömmliche Website-SEO, ist ein spezielles Know-how zum Algorithmus des Plattformbetreibers unabdingbar.

4.3.1 Eine weltweite Videojury bewertet 24/7 alle Inhalte

Die Frage, die es sich hier zu stellen gilt, lautet: Wodurch finanziert sich eine Plattform wie YouTube? Die Antwort fällt nicht so aus, wie man sie vermuten würde, denn nicht die Zuschauer fungieren als Einnahmequelle für YouTube, sondern verschiedene Arten von Werbeanzeigen. Der Mensch, der gerne Videos schaut, ist lediglich Mittel zum Zweck, um den Unternehmenswert der Plattform YouTube und seine Relevanz am Markt zu steigern. Somit zahlt der von YouTube entwickelte Algorithmus vor allem auf das Ziel ein, Zuschauer zufrieden zu machen, damit diese viel konsumieren, interagieren und immer wiederkommen.

Dabei tritt das Publikum als riesige, weltweit agierende Jury in Erscheinung, die Inhalte während des Betrachtens pausenlos bewertet. Jeder, der ein YouTube-Video anschaut, kann umgehend Social Signals in Form von Likes und Kommentaren absenden und benötigt für diese Form von Bewertung keinen eigenen YouTube-Account.

Es wird etwa gemessen, wie lang ein User einem Video folgt: Schaut er einen zweiminütigen Clip nur für 10 oder für 80 Sekunden an? »Die guten (Videos) ins Töpfchen, die schlechten (Videos) ins Kröpfchen« – gemäß dieser Redensart beginnt der Algorithmus genau an dieser Stelle, Zuordnungen vorzunehmen. Landet ein Video im »guten Töpfchen«, kann es passieren, dass es als vorgeschlagenes Video auf der Plattform trendet und damit viel Reichweite generiert. Ist ein Video beliebt, bedeutet das im Umkehrschluss nicht immer, dass es qualitativ auch wirklich überzeugt oder faktisch richtige Inhalte offenbart – auch wenn das natürlich der Anspruch eines jeden Produzenten sein sollte.

In der Vergangenheit ist es oft genug vorgekommen, dass Nutzer Videos unter falschem Label veröffentlicht oder es nicht ausreichend beschriftet haben. Zur Vorbeugung dessen nutzt YouTube die genaue Analyse der sogenannten Keywords, um eine Themenzugehörigkeit zu ermitteln. Die Quellen, aus denen die Plattform die Schlagwörter zieht, sind vielseitig: Videotitel und der dazugehörige Beschreibungstext gehören ebenso dazu wie Keyword-Einblendungen innerhalb der Videos. Selbst das gesprochene Wort wird analysiert.

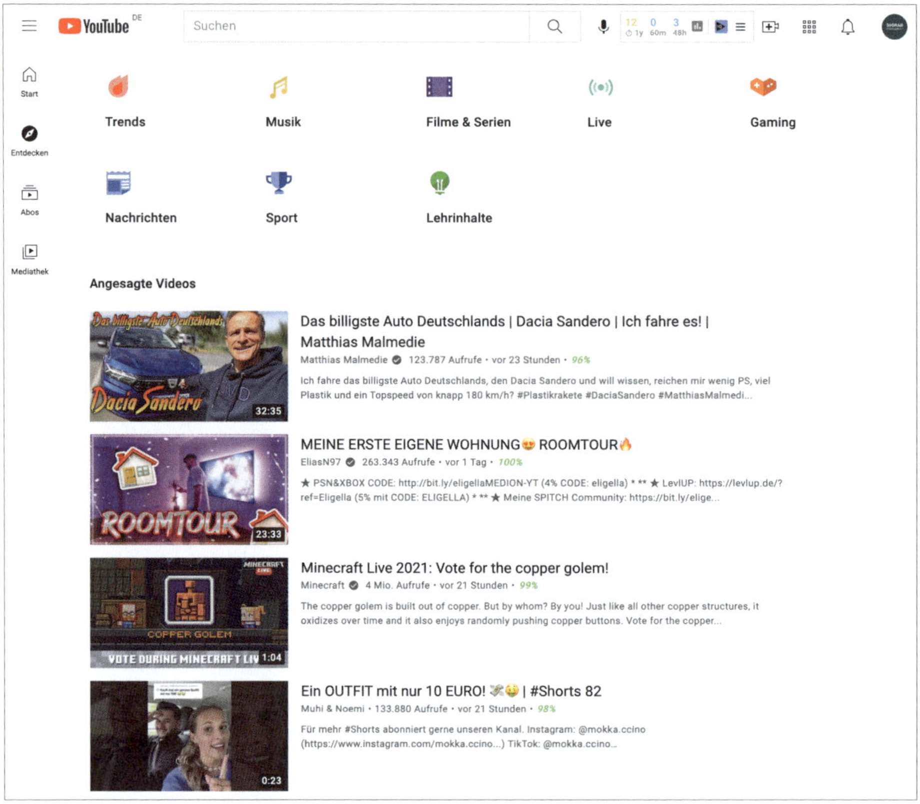

Abbildung 4.9 Videovorschläge beliebter Inhalte bei YouTube

Daher empfiehlt es sich, schon vor der Produktion eines neuen Clips eine ausführliche Keyword-Recherche anzufertigen und damit bereits die Gestaltung der Bauchbinden, der Headline, des Videotitels und der Video-Tags festzulegen. Darüber hinaus kann man den Sprecher oder die Sprecherin des Videos dahingehend briefen, dass er oder sie die Schlüsselbegriffe verwendet.

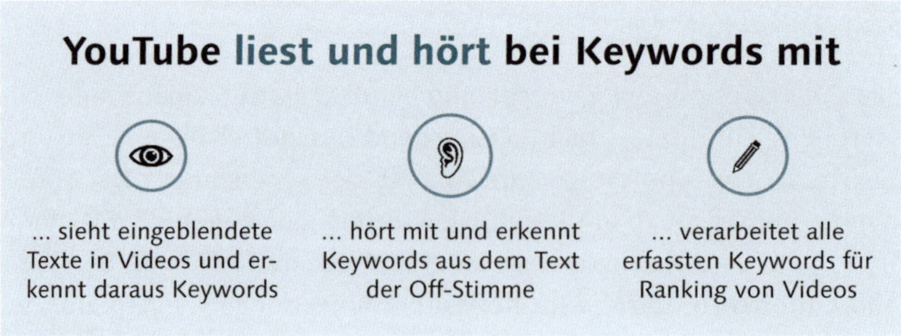

Abbildung 4.10 YouTube liebt Keywords!

4.3.2 Rankingfaktoren für Videos

Der Plattformbetreiber hüllt sich, was die Rankingfaktoren betrifft, in Schweigen: Von offizieller Seite gibt es keine exakten Angaben bezüglich der Funktionen des Algorithmus. Unser Wissensstand bezieht sich deshalb auf Erfahrungen. Die vier Säulen, die sich als fundamental herauskristallisierten, haben wir in Tabelle 4.1 zusammengefasst.

Kanal Trust	Videorelevanz	Nutzerinteraktion	Social Sharing
▪ Frequenz von Video-Uploads ▪ Abonnentenzahl ▪ Gesamt-Klicks ▪ Channel-Alter	▪ Keywords ▪ Video-Thumbnails ▪ Videoqualität ▪ Raw-Dateiname ▪ Videolänge ▪ Videoalter ▪ Transkription	▪ Kommentare ▪ Likes ▪ Dislikes ▪ Absprungrate ▪ durchschnittliche Zuschauerbindung	▪ Videoshares auf YouTube, Twitter und Facebook ▪ Backlinks und Einbettungen ▪ Erwähnungen in Playlists

Tabelle 4.1 Übersicht der wichtigsten Rankingfaktoren

Säule 1, die maßgeblich für das stete Wachstum eines Channels verantwortlich ist, beschreibt den Kanal-Trust. Hier zahlt sich aus, wenn Kanäle schon lange bestehen und sich in dieser Zeit die Follower- und Viewer-Zahlen positiv entwickelt haben. Um die Relevanz der hochgeladenen Videos geht es in der zweiten Säule: Hier wird belohnt, wie jung und frisch die Videos sind. Lädt man ein Video hoch, beginnt es bereits mit dem Zeitpunkt des Uploads an Aktualität einzubüßen. Deshalb sollte man in jedem Fall vermeiden, ein Video als »nicht gelistet« zu veröffentlichen und es in diesem Zustand mehrere Tage auf der Plattform verharren zu lassen – etwa, weil man sich noch mit einem Kollegen abstimmen muss –, bevor man es auf »öffentlich« schaltet. Auch eine adäquate Vorbereitung ist an dieser Stelle maßgeblich: Thumbnail, Beschriftung und Video-Tags sollten für den Upload bereits final justiert sein, ebenso Feinheiten wie die Transkription. Die Nutzerinteraktionen markieren die dritte Säule der Rankingfaktoren. Sie können zwar nur indirekt durch einen Creator selbst beeinflusst werden, allerdings zahlen Keywords, die in den Kommentaren verwendet werden, auch in die Bewertung der SEO-Stärke ein. Daher ist es hilfreich, im Video selbst offene Fragen zu stellen und/oder einen Appell an die Zuschauer zu richten, unter dem Video zu kommentieren oder zu diskutieren. Im besten Fall werden innerhalb dieser Unterredungen die Schlüsselbegriffe verwendet, bei denen mit dem Video gerankt werden soll. Frei nach dem Motto »bad news are good news« ist es darüber hinaus egal, ob es sich bei den weiteren Interaktionen um Likes oder Dislikes handelt – Hauptsache, es wird über das Video gesprochen. Sie haben alles richtig gemacht, wenn in diesem Zusammenhang auch noch eine geringe Absprungrate besteht und die Zuschauerbindung hoch ist. Säule 4, das sogenannte Social Sharing, ist entscheidend, um der Reichweite auch noch den letzten Aufschwung zu verschaffen. Hier geht es darum, sicherzustellen, dass das Video auf anderen Websites oder Social-Media-Plattformen verlinkt, eingebettet oder geteilt wird. Wie bei klassischen Backlinks von Websites führt dies zu einer Stärkung des Videos, auf das verwiesen wird.

4.3.3 Wie viel SEO steckt in Instagram, TikTok und Co.?

YouTube ist nicht nur ein Videoportal, sondern zugleich auch eine der größten Suchmaschinen der Welt. Unter den Social-Media-Plattformen ist sie aufgrund dessen die einzige, bei der SEO intensiv betrieben wird – und werden kann. Andere Netzwerke wie Facebook, Instagram oder TikTok lassen nur eine eingeschränkte Recherche nach Hashtags oder Themen zu. Diese Suche wird durch die Tatsache, dass Posts nach drei Tagen meist nicht mehr auffindbar sind, nur erschwert. Bei YouTube hingegen können sich Videos dank SEO für mehrere Jahre in den Trends etablieren.

4.4 Hochwertige Videos können nur die Großen? Nicht unbedingt

Video-Content zu produzieren, der dem Zweck dienen soll, im Kino oder auf Messen platziert zu werden, ist natürlich teuer. Dies sollte jedoch kein Grund dafür sein, das Thema Video per se auszusparen – vor allem, weil Bewegtbild, das auf YouTube veröffentlicht werden soll, keine Kinoqualität besitzen muss. Zwar sind heute anstelle der verwackelten Handyfilme, die vor zehn Jahren noch den Erwartungen der Audienz gerecht wurden, hochaufgelöste Clips mit gutem Ton gefordert. Die gestiegene Messlatte der durchschnittlichen Zuschauerschaft ist jedoch nicht unüberwindbar. Selbst ein Laie findet unter Zuhilfenahme der Technik, die heute zur Verfügung steht, einen Zugang zur Videoproduktion – vorausgesetzt, die Zeit und eine grundlegende Affinität für das Thema sind vorhanden. Klar im Vorteil sind die, die ein grafisches Auge besitzen.

4.4.1 Agentur vs. selbst gemacht – Vor- und Nachteile

Eine Agentur mit der Videoproduktion zu beauftragen ist zwar die kostenintensivste, gleichsam aber die bequemste Option. Bis auf die Tatsache, dass man den Rahmen festsetzen muss, hat man als Auftraggeber keine Arbeit, erhält aber in der Regel ein hochprofessionelles Ergebnis. Jedoch stellen sich zwei Fragen: Ist eine Verhältnismäßigkeit gegeben? Und was muss bei der Wahl einer geeigneten Agentur beachtet werden? Ein simples Beispiel: Ist man eine sportaffine Privatperson und intendiert, auf seinem privaten Channel wöchentlich ein Video zu veröffentlichen, in dem man Fitnesstipps gibt, braucht man nicht zwingend eine Agentur.

Anders sieht es aus, wenn man Hersteller für Fitnessprodukte ist und eine größere Kampagne starten möchte, die messbare Werbeerfolge erzielen soll. Nachfolgend werfen wir vor allem einen Blick auf die kostensparsameren DIY-Möglichkeiten.

4.4.2 Videoproduktion auf eigene Faust

Theoretisch ist die Zahl der Eckpunkte und Details, die man für einen Videodreh miteinbeziehen kann, wenn man keine Produktionsfirma engagiert, schier unendlich. Praktisch muss man sich – vor allem, wenn man einen festen budgetären Rahmen hat – immer die Frage der Verhältnismäßigkeit stellen. Drehe ich ein Tutorial, benötige ich etwa nicht zwingend einen Lichtassistenten, und ein Interview kann gut auch ohne Stylistin durchgeführt werden.

Storyboard

Egal, wie, wo oder was produziert wird: Am Anfang jedes Videodrehs sollte ein Storyboard stehen, auf dem zumindest der grobe Ablauf dekretiert wird. Übernehmen mehrere Protagonisten eine Rolle im Clip, ist es ratsam, die Uhrzeiten der einzelnen Einsätze vorher zu definieren. Um die Voraussetzungen für den Upload auf Videoplattformen wie YouTube zu schaffen, lassen sich, gemäß dem Fall, der gesprochene Text der Protagonisten wird bereits im Storyboard festgelegt, hier auch schon gezielt Keywords einstreuen.

DISPOSITION
Mittwoch, 02.12.2022

Arbeitsbeginn am Set

Kamera	09:00 Uhr
Ton	09:00 Uhr
Regie	09:00 Uhr
Produktion	09:00 Uhr
Moderator*in	09:00 Uhr
Maske	09:00 Uhr
Aufbau Licht/Kamera	09:00-09:45 Uhr
Maske für Moderator*in	09:00 Uhr
Drehbeginn Motiv 1	10:00 Uhr
Pause	14:45 Uhr
Pause Länge	30 Minuten
Drehschluss	18:00 Uhr
Rückbau, Aufräumen	+45 Minuten
Arbeitsende	18:45 Uhr

Abbildung 4.11 So kann der Drehplan auf einer Disposition aussehen.

Disposition

Die Dispo, auch Drehplan oder Shotlist genannt, legt den Ablauf am Drehtag fest und richtet sich an alle Teilnehmer am Set. Drehen Sie alleine, ist es dennoch sinnvoll, solch eine Liste zu pflegen – nicht zuletzt, damit Sie den Ablauf entsprechend steuern und monitoren können. Sind mehrere Leute am Dreh beteiligt, ist es elementar, dass man die Kontaktdaten der Ansprechpartner sowie den Ort der Dreh-Location notiert. Auskünfte dazu, wie man die Location am besten erreicht und wo Parkplätze zu finden sind, können darüber hinaus relevant sein – ebenso wie eine Angabe zur Wettervorhersage oder eine Erklärung des Weges, der zum nächsten Krankenhaus führt.

Visagist/Stylist

Interviews und Nahaufnahmen sowie Beautyshots werden schöner, wenn ein Visagist und eine Stylistin am Dreh beteiligt sind. Der Visagist schminkt ein kamerataugliches Film-Make-up, das besonders deckend ist und eventuelle Augenringe gut zu kaschieren vermag. Die passenden Klamotten stellt die Stylistin bereit und verzichtet dabei auf die Farben Weiß und Schwarz sowie Kleingemustertes, um Überstrahlungseffekte zu vermeiden und dem Moiré-Effekt vorzubeugen.

Regie

Die Hauptverantwortung an einem Drehtag liegt bei der Regie, die den Ablauf steuert. Ab 3–5 Beteiligten lohnt es sich, die Rolle eines Regisseurs zu installieren, bei dem oder der alle Fäden zusammenlaufen.

DoP – Director of Photography

Bei dem DoP handelt es sich um den Kameramann bzw. die Kamerafrau. Bei einer klassischen Aufstellung in der elektronischen Berichterstattung kommt dieser jedoch selten allein: Meist arbeitet er oder sie in einem EB-Team, das im Wesentlichen außerdem noch aus einer Redakteurin, einem Beleuchter, einer Tonmeisterin und gegebenenfalls einem Kameraassistenten besteht.

AL – Aufnahmeleitung

Eine Aufnahmeleitung tritt nur bei größeren Produktionen auf den Plan, um koordinierend tätig zu werden und der Regie zuzuarbeiten.

Lichtassistent

Um die perfekte Ausleuchtung zu garantieren, wird – meist schon im Vorfeld der Produktion – der Lichtassistent tätig. Der Stellenwert dieser Leistung wird in Abschnitt 4.5.2 noch einmal deutlich.

Location-Scouting

Die Auswahl einer geeigneten Location ist essenziell für den Dreh. Sollten Sie planen, außerhalb der eigenen Räumlichkeiten zu drehen, gilt es, vorab zwei Fragen zu beantworten: Wo darf ich überhaupt drehen? Und für welche Orte muss ich eventuell eine Drehgenehmigung einholen? Dabei ist es unerheblich, ob es sich beim Standort um einen Innenraum oder ein öffentliches oder privates Grundstück im Außenbereich handelt. Sollte der Dreh in einem Studio stattfinden, muss die Miete im Budget eingeplant werden.

Setdesigner/Setdresser

Die möglichst authentische Ausstattung der Location ist wichtig. Dafür stellt der Setdesigner im Vorfeld eine Liste an Dingen zusammen, die noch vorbereitet oder beschafft werden müssen. Da die Menge der benötigten Utensilien bei einem Neukauf hohe Kosten mit sich bringen würde, wird bei Drehs häufig auf einen Requisitenverleih zurückgegriffen.

Abbildung 4.12 Blick in eine Kölner Requisitenhalle

Models/Protagonisten

Möchten Sie nicht selbst vor der Kamera tätig werden, besteht die Option, Models oder Protagonisten zu engagieren. Die Preise beginnen bei 400 € und variieren abhängig davon, wie sehr die Personen in den Dreh involviert sind: Laufen sie nur kurz durch das Bild oder sprechen sie sogar mehrere Sätze ein? Dann wird es entsprechend teurer.

Catering

Da die Produktionsteilnehmer mindestens einen gesamten Tag am Set verbringen, ist auch für ihre Verpflegung Sorge zu tragen. Je nach Aufwand und Größe des Drehs ist abzuwägen, ob man ein Catering – etwa einen Foodtruck – bestellt oder selbst vorbereitend tätig wird.

Fazit: Um mit einer Produktion die gewünschten Erfolge zu erzielen, müssen mannigfaltige Stellschrauben gedreht und viele verschiedene Personen miteinbezogen werden. Bei kleineren Aufnahmen können die Positionen, die normalerweise unterschiedliche Beteiligte bekleiden, verschmelzen, sodass sie von wenigen – oder gar einer – Person verwaltet werden. Der Kameramann ist dann etwa auch dafür zuständig, Regie zu führen, die Fragen an einen Interviewpartner zu stellen und am Set die Brötchen zu schmieren.

4.5 Ausrüstung und Toolempfehlungen

Bei Social-Media-Videos ist vor allem eins wichtig: Der Dreh muss einfach durchzuführen sein, und das Equipment darf nicht viel kosten. Denn wir fungieren nicht als künstlerische Cineasten, sondern als Marketer, und Videos sind nicht unser Hauptmedium, sondern arbeiten uns und unseren Zielen nur zu. Deshalb müssen Kosten und Nutzen miteinander im Einklang stehen.

4.5.1 Kameras

Im Bereich der Foto- und Videografie hat es innerhalb der letzten Jahrzehnte eine rasante Entwicklung gegeben: Während es vor 1990 noch die Pflicht eines guten Fotografen war, die beste Kamera zu besitzen, die es auf dem Markt gibt, um gestochen scharfe Bilder herstellen zu können, werden Filme heute nicht mehr gebrannt, sondern digital über einen Sensor aufgenommen. Nicht lange ist es außerdem her, dass auf einer Filmrolle maximal 36 Bilder Platz hatten; auf eine SD- oder CF-Karte, wie sie heutzutage verwendet werden, passen Tausende Bilder. Als größte Errungenschaft fungiert jedoch die Tatsache, dass die Spiegelreflexkameras, die früher nur einzelne Fotos aufgenommen haben, nun auch Videos speichern können. Bei einer Videoproduktion für Social Media – z. B. für eine Instagram-Story – müssen

Sie nicht mit einer großen Filmkamera anrücken, um hochqualitative Bilder zu erstellen. Im Elektronikfachhandel erhält man heutzutage Kompakt-, System- oder Spiegelreflexkameras bereits ab 400 €.

Egal, für welche Art von Kamera Sie sich entscheiden – wichtig ist, dass Sie einen Zweitakku vorrätig haben, den Sie auf den Dreh mitnehmen. Darüber hinaus sollten Sie eine Speicherkarte wählen, die mindestens 16 GB, besser noch 32 GB Speicherkapazität hat, wenn Sie intendieren, in 4K zu drehen. Die Auswahl der geeigneten Kamera ist vor allem von der Antwort auf folgende Fragen abhängig: Wie häufig möchten Sie produzieren? Welche Qualität möchten Sie erzeugen? Was passt in Ihr Budget? Nachfolgend geben wir einen Überblick zu den einzelnen Kameragattungen und nennen dazu jeweils ein Beispiel für ein gutes Einsteigermodell.

Abbildung 4.13 Kompaktkamera, z. B. Canon PowerShot G7X Mark II

Abbildung 4.14 Systemkamera (DSLM), z. B. Sony Alpha 6500/6300

Abbildung 4.15 Spiegelreflexkamera (DSLR), z. B. Canon EOS 5D Mark IV

Und dann wäre da noch folgende Fragestellung: Brauchen Sie überhaupt eine Kamera, oder reicht Ihr Smartphone nicht sogar aus? Wie bereits dargelegt, kann ein Handy sehr gute Resultate erzielen; es kommt aber – vor allem dann, wenn es um verschiedene Anwendungsbereiche geht – an seine Grenzen. In einem Mobiltelefon sind die Objektive, die oftmals nur über bestimmte Brennweiten verfügen, fest verbaut. Als Produzent hat man also nicht die Möglichkeit, Varianz in den Bildausschnitt und den Abstand zum Motiv oder Protagonisten zu bringen. Bei Abendveranstaltungen oder in Situationen, in denen ein Mangel an Lichteinfall herrscht, gelangt man, wenn man sich ausschließlich auf sein Smartphone verlässt, auch schnell an seine Grenzen. Wer also die Flexibilität benötigt, frei drehen zu können, kommt nicht daran vorbei, eine Wechselobjektivkamera zu erwerben.

4.5.2 Licht

Nicht zuletzt die Ethymologie des Wortes Fotografie – sie fungiert als Grundlage für das Videodrehen – macht den Stellenwert des Lichts bei der Produktion von Bewegtbild offenkundig. Die Bezeichnung entstammt dem altgriechischen Genitiv *photós*, was übersetzt »Licht« bedeutet, und kombiniert mit *graphein* – »zeichnen« folgenden Aussagegehalt: Fotografieren ist Zeichnen mit Licht.

Unterschreiben können wird dies jeder, der oder die schon einmal eine starke Varianz zwischen dem live Gesehenen und dem fotografisch Konservierten erlebt und sich daraufhin die Frage gestellt hat: »Warum sieht die Aufnahme so katastrophal schlecht aus?« Denn oft lässt sich die Fehlerquelle dort verorten, wo die Lichtquelle fehlt oder falsch eingesetzt wird. Drehen wir draußen, sprechen wir von Available Light: dem Sonnenlicht, das per se da ist und im Idealfall durch eine Wolkenschicht soft gefiltert wird. An einem sehr hellen Tag kann das Sonnenlicht jedoch auch starke Kontraste bewirken und überblendete Aufnahmen erzeugen.

Dreht man in einem Studio oder einfach im Innenbereich von Gebäuden, tut sich häufig das gegenteilige Problem auf, und es ist zu dunkel. Um dem entgegenzuwirken, verzichten Sie darauf, normales Zimmerlicht zu verwenden, da dies häufig eine zu extreme Farbtemperatur aufweist. Stattdessen setzen Sie auf spezielle Studiolampen, die ein neutrales Licht geben und nicht von der Decke aus abstrahlen. Filmen Sie einen Protagonisten, hellen Sie dessen Gesicht am besten auf, indem Sie ihm – möglicherweise mit Diffusionsfolien abgeschwächt – in das Gesicht leuchten. Darüber hinaus arbeiten Sie am besten mit einer Drei-Punkt-Beleuchtung, bestehend aus Führungslicht, Fülllicht und Spitzlicht, die dafür Sorge trägt, dass die Person angemessen ausgeleuchtet ist. Einfache Studiolampen im Dreierset sind bereits für 200 € erhältlich.

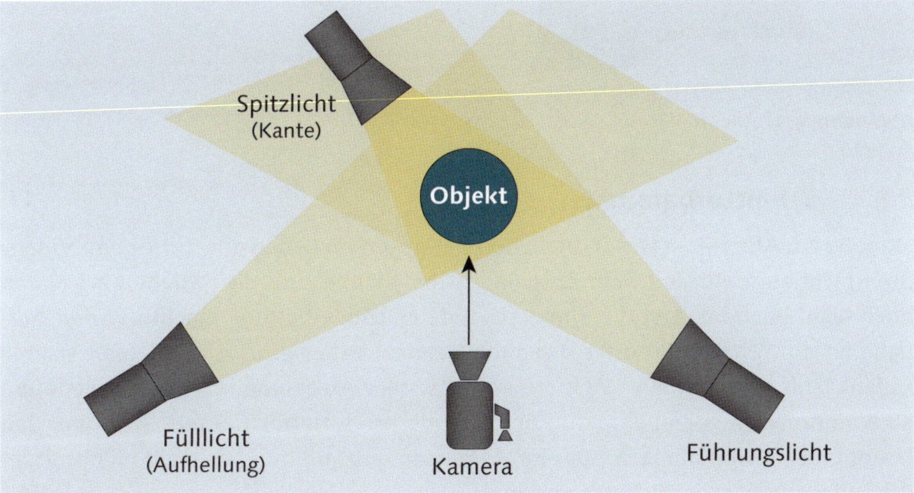

Abbildung 4.16 Schema einer Drei-Punkt-Ausleuchtung

4.5.3 Ton

Der Ton macht die Musik – das gilt auch beim Film. Fehlt eine gute Tonspur, mindert das die Videoqualität immens, und der Genuss seitens der Betrachter leidet. Um zu verhindern, dass es rauscht oder die Umgebungsgeräusche den eigentlichen Sprecher übertonen, ist es ratsam, selbst bei Aufnahmen mit dem Smartphone auf ein externes Mikrofon zurückzugreifen. Bei den meisten Kameras können Sie dieses an- oder auf den Blitzschuh aufstecken. Der Vorteil ist, dass bei einer Aufnahme Video- und Tonspur direkt zusammenlaufen, nachteilig hingegen, dass sich die Tonquelle – also die Protagonistin – nahe der Kamera aufhalten muss. Ist dem nicht so, kann man durchaus auch auf externe Aufnahmegeräte, Richtmikrofone oder Ansteckmikrofone zurückgreifen, steht dann aber vor der besonderen Herausforderung, im Schnitt die Video- und Tonquelle wieder synchronisieren zu müssen.

Abbildung 4.17 Richtmikrofon Sennheiser MKE 400

4.5.4 Schnittprogramme

»Klappe zu, Affe tot« – was in manchen Bereichen im Leben gilt, trifft beim Videodreh nicht zu, denn mit dem Zuschlagen der Klappe sind die Arbeiten am Video noch nicht beendet. Erst die entsprechende Nachbearbeitung macht aus den Aufnahmen ein fertiges Produkt. Da die Spanne hierbei groß ist und man schnell Gefahr läuft, verzichtbare Mehrarbeit zu leisten, ist es unentbehrlich, wiederum eine Einordnung vorzunehmen: Für YouTube produzierter Content wird von den Usern und Userinnen meist nur einmal konsumiert und muss deshalb nicht reif für die Leinwand postproduziert werden.

Helfen können Tutorials, die Sie in ausreichender Anzahl im Internet und natürlich auch auf YouTube selbst finden. Dabei sollten Sie erfassen, bei welchen Möglichkeiten Kosten und Nutzen miteinander im Einklang stehen. Prinzipiell existieren drei Stufen der Bearbeitung: Eine Aufnahme, die mit dem Handy erstellt wurde, kann auch am Handy bearbeitet – oder zumindest vorgeschnitten – werden. Filmen Sie jedoch mit Kameras auf Speicherkarten, führt der Weg nicht an der Nachbearbeitung am Computer vorbei. Von Basisschnittprogrammen bis hin zur Profisoftware haben Sie mannigfaltige kostenfreie Möglichkeiten.

Spontane Clips, die letztlich auf YouTube landen, entstehen meist am Smartphone. Das Praktische dabei: Fast jeder hat ein solches Aufnahmegerät in der Tasche, das dank immer besser werdender Technologien jeden in die Lage versetzt, mittels richtiger Einstellungen und guter Apps Videos in 4K-Qualität zu erzeugen. Innerhalb der Einstellungen des Smartphones lässt sich festlegen, ob eine Auflösung in 4K tatsächlich angewendet wird. Ein grober Vorschnitt kann innerhalb der Handy-

Apps – etwa iMovie auf iPhone-Geräten oder Filmora bei Android-Smartphones – erfolgen. Haben Sie keine Alternative, lässt sich hierüber auch direkt ein komplettes Video drehen, schneiden und hochladen.

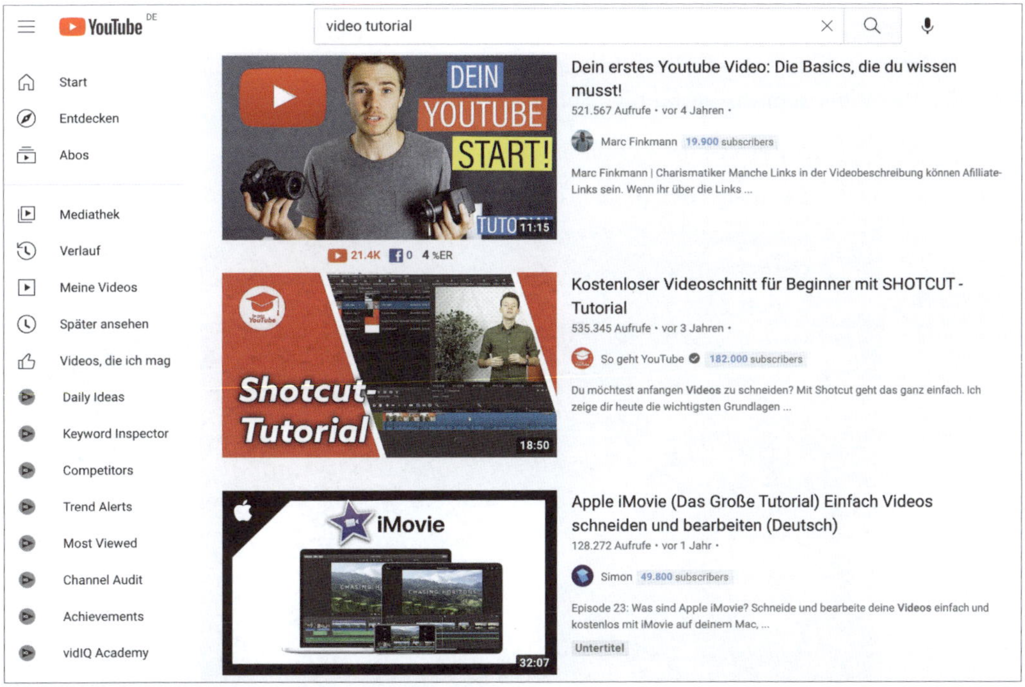

Abbildung 4.18 Kostenlose Video-Tutorials im Internet

Abbildung 4.19 Screenshot aus der iMovie-App auf einem iPhone

Die professionellere und auch umfangreichere Möglichkeit, eine Videopostproduktion durchzuführen, markiert der Schnitt an einem Laptop oder Standrechner. Auch hier bestehen anwenderfreundliche Programme wie das kostenlose iMovie-Tool neben umfangreicheren, aber ebenfalls kostenfreien Lösungen wie DaVinci Resolve. Die volle Kontrolle über Ihr Videomaterial erlangen Sie über Adobe Premiere, dafür müssen Sie allerdings auch zahlen. Grundkurse, die Sie in die Arbeit des Videoschnitts einführen, finden Sie im Web:

- DaVinci Resolve 18 – Onlinetraining (kostenlos)
  www.blackmagicdesign.com/de/products/davinciresolve/training

Abbildung 4.20 Software für die Videopostproduktion – DaVinci Resolve

- Adobe Premiere Pro 2022 – Online-Tutorials (kostenlos)
  https://helpx.adobe.com/de/premiere-pro/tutorials.html

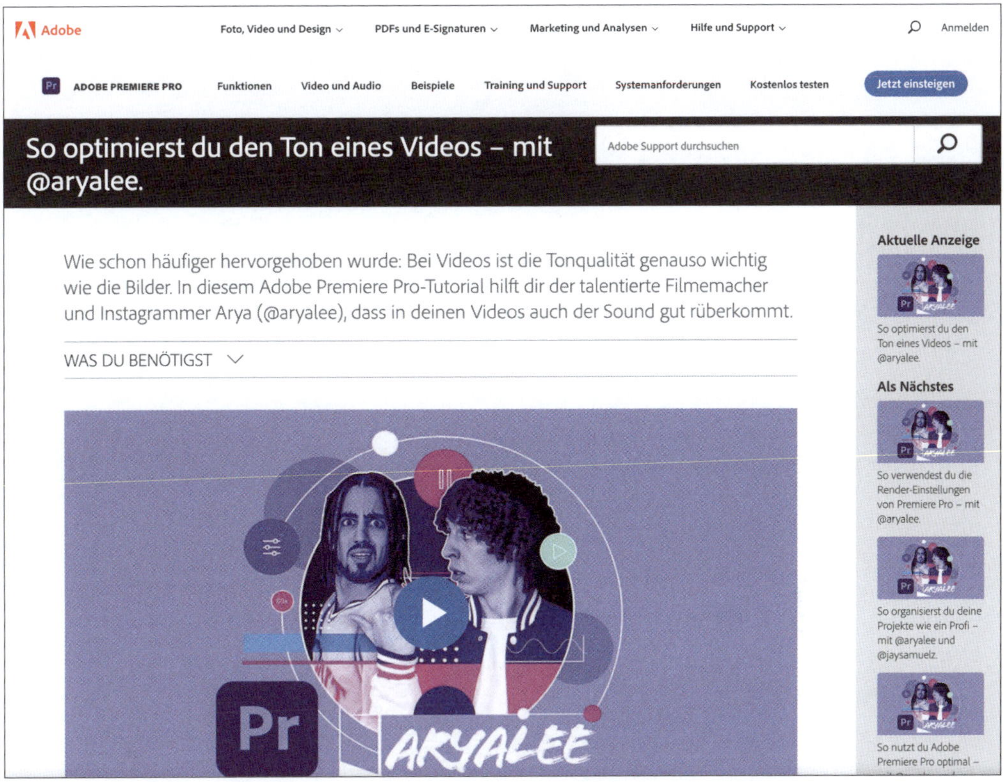

Abbildung 4.21 Kostenpflichtige Alternative – Adobe Premiere Pro

Kapitel 5

Schon gehört? Audio-Content ist der Nachwuchsstar am Content-Himmel

»Omnia silendo ut audeam nosco« (anonym)
(Alles erfahre ich, indem ich schweige, auf dass ich höre)

Was will uns das sagen? Lehnen Sie sich zurück, formulieren Sie keine Antwort im Geiste, hören Sie einfach nur zu. Das ist keine große Kunst. Sie müssen auch nicht viel tun. Nur zuhören.

5.1 Audio? Worum geht es?

Audio, reines Audio, ohne Video, ohne Bilder erlebt eine möglicherweise bahnbrechende Renaissance, Podcasts erfreuen sich nie dagewesener Beliebtheit, Audiostreamingdienste liefern uns Musik, Siri und Alexa hören auf uns und tun, was wir ihnen sagen.[1] 2015 und 2016 gab es 5,4 % Nutzer, die sagten, einmal im Monat einen Podcast zu hören, 2021 bereits 17,4 %. Laut einer aktuellen Studie von *absatzwirtschaft.de* sind es mittlerweile 49 % der Deutschen, die regelmäßig Podcasts hören.

Betrachten wir die Tendenzen aber durch die Brille der ARD/ZDF-Studie[2] zur Massenkommunikation, ergibt sich ein differenzierteres Bild: Das Radio steht immer noch an der Spitze der Audioformate. Interessant ist vor allem der Blick auf die unter 30-Jährigen: Sie konsumierten 2022 weniger Audio als 2021. Andererseits wächst die Podcast-Nutzung vor allem in dieser Altersgruppe, was uns immerhin einen groben Ausblick auf die künftige Nutzung von linearem und nicht linearem Audio-Content ermöglicht.[3]

1 *www.absatzwirtschaft.de/mediennutzung-der-podcast-boom-geht-weiter-182243/* und *www.absatzwirtschaft.de/haelfte-der-deutschen-hoert-podcasts-239894/*

2 *www.ard-zdf-massenkommunikation.de/*

3 *www.ard-zdf-massenkommunikation.de/* ARD/ZDF Massenkommunikation Trend 2022 (PDF).

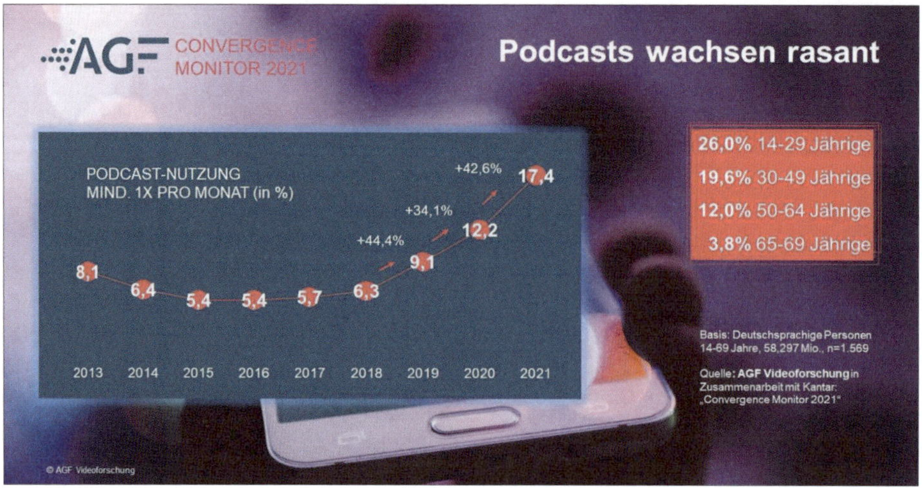

Abbildung 5.1 Entwicklung der Podcast-Nutzung von 2013 bis 2021 (Quelle: AGF Videoforschung)

iTunes, Spotify und Amazon verzeichnen entsprechende Zuwächse.[4] Auf dem Markt der Sprachassistenten passiert das Gleiche: Jeder Zweite nutzt bereits Alexa, Siri und Co., Tendenz steigend, und dies vor allem bei älteren Jahrgängen[5] – hört, hört!

Und, last not least kam mit der Erfindung der Airpods das Audioselfie, der »Urknall« von *Social Audio*. Moment mal, Audioselfie? Hab ich was verpasst? Mit den Airpods im Ohr können Sie Ihre Gedanken, Ihr aktuelles Erleben gesprochen auf dem Smartphone aufnehmen und sofort über Social-Audio-Plattformen Ihrer Community zugänglich machen: ein kurzer Gedanken-Snapshot ist entstanden und geht um die Welt, das Audioselfie. Social-Audio-Plattformen sind nicht erst seit Clubhouse beliebt. Auch wenn der Hype-Faktor in postpandemischen Zeiten nachgelassen hat, gibt es dennoch eine stabile Community auf den Plattformen, und bestehende Social-Media-Apps erweitern ihr Angebot um Audioangebote. Für die, die Audio-Content produzieren, öffnen sich hier neue Perspektiven in Hinblick auf kreatives Marketing, die das Potenzial haben, eine vielschichtige Bereicherung für alle beteiligten Player zu werden; vielleicht nicht zuletzt deshalb, da Sie sich dabei einen Schritt in (noch) unbekannte Gefilde wagen.

---

4 *www.computerbase.de/2021-07/spotify-365-mio.-premium-nutzer-hoeren-immer-mehr-podcasts/*

5 *https://sprachassistenten.marketing/allgemein/studien-zu-sprachassistenten-nutzung-marktanteile-marktfuehrer-aussichten/*

5.1.1 Das Erlebnis

Aber alles der Reihe nach. Die gute Nachricht, auf die auch keine schlechte folgen wird, lautet: Wir hören (einander) wieder zu! Hören, entspanntes Zuhören, ist etwas Wunderbares. Wie gebannt haben wir als Kind zugehört, wenn uns Geschichten erzählt oder vorgelesen wurden. Wie lange blieben diese im Gedächtnis, ohne dass wir sie bewusst auswendig lernen mussten? Und wehe, Großmama hat einmal einen Satz falsch vorgelesen. Die Hörwahrnehmung ist um vieles intensiver, als uns bewusst ist. An Stimmen, an Melodien, an Geräusche erinnern wir uns jahrelang. Wenn die Wohnungstür aufgeht und die Jacke abgelegt wird, wissen wir, obwohl wir gerade Hausaufgaben rechnen, wer aus der Familie soeben heimgekommen ist. Radiojingles, Soundlogos oder auch nur ein Songanfang katapultieren uns in bestimmte Situationen und Stimmungen. Als Beispiel hierfür nenne ich gern das kurze intensive Netflix-Logo (»gadong«), das kurz vor jedem Film abgespielt, direkt in den Solarplexus dringt und in weniger als 1 Sekunde eine enorme Spannung aufbaut, uns in den Bann zieht. Sind Sie Podcast-Fan? Dann genießen Sie vielleicht auch beim Hören den Aspekt des Rituals: Auf der Heimfahrt im Auto, beim Kochen, in der Bahn, beim Sport. Oder einfach entspannt auf dem Sofa nach einem Tag voller E-Mails und Meetings. Menschen, die das Zuhören für sich (wieder) entdeckt haben, erleben dies als ungeahnt entspannende und angenehme Weise, an Informationen, Kultur, Austausch und Inspiration zu gelangen. Dies ist nach meiner Erfahrung einer der zu betrachtenden Kernpunkte in Hinblick auf Audio und Content.

5.1.2 Wie definieren wir Audio?

Unter dem Begriff *Audio* sammelt sich so Allerlei. Generell lässt sich sagen, dass damit alles Hörbare, alles Auditive, gemeint ist, das über Medien zugänglich ist.

Etwas detaillierter kommen wir dem Begriff in folgender Liste näher:

Welche Formate, Tools und Apps sind »Audio«? Wie definieren wir dies?

- Es muss hörbar sein.
- Es kann sich um Klänge, Geräusche, Musik mit oder ohne Sprache handeln.
- Es hat im Bereich Social Audio häufig mit gesprochener Sprache zu tun.

Kurze Übersicht über die gängigen Audioformate

- Podcasts, auch Microcasts, Flashbriefings
- Musik/Klang:
  Audiologo (z. B. Netflix-Soundlogo)
  Benachrichtigungstöne (etwa Klingeltöne für SMS oder Messenger-Benachrichtigungen)

- Social Audio:
  Clubhouse, Twitter Spaces, Cappuccino, Audlist, Stereo, LinkedIn, Voice Messages, Spotify Greenroom
- Sprachassistenten:
  Alexa (Amazon)
  Google Assistant (Google)
  Siri (Apple)
  Cortana (Microsoft)
  Bixby (Samsung)
  Celia (Huawei)

Podcasts immer und überall

Auditive Medienformate ziehen die Menschen seit über 100 Jahren in ihren Bann. Unzählige Radiosendungen erlangten Kultstatus. Und immer wieder gelang es der kleinen Schwester der visuellen Medien, ihnen Paroli zu bieten. 2001 eroberte der iPod den Markt, und mit ihm ließen sich in den folgenden Jahren sukzessive die ersten Podcasts via Apples iTunes zumeist kostenfrei laden. Somit konnten die Inhalte zeitlich flexibel und unabhängig von Sendezeiten konsumiert werden. Die Bezeichnung Podcast selbst setzt sich aus dem Wort Pod (als Bezug auf Apples I Pod 2001) und dem Wort Broadcast (Sendung, gemeint Radiosendung) zusammen.[6] Es handelte sich hier in der ersten Phase um Audioformate unterschiedlicher Länge, die aber als Serie regelmäßig und in neuen Episoden veröffentlicht wurden.

Zeitungen, aber auch zahlreiche Sendeanstalten stellten ihrem Publikum zunächst via iTunes Inhalte als Podcast, quasi als Marketing-Add-on der Printausgaben, zur Verfügung. Inhaltlich fanden sich hier meist weiterführende Hintergrundberichte oder feuilletonistische Themen. Daneben gab es, rekrutiert aus der Bloggerszene, viele Hobby-Podcaster.

> *»Jeder konnte zum Sender werden und viele wurden das auch: mit wenig Aufwand, aber viel Sendungsbewusstsein.«*[7]

Besonders erwähnenswert in diesem Zusammenhang ist, dass es damals auch eine Reihe Podcasts aus dem Unternehmensbereich gab, die ähnlich den Zeitungs-Podcasts auf einer Metaebene Themen rund um ihre Marke bespielten.

> *»Mercedes Benz erzielte mit dem Mixed-Tape-Podcast einen großen Erfolg bei den Fans elektronischer Musik – die Episoden wurden bis zu 150.000 Mal pro Woche heruntergeladen.«*[8]

---

6 *https://de.wikipedia.org/wiki/Podcast*

7 Doris Hammerschmidt, Das Podcastbuch, Haufe-Lexware, 2020, S. 24.

8 ebd.

Abbildung 5.2 Historie und Ausblick: Podcastnutzung nach Endgeräten (Quelle: Radiozentrale.de)

Trotz einer leichten YouTube-bedingten Flaute entwickelt sich seit einigen Jahren (siehe Abschnitt 5.3, »High End Studio oder Smartphone, egal – ein Podcast soll es sein«) ein Podcast-Hype ungeahnten Ausmaßes – und kein Ende ist in Sicht. Die Smartphone-Technologie macht dies möglich. Schließlich stellt sie einen wesentlichen Faktor für die mobile, ortsunabhängige Nutzung des Internets dar. Dies betrifft natürlich auch einen schnellen, flexiblen Zugang zu Web-Content. Selbst der in Deutschland viel gescholtene, holprige Netzausbau reicht für Video- und Musikstreamingdienste. Spotify und Deezer sowie Apple Music und Amazon Music erweitern ihr Repertoire nach und nach um Podcast-Reihen.

In der Erzählweise verwischen gewohnte Genregrenzen und schaffen Raum für neue Inspiration, sowohl inhaltlich als auch strukturell. Podcasts, per se als serielles Format konzipiert, treffen auf den (TV-)Serienboom, der meiner Erinnerung nach ebenfalls Anfang des Milleniums mit »24« eine Art Initialzündung erlebte. Seit einigen Jahren via Netflix und Amazon befeuert, setzen auch die Öffentlich-Rechtlichen weiterhin auf Serienproduktionen, sowohl fiktional als auch bei Dokumentationen. Diese wiederum sind alle auch per Mediathek und somit zeitunabhängig konsumierbar.

Also konzipieren auch Hörfunksender zunehmend Hörspiele als Miniserien oder senden sie zumindest in dieser Form[9] und stellen sie später noch für eine Weile in

9 *http://www.deutschlandfunkkultur.de/serie-stiluebungen-musikalisch-eine-gratwanderung-beider. 2147.de.html?dram:article_id=447805* – WDR sendet das Hörspiel »Nach Mitternacht« vom 11.–14.03.2019 als Miniserie.

der Mediathek bereit. Die Verlage und Medienhäuser und auch Audioverlage wie der Hörverlag treten mit Apps wie audible als Podcast-Provider auf.

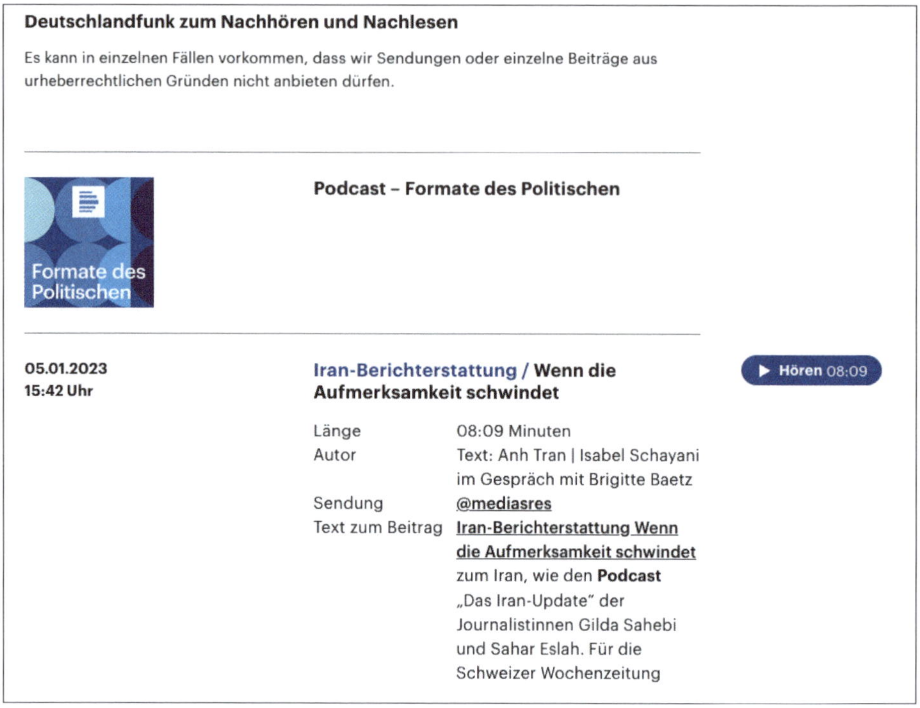

Abbildung 5.3 Die Mediathek des Deutschlandfunks kündigt eine neue Episode des Podcasts »Formate des Politischen« an.

Auch hier ist sie, die zeitliche Flexibilität. Allerdings kommt an dieser Stelle noch ein Goodie hinzu, da mit dieser Struktur beides möglich ist: individuell zu entscheiden, wann man sich den Podcast anhören möchte, und zugleich entsteht durch die Regelmäßigkeit der seriellen Erzählweise (»Immer mittwochs um 11 Uhr steht die neue Folge online.«) wiederum so etwas wie ein Kultfaktor. Dies ist für die Konsumenten ausgesprochen attraktiv. Wenn Sie einen Podcast planen und konzipieren, lohnt es sich, diesen Moment im späteren Verlauf des Abschnitt 5.3.5, »Podcast als Marketingtool«, noch etwas näher zu betrachten.

Diese Faktoren funktionieren nicht nur medial, zur Unterhaltung oder Information, sondern auch für Unternehmen. Unzählige B2B-Podcasts liefern laufend frische Ideen und Inspiration für Sales Manager*innen und beleuchten die vielfältigen Aspekte und Herausforderungen rund um Sale und Co.

Top 5 der wichtigsten B2B-Podcasts[10]

- »Verkaufen an Geschäftskunden« (Stephan Heinrich), wöchentlich 5–15 Minuten
- »Girl in Sales« (Carola Bräuninger), wöchentlich 20–90 Minuten
- »Vertriebsoffensive« (Dirk Kreuter), wöchentlich 20–90 Minuten
- »Umsatzuni« (Thomas Bottin), wöchentlich 5–15 Minuten
- »Verkaufen« (Martin Limbeck), wöchentlich 15–45 Minuten

5.1.3 Warum boomt Social Audio? Und wohin geht die Reise?

Kehren wir noch einmal kurz in die Zeit unserer Kindheit und Jugend zurück. Auf Großmamas Geschichten folgten unsere eigenen. Es gab so viel zu erzählen, was wir in der Schule oder beim Spielen erlebt hatten. Als wir heranwuchsen, bemerkten wir, dass wir in der Clique besser ankamen, wenn wir Geschichten spannend oder witzig erzählten. Das hat den persönlichen »Marktwert« in Clique oder Verein maßgeblich beeinflusst.

Wir wollen uns austauschen, wir wollen in jedem Alter Teilhabe an den Geschichten dieser Welt und denen unserer Lieben haben und wünschen uns Aufmerksamkeit für unsere Belange.

Mit der Markteinführung der Airpods kam das bereits erwähnte Audioselfie, die Option, unsere Mitmenschen immer und jederzeit über uns und unsere Gedanken verbal auf dem Laufenden zu halten. Eine Grafikerin geht morgens joggen und anstatt ein Selfie zu knipsen, spricht sie kurz ihre Gedanken via Airpods auf den Messenger-Status (z. B. WhatsApp): Beim Laufen (am See, bei Sonnenaufgang oder im Regen, wie sie entspannt und gut gelaunt ausschmückt), ist ihr *die* Idee für den neuen Look der Firmen-Website gekommen. Und damit hat das Marketing in einem ungewohnten Moment bereits begonnen. Sie entscheidet sich, jeden Morgen einen solchen Inspirationsschnipsel aufzunehmen und zu posten: Und dann sind sie auch schon da, die Social-Audio-Plattformen, die diese Energie einfangen und unterschiedlich verarbeiten und verbreiten. Wir wollen hier einen kurzen (Aus-) Blick darauf werfen und ein paar Apps vorstellen.

Clubhouse

Die App Clubhouse ist »the place to be« und quasi immer die die erste Antwort, frage ich meine Interviewpartner nach Social Audio. Für iPhone und Android Smartphones verfügbar, erfährt es nach einem Hype in der ersten Phase nun eine

10 echobot.de, »Die 56 besten B2B-Sales-Podcasts für mehr Erfolg im Vertrieb«. *www.echobot.de/sales-blog/b2b-sales/b2b-sales-podcasts/#tve-jump-175e4d1bb4f*

Konsolidierung in einer stabilen Community. Paul Draegert (Department Lead Performance Social Advertising bei PEAK ACE, Internationales Performance Marketing aus Berlin) nennt mir die App als prompte Antwort auf meine Frage nach der besten »Einstiegsdroge« für Social-Audio-Newbies. Für alle, die nicht nur zuhören wollen, sondern selber live interagieren. Friedrich Pasch, CEO und Trainer bei AVINA, (Münchner Agentur für Training von Führungskräften) genießt den Feierabend auf dem Sofa und entspannt zu Audio-Content – und dies sehr gern auch als Zuhörer bei Clubhouse. Ihn beeindruckt, welche enorme Reichweite man mit seinen jeweiligen Themen erreichen kann, wenn man diese aktiv und unbeirrt in den diversen Räumen und Panels performt. Für ihn ist Clubhouse ein reines Marketingtool in dem Sinne, damit als Person, die für bestimmte Inhalte oder eine bestimmte Marke steht, eine große Bandbreite an Publicity zu erzielen. Hier geschieht alles live.

Twitter Spaces

Twitter bietet seit Anfang 2022 nun auch die Option, Gesprächsrunden live zu hosten. Wer einen Space aufmacht, ist Host. Die Spaces sind öffentlich zugänglich. Bis zu 13 Personen können in einem Twitter Space mitdiskutieren.[11] Die Zahl der Zuhörenden ist unbegrenzt.

LinkedIn Audio Events

Die LinkedIn-Userschaft kann über Audio Events, ähnlich wie bei Clubhouse, Host eines Audioevents sein. Alle LinkedIn Audio Events sind öffentlich angekündigt, zur Teilnahme braucht man eine Einladung. Alle Teilnehmenden können aber auch aktiv mitdiskutieren.

Slack Huddles

Auch noch frisch und ebenfalls live: Slack-User können per Direktnachricht oder Gruppenchat Huddles bilden, in denen man sich über Audio spontan und unkompliziert austauschen, eventuelle Fragen klären oder an einer gemeinsamen Problemlösung basteln kann. Laut Slack-Seite sollen die Huddles den spontanen kurzen Talk, wenn ein Kollege am Schreibtisch vorbeikommt, oder den Teeküchentalk im Homeoffice erlebbar machen.

Cappuccino

Cappuccino verfolgt ein anderes Konzept. Dies erinnert ein wenig an Snapchat, nur funktioniert die Kommunikation nicht visuell, sondern auditiv. Die User nehmen kurze kleine Audioschnipsel auf, die bereits erwähnten Audioselfies. Möglich ist dies wie bei einem Selfie immer und überall, zu Hause, unterwegs, beim Spazie-

11 *https://help.twitter.com/de/using-twitter/spaces*

rengehen, allein oder zu mehreren. Die App sammelt diese kleinen Recordings, die »Bohnen« (wie Kaffeebohnen) genannt werden, und »serviert« diese als »Cappuccino« am nächsten Morgen: ein kleiner Podcast zusammengemixt aus den Audiomemos der jeweiligen Community innerhalb der App. Hier entsteht also eine kleine Brücke zum Podcast und auch zu der Option, Content vorzuproduzieren, perfektes *Snackable Audio*! Auch wenn hier der Fokus zunächst eindeutig bei Freunden und Familie liegt, ist es durchaus im Bereich des Vorstellbaren, dass die App für Projektteams und Teambuilding an Relevanz gewinnen könnte: Ideen und spontane Gedanken der Einzelnen, die am nächsten Morgen als Cappuccino genossen eine erfrischende und überraschende Inspirationsquelle für den Tag sein können.

Audlist

Bei Audlist ist es möglich, sowohl einfach kurze, gesprochene Audioinhalte, Gedanken, Erlebtes oder spontan Relevantes zu erzählen, mit Freunden und Familie zu teilen, als auch sich mit Podcastern auszutauschen, in Podcasts zu interagieren und selber welche zu erstellen und zu teilen. Der Fokus liegt hier auf Networking und Interaktion. Außerdem sind bei Audlist Voice Commands, also ein integrierter Sprachassistent, in Planung, um die rein auditive Benutzeroberfläche abzurunden. Die Gründer von Audlist fassen ihre Idee wie folgt zusammen:

> *»Our mission ist to give everyone the power to express and have their voices listened to. We understand that using your voice is the most natural and sociable way to interact as human beings.«*[12]

Stereo – lass uns reden

Austausch und Diskussion, das lässt bereits der Name vermuten, stehen bei Stereo im Mittelpunkt. Es gibt aber auch die Möglichkeit, ähnlich wie bei Clubhouse, einem Talk einfach nur zuzuhören. Als Alleinstellungsmerkmal mit weitreichender Perspektive bietet Stereo die Option, Talks zu speichern, herunterzuladen und zu teilen. Was zunächst simpel klingt, ist jedoch eine attraktive Möglichkeit, über gut strukturierte Talkformate Reichweite zu erzielen.

Spotify Greenrooms

Ein besonderes Format bietet Audiostreaminggigant Spotify: In Greenrooms haben Kreative wie Konsument*innen die Möglichkeit, miteinander zu sprechen und sich auszutauschen. Das sind zahlreiche Fliegen mit einer Klappe: Für die Kreativen ergeben sich hier sehr greifbare Feedbackoptionen. Greifbar, weil es sich um ein Gespräch und nicht um eine Kommentarfunktion handelt. Die Wünsche und Ideen

---

12 *www.audlist.com*

der Fan-Community können sehr direkt aufgegriffen werden. Abgesehen davon ist ein solcher Greenroom mit entsprechend geplanter Session auch ein wunderbares Marketingtool. Alle registrierten User können einen solchen Liveroom anbieten.[13]

Die Konzepte sind natürlich ähnlich und die Unterschiede letztlich von sehr individueller Bedeutung. Tabelle 5.1 zeigt noch mal eine Zusammenfassung auf einen Blick.

Plattform	Beschreibung	Betriebssystem	Performance
Clubhouse	Nach wie vor ein Space mit großer Reichweite, hier können über Free Content, Beratungsangebote oder Informationen neue Kunden erreicht werden.	Android und iPhone	live
Twitter Spaces	Ähnlich wie bei Clubhouse können hier live Audiogesprächsrunden geführt werden. Initiator eines Space ist auch der Host. Spaces sind öffentlich.	Android und iPhone	live
LinkedIn Audio Events	Funktioniert ähnlich wie Clubhouse. Jede LinkedIn-Userin kann ein Audio Event anbieten. Zur Teilnahme brauchen die Gäste eine Einladung. Alle Beteiligten können mitdiskutieren.	Android, iPhone, Desktop	live
Slack Huddles	Audiofunktion zum spontanen Austausch, zu gemeinsamer unkomplizierter Problemlösung, kurze, spontane, informelle Diskussionen	Android, iPhone, Desktop	live
Cappuccino	Mixt aus den einzelnen Audiorecordings einer Community einen kleinen Podcast am jeweils nächsten Morgen. Fokus: Freunde und Familie, könnte für Projektteams/Teambuilding an Relevanz gewinnen.	Android und iPhone	vorproduzierter Content

Tabelle 5.1 Social-Audio-Apps im Überblick

13 *https://newsroom.spotify.com/2021-06-16/get-to-know-some-of-the-features-in-our-live-interactive-audio-offering-greenroom/*

Plattform	Beschreibung	Betriebssystem	Performance
Audlist	Schnittstelle zwischen privatem Austausch und Podcastern, interaktives Mitgestalten von Podcasts. Vorproduzierter Content ist möglich. Fokus: Networking	Android und iPhone	Live aufgezeichnet, kann aber auch vorproduziert werden.
Spotify Greenrooms	Hier geht es um direkte Kommunikation zwischen Usern und Kreativen. Alle registrierten Spotify User können einen Liveroom anbieten.	Android, iPhone, Desktop	live

Tabelle 5.1 Social-Audio-Apps im Überblick (Forts.)

5.2 Erheben Sie die Content-Stimme für Ihre User

Ist *Voice* für Ihr Unternehmen relevant? Lohnt es sich, hier Zeit und Geld zu investieren? Diesen Überlegungen werde ich mich in den folgenden Abschnitten nähern. Voice bedeutet, mit einer Stimme etwas an einen Empfänger zu übermitteln – allerdings reden wir im Bereich Voice von Softwaresystemen und künstlicher Intelligenz, die mit der Fähigkeit ausgestattet sind, mit Menschen in natürlicher Sprache zu sprechen. Ein sehr technisches Thema, dennoch spielen Sprechen, Zuhören und Verstehen, also die Kernthemen zwischenmenschlicher verbaler Kommunikation, auch im Voice Marketing eine zentrale Rolle.

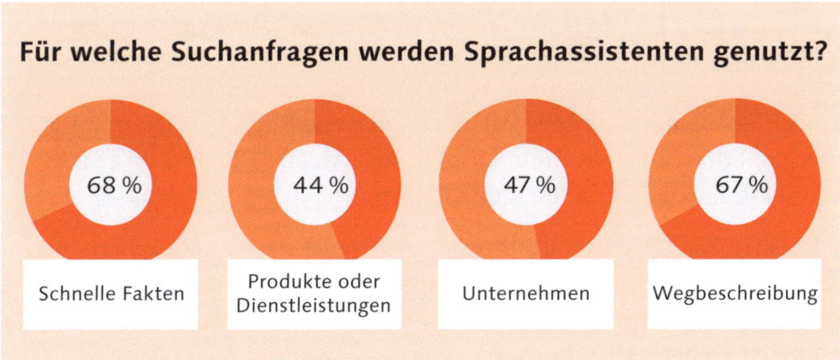

Abbildung 5.4 Für welche Suchanfragen werden Sprachassistenten genutzt? (Quelle: Microsoft Voice Report 2019)

5.2.1 Warum Voice?

Die Relevanz von Sprachassistenten hat sich nur scheinbar noch nicht flächendeckend herumgesprochen. Die bloße Tatsache, mit einem KI-Device noch keine persönliche Erfahrung zu haben, kann aber nur mit einem ausgeprägten Tunnelblick darüber hinwegtäuschen, dass die Nachfrage mit der Etablierung in Unternehmen und Privathaushalten steigt. 56 % der deutschen Userinnen und User benutzten im Jahr 2017 einen Sprachassistenten, wie beispielsweise Alexa, Siri oder Google Assistant.

Aktuelle Studien prognostizieren einen signifikanten Anstieg der Userzahlen für die kommenden Jahre (siehe Abbildung 5.5).[14] Da wir nicht in die Glaskugel blicken können, ist im Moment nur zu erahnen, welche Möglichkeiten sich hieraus für Sie und Ihr E-Commerce-Business entwickeln werden. Aber welche Optionen, um nicht zu sagen Konsequenzen, sich daraus bereits heute ableiten, werden wir auf den folgenden Seiten betrachten.

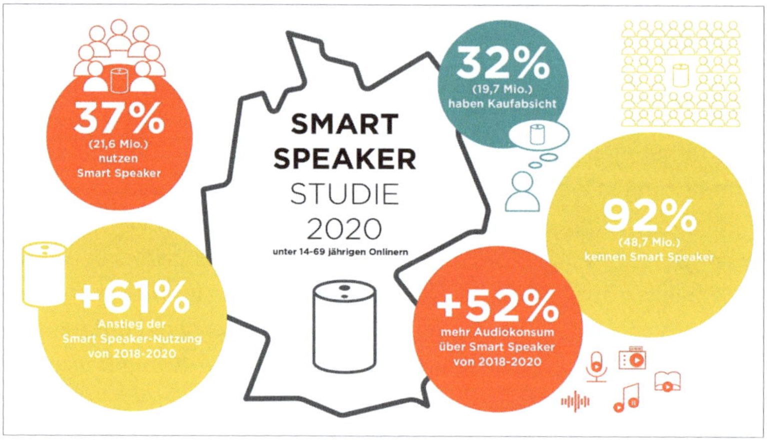

Abbildung 5.5 Grafik aus der Beyto-Studie 2021–2022 zum Besitz von Smart Speakern in Deutschland

Es kommt noch etwas hinzu: Insgesamt zeichnen neuere Studien ein gemischtes Bild,[15] das sich mit den oben genannten Prognosen jedoch nicht ausschließt. Es gilt nur, diese Aspekte bereits heute mit zu bedenken.

Wir leben in einer Zeit enormer Umbrüche und Neuerungen, möglicherweise in einem Ausmaß, wie uns noch gar nicht oder nur teilweise bewusst ist. Im Moment stagniert die Zahl der Neuanschaffungen bei Smart Speakern und Co ein wenig. Das klingt nun zunächst etwas seltsam, ist es aber nicht, wenn wir uns dabei ein paar Aspekte genauer ansehen: Insgesamt befinden wir uns bei diesen Anwendungen und ihrer breiten Nutzung immer noch ganz, wirklich ganz am Anfang einer technologischen sowie gesellschaftlichen Entwicklung. Wohin die Reise führen wird, hängt

14 *https://de.statista.com/themen/4271/digitale-sprachassistenten/#dossierKeyfigures*
15 *www.beyto.com/smart-speaker-voice-studie-2021-2022*

von vielen Faktoren ab: Wie werden sich die Märkte entwickeln? Über die großen Player oder über kleinere Netzwerke, die Auswirkungen haben auf die jeweiligen Entwicklungen für Herstellerinnen, Händler und Konsument*innen?[16] Es sind unterschiedliche Szenarien denkbar, die wiederum mit von allgemeinen Marktentwicklungen, juristischen und gesellschaftlichen Faktoren beeinflusst werden.

Haben wir noch in den 1980er Jahren »Knight Rider«-Schauspieler David Hasselhoff beim Sprechen in seine Armbanduhr und mit seinem sprechenden Auto K.I.T.T milde belächelt, gehören heute Sprachbefehle und Sprachantworten mittels eines digitalen Sprachassistenten zu einer stetig wachsenden Normalität mit zahlreichen Geräten unterschiedlicher Ausrichtung: Smart Speaker mit und ohne Display, jedes Handy hat Voice-Funktionen, Smartwatches sprechen mit uns, eine Soundwatch für Gehörlose und Schwerhörige ist auf dem Markt, Smarthome-Geräte können per Voice gesteuert werden. Wir können per gesprochenen Befehl unser Zuhause organisieren, das Licht dimmen und ein-/ausschalten, die smarte Steckdose aktivieren, WLAN, Lautsprecher, Thermostate, Kameras und vieles mehr mit unserer Stimme bedienen. Apropos K.I.T.T: Neben dem *Tesla Voice Assistant* haben auch andere Fahrzeugmarken Alexa und Siri mit an Bord. Im Auto boomt Voice.[17] Die Gründe liegen auf der Hand: dem Navi das Ziel nennen, dem Radio den gewünschten Sender und dem Handy die gewünschte Gesprächspartnerin, und dies alles, ohne den Überblick über den Straßenverkehr zu verlieren. Es haben sich rund um Sprache mittels künstlicher Intelligenz (KI) viele Einsatzmöglichkeiten für Unternehmen etabliert, von der Stimmerkennung im Kundenservice bei der Telekom bis zur Probefahrt mit dem Mercedes Benz.

Voice spielt schon jetzt eine große Rolle in unserem alltäglichen Leben. In dem Moment aber, in dem gesprochene Sprache im Marketing auftaucht, geht es um Content: Es gilt, alle Berührungspunkte unserer Kunden mit passenden Inhalten, passender Tonalität und unseren Wiedererkennungsmerkmalen anzureichern. Unternehmen stehen allgemein vor der steigenden Herausforderung, jederzeit im Gedächtnis der Benutzer zu bleiben. Jetzt ist es zudem wichtig, mit Voice zur rechten Zeit auffindbar und abrufbar zu sein, um mit dem gesprochenen Wort eine Verbindung zu den Usern und Userinnen aufzubauen, denn mit der Stimme werden subtile Emotionen vermittelt; das Ohr reagiert sensibler als das Auge.

Einer Adobe-Studie aus dem Jahr 2019 zufolge – basierend auf Umfragen in US-amerikanischen Unternehmen – investieren bereits 91 % der Unternehmen nach eigenen Angaben massiv in Voice, während es 94 % zumindest in Erwägung ziehen. Hierbei geht es zumeist um Sprach-Apps für Alexa oder Google.[18]

---

16 *www.digitalbusiness-cloud.de/sprachassistenten-mehr-als-jeder-zweite-deutsche-nutzt-bereits-voice/*

17 *https://t3n.de/news/voice-bisher-allem-auto-richtig-1448777/*

18 *www.blueshepherd.de/adobe-studie-marken-investieren-in-voice/*

In welchen Bereichen wird in Voice investiert?

- Voice Search

  Auffindbarkeit verbessern, dies betrifft vor allem Orte des »täglichen Gebrauchs«: Tankstellen, Restaurants, Kino.

- Voice Commerce

  Hierbei geht es um die stetige Optimierung des Einkaufserlebnisses. Mit dem Auge können wir mehrere Informationen gleichzeitig wahrnehmen, das Ohr kann nur ein Wort nach dem nächsten hören. Diese Diskrepanz muss für den Shoppingprozess kompensiert werden. Personalisierung ist hierbei das Zauberwort: alles so unkompliziert und reibungslos zu machen, damit alle gern wiederkehren.

- Telefon-Bots

  Auch mit der Maschine muss die Kommunikation perfekt funktionieren.

- Multimodales Design

  Ein Goodie mit großer Wirkung: Die Eingabe wird neben der Sprache um einfache Touchanwendungen bereichert, ebenso die Ausgabe um Grafiken und Bilder. Was so simpel klingt, ist meines Erachtens ein kleiner Meilenstein für die Userschaft, da hiermit eine sehr individuelle und somit auf die Person optimierte Nutzung ermöglicht wird. Konkret bietet es Ihren Kunden die Möglichkeit, während der Spracheingabe den Shoppingprozess per Toucheingabe auf dazu passenden Grafiken oder Bildern zu konkretisieren und somit sowohl zügiger als auch individueller zu gestalten. Mit der Audioausgabe verhält es sich genauso, nur umgekehrt. Außerdem macht das einfach auch Spaß, sowohl unter dem spielerischen Aspekt als auch durch die dadurch entstandene Optimierung des Einkaufsprozesses.[19]

Und die Gründe sind offensichtlich: Sprechen ist intuitiv, simpel, geht schnell und vor allem ohne weitere Hilfsmittel, und die Hände bleiben frei für andere Aktivitäten, z. B. das Steuerrad festhalten, Geräte bedienen, Kind im Arm halten etc. Sprechen geht schneller als tippen, Sprachnachrichten haben sich weitestgehend etabliert. Auch wenn manche Empfänger diese Art der Kommunikation nicht mögen, ist eine Sprachnachricht, sofern sie empathisch und stringent verfasst wurde, für beide Beteiligten von Vorteil: Mit empathisch meine ich, das Gegenüber nicht einfach »vollzulabern«, sondern eine überlegte und strukturierte Nachricht zu hinterlassen. Zudem transportiert eine Stimme auch immer zusätzlich die oben erwähnten feinen Nuancen und Schwingungen. Das Gegenüber muss nicht direkt reagieren, es bleibt Zeit zum Nachdenken.

19 *https://medium.com/voice-experience-design/elements-of-multimodal-design-bccee3e6fa98*

Abbildung 5.6 Wer verwendet wann und warum Voice und Audio?

In Businesskontakten schätze ich diese Art einer zugewandten, entspannten Kommunikation zuweilen sehr (55 % der Messenger-Nutzer versenden Sprachnachrichten, Stand 03/2021).[20]

Voice wird sich durchsetzen, da es folgende Vorteile bietet:

- Es liefert einfacher und schneller Antworten und Lösungen.
- Es lässt die Hände für andere Tätigkeiten als das Tippen einer Anfrage frei.
- Es hinterlässt bei zielführenden Antworten/Lösungen ein gutes Gefühl.
- Die Anliegen werden verständlicher kommuniziert. Durch die emotionale Facette der Stimme kommt es nach meiner Erfahrung zu bedeutend weniger Missverständnissen.

Voice kann viel mehr, als mit der Stimme den Wecker zu stellen, Einkaufslisten zu schreiben oder den Terminkalender zu organisieren etc. Der Klang der Stimme, die mit uns spricht, ist ausschlaggebend. Zusammen mit einem markanten *Sound Branding* sowie der Option, nervende und zeitraubende Aufgaben zu lösen, und dies in einer angenehmen Kommunikation, besteht das Potenzial, nachhaltige Kundenbeziehungen zu schaffen.

20 *https://blog.yuutel.at/voice-trends-digitale-kommunikation*

5.2.2 Kleines Voice-Lexikon

Bevor wir uns im Detail mit Voice und der Anwendung im Marketing auseinandersetzen, möchte ich in Tabelle 5.2 die einzelnen Begriffe genauer differenzieren und dadurch die feinen Unterschiede verdeutlichen.

Fachbegriff	Erläuterung
Voice User Interfaces (VUI)	Schnittstelle zwischen Mensch und Maschine, in der die Interaktion bzw. Kommunikation mit der Stimme eine Rolle spielt
Voice-to-Text	automatische Spracherkennung und anschließender Transfer in geschriebenen Text
Voice Search	User nutzt Sprachsuche (*Voice-enabled*), um im Internet verfügbare Antworten zu finden. Dabei wird die Suche an einen Sprachassistenten gerichtet über z. B. einen Smart Speaker, das Handy, den Laptop.
Voice Marketing	Marketing mittels Sprachassistent
Voice Engine Optimization (VOE)	Voice-Suchmaschinenoptimierung
Voice Commerce (V-Commerce)	V-Commerce ist derjenige Teil des E-Commerce, der die Technologie der Sprachassistenten nutzt und sich auf die Transaktionsabwicklung bezieht. Produkte werden per Sprachbefehl gesucht und können direkt gekauft werden.
Voice-App	»Hey, Google, …« oder »Alexa, frag XY …« sind die Einstiege in eine Software, die Sprachassistenten nutzt und um weitere Funktionalitäten ergänzt. Diese Voice-Apps empfangen die Sprachanfragen und bieten passende Antworten.
Stimmerkennung (Sprach-ID)	Mit der Stimme eine Authentifizierung durchführen (ähnlich wie mit Gesichtserkennung oder Fingerabdruck). Ein Stimmabdruck wird gespeichert und vergleicht die Stimme mit den hinterlegten Daten.
Soundlogo	Soundlogos, auch Audiologos genannt, sind kurz, prägnant und zeichnen sich durch eine eindeutige Zugehörigkeit zur Marke aus: Die fünf Telekom Ding-Dings oder auch den Audi-Heartbeat kennt vermutlich jeder.

Tabelle 5.2 Kleines Lexikon der meistgenutzten Begriffe im Voice Marketing

Fachbegriff	Erläuterung
Sound Branding	Alternativ Audio Branding, Acoustic Branding oder Sonic Branding. Es wird eine tiefgehende Sound-Branding-Strategie benötigt, die mehr Branding-Aspekte umfasst als nur ein Soundlogo. Sound Branding verhält sich zum Soundlogo wie das Corporate Design zum Firmenlogo.
Sprachassistent	Sprachassistenten, wie z. B. Alexa (Amazon), Assistant (Google), Cortina (Microsoft), Siri (Apple), Bixby (Samsung), sind Softwaresysteme, die in natürlicher, menschlicher Sprachweise Informationen abrufbar machen, eine KI-gestützte Konversation ermöglichen und Antworten liefern oder Handlungen auslösen sollen (z. B. Lichtsteuerung in Verbindung mit dem Smarthome).
Sprachsteuerung	Stand-alone-Geräte, die mit einer bestehenden Internetverbindung einen Zugriff auf Sprachassistenten ermöglichen. Amazons Echo-Geräte (mit Zugriff auf Alexa) sind am weitesten verbreitet, gefolgt von Google-Home-Geräten (mit Zugriff auf Google Assistant). Einige Smart Speaker verfügen über ein Display.
Conversational User Interface (CUI)	Conversational User Interfaces sind genau genommen nichts anderes als Dialoge innerhalb der Mensch-Maschine-Schnittstelle – via textbasierten Chat oder Sprache – zwischen einer Person und einem Bot oder mehreren Personen (oder mehreren Bots). Entsprechend unterscheiden wir mit Blick auf die Schnittstelle (also das Interface) Chatbot und Voice User Interface (VUI).
Conversational Artifical Intelligence (Conversational AI)	Conversational AI (im Deutschen steht AI für künstliche Intelligenz, KI) nutzt unsere natürliche Art zu sprechen für die Komunikaton zwischen Mensch und Maschine mit Chatbots oder Sprachassistenten.
Conversational Commerce	Konversation im E-Commerce über unterschiedliche Touchpoints und technische Mittel hinweg mithilfe von Speech Recognition, Speaker Recognition, Natural Language Processing und KI

Tabelle 5.2 Kleines Lexikon der meistgenutzten Begriffe im Voice Marketing (Forts.)

5.2.3 Voice Marketing – was ist das?

Am Anfang war das Wort. Punkt! Wenn wir über Voice Marketing sprechen, sprechen wir über Stimme und Sprache und nur bedingt über Audio.

Es geht um Marketing per Sprachein- und -ausgabe. Daher braucht die Stimme, die die Corporate Identity eines Unternehmens widerspiegelt, die gleiche Tonalität, die gleiche Emotion, die gleiche Sprache wie der Rest der Firma.[21] Die Inhalte können hierbei über kurze Sprachbenachrichtigungen bis hin zu Podcasts übermittelt werden. Der Fokus bleibt auf Sprache und Stimme, auch wenn kleine Sounds zur Untermalung dazukommen können.

> *»(Voice) Content Marketing informiert, unterhält oder hilft dem Kunden weiter. Die Inhalte sind eher redaktionell-journalistisch und nicht-werblich. Angebotene Leistungen (Produkte, Dienstleistungen, …) und das Unternehmen selbst stehen nicht im Fokus der Kommunikation.«*[22]

Sie haben ein Onlinereisebüro. Perfektes Voice Marketing wär in diesem Fall ein gesprochenes Reisetagebuch, ein kleiner Podcast, der Ihre Kundinnen regelmäßig mit kleinen, aber herzerwärmenden Reiseerlebnissen erfreut.

5.2.4 Voice Marketing – warum überhaupt?

Um Voice-Technologie im Marketing so einzusetzen, dass es sich für alle Beteiligten lohnt, sollten ein paar Punkte genauer betrachtet werden. Letztlich ist vor allem ein von A bis Z angenehmes Sprach- und Austauscherlebnis für die Kundenseite das A und O, was schlicht Lust auf mehr macht, zur Wiederholung einlädt und somit letztlich auch zu einer positiven Markenbildung beiträgt. Voice muss dabei in allen Bereichen und Belangen reibungslos funktionieren und somit ein zusätzliches unverkennbares Markenzeichen für Ihr Unternehmen sein. Schließlich dauert Zuhören länger als lesen. Es muss sich also lohnen, sich diese Zeit nehmen. Daher muss ein unverkennbares, attraktives Sound Branding her, das zu kreieren Zeit und Erfahrung kostet.

Klingt mein Unternehmen locker und freundschaftlich? Ist die Atmosphäre ruhig oder kann sie etwas lebendig und »quirlig sein«? Letztlich stellen sich sehr ähnliche Fragen wie für die anderen Gewerke, die eine Corporate Identity prägen, und alle Beteiligten brauchen eine tiefgreifende Kenntnis über die Identität des Unternehmens. Es geht allerdings auch ohne Voice. Nicht für den jeden und jede Situation lohnt sich die Implementierung von Voice.

5.2.5 Voice Marketing – wie denn?

Zunächst wollen Ihre Kundinnen und Kunden ja überhaupt erfahren, was Ihr Produkt ist. Nehmen wir an, Sie haben einen kleinen Onlineshop, in dem Sie Tee-

---

21 *www.netz98.de/blog/ecommerce-trends/voice-marketing-und-seine-bedeutung-fuer-den-e-commerce/*

22 *https://sprachassistenten.marketing/marketing/voice-content-marketing/*

mischungen aus heimischen Kräutern anbieten, die nach den Kriterien traditioneller chinesischer Medizin zusammengestellt sind. Dann bietet Voice eine hervorragende Möglichkeit, mehr über die Zusammensetzung, Anwendung und Wirkungsweise zu erfahren.

Auch könnten Sie in kleinen, aber regelmäßigen Podcasts, die Sie über Ihre Social-Media-Kanäle verbreiten, in anschaulicher Form Informationen zur traditionellen chinesischen Medizin vermitteln und gleichzeitig Ihre Tees bekannter machen.

5.2.6 Voice Marketing – wie klingt es?

Sound Branding besteht im Unternehmen im besten Fall bereits für andere Kanäle und muss nur in Sprachanwendungen adaptiert werden. Zunächst muss hier eine zur bereits etablierten *Corporate Identity* passende auditive Ästhetik geschaffen werden. Aber was bitte ist auditive Ästhetik?

Konkret müssen Sie überlegen, welche Stimme mit welchen charakteristischen Merkmalen zur Identität Ihrer Firma und last but not least zum bereits vorhandenen Sound Branding passt (weitere Ideen und Inspirationen zu auditiver Ästhetik gibt es in Abschnitt 5.3, »High End Studio oder Smartphone, egal – ein Podcast soll es sein«). Denn nur so funktioniert der psychologische Effekt hinter Markensounds, und Ihre Kunden können eine unvergessliche Assoziation zum dazugehörigen Unternehmen herstellen. Denn es gilt: Sound ist eine Markendimension!

Wir alle kennen das Titeljingle der »Tagesschau«, und auch die Charakteristik einer Stimme prägt sich über Jahre und Jahrzehnte ein. In der »Hamburger Morgenpost« gab es vor ein paar Jahren ein Interview mit dem Synchronsprecher von Robert De Niro: Der kann telefonisch keine Pizza bestellen, weil immer alle lachen und glauben, der Anruf sei ein Fake.

Zu einem markanten Sound Branding kommen noch eine Reihe anderer Aspekte auf dem Weg zur Unverwechselbarkeit hinzu. Der Raum, in dem eine Stimme aufgenommen wird, das Mikrofon, die Werkzeuge in der Audiobearbeitung. Wenn wir von professionellem Sound Branding sprechen, sollten wir in allen Wegpunkten von professionellem Niveau ausgehen.

Die richtige Sprachästhetik finden

Eine »eigene« Sprachstimme bietet die Möglichkeit, einen unverwechselbaren Klang, eine eigene Sprachästhetik passend zur Marke zu erschaffen. Dabei sind besonders die folgenden Fragen wichtig:

- Spricht eine Frau oder ein Mann?
- Hören wir einen Dialekt und wenn ja, welchen und wie ausgeprägt?

- Ist die Stimme sonor und ruhig (schafft Vertrauen) oder eher eine falsettartige Kopfstimme (aufgeregt, motiviert, kindlich)?
- Welchen Rhythmus hat der Text?
- Wie klingt die Stimme mit darunterliegender Musik/Soundatmosphäre, sodass beides gut und transparent zueinanderpasst?

Ist Ihr Audiosound unverwechselbar? Welche Fehler können Sie vermeiden?

Beliebt sind bekannte Sprecherstimmen, wie z. B. die von Stadionsprechern. Die Frage lautet jedoch: Passt diese Stimme zu Ihrer Marke? Bedienen Sie mit einer beliebten Stimme vielleicht ein Klischee? Stadionsprecher Axel Tillmanns wird gern gebucht. Gleichzeitig ist seine Stimme einer im amerikanischen B2B-Umfeld sehr beliebten Standard-Sprecherstimme sehr ähnlich.[23]

Ein Problem mit bekannten Stimmen ergibt sich aber: Wenn die Stimme den Formaten der Konkurrenz zu ähnlich ist, hebt sich Ihr Format vielleicht nicht genug ab – Ihnen fehlt die Einzigartigkeit! Machen Sie nicht den Fehler wie oft in der Bildauswahl gesehen: Stockmaterial ist nicht immer ideal. Es muss nicht »die eine« typische Stimme geben, Sie sollten herausfinden, was für Ihre Marke die beste Stimmästhetik ist. Feedback von der Zielgruppe einzuholen ist immer eine gute Idee. Zudem ist es lohnenswert, professionelle Sprecher*innen zu engagieren, die im Web unkompliziert über Schauspielagenturen oder auch über spezifizierte Sprecheragenturen zu finden sind.

5.2.7 Voice Marketing – wer macht es bereits?

Es gibt unzählige Unternehmen, die Voice in ihre Marketingstrategie integriert haben: Coca-Cola, Starbucks, Uber, Harley Davidson. Auf jeden Fall macht es schon mal Spaß, sich diese anzuhören und sich eigene Gedanken zum Gehörten zu machen: Welche Kriterien haben bei der Entwicklung der Voice wohl im Vordergrund gestanden? Welche spezifischen »Klischees«, die mit der Marke verbunden sind, sollen hörbar werden?

Hier noch zwei besondere Beispiele:

- BMW fährt mit einer ziemlich spektakulären Landingpage auf, hat weder Kosten noch Mühen gescheut und Hollywood-Starkomponist Hans Zimmer sowie Sounddesigner Renzo Vitale engagiert, um einen visionären Beschleunigungssound hörbar zu machen[24] (*www.bmw.com/de/innovation/bmw-vision-m-next.html*).
- Der Axel Springer Verlag bringt mit Aravoices eine eigene Text-to-Speech-Software auf den Markt. Diese soll auch außerhalb des eigenen Verlags verfügbar

23 *https://soundcloud.com/agentur-tillmanns/radiowerbespot-beispiel-familiensporttag-sprecher-axel-tillmanns*

24 *www.zielbar.de/magazin/markenstimme-entwickeln-brand-voice-24769/*

sein und auf synthetische Weise eine Stimme kreieren, die den Verlag und seine Medien perfekt widerspielgelt.[25]

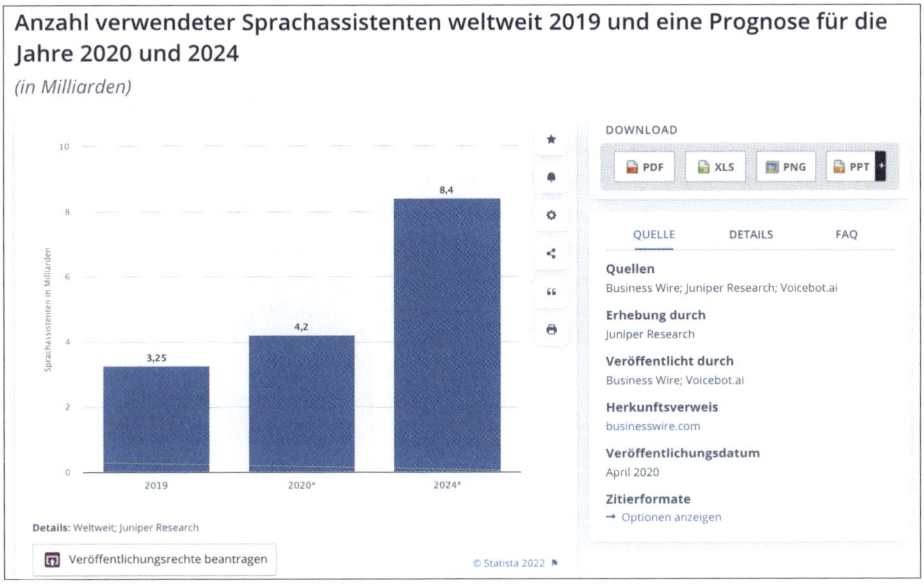

Abbildung 5.7 Nutzung von Sprachassistenten – Prognose (Quelle: Statista)

Aber um in diesem Bereich kreativ zu werden, müssen Sie nicht Springer-Erbin sein. Es gibt eine Menge KI-Tools, auch für kleine Unternehmen und Einsteiger, mit denen Sie sich nicht früh genug vertraut machen können.[26]

5.2.8 Die Tools

Eine voice-unterstütze Nutzerführung soll Spaß bereiten und die emotionale Bindung stärken. Sie muss natürlich, authentisch und benutzerfreundlich sein. Doch wie unterscheiden sich die grafische Benutzeroberfläche (GUIs) für das Web oder mobile Geräte von Voice User Interfaces (VUIs)?

Vera Steitz[27], Chief Operating Officer des International Voice Technology Institutes, befasst sich mit innovativen Lösungen im Voice Marketing. Sie erklärt die Vorteile von Voice sehr anschaulich an dem Beispiel des Autokaufs im Vergleich zur Buchung einer Probefahrt. Ein Auto kauft niemand kurz mal per Sprachbefehl, aber

25 *www.axelspringer.com/de/ax-press-release/aravoices-axel-springer-entwickelt-text-to-speech-service-erste-markenstimme-fuer-welt*

26 *www.ki-toolparty.de/*

27 Interview mit Vera Steitz, geführt am 3.3.2021.

die Option, eine Probefahrt per Spracheingabe zu buchen, ist attraktiv: Quasi im Vorbeigehen kann ich über eine Voice-App das Autohaus meines Vertrauens öffnen, eine Probefahrt buchen und mir den Termin per E-Mail bestätigen lassen. Das Beispiel ist insofern sehr treffend, als es uns verdeutlicht, dass Voice dort sinnvoll ist und Spaß macht, wo es um kleine, unkomplizierte Erledigungen oder Buchungen geht, zu denen ich keine weitere visuelle Information benötige.

Tipp: Voice-Anwendung planen mit einem simplen Flowchart

In jedem digitalen Whiteboard, wie z. B. Lucidchart oder Miro, können Sie mit einfachen Mitteln Ihren Use Case planen. Im ersten Schritt definieren Sie die möglichen Fragestellungen Ihrer User und die dafür notwendigen Antwortoptionen (nicht mehr als zwei bis drei Optionen anbieten). Wenn Sie die Flow-Abbildung skizziert haben, können Sie einen Copytexter beauftragen, jeweils die richtigen Worte hierfür zu finden. Stellen Sie Ihren eigenen Use Case auf die Probe, indem Sie diesen mehreren Menschen vorsprechen und das Feedback evaluieren. »Keep it simple« ist die wichtigste Regel, die Sie hierbei berücksichtigen sollten.

Und dann gibt es ja auch noch Flashbriefings!

Dabei handelt es sich um kleine Mini-Podcasts (auch Micro-Podcasts), die nur wenige Minuten lang sind, mit denen ein Unternehmen die Kundinnen in regelmäßigen Abständen up to date hält.

Chelsea Blacker[28], Digital Marketing Transformation Expert, sieht darin eine zusätzliche Möglichkeit für Unternehmen, Audio und Sprache gezielt zu nutzen:

> *»Sie führen regelmäßig ein Update für Ihr Unternehmen durch, dann wird es denjenigen Personen vorgelesen, die sich für Ihr Flash-Briefing angemeldet haben. Es wird im Hintergrund abgespielt, wenn jemand sagt: ›Spielen Sie meine Flash-Briefings.‹ Das Wichtigste dabei ist, dass Sie frischen Inhalt haben.«*

Tipps zu Flashbriefings

- idealerweise 2 Minuten, maximal 10 Minuten
- ideal für Kurzinformationen, die stündlich, täglich oder wöchentlich veröffentlicht den Usern zur Verfügung stehen sollen
- Ganz simpel ist es, wenn Ihr Podcast-Hosting-Anbieter bereits einen Feed für Alexa-Flashbriefings anbietet.
- Hinweise zum Erstellen finden Sie unter: *www.voicetech.institute/flash-briefing/*

28 Interview mit Chelsea Blacker, geführt am 03.03.2021.

Mit Flashbriefings können Sie Tipps und Tricks rund um die Produktanwendung, Neuigkeiten in Ihrem Unternehmensumfeld oder auch detailliertes Expertenwissen vermitteln. Entscheidend ist auch hier, eine Regelmäßigkeit zu schaffen. In einem verlässlichen Rhythmus gepostet, sind Flashbriefings ein erfrischendes Tool, mit dem Sie Ihre Follower über Ihre Ideen und Vorhaben auf dem Laufenden halten können.

5.3 High End Studio oder Smartphone, egal – ein Podcast soll es sein

Über die Faszination, die Podcasts auslösen, wurde schon viel gesagt. Die schier unendliche Palette an Formen und Themen hat nicht nur aus der Perspektive der Zuhörenden etwas Magisches. Mehr und mehr Menschen reizt auch die Vorstellung des kreativen Prozesses, einen eigenen Podcast zu starten.

5.3.1 Eine Idee, die reifen muss

»Und was, wenn ich jetzt einfach auch mal einen Podcast mache?« Eine gute und berechtige Frage, denn es gibt ja kaum einen Lebensbereich, der nicht auch von vielen oder unzähligen Podcasts begleitet wird. Warum also nicht? Dennoch lohnt es sich, ein paar Überlegungen anzustellen: Wer, wann, was, wie und wozu?

Fragen rund um die anstehende Podcast-Produktion

Wer: Kann ich das allein stemmen? Wen hole ich noch ins Boot?

Wann: In welchem zeitlichen Rhythmus kann ich einen Podcast so produzieren, dass er meinen Ansprüchen genügt und er für das Publikum attraktiv ist?

Was: Was genau sind meine Ansprüche an Inhalt? Sound? An die narrative sowie die journalistische Qualität?

Wie: Welche Mittel, welche Hardware und Software benötige ich, um meinen Ansprüchen gerecht zu werden?

Wozu: Kann ich mein Business mit einem Podcast begleiten und meine Reichweite vergrößern, sodass sich der Produktionsaufwand auch lohnt?

Machen Sie sich doch eine Liste, notieren Sie Ideen, gehen Sie im Wald spazieren, sprechen Sie mit Freunden, und lassen Sie die Idee erst einmal reifen.

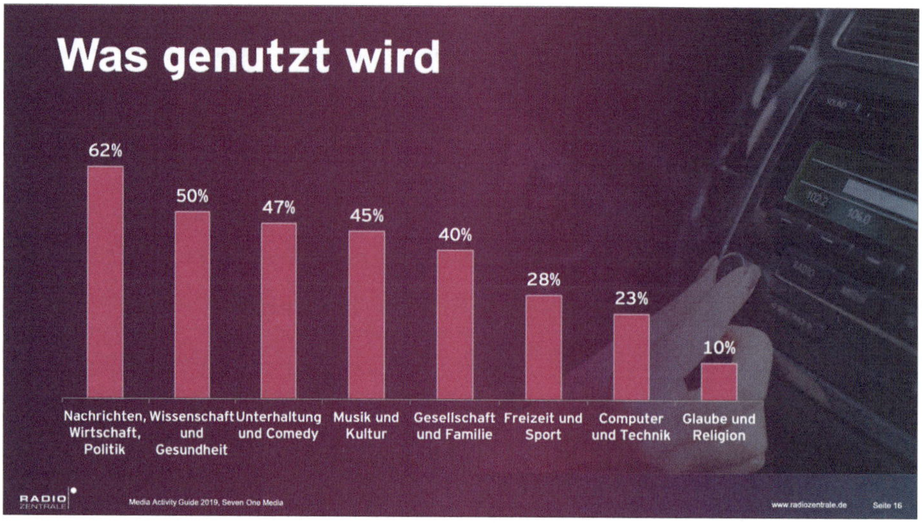

Abbildung 5.8 Welche Themen sind für Podcast-Nutzer am spannendsten?

5.3.2 Welche Ausstattung für welche Ziele?

Yeah! Sie haben sich entschieden, selbst einen Podcast an den Start zu bringen. Die folgenden Seiten sollen dazu beitragen, Ihnen Spaß an der Erschaffung von Audioinhalten zu vermitteln und daran, den damit verbundenen technischen Anforderungen mit Neugierde und Geduld zu begegnen, eine wachsende Freude an audiophiler Kreativität zu entwickeln und last not least mit der Zeit auch Erfolge zu verbuchen, auch wenn erwähnt sein sollte, dass dies bei Podcasts immer mit ein paar Umwegen verbunden ist. Daher sollten Sie die Frage »Wozu?« wirklich in Ruhe beantworten.

Eine große Erleichterung ist die Tatsache, dass wir in einer Zeit leben, in der es möglich ist, auch mit geringem Budget gute Audioqualität zu produzieren. Neben dem Smartphone gibt es hervorragende portable Audiorekorder, deren Anschaffungskosten zwischen 200 und 600 € liegen und die zumeist die Option bieten, zusätzlich zu dem eingebauten, ein externes Mikrofon anzuschließen. Für die allermeisten Situationen ist eine solche Hardware ausreichend (siehe den folgenden Kasten »Gearbox«). Auch die Soundqualität von Aufnahmen mit dem iPhone ist überraschend gut, selbst bei akustischen Musikinstrumenten.

Das wirklich wesentliche Budget ist Ihre Zeit. Die sollten Sie sich tatsächlich nehmen, um ein paar wichtige Dinge in Ruhe vorzubereiten und zu lernen. Diesen Aspekt kann ich, mit vielen Jahren Erfahrung als Dozentin und Workshopcoach in musikalisch-künstlerischem Umfeld, tatsächlich nicht oft genug wiederholen: Die technischen Entwicklungen der letzten 25 Jahre sind schwindelerregend. Ja, man kann heute in 3 Minuten ein Instagram-Reel erstellen und damit beim ersten Versuch 34.000 Klicks erzielen (eigene Erfahrung, wahrscheinlich ein Zufallstreffer). Aber ich bin zutiefst überzeugt, dass Projekte Zeit brauchen, reifen müssen und wirklich anspruchsvolle Skills in Wort, Bild und Ton nicht in 5 Minuten, auch nicht in zwei Wochen erlernbar sind. Vieles braucht Jahre an Erfahrung, Leidenschaft und Lernbereitschaft. Aber all dies hindert Sie nicht daran, einfach anzufangen, denn nur wer irgendwann mal angefangen hat, sammelt Erfahrung. Beginnen wir mit der technischen Vorbereitung: Susanne Franzmeyer, Hörspiel- und Featureautorin/Produzentin bei Deutschlandradio Kultur, bringt es im Interview knackig auf den Punkt:

»KENNE deine Technik! HÖRE, was du aufnimmst!«

Egal, ob Sie Ihr Interview mit dem Smartphone, mit einem hochwertigen mobilen Audiorekorder oder mit professionellem Aufnahmegerät und externem Mikrofon aufnehmen: Machen Sie immer ein paar Probeaufnahmen, um das Gerät kennenzulernen und die nötigen Handgriffe zu internalisieren. Zu diesem Vorabcheck gehören folgende Punkte:

1. Wo können Sie die Eingangslautstärke regeln? Wie reagiert Ihr Gerät auf welche Lautstärke?
2. Wo speichert der Rekorder die Aufnahmen?
3. Wie klingt die Aufnahme auf Ihrem Kopfhörer? Es empfehlen sich gute, idealerweise geschlossene Kopfhörer, um Umgebungsgeräusche auszufiltern Am besten hören Sie über Kopfhörer mit, was gerade aufgenommen wird. Falls das nicht möglich ist, nehmen Sie sich vorher genügend Zeit, Testaufnahmen zu machen, um ein feines Gefühl für den Sound zu bekommen, der aufgenommen wird.
4. Wie reagiert Ihr Rekorder auf Umgebungsgeräusche? Eine natürliche Atmosphäre kann durchaus schön sein, nur darf sie die Sprachverständlichkeit nicht beeinträchtigen. Wenn Sie ganz auf Nummer sicher gehen wollen, machen Sie parallel eine zweite Aufnahme mit dem Smartphone. Dann geht nichts verloren.
5. Es empfiehlt sich, bei Außenaufnahmen einen Wind- und Plopp-Schutz für das Mikrofon dabeizuhaben.
6. Überlegen Sie sich bei Außenaufnahmen vorher, ob die Umgebungsgeräusche zu Ihrem Thema passen oder ablenken. Ein gleichmäßiges Großstadtrauschen ist unauffälliger als Geschirrklappern in einem kleinen Café. Es gibt hier weder richtig noch falsch, sondern nur eine gut überlegte Planung, ob die gewählte Umgebung zu Ihrem Thema passt: Eine Kaffeehausatmosphäre mit leisen Gesprächen und etwas Klappern kann sehr charmant sein: Hier empfiehlt es sich schlicht und einfach, eine ruhige Ecke etwas abseits vom Gewühl zu finden, damit der Charme unauffällig eingefangen werden kann.

Die Ruhe, Muße und Zeit, die Sie an dieser Stelle investieren, werden die Qualität Ihrer Aufnahme, Ihres Interviews und Ihre Performance maßgeblich beeinflussen. Und natürlich gibt es jederzeit die Option, je nach Größe und Budget des Projekts, hierfür noch eine weitere Person zu engagieren, sei es als Assistenz, um das Aufnahmeprozedere zu protokollieren und (im wahrsten Sinne des Wortes) »auf dem Zettel zu haben«, was noch fehlt, was wiederholt werden sollte, welche Mikrofonpositionen (»Mikrofonierung«) noch ausprobiert werden sollten. Auch die Aufnahme einer professionellen Tontechnikerin oder einem Tontechniker in die Hand zu geben, um den Kopf selbst frei für Regie und Inhalt zu haben, kann eine Überlegung wert sein und entlastet enorm. Die Tagessätze für solche Dienstleistungen variieren je nach Setting zwischen 500 und 1.200 €.

Zwei Dinge sollten Ihnen eine Herzensangelegenheit werden: Hören und Ausprobieren! Im kreativen Bereich ist grundsätzlich alles erlaubt, was am Ende der Kunst dient. Einen eigenen und damit einhergehend unverwechselbaren ästhetischen Ausdruck kann nur entwickeln, wer über die Zeit immer wieder Neues ausprobiert und somit Erfahrung sammelt. In meinem Berufsalltag als Dozentin erlebe ich es immer wieder, dass manche Menschen einfach etwas »Starthilfe« benötigen, um die erste Hemmschwelle, sei es die des technischen oder des kreativen Neulands, zu überwinden. Meistens reichen hier ein oder zwei Sessions für den nötigen Kick, selbst weiterzuarbeiten. Neben privaten Coachingangeboten bieten auch Institute wie die Medienbox NRW ganz wunderbare Kurse rund um Bild und Ton.[29]

Was Sie vermeiden sollten

- Starker Wind klingt sehr störend. Sie kennen dies bestimmt von Telefonaten, bei denen das Gegenüber am Nordseestrand steht. Schön ist es dort, keine Frage, aber zum Telefonieren ungeeignet.
- Großstadtrauschen klingt nur aus der Ferne spannend. Suchen Sie sich lieber eine ruhige Straße etwas abseits, es wird bestimmt genug Urban Groove miteingefangen, und die Sprache bleibt verständlich.
- Handys bitte immer lautlos. Der Rückruf kann warten.

Aber zurück zur Kreativität:

Ideen, Übungen und Inspirationen zum Hören und Ausprobieren

- Hören Sie bewusst auf die Stimmen während der Nachrichten und Berichterstattung: Was finden Sie sympathisch, hart, weich, vertrauenerweckend, und wie können Sie das beschreiben? Wie könnten Sie das in Worten vermitteln?
- Achten Sie auf Hintergrundmusik: Welche Musik wird wann verwendet? Gibt es Brüche, in denen die Musik bewusst konträr zur Stimmung verwendet wird?

29 *https://medienbox-nrw.de/*

- Achten Sie auf die Wirkung von Atmosphärensounds (Umgebungsgeräuschen): Draußen? Drinnen? Groß? Klein? Großzügig? Urban? Mitten im Leben? Ganz natürlich?
- Führen Sie die gleiche Aufnahme mit Smartphone, portablem Rekorder und unterschiedlichen Mikros an verschiedenen Orten durch. Versuchen Sie, die Unterschiede in Worten zu beschreiben.
- Wir wirken unterschiedliche Sprachtempi?
- Was macht eine energetische, was eine besänftigende Sprechweise aus? Wie verlaufen Sprachmelodie und Rhythmus?

5.3.3 Technische Details kurz und knackig auf den Punkt

Neben dem Smartphone gibt es die bereits genannten portablen Audiorekorder. Erfahrungsgemäß bieten auch die eingebauten Mikrofone eine sehr gute Qualität, und Aufnahmen in 24 Bit und 96 kHz sind bei allen gängigen Geräten Standard. Bei sensiblen Räumen oder Inhalten mit hohen dynamischen Schwankungen (von laut nach leise und umgekehrt) empfehle ich 24 Bit und 44,1 kHz. Auch wenn die Podcasts später im (komprimierten) MP3-Format konsumiert werden, lohnt es sich, für die Aufnahme eine hohe Qualität zu wählen.

Abbildung 5.9 ESI-Podcast-Set

Ein paar pragmatische Infos zu Bits und Hertz und ihren Folgen

- Generell reicht es, in 16 Bit aufzunehmen. Mit 24 Bit werden dynamische Unterschiede zwischen laut und leise feiner abgebildet.
- Im Audiobereich sind 44,1 kHz (Kilohertz) üblich. Im Filmbereich sowie im Hörfunk sind 48 kHz üblich. Für einen tontechnischen Laien reicht es aber zu wissen, welche

Auflösung der Host bzw. die Hosting-Plattform verlangt, und am Rekorder die entsprechende Einstellung vorzunehmen. Sollte es um einen Videocast oder Radiokompatibilität gehen, reicht es, einfach im Vorfeld zu fragen, welches Format gewünscht ist. 96 kHz sind möglich, aber bei Podcast-Recording nicht nötig, um die Dateigröße im Rahmen zu halten.

- Je mehr Bit und Kilohertz, desto größer wird die Datei. Bei portablen Rekordern kann dies je nach Speichergröße relevant sein.
- 1 Minute Audio in 16 Bit/44,1kHz »wiegt« 10,8 MB und in 24Bit/48kHz 17,6 MB.
- Insofern sollten Sie bei längeren Aufnahmen genügend Speicher dabeihaben oder zwischendurch schon mal auf den Laptop umschichten.

»Hören ist besser als Hörensagen« sagt Susanne Franzmeyer, Hörspiel- und Featureautorin/Produzentin beim Deutschlandradio Kultur, wenn es um die Wahl des Equipments geht.[30] Es ist am sinnvollsten, die genannten Unterschiede durch Ausprobieren selber zu erfahren und letztlich selbst zu entscheiden. Die Firma IK Multimedia bietet hervorragendes, bezahlbares Equipment zum Anschluss an iPhone oder iPad.

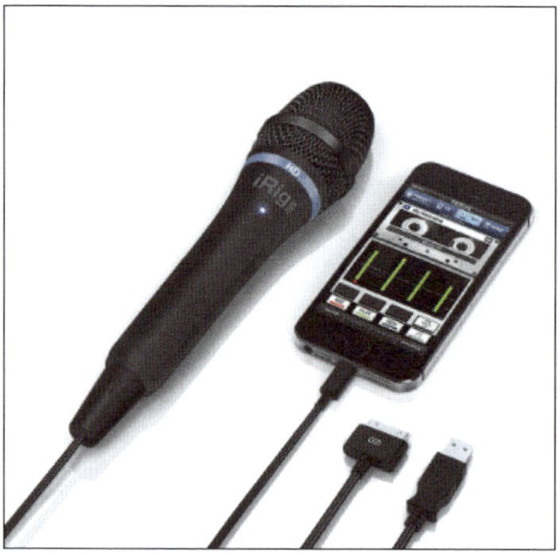

Abbildung 5.10 iRig von IK Multimedia

Aber auch die Hausmarken der großen Musikstores bieten sehr gute Paketoptionen für Podcast-Produktionen. Da die Entwicklung rasant ist, lohnt es sich, hier jeweils aktuelle Informationen einzuholen.

Susanne Franzmeyer bringt hier noch einen weiteren Aspekt ins Spiel: Je nach Situation und Interviewpartner klingt ein professionelles Equipment nicht nur hervorragend und sendefertig, es sieht auch beeindruckend aus, kann allerdings aus

30 Interview mit Susanne Franzmeyer am 4.2.2021

den gleichen Gründen auch einschüchternd wirken. Auch hierüber sollte man sich im Vorfeld Gedanken machen.

Ein geschlossener Kopfhörer, also einer, der Außengeräusche abschirmt, ist für Profis wie Susanne unabdingbar. Nur so ist es möglich, direkt den aufgenommenen Sound zu hören und zu beurteilen und eventuell das Mikrofon noch mal anders zu positionieren oder einen anderen Platz im Raum zu suchen, bis es so klingt, wie Sie es sich wünschen. Für kleinere Podcast-Produktionen ist dies vielleicht verzichtbar, aber wenn die Möglichkeit besteht, lohnt sich der Mehraufwand. Auch bei der Wahl des Equipments gilt es, sich genügend Zeit zu nehmen und selber zu entscheiden. Natürlich ist es sinnvoll und spannend, sich im Vorfeld Informationen über Equipment zu verschaffen, *»aber zum Kauf sollte man selber schreiten, vergleichen, hören und letztlich selber entscheiden«*, rät Susanne Franzmeyer.

Der Sound einer Audioaufnahme fängt, wie wir wissen, bei der Wahl des Mikros, seiner Position im Raum, dem Raum per se an. Und dabei werden schon wesentliche Fakten geschaffen, die später auch nicht mehr vollständig veränderbar sind. Egal, wie aufwendig ein Podcast am Ende produziert wird: Versuchen Sie doch im Zuge der Vorbereitung im inneren Ohr eine möglichst konkrete Vorstellung zu entwickeln, wie es am Ende klingen soll. Zur Inspiration dienen unzählige Podcasts, anhand derer es möglich ist, durch wiederum viel Hören eine Vorstellung zu bekommen, was man will. Dann folgen die konkreten Entscheidungen. Wie reagiert das Mikro auf unterschiedliche Stimmen? Wie verändert sich der Klang der Stimme bei unterschiedlichen Aufnahmepositionen? Welche Auswirkung haben diese klanglichen Verschiedenheiten auf den Charakter der Aufnahme?

Nehmen Sie sich einfach selbst im gleichen Raum mit dem gleichen Text auf, stellen Sie das Mikrofon jeweils ein bisschen anders hin, und hören Sie diese Aufnahmen in Ruhe an. Das ist die beste Übung, um ein Gefühl für Ihr Mikro und Aufnahmeequipment zu bekommen.

5.3.4 Musik, Sounds und andere Aspekte der Postproduktion

Soll Ihr Podcast mit einem Jingle starten? Wollen Sie im Verlauf Musik unterlegen? Wie soll sie klingen? Werfen wir einen Blick auf die verschiedenen Optionen.

Woher kommt die Musik?

Eine Möglichkeit, die richtigen Sounds für den eigenen Podcast zu finden, sind Onlinesound- und -musikbibliotheken. Tabelle 5.3 stellt Ihnen ausgewählte Bibliotheken (Libraries) vor.

Wer?	Was?	Wie viel?
Production Music Libraries (z. B. UPPM, Popvirus, Sonoton)	Werden häufig von TV- und Radioformaten genutzt. Die Nutzung ist zumeist kostenlos. Es fallen nur GEMA-Gebühren an.	Zum Teil gibt es hier sehr hochwertige Produktionen. Aber auch viel »billige Massenware«. Das Durchhören kostet viel Zeit.
Libraries für Geräusche (Soundsnap)	Geräusche und Athmos; direktes Bezahlsystem: 25 US$/Monat für 150 Downloads	Nicht ganz billig, aber sehr hochwertig und gut sortiert. Sie finden schnell, was Sie suchen.
Source-Musik	Aktuelle Charterfolge, werden über die GEMA verrechnet.	Sie können direkt bei der GEMA die Kosten einer Nutzung anfragen.
Auftragskomposition	Preis ist Verhandlungssache. Je nach Setting fällt ein Tagessatz von 800 bis 1.500 € an. Für maßgeschneiderte Musik, auch Geräusche etc. können erstellt werden.	Als Komponistin habe ich bislang noch keine Auftraggeber (Film, TV, Hörspiel, Podcast) erlebt, die die Entscheidung der Auftragskomposition bereut hätten, da sie bei guter Kommunikation schnell, hochwertig und sehr zielführend ist.

Tabelle 5.3 Ausgewählte Onlinesound- und -musikbiliotheken

Und hier kommen wir dann schon zu Schnitt und Postproduction: Sind die Aufnahmen mal alle im Kasten, können sie mit dafür geeigneter Software bearbeitet werden. Für den schnellen Schnitt to go gibt es zahlreiche Apps für das Smartphone und das Tablet. Etwas umfangreicher sind Programme wie Audacity, eine Open-Source-App für MacOS, Windows und Linux. Audacity bietet recht umfangreiche Editieroptionen und eine Reihe gut klingender Audioeffekte. Etwas moderner, allerdings nur für MacOS, ist GarageBand. Hier, so wie bei den Lightversionen anderer Softwaresequenzer, gibt es neben reiner Audiobearbeitung und Effektsektionen auch die Option, über mitgelieferte Softwareinstrumente oder Looppacks einfache musikalische Untermalungen selbst zu erstellen. Diese eignen sich zur Bearbeitung und Verfremdung der Audiosignale. Mit einem Hall können Sie eine andere Räumlichkeit erzeugen. Ein Delay ist mit einem Echoeffekt vergleichbar, Filter können das Signal z. B. dahingehend verfremden, dass es wie aus einem alten Radio klingt. Im Kasten finden Sie die gängigen Apps auf einen Blick.

Gearbox: Hard- und Software fix auf einen Blick

- IK Multimedia bietet mit seinen iRigs (hochwertige Adapter für Mikrofone) in unterschiedlicher Ausstattung sehr gute Hardware für iPad und iPhone.
- Die großen Musikgeschäfte (Thomann, Musicstore) haben stets gute Paketangebote für Podcaster*innen.
- Die Firma Zoom bietet eine große Auswahl an sehr guten portablen Rekordern in unterschiedlichen Preisklassen.
- Etwas größer, aber auch sehr hochwertig fällt das Recording Set von ESI aus. Hierfür brauchen Sie jedoch einen Laptop.
- Audacity ist die verbreitetste Open-Source-Software zur Audiobearbeitung (Windows, Mac und Linux). Sie bietet sehr umfängliche Bearbeitungsoptionen sowie Audioeffekte. Ich persönlich finde die Struktur und Menüführung etwas unübersichtlich und wenig intuitiv. Aber das ist sicher Geschmackssache.
- GarageBand (nur macOS) ist eine sehr günstige App für die Apple-Community, sowohl auf dem Mac als auch für das iPad. Sie ist intuitiv zu handhaben und liefert auch eine große Bibliothek an Loops und Softwareinstrumenten und gute, brauchbare Effekte.
- Das bereits genannte ESI-Set kommt mit der auf acht Spuren beschränkten Freeversion der Audiosoftware Bitwig Studio, derzeit die innovativste und intuitivste Audiosoftware auf dem Markt. Auch hier wird eine große Bibliothek an Loops, Effekten und Softwareinstrumenten mitgeliefert.
- Cubasis (iOS und Android) für 25 € und die kostenlose LE-Version sowie deren größere Geschwister für Laptop und Desktop bieten eine sehr hochwertige und flexible Audiobearbeitungsumgebung, vergleichbar mit GarageBand.

Es ist also durchaus möglich, mit kleinem Budget hochwertige Podcasts zu erstellen, wenn es sich um kleine Unternehmen oder Soloselbstständige handelt.

Paul Drägert, AMAZON DSP&Sponsored Display Manager, empfiehlt für größere und finanzkräftigere Unternehmen auf jeden Fall Topqualität im Produktionsprozess:

> *»Ich denke, dass die Soundqualität extrem hoch sein muss. Aber das ist ja die Basis für einen Podcast. Das nächste wäre ein einprägsamer Hook, mit der man seinen Podcast startet und beendet sowie einzigartige Klänge oder Jingles. Alles andere konzentriert sich auf die hörenswerten Stimmen der Sprechenden.«*[31]

Dies wollen wir noch einmal etwas näher betrachten: Um dem Podcast eine individuelle, stets wiederkehrende Erkennungsnote zu geben, bieten sich unzählige Möglichkeiten, aus denen es »the one and only« zu fischen gilt. Es kann dies ein kurzer Willkommensgruß sein, der etwa im benachbarten Park mit Sport und Spiel-

31 Interview mit Paul Drägert am 13.2.2021

platz aufgenommen wurde und durch die Hintergrundatmosphäre einmalig ist (klingt lebendig, nach Freizeit und Spaß, draußen, etwas Natur). Oder Sie entscheiden sich, einen bestimmten Teil des Podcasts immer dort aufzunehmen, als wiederkehrendes Erkennungsmoment. Der NDR-Podcast mit Christian Drosten erlangte seine Berühmtheit auch ob Drostens mittlerweile legendärem »Hallo« jeweils zu Beginn der Sendung. Wir erkennen Radiosendungen an den Begrüßungsjingles oder deutlich kürzer am Soundlogo (Netflix, Amazon Prime Video oder Deutschlandfunk).

Ein spezifischer Sound lässt sich jedoch auch mit den zahlreichen genannten Möglichkeiten im Zuge der Produktion erreichen, auch hier gilt es, über die Hörerfahrung eine Vorstellung zu bekommen, wie der Sound Ihres Podcasts klingen soll, was ihn ausmacht, welche Atmosphäre er erzeugt.

Insgesamt sollten Sie sich immer wieder neu die Frage stellen, an welchen Stellschrauben des Produktionsprozesses (Konzeption, Texte, Sound, Aufnahme, Regie) Sie dazu beitragen, Ihren Podcast hochwertig und einzigartig zu machen, wo Sie selber Zeit und Kreativität investieren möchten und wo Sie Profis mit ins Boot holen.

5.3.5 Podcast als Marketingtool

Podcasts gehören heute zum Medienkonsum wie selbstverständlich hinzu. Sie bieten Unternehmen die Möglichkeit, Aufmerksamkeit für eigene Themen zu generieren. Egal, ob man das im großen Stil umsetzt oder als kleiner Nischenanbieter. Wichtig ist es, einen für sich stimmigen Weg zu finden, eine authentische Umsetzung und eine für sich passende Umsetzungsform (technisches Set, beteiligte Personen, Aufwand, Themenrecherche, Gäste). Auch für B2B funktioniert es: Ein Dienstleistungsunternehmen wollte Wissenslücken bei den Kunden schließen. Dafür wurde eine Podcast-Serie entwickelt, um den eigenen Kundenstamm über die Themen zu informieren. Tatsächlich hat das Unternehmen darüber eine viel breitere Aufmerksamkeit auf sich gezogen, als ursprünglich angenommen.

5.3.6 Kann ich mit Podcasts Geld verdienen?

Podcasts sind in erster Linie Marketingtools. Sie waren und sind weitgehend kostenfrei verfügbar und bieten das bereits erwähnte Add-on: den Hintergrundbericht, das Audioblog, Unterhaltsames im kleinen Fiction-Format, die genannte Mercedes-Benz-Playlist mit 150.000 Downloads.[32] Diese Podcast-Formate dienen der Vergrößerung der Reichweite und sind somit auch Teil der Werbestrategie der

32 Doris Hammerschmidt, Das Podcastbuch, Haufe-Lexware, 2020, S. 202.

Unternehmen. Anders ausgedrückt: Sie sind zunächst ein Kostenfaktor. Aber welche Optionen bieten sich nun dennoch, um mit Podcasts Geld zu verdienen?

Paul Drägert, Amazon DSP&Sponsored Display Manager, bringt dieses Spannungsfeld zwischen Mehrwert durch Marketing und direkter Monetarisierung mit folgendem Influencer-Beispiel anschaulich auf den Punkt:

> *»Es kommt immer darauf an, wer ›was vom wem will‹. Wenn ein Tim Ferris*[33] *einen Podcast mit einem Unternehmer macht, dann will er Mehrwert für die Zuhörer schaffen, weil ein Unternehmer seine Top 5 Regeln für Erfolg beispielsweise teilt. So generiert der Unternehmer Reichweite für sein Produkt oder seine Dienstleistung oder weitere Artikel wie sein Buch oder Blog.«*[34]

Abbildung 5.11 Beispiel eines erfolgreichen Podcasts: The Tim Ferriss Show (Quelle: *https://tim.blog/2021/10/14/how-i-built-the-tim-ferriss-show-podcast*)

Auf diese Weise, mit einem prominenten Gast, lassen sich Aufmerksamkeit und Klickzahl erhöhen. Um mit Klicks nennenswerte Einnahmen zu erzielen, sollten Ihnen folgende Zahlen einen Eindruck vermitteln: Wenn Sie auf YouTube ca 10.000 Aufrufe täglich verzeichnen, können Sie damit im Jahr (!) maximal 9.125 € verdienen.[35] Bei Spotify erhalten Sie pro Stream 0,0033 Cent.[36]

33 *https://de.wikipedia.org/wiki/Timothy_Ferriss*

34 Interview mit Paul Drägert am 13.2.2021

35 *https://rechnerportal.focus.de/youtube-einnahmen/*

36 *https://praxistipps.chip.de/spotify-so-viel-geld-bekommen-musiker-pro-stream_107590*

Diese Tatsachen sind in der Musikszene schon längst, wenn auch schmerzlich, bekannt. Aber vielleicht gibt es für Podcasts noch andere Optionen. Paul Drägert weiter:

> *»Wenn Tim Ferris jedoch nach dem Intro den Podcast mit einem Werbehinweis auf lokale Weine aus Kalifornien bei Unternehmen XY beginnt, dann macht Tim Ferris auf Grund der Platzierung Werbeeinnahmen. Ich glaube man rechnet einen Grundpreis für Zuhörer aus und mutlipliziert ihn dann mit den durchschnittlichen Hörern für Reichweite. Beispiel: 0,5 US$ * 100.000 Reichweite = 50.000 € Kosten für Werbetreibende.«*

Diese Option über Sponsoring oder Werbeschaltungen bietet sich auch für kleinere Unternehmen an, wobei eine gewisse Reichweite natürlich Voraussetzung ist. Reichweite ist dabei natürlich ein sehr relativer Begriff. Aber um für Sponsoren relevant zu sein, müssen sich die Abozahlen mindestens im dauerhaft fünfstelligen Bereich befinden. Je nach thematischer Ausrichtung kommt eventuell auch eine Crowdfunding-Option ins Spiel. Für Solo-Podcaster oder kleine Unternehmen ist dies möglicherweise ein attraktiver Weg.

Und es bleiben natürlich die oben bereits erwähnten Portale der Musikvermarktung. Spotify, Apple und Amazon Music bieten Podcasts. Hierfür benötigen Sie je eine Podcast-Hosting-Plattform als Vertriebsschnittstelle, was angesichts der großen Zahl an Angeboten kein Problem darstellt.[37] Doch wie bereits erwähnt, sind die Verdienstmöglichkeiten hier nicht nur bei Spotify unangemessen gering. Auch AppleMusic zahlt nur 1 US$ für 500 Klicks.[38]

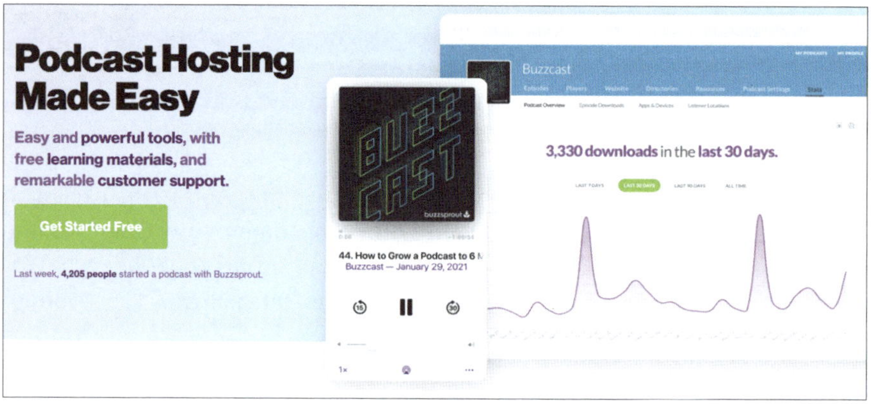

Abbildung 5.12 Es gibt verschiedene Hosting-Plattformen auf dem Markt. Einen Vergleich finden Sie hier: *www.podcastinsights.com/de/best-podcast-hosting*

37 *www.podcastinsights.com/de/best-podcast-hosting/*

38 *www.maclife.de/news/apple-music-so-viel-geld-erhalten-kuenstler-waehrend-kostenlosen-testphase-10066889.html*

Das sind harte Zahlen, deren man sich stets bewusst sein sollte. Als freiberufliche Musikerin kenne ich diese Strukturen seit vielen Jahren. Im Zuge der Digitalisierung können selbst erfolgreiche Bands rein von den Tonträgereinnahmen nicht mehr leben. Trotzdem wird weiter Musik produziert. Das hat viele Gründe. Leidenschaft ist ein sehr wesentlicher davon. Ein etwas pragmatischerer ist der Marketingwert einer Musikproduktion. Per se zwar nur eine kleine Geldquelle, aber unverzichtbar um sich als Band oder Soloact der Welt zu präsentieren. Vielleicht finden wir hier einen Anknüpfungspunkt: Sie leiten Ihr Business mit Liebe und Leidenschaft. Dann bieten sowohl die Auseinandersetzung mit den kreativen Möglichkeiten des Podcastings als auch die Audioimplementierung in Ihren Webpräsenzen und deren Mischformen (Flashbriefing, Microcast, Social Audio, Auditive Ästhetik der Corporate Identity …) umfassende, bereichernde und vor allem zukunftsorientierte Marketingtools.

Für einen guten Ausgleich zwischen Arbeitsaufwand, Freude an der Kreativität, Mehrwert durch Marketing und reellen Verdienst gibt es natürlich kein Patentrezept. Diesen Weg können Sie nur selbst einschlagen. Aber vielleicht haben Sie hier die Motivation gefunden, Audio und Podcasting zumindest auszuprobieren und zu erleben, wie und wohin sich die auditive Reise entwickelt.

Kapitel 6

Mehrwert trumpft klassisches Marketing – wie Sie mit Wissen begeistern

Was macht einen guten Wissensinhalt aus? Welche Zutaten brauchen Sie dafür? Dieses Kapitel zeigt Ihnen, wie Ihr Onlinebildungsinhalt rockt und wie Sie Schritt für Schritt zum bestmöglichen Ergebnis kommen.

Hören Sie einmal in sich hinein: Bei wem würden Sie lieber ein Produkt oder eine Dienstleistung kaufen? Unternehmen A, das auf schrille Werbebotschaften setzt, die Sie an jeder Ecke durchs Internet verfolgen? Oder Unternehmen B, das Ihnen die Möglichkeit bietet, in einem Webinar erst einmal in sein Angebot reinzuschnuppern? Natürlich mit der Option, später noch einen längeren Kurs zu machen, mit dem Sie das Potenzial des Produkts oder der Dienstleistung voll ausschöpfen können.

Unternehmen B könnte z. B. contentbird sein. Sie nutzen clever aus, dass Menschen in der Regel nicht von Werbung verfolgt werden wollen. Und genau hier setzen Sie mit der Alternative an: Webinare[1], Deep Dive, Onlinekurs[2], kurz *Wissens-Content* und *Educational Marketing*.

Wann passt Educational Marketing in Ihre Strategie?

Educational Marketing ist eine Marketingtaktik, die potenzielle Kund*innen über das Aufzeigen der Mehrwert bringenden Nutzung eines Produkts oder Services auf sich aufmerksam macht. Das kann entweder ein Teil der Content-Strategie sein oder die ganze Strategie.

Um die richtige Entscheidung zu treffen, kommt es auf das eigentliche Ziel an:

- Soll die Unternehmensexpertise im Feld unterstrichen werden? Dann ist eine auf Educational Marketing ausgerichtete Strategie sicher die richtige Wahl.

1 *www.linkedin.com/company/contentbird-gmbh/events/*

2 Digital Content Marketing Academy/Weiterbildung/Workshop (o. D.): *https://de.contentbird.io/academy*

- Soll es aber nur darum gehen, unter anderem den Ruf des Unternehmens zu stärken, dann reicht es auch, wenn es nur Teil der Strategie ist.

Vor allem passt Educational Marketing aber in Ihre Strategie, wenn Sie bereit sind, genau auf die Herausforderungen Ihrer Kund*innen zu schauen und mit Ihrem Produkt oder Service konkrete Lösungswege aufzuzeigen, die einen echten Mehrwert bieten. Dann sind Sie im Educational Marketing richtig.

Als Unterform des *Content Marketings* gilt auch hier: Es kostet in der Regel deutlich weniger als herkömmliches Marketing, dabei ist aber zu bedenken, dass der langfristige Invest von Personal- und Wissensaufbau durchaus kosten kann. Dazu mehr im Verlauf des Kapitels.

Aber was viel wichtiger ist: Grundsätzlich ist es einfacher, Menschen etwas zu verkaufen, wenn man sie zuvor unterhalten und/oder weitergebildet hat. Die Verkaufsphase ist dabei immer der Bildung nachgelagert.

Wissens-Content und Educational Marketing ist ein weites Feld, und das ist grundsätzlich auch gut für Sie. Die Vielfalt an Wissensformaten, mit denen sich exzellent Wissen vermitteln lässt, ist in den letzten Jahren noch mal deutlich angewachsen. Das bedeutet, dass auch für Ihr Unternehmen auf jeden Fall das richtige Format dabei ist. Ob kleines Unternehmen oder großes, am Ende generieren Wissensinhalte auch bereits mit kleinem Budget große Mehrwerte.

Schauen wir uns ein paar Wissensformatbeispiele in Tabelle 6.1 an.

Beschreibung	Beispiel
Ein **Podcast** eignet sich wunderbar, um Wissen to go zur Verfügung zu stellen. Ob reine Wissensweitergabe oder lockere Runde mit Gastexperten – hier ist für jede Zielgruppe das Richtige möglich.	*https://spoti.fi/3FMe6Ri*
Bei einem **Deep Dive** steigt man, wie der Name schon sagt, tiefer in ein Thema ein. Hier wird vertiefendes, praxisnahes Wissen weitergegeben.	*www.linkedin.com/company/contentbird-gmbh/events/*
FAQ, kurz für Frequently Asked Questions (dt. häufig gestellte Fragen), ist eigentlich fast schon eine Pflicht für die Website und einfach herzustellen: Beantworten Sie einfach die Fragen, die Ihrem Unternehmen am häufigsten gestellt werden oder die erwartbar sind in dieser Rubrik.	*https://intercom.help/contentbird-2/de-form/*

Tabelle 6.1 Mögliche Formate für Ihre Wissensinhalte

Beschreibung	Beispiel
Produktschulungen bringen einer potenziellen Zielgruppe das Produkt oder Teilaspekte eines Produkts näher. Dabei stehen die Vermittlung am Produkt selbst und die Möglichkeit, Rückfragen zu stellen, im Mittelpunkt.	*https://basecamp.com/how-it-works*
Erklär-Content sollte »Snackable« sein und widmet sich in der Regel einem ganz bestimmten Thema, das einfach und kurz dargelegt wird. Das Besondere daran ist, dass er durchaus auch humorvoll gestaltet werden kann.	*https://de.contentbird.io/blog/lead-magneten*

Tabelle 6.1 Mögliche Formate für Ihre Wissensinhalte (Forts.)

Sie können frei wählen, in welcher Kombination Sie diese nutzen, solange Sie sich darüber im Klaren sind, wie alles am Ende zu Ihrer Zielsetzung passt. Auch wenn es viele verschiedene Arten von Bildungsinhalten gibt, behandeln wir in diesem Kapitel vorrangig Webinare und Onlinekursformate. Verschiedenste andere Content-Formate – vom Instagram-Post bis zum Podcast – werden allerdings in anderen Kapiteln dieses Buches vorgestellt.

Mit einem *Webinar* ist dabei eine zeitlich begrenzte, einmalige Liveeinheit gemeint, mit einem *Onlinekurs* dagegen ein vorgefertigter Inhalt, den die Teilnehmer in ihrem eigenen Tempo bearbeiten können. Mehr zu diesem Thema erfahren Sie in Abschnitt 6.5.1, »Die Informationsvermittlung und Interaktion im Weiterbildungs-Content«.

Die Konzeption und Erstellung eines Live-Webinars oder Onlinekurses ist in der Regel etwas aufwendiger, weil es eine zusätzliche Ebene mit sich bringt: Sie interagieren direkt mit Ihrer Zielgruppe. (Eine Ausnahme sind Selbstlernkurse, wie sie z. B. bei Udemy und LinkedIn Learning zu finden sind, wo jeder still vor sich hin lernt, aber ich spreche hier nur über interaktive Liveformate, da ich deren Lernerfolg für höher halte.) Doch egal, für welche Art von Wissensinhalt Sie sich am Ende entscheiden, die Konzeption und Erstellung bleibt vom Ablauf her ungefähr gleich. Und es lohnt sich, wie *contentbird* zeigt: Ein Unternehmen, das Zielgruppen über Bildung an sich bindet, wird mehr Erfolg haben. Denn Mehrwert trumpft. Bildungs- und Weiterbildungs-Content baut Vertrauen auf und rückt die Expertise Ihres Unternehmens in den Fokus. Sie beweisen, dass Sie nutzbringender als Ihre Konkurrenz sind, indem Sie hilfreich und nützlich sind. Im Gegensatz zu Aufmerksamkeit heischendem Marketing hebt Sie die (gute) Vermittlung von Wissen in den Expertenstatus. Sie erhöhen damit auch die Chance, dass auch Zielgruppen, die gerade kein Kaufbedürfnis haben, sich später an Sie erinnern, wenn sie eines entwickeln.

Es wird also höchste Zeit, dass Sie beginnen, (Weiter)Bildung als Produkt und wichtiges *Content Asset* zu sehen, das Ihr Marketingportfolio stärkt und diversifiziert. Das funktioniert sowohl für Produkte als auch für Dienstleistungen. Dabei ist entscheidend, dass der Weiterbildungs-Content zur Expertise Ihres Unternehmens und Ihrer Mitarbeiter*innen passt. Ein weiterer Faktor ist, dass es kein plattes Produkt-Placement wird, sondern für die Zielgruppe wertvoller Inhalt. Unternehmen A bietet ein Webinar mit ein paar austauschbaren Floskeln, bevor das eigene Produkt rausgeholt wird. Unternehmen B, contentbird, macht das so, wie in Abbildung 6.1 zu sehen.

Abbildung 6.1 Beispielhaftes Webinar mit Experten, das von contentbird auf Linkedin ausgerichtet wird (Quelle: *www.linkedin.com/company/contentbird-gmbh/events/*)

Die Firma contentbird wählt den Weg der Expertise und glänzt hier nicht nur mit eigenem Wissen, sondern auch dem von anderen. Das unterstreicht, das contentbird immer am Puls der Zeit ist. Dieses Kapitel hilft Ihnen dabei, sich strategisch damit auseinanderzusetzen, was für Sie und Ihr Unternehmen im Bereich Webinar und Onlinekurs machbar und sinnvoll ist.

6.1 Was Sie bedenken sollten, bevor Sie loslegen

Lassen Sie mich ehrlich sein: Guter Weiterbildungs-Content kann aufwendig sein – für die, die den Inhalt erstellen, aber auch für die, die ihn am Ende durcharbeiten oder konsumieren. Bedenken Sie bei der Planung, dass viele Menschen Weiterbildung in ihren bereits vollen Tagesablauf packen. Ein Webinar, das maximal 90 Minuten geht, sollte dabei noch kein Problem sein. Der Onlinekurs mit X Lektionen über acht Wochen schon.

Zeit muss dafür aber natürlich nicht nur auf Zielgruppenseite eingeplant werden, sondern auch für die Erstellung bei Ihnen im Unternehmen. Hier wird der Aufwand nach meiner Erfahrung gerne unterschätzt. Nehmen wir an, Sie möchten ein Webinar mit 60 Minuten Inhalt und 30 Minuten Fragerunde erstellen. Zusammentragen der Inhalte, Design, Qualitätssicherung, Testing und Bewerbung – das alles muss mit eingerechnet werden.

Formel zur Aufwandsschätzung für Ihr Webinar

Um den ungefähren Aufwand zur Vorbereitung und Durchführung Ihres ersten Webinars korrekt abzuschätzen, können Sie folgende Formel nehmen:

(Webinar-Minuten * 3)

+ (Designaufwand in Minuten)

+ (Qualitätssicherung in Minuten)

= Gesamtaufwand für die Erstellung

(Gesamtaufwand für die Erstellung)

+ (Testing in Minuten)

+ (Bewerbungsaufwand in Minuten)

= Gesamtaufwand für das Webinar-Vorhaben

Da kommen wir bei einem 90-minütigen Webinar schon mal bei 7 bis 8 Stunden raus. Deshalb müssen Sie als Nächstes überprüfen, ob sich der Aufwand lohnt. Wollen Sie z. B. Ihr Produkt verkaufen, das Y € kostet, lautet die Frage, wie viele Teilnehmer*innen des Webinars Sie konvertieren müssen, damit Sie den Erstellungsaufwand wieder reingeholt haben. Alternativ können Sie auch einen kleinen Betrag für die Teilnehme an Ihrem Webinar verlangen. Dann muss den Teilnehmern aber auch noch einmal mehr geboten werden, damit sie sich nicht veräppelt vorkommen. Somit steigt also wieder der Aufwand.

Kosten vs. Nutzen

Das klingt jetzt alles in allem sehr kostenintensiv und aufwendig. Doch bedenken Sie, dass Sie das Webinar oder den Onlinekurs beliebig oft wiederholen können, sobald der Inhalt erst einmal steht, und vergessen Sie auch nicht den Wert einzurechnen, den die kontinuierliche Markenstärkung über die Zeit ergeben wird. Unterm Strich lohnt sich ein Onlinekurs oder Webinar also gleich mehrfach: für den Ruf des Unternehmens, für das Einkommen, für den Vertrieb und für die Marketingabteilung.[3]

3 Hierzu auch spannend der Podcast von Caroline Preuss zum Thema »Lohnen sich Onlinekurse überhaupt?«: *https://carolinepreuss.de/lohnen-sich-onlinekurse/*

Grundsätzlich funktionieren dieselben Formeln auch für den Onlinekurs. Da kommt aber noch ein weiterer Faktor hinzu: das *Community Management*. Wie oben bereits erwähnt, können Onlinekurse im eigenen Tempo bewältigt werden. Es kann also sein, dass Mitarbeiter*innen Ihres Unternehmens in eine Art Notdienst eingeteilt werden müssen. Je erfolgreicher und internationaler ein Onlinekurs ist, desto höher ist der Aufwand für dieses Management. Zu diesem Thema erfahren Sie im weiteren Verlauf des Kapitels noch mehr (siehe Abschnitt 6.5.3, »Mit Storytelling Emotion ins Lernen bringen«).

Weitere Kosten entstehen auch durch die Anschaffung von professionellem Ton-, Foto- und Videoequipment. Sollten Sie das Equipment nicht allzu oft brauchen, können Sie aber auch Teile davon leasen.[4] So können Sie z. B. eine Spiegelreflexkamera wie die Canon EOS 250D für 49,90 € für einen Monat mieten oder für 599 € kaufen.[5]

Abbildung 6.2 Beim Onlineverleih Grover können Sie Spiegelreflexkameras und andere Technik leasen.

4 Es gibt mittlerweile einige Anbieter, bei denen Sie Technik kurz- oder langfristig mieten können, darunter z. B. Grover Business, Otto Now oder Gearflix.

5 Quelle: *Grover.com*

Sie müssen bei der Erstellung aber auch nicht gleich in die Vollen gehen. Im Gegenteil: Tobias Ilg, Experte für digitale Bildung und unter anderem Co-Gründer der Onlinebildungsunternehmen Studio2B und VideoBytes, rät dazu, mit einem sogenannten *Pilotprojekt* zu beginnen[6], das es erlaubt, im Anschluss die wahren Aufwände für weitere Projekte besser zu schätzen, aber auch gleich mit der Zielgruppe zu testen und entsprechend das Konzept anzupassen, um weitere Stakeholder innerhalb des Unternehmens zu überzeugen und weiteres Budget einzuwerben.

6.2 Das richtige Thema finden

Zu Beginn Ihres Vorhabens steht erst einmal ein Thema: Um das richtige für Ihre Zielgruppe finden zu können, müssen Sie diese natürlich definiert haben, was Sie sicher schon im Grundlagenkapitel dieses Buches erledigt haben. Die Wahl Ihrer Zielgruppe beeinflusst die unterschiedlichsten Aspekte Ihres Endprodukts. Hierzu ein paar Denkanstöße vom Projektentwickler und mehrfachen Gründer Tobias Ilg, der Storydesignerin Christina Maria Schollerer und mir.

Welchen Einfluss hat die Zielgruppe auf Ihren Bildungsinhalt?

- **Länge**: Die Aufmerksamkeitsspanne nimmt online weiter ab. Dazu die Faustregel: Je beschäftigter die Zielgruppe, desto weniger Zeit pro Einheit.
- **Look**: Je gesetzter die Zielgruppe, desto seriöser sollte das Look-and-feel sein. Je offener die Zielgruppe, desto experimenteller können die Inhalte aussehen.
- **Sprache**: Ist es eine internationale Zielgruppe? Dann sollte die Sprache Englisch sein. Je nach sprachlichem Niveau und Expertise wird die Ansprache komplexer oder einfacher sein können.
- **Community Management**: Ist die Betreuung Ihrer Lern-Community eher nine to five oder 24/7 notwendig? Machen Sie von Anfang an die Erreichbarkeit bei Problemen klar, damit keine falschen Hoffnungen entstehen.
- **Ansprache**: Siezen oder Duzen, auch das hängt grundsätzlich an der Zielgruppe und Ihrer Markensprache.
- **Komplexität**: Hier kommen zwei Faktoren zusammen: erstens wie digitalaffin Ihre Zielgruppe ist und zweitens wie Sie Komplexität gegen Konsumierbarkeit ausbalancierten wollen.
- **Vorwissen**: Besitzt die Zielgruppe bestimmtes Vorwissen, kann man fachlich tiefer in Inhalte einsteigen als bei Anfängern.
- **Technikstandard**: Lernt Ihre Zielgruppe auf einem oder mehreren Devices? Grundsätzlich ist heute empfehlenswert, dass ein Lerninhalt auf allen Device-Größen gut funktionieren sollte, damit ein nahtloser Übergang von Gerät zu Gerät möglich ist.

6 T. Ilg, Interview, 7.1.2021.

Am wichtigsten ist allerdings, dass Sie ein Thema wählen, das Ihre Zielgruppe auch interessiert. Zum Glück habe ich hier eine gute Nachricht für Sie: Alles, was Sie brauchen, befindet sich schon in den Köpfen oder Schubladen Ihrer Kolleg*innen und Mitarbeiter*innen. Sie müssen es nur herauskitzeln.

Im Regelfall wissen die Abteilungen Service und Sales über potenzielle Webinar- und Kursthemen am besten Bescheid, denn sie sind am nächsten an den Kunden und Kundinnen dran. Und wenn das wider Erwarten nichts Sinnvolles ergeben sollte, gibt es gute andere Wege.

Weitere Möglichkeiten, Themen für Ihren Wissens-Content zu finden

- Nutzen Sie Metasuchmaschinen wie »Answer the Public«[7], wie sie meine Kollegin Katharina Grelck in Kapitel 2, »Das Königsformat Text heute – und auch in der Zukunft?«, vorstellt.
- Recherchieren Sie auf Verkaufsplattformen, wie Angebote in diesem Themenbereich ankommen und welche Verbesserungswünsche es in den Rezensionen gibt.
- Schauen Sie auf Slideshare, was andere Unternehmen und Expert*innen für Themen haben, oder auch einmal direkt bei den Wettbewerbern vorbei.
- Oder lassen Sie sich von Fachportalen inspirieren. Der Blick über die Landesgrenzen lohnt sich dabei ebenfalls.

Kommen wir zurück zu unserem Beispielunternehmen. Es hat eine Bearbeitungs-App für Social-Media-Posts entwickelt und will dazu passend Lerninhalte anbieten. Hier gäbe es folgende Möglichkeiten:

Für Einsteiger:

- Social-Media-Post-Design für alle
- Bildauswahl und -bearbeitung für Instagram
- Die wichtigsten Funktionen in unter 30 Minuten erklärt
- Wie du mit dem richtigen Design dein Unternehmen zum Wachsen bringst
- ... oder vielleicht haben Sie auch schon ganz eigene Ideen!

Für Fortgeschrittene:

- Der Social-Media-Post-Meisterkurs
- Tipps und Tricks für die schnellere, effizientere Erstellung von Social-Media-Posts

7 Answer the Public (*https://answerthepublic.com*) ist ein Tool, das Ihnen Einblicke in das Consumer-Suchverhalten zu bestimmten Themen gibt.

- Auf die Prozesse kommt es an – wie Sie in kürzerer Zeit bessere Posts erstellen
- Animationen und 3D-Objekte – Postdesign für Fortgeschrittene
- … hier folgen Ihre eigenen Ideen!

In all diesen möglichen Webinaren und Onlinekursen wird natürlich das Produkt des Unternehmens gezeigt, es wird aber nicht aggressiv beworben: *Show, don't tell*. Sollte Ihr Unternehmen sowohl Dienstleistungen als auch Produkte verkaufen, ist das aber natürlich auch kein Problem. Die Prozesstechniker von ystral zeigen in Abbildung 6.3, wie es geht.

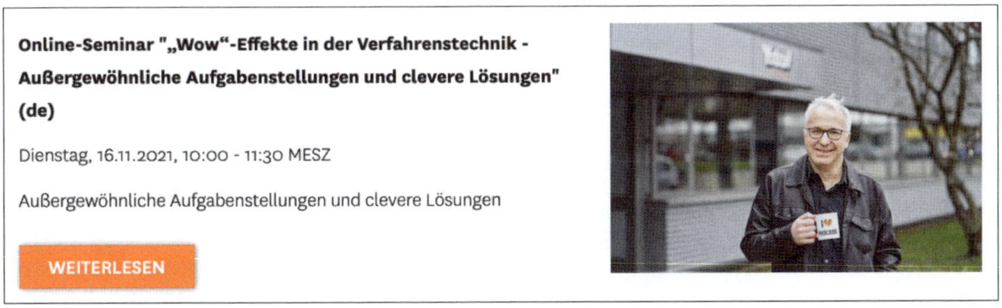

Abbildung 6.3 Ein Beispiel für ein eher servicelastiges Webinar der Firma ystral (Quelle: *ystral.com*)

In diesem Webinar zeigt Dr. Hans-Joachim Jacob, wie man mit scheinbar unlösbaren Problemen in der Verfahrenstechnik umgeht. Mit seiner jahrelangen Erfahrung und einem breiten Wissen über mögliche Produkte, die bei der Lösung helfen können, hilft er den Teilnehmern, Lösungen zu sehen, wo vorher nur Probleme waren.

Nun haben Sie hoffentlich einen ganzen Berg an Themen gefunden. Jetzt gilt es, herauszufinden, welches perfekt zu Ihnen und Ihrer Zielgruppe passt. Christina Maria Schollerer empfiehlt, hierbei ein Überthema zu wählen, das sich beliebig ausbauen lässt, das aber auch für sich allein stehen kann. In ihrem Fall war das z. B. »Die Zukunft des Storytellings.«

Das Thema soll die Expertise Ihres Unternehmens unterstreichen und zudem Ihre Produkte oder Dienstleistungen verkaufen. Und Expertise schafft *Trust* (Vertrauen), und Trust schlägt sich in Verkäufen nieder. Der *Sweet Spot*[8], die optimale Kombination aller Faktoren, liegt also genau in der Mitte zwischen Zielgruppeninteressen, Leidenschaft fürs Thema und Unternehmensexpertise.

8 The Sweet Spot (2.7.2015). Content Marketing Institute: *https://contentmarketinginstitute.com/content-inc/framework-sweet-spot/*

Abbildung 6.4 Wenn alle drei Sweet-Spot-Kriterien von Ihrem Weiterbildungsthema erfüllt werden, haben Sie das richtige gefunden.

Natürlich können Sie auch immer Gastexpert*innen einladen, die Ihnen dabei helfen, Ihre Produkte oder Services zum Glänzen zu bringen.

Nun sind Sie so weit, Ihr Thema zu formulieren. Dafür gibt es zwei Möglichkeiten: Entweder Sie denken sich einen knackigen Titel aus oder Sie beschreiben Ihr Thema in maximal zwei Sätzen. Diese erste Themenformulierung ist gleichzeitig Ihr erster Pitch, mit dem Sie jemanden im Unternehmen von Ihrer Idee überzeugen wollen. Ein schönes Beispiel dafür ist der Onlinekurs von Onlinemarketing-Expertin Caroline Preuss (siehe Abbildung 6.5).

Abbildung 6.5 Teaser für den Onlinekurs »Planbar Sichtbar« (Quelle: *https://carolinepreuss.de*)

Caroline Preuss fasst die Essenz ihres Weiterbildungskurses »Planbar Sichtbar« inklusive der Zielgruppe in Titel und Text zusammen. Genauso wird glasklar, was man von dem Kurs erwarten darf. Das Thema ist klar umrissen, damit die Zielgruppe einen eindeutigen Mehrwert erkennen kann. Gleichzeitig ist die Formulierung breit genug, damit es noch viel Spielraum für Caroline Preuss in der konkreten Kursgestaltung gibt.

6.3 Sinnvolle Lernziele setzen

Lernziele setzen – das klingt nicht wirklich sexy. Doch es ist ein notwendiger Schritt, der sicherstellt, dass Ihr Onlinebildungsangebot am Ende auch tatsächlich einen Wert hat. Denn nur Weiterbildungen, die Mehrwert für die Zielgruppe generieren, werden am Ende auch begeistert genutzt und weiterempfohlen. Ein weiterer Vorteil ist, dass Lernziele den Erfolg des Angebots am Ende messbar machen.

Ein Beispiel für ein Lernziel

Die Zielgruppe von Unternehmen B soll am Ende des Kurses in der Lage sein, mit dem unternehmenseigenen Tool einen schön gestalteten Post für Instagram zu verfassen. Damit die Teilnehmer*innen am Ende ein Zertifikat bekommen, sollen sie diesen Post unter einem bestimmten Hashtag posten.

Das Lernziel würde also lauten: *Lernende können am Ende des Kurses die Grundfunktionen unseres Tools anwenden, um simple, gut gestaltete, Instagram-Inhalte zu erstellen.*

Gerade zu Beginn des Projekts ist es wichtig, dass das Team gemeinsam klärt, was genau zu welchem Zweck vermittelt werden soll. So stellen Sie sicher, dass alle auf das gleiche Ziel hinarbeiten.

Nach *Blooms Taxonomie*[9] für Lernziele unterscheiden wir hier Grade der Komplexität der erzielten Leistung des Lernenden: Wenn ich etwas kenne, sagt mir der Begriff etwas. Wenn ich etwas verstanden habe, kann ich es auch erklären. Komplexer ist es, die Lernenden so weit zu schulen, dass sie etwas anwenden können.

Eine Formel für die Lernzielformulierung könnte also folgendermaßen aussehen:

Ihre Formel zur Formulierung von Lernzielen

Die Lernenden sollen am Ende (hier Teilthema einfügen) kennen/verstehen/anwenden können, damit sie (hier Ziel einfügen) können.

9 Bloom, B. S.; Engelhart, M. D.; Furst, E. J.; Hill, W. H.; Krathwohl, D. R.: Taxonomy of educational objectives: The classification of educational goals. Handbook I: Cognitive domain. New York: David McKay Company 1956.

Neben einem Gefühl für die Komplexität der Inhalte gibt es gleichzeitig schon einen Hinweis darauf, welches Bedürfnis bzw. welche Informationsziele der Teilnehmenden hier befriedigt werden.

Sollte dieser Schritt etwas zu groß sein für den Anfang, lohnen sich diese drei Teilschritte:

1. Brechen Sie das Thema, das Sie für das Pilotprojekt gewählt haben, in kleinere Einheiten herunter.
2. Formulieren Sie Fragen, die die Lernenden am Ende beantworten können sollten.
3. Gleichen Sie die Lernziele mit den geplanten Mitteln (Zeit und andere Ressourcen) ab.

Stellen Sie dabei fest, dass die Erreichung der Lernziele oder geplanten Inhalte nicht in der Zeit abbildbar sind, sollten Sie nachjustieren. Planen Sie eine Reihe, also mehrere Einheiten, oder reduzieren Sie an der richtigen Stelle.

Ein paar Beispielfragen passend zum oben gezeigten Lernziel

- Welche Grundfunktionen unseres Tools sollten die Lernenden kennen?
- Welche Funktionen müssen sie anwenden können, um einen guten Post zu erstellen?
- Welche Schritte müssen sie bis zum gewünschten Ergebnis gehen?

Diese Herangehensweise fällt meiner Erfahrung nach den meisten am Anfang leichter, vor allem wenn ein gutes Verständnis für die Probleme der Zielgruppe bereits vorhanden ist. Am Ende geht es immer darum, dass Ihre Zielgruppe etwas Sinnvolles gelernt hat. Sie wollen sie weder über- noch unterfordern. Sinnvolle Lernziele helfen Ihnen dabei, genau das zu erreichen und über die ganzen weiteren Schritte den Fokus nicht zu verlieren.

6.4 Ein erstes Konzept erstellen

Glückwunsch! Sie haben bereits ein Thema gefunden und Ihre Lernziele formuliert. Dann können wir jetzt in die grobe Planung Ihres Webinars oder Kurses gehen.

Das erste Konzept beinhaltet:

- zuvor gesammelte Informationen zu Zielgruppe, Thema und Lernzielen
- Entscheidungen zum technischen Rahmen und der angestrebten Lernzeit
- eine grobe Sammlung aller Informationen, die vermittelt werden sollen (passend zu den Lernzielen)

Warum sollten Sie diese Elemente jetzt festlegen? Stellen Sie sich Folgendes vor: Sie haben ein fertiges Konzept mit allen Details und stellen dann fest, dass die Plattform, die Sie gerne benutzen würden, gar nicht alle Funktionen hat, die Sie nutzen wollten. Oder statt 45 Minuten dauert Ihr Onlineformat plötzlich 120 Minuten. Damit ist es definitiv zu lang für Ihr zuvor angestrebtes Liveformat. Alles muss noch einmal neu geplant werden.

Je früher Sie sich auf bestimmte Faktoren festlegen, desto einfacher machen Sie sich die restlichen Schritte. Denn davon hängt ab, wie viele und welche Rollen im Projektteam zu besetzen sind, welche Medien und Interaktionen Sie verwenden können und welche technischen Möglichkeiten Ihnen für die Umsetzung zur Verfügung stehen. Außerdem hilft es Ihnen dabei, Wissenslücken zu identifizieren und Material zusammenzutragen.

Bevor wir auf die verschiedenen Entscheidungsdimensionen eingehen, sollten Sie sich kurz die Zeit nehmen, Ihr gewähltes Thema in kleinere Einheiten zu zerlegen, falls Sie das noch nicht getan haben: Welche Inhalte brauchen Sie, um alle Lernziele zu erreichen? Ich gehe diesen Schritt mit (virtuellen) Haftnotizen an, weil man damit die Reihenfolge einfach anpassen kann (siehe Abbildung 6.6).

Abbildung 6.6 Konzeption mit verschiedenfarbigen Haftnotizen

Ich verwende bei der Konzeption verschiedene Farben: eine für Inhalte, eine für Interaktionsideen und eine für die Lernziele. Die vierte Farbe hängt mit Storytelling zusammen, dazu kommen wir in Abschnitt 6.5.3. Wenn wir an unser Beispiel mit der Social-Media-App zurückdenken, hatten wir als Lernziel formuliert: *Lernende können am Ende des Kurses die Grundfunktionen unseres Tools anwenden, um simple, gut gestaltete, Instagram-Inhalte zu erstellen.* Um das Lernziel erreichen zu können, brauchen die Lernenden folgende Informationen:

1. einen Überblick, wie ein gut gestalteter Post auszusehen hat
2. einen Überblick über alle Grundfunktionen
3. eine Vorführung der einzelnen Funktionen
4. kleine praktische Übungen zu den einzelnen Funktionen
5. …

Nun lautet die erste Frage: Onlinekurs oder Webinar? Am Anfang dieses Kapitels habe ich schon einmal grob erklärt, wie sich ein Webinar und ein Onlinekurs unterscheiden. Nun schauen wir noch einmal auf die genauen Parameter, um eine bessere Entscheidung treffen zu können:

- *Webinare* sind live stattfindende Onlinevorträge. Sie ermöglichen Echtzeitrückmeldungen und Fragen, und es können Aufgaben in kleinem Rahmen gestellt werden. Die maximale Länge sollte bei ca. 90 Minuten liegen. Die Kommunikation mit der Zielgruppe ist nahbar und direkt, der Invest ist übersichtlich und die Bindung an die Marke ebenfalls. Bei über 50 Personen wird es unübersichtlich und technische Probleme können Ihnen und den Teilnehmenden das Leben schwer machen.
- *Onlinekurse* sind mehrteilige, digitale Trainings zu einem Thema das asynchron bearbeitet werden kann, sodass jeder im eigenen Tempo lernen kann. Der Lernweg ist vorgezeichnet, und vielfältiger Medieneinsatz macht es (hoffentlich) abwechslungsreich. Livetermine können optional ergänzt werden. Die Teilnehmer*innenzahl ist nach oben offen, und Probleme können besser langfristig gelöst werden. Es entsteht eine enge Bindung an die Marke, dafür aber auch ein hoher Zeitinvest.

Jetzt ist es an Ihnen: Wie tief wollen Sie mit Ihrer Zielgruppe in Ihr Thema eintauchen? Bedenken Sie dabei, dass sich der Zeiteinsatz für die Zielgruppe immer lohnen muss, sonst floppt das ganze Vorhaben und Ihr Ruf leidet.

Die zweite Frage lautet: Ist Ihr Format live, aufgezeichnet oder hybrid? Live bedeutet, dass wenn Sie das Webinar mehr als einmal veranstalten wollen, regelmäßig eine Person eine Session leiten muss. Das braucht Ressourcen. Das kann auch eine Typfrage sein: Ich bevorzuge die Liveformate vor reinen Selbstlernkursen, weil die Interaktion mit den Teilnehmer*innen gezielteren Austausch und Unterstützung ermöglichen und ich das befriedigender finde. Ein sehr gutes Beispiel für eine hybride Variante aus Onlinekurs und Live-Webinaren zeigt übrigens die contentbird Academy (siehe Abbildung 6.7).[10]

---

10 Nähere Informationen zur contentbird Academy und dem Lehrplan finden Sie hier: *https://de.contentbird.io/dcma/*

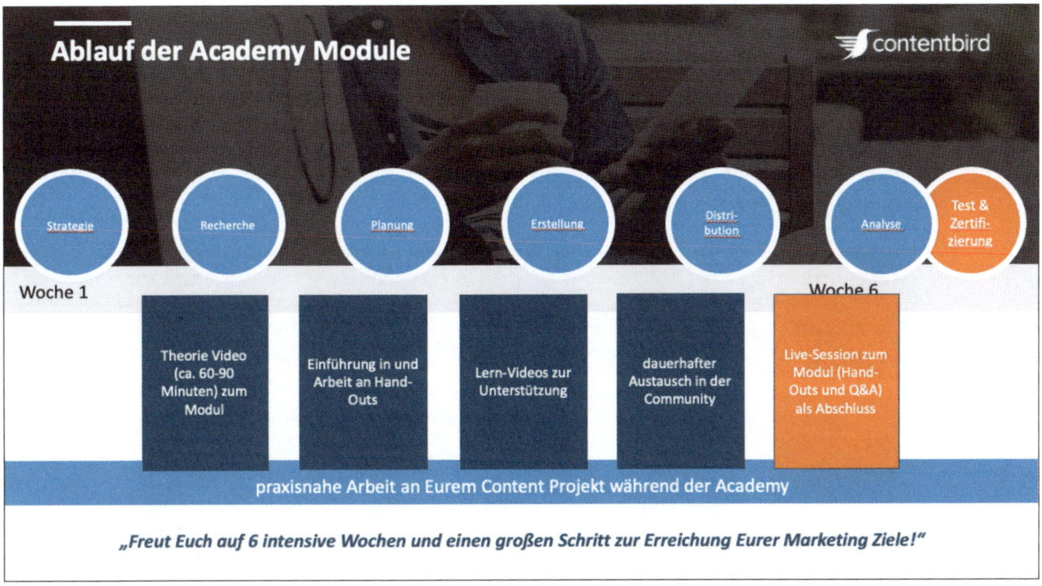

Abbildung 6.7 Lehrplan der contentbird Academy (Quelle: *https://de.contentbird.io*)

Im Lehrplan der Academy der contentbird GmbH wechseln sich vorgefertigte Selbstlernphasen mit Live-Webinar-Terminen ab. Spannend ist, dass keine klassische Onlinelernplattform genutzt wird, sondern eine Mischung aus YouTube-Videos, Skripten und Aufgabenblättern. Es geht also auch ohne den maximal großen Technikaufwand.

Eine dritte zu klärende Frage ist, was Sie am Ende genau erreichen wollen. Um einen E-Mail-Verteiler über Anmeldungen aufzubauen, eignet sich z. B. ein Webinar wunderbar. Ein Onlinekurs dient eher der langfristigen Zielgruppenbindung. Beide bieten allerdings eine gute Grundlage, um dafür aufbereitete Inhalte für Content-Recycling zu verwenden.

Jetzt sollten Sie ein gutes Gefühl dafür bekommen haben, ob sich die Informationseinheiten aus dem vorherigen Schritt eher für ein live angebotenes oder ein aufgezeichnetes Format oder eine Mischung daraus eignen.

6.4.1 Die richtigen Plattformen und Tools

Nun haben Sie ein besseres Bild davon, welche Optionen Ihnen für das Weiterbildungsformat offenstehen. Jetzt müssen Sie eine Plattform oder einen Tool- und Plattformmix finden, die sich für die Umsetzung Ihres Konzepts eignen.

Ich verwende z. B. für den Onlineunterricht an Universitäten eine Mischung aus dem Videokonferenztool *Zoom*[11], dem Online-Whiteboard *Miro*[12] und einem der Universität eigenen Dokumentenablagesystem.

Liveformate ermöglichen ein relativ flexibles Mix-and-match. In Tabelle 6.2 sehen Sie einen Überblick über die relevantesten Kategorien, die Vor- und Nachteile sowie einige Beispiele.

Kategorie	Vorteile	Nachteile	Anbieter
Videokonferenztools	Sie sehen alle Teilnehmer, die ihre Kamera anhaben.	Wird bei über 50 Personen unübersichtlich.	Zoom, Jitsi, Big Blue Button
Webinar-Tools	Sie können genau kontrollieren, wer welche Rechte hat.	Sie sehen die Teilnehmer in der Regel nicht.	Webex, Go2 Webinar
Social-Media-Plattformen	Integrieren Livevideochat- und Kommunikationsfunktionen und die Dokumentenablage.	Bieten keine Whiteboards oder Interaktionsmöglichkeiten.	Facebook, Discord
interaktive Whiteboards	Ermöglichen kreatives, interaktives Zusammenarbeiten auf einer Endlosfläche.	Können unübersichtlich werden. Funktioniert nur zusammen mit anderen Tools.	Google Jamboard, Miro, Lucidchart
Interaktionstools	Fördern gut umgesetzt eine bestimmte Art der Interaktion.	Sind sehr spezialisiert und eingeschränkt.	Mentimeter, Wonder
Kollaborations-Plattformen	Ermöglichen einfache Kommunikation, Koordination und Kooperation.	Jeder kann alles auf die Plattform stellen oder löschen.	Teams, Slack

Tabelle 6.2 Ein Überblick über die verschiedenen Tools und Plattformarten für Liveformate

11 Video Conferencing, Cloud Phone, Webinars, Chat, Virtual Events | Zoom (2022). Zoom Video Communications: *https://zoom.com*

12 An Online Whiteboard & Visual Collaboration Platform for Teamwork | Miro (2022): *https://miro.com*

Es gibt unzählige Tools in jeder einzelnen dieser Kategorien. Einen umfassenderen Überblick bieten hierbei Toplisten, wie die »Top 100 Tools for Learning«[13], die jedes Jahr in einer Umfrage die Lieblinge der Anwender*innen ermitteln.

In meiner letzten Webinar-Reihe zum Thema interaktive Onlineformate habe ich neben Zoom PowerPoint, Miro und Mentimeter verwendet. Theoretisch hätte ich die Präsentation komplett in Mentimeter abbilden können, habe mich aber dagegen entschieden, da ich dort keine Pro-Lizenz habe. PowerPoint habe ich allerdings schon. So kommt manchmal ein komplexerer Toolmix zustande, da manches schon vorhanden ist.

Viele Tools haben eine kostenlose Grund- oder Testversion sowie verschiedene Bezahlpläne mit verschiedenen Funktionsumfängen. Sollten Sie bereits Tools aus den einzelnen Kategorien in Ihrem Unternehmen nutzen, kann es für den Anfang vollkommen ausreichen, zu evaluieren, ob sich diese für Ihr Weiterbildungsvorhaben eignen. Neben dem Tool-Mix-and-match gibt es auch Komplettlösungen wie Elopage, Udemy, Digistore24, Coachy, Kajabi, Rise 360° und Teachable. Diese funktionieren wie ein Website-Baukasten und bietet alle wichtigen Features *ready to go*.

Überblick der wichtigsten Features von Onlinekurs-Komplettlösungen

- Baukastensystem mit vorgefertigten Elementen, wie z. B. Text, Video
- Lernstandskontrolle durch Tests
- Freischalten von weiteren Lektionen oder Modulen nach Meilensteinen
- integriertes Hosting des Onlinekurses
- Statistiken (Metriken) zu Kursperformance und den Marketingmaßnahmen
- Schnittstellen für E-Mail, Zahlungsanbieter und Weiteres
- Branding im eigenen Design
- Chat- und Forumsfunktionen
- Urkunden und Zertifikate

Caroline Preuss bietet einen umfassenden Vergleich dieser Plattformen mit Vor- und Nachteilen.[14] Wenn Ihnen jetzt der Kopf vor lauter Tools schwirrt, empfehle ich, einfach Ihr Umfeld nach Erfahrungen und Best Practices zu befragen. Dann kann auch gleich jemand zeigen, wie es funktioniert. So habe ich Miro kennengelernt.

13 Top 100 Tools for Learning 2022 – Results of the 16th Annual Survey published 1 September 2022. Top Tools for Learning: *www.toptools4learning.com*

14 Die besten Plattformen für Onlinekurse: Elopage, Udemy, Digistore24, Coachy, Kajabi, Teachable im Vergleich. Caroline Preuss: *https://carolinepreuss.de/plattform-online-kurs-finden/*

6.4.2 Was kostet die Konzeption und Erstellung eines Kurses ungefähr?

Hier folgt Wort der Warnung: Die hier genannten Plattformen haben sehr unterschiedliche Preisgestaltungen von kostenlosen Testversionen bis hin zu Kosten von mehreren hundert Euro im Monat. Teilweise hängt der Feature-Umfang auch mit dem Preislevel zusammen. Hier lohnt es sich, genau hinzuschauen, denn vermeintlich teure Lösungen können ein Komplettpaket beinhalten, das den Preis rechtfertigt: Eine Grundlizenz für Teachable startet z. B. schon bei 29 US$, wobei Elopage eine kostenlose Variante anbietet, dabei aber für jeden verkauften Kurs bis 7,5 % einbehält. Einen guten Überblick über die Preisgestaltungen der wichtigsten Onlinekursplattformen bietet Jan vom SoloBusinessTribe.[15]

Insgesamt bestehen die Kosten für Ihren Onlinekurs aus festen und variablen Kostenfaktoren, wie Sie in Tabelle 6.3 nachvollziehen können.

Was kostet denn nun ein Onlinekurs in der Erstellung?	
eine professionelle Kamera	Gibt es von Canon z. B. ab 450 € mit der EOS 2000D.
ein externes Mikrofon	Das Elgato Wave 3 gibt es z. B. bereits ab 125 €.
professionelles Licht	Das Elgato Key Light gibt es ab 99 €.
Screen Capturing	Kostet mit Screencast-O-Matic z. B. ab 1,65 US$ im Monat.
Onlinekursplattform	Gibt es bereits monatlich ab 29 US$ mit Teachable.
Präsentationssoftware	Wie oben erwähnt bereits ab 0 € zu haben.
Videobearbeitungssoftware	Adobe Premiere Pro, die meistgenutzte Option, kostet 34 US$ im Monat.
Zahlungsabwickler	Mit PayPal fallen für Geschäftskunden Transaktionsgebühren an. Manche Plattformen haben diese Funktion auch schon integriert.
Deko	Das Set sollte ansprechend und sauber sein. Planen Sie mindestens 100 € ein.
Video-Hosting	kostenlos auf YouTube in ungelisteten Playlisten
E-Mail-Marketing-Service	MailChimp ist bis zu den ersten 500 Kontakten kostenlos bei maximal 2.500 E-Mails pro Monat.

Tabelle 6.3 Ein Kostenüberblick – was kostet ein Onlinekurs?

15 Online Kurs Plattform: Die 10 besten Anbieter im Juni 2021. SoloBusinessTribe: *https://solobusinesstribe.de/online-kurs-plattform/*

Was kostet denn nun ein Onlinekurs in der Erstellung?	
Bewerbung	Egal, welche Onlinemarketingmaßnahme, planen Sie 300 € im Monat ein.
Zeit	Beachten Sie den Aufwand für Personentage, die gebraucht werden zur Erstellung, wie oben in der Formel gezeigt.

Tabelle 6.3 Ein Kostenüberblick – was kostet ein Onlinekurs? (Forts.)

Je nachdem, kommen Sie für die erste Onlinekurs-Erstellung und die Bewerbung für einen Monat mit unter 1.000 € hin, abzüglich Personentage.

Für unser Social-Media-Toolbeispiel würde ich empfehlen, erst einmal ein Webinar zum Thema abzuhalten, um das Thema zu testen. Dafür eignen sich ein Videokonferenztool (ab ca. 15 € monatlich aufwärts) und eine klassische Präsentation mit einem Tool Ihrer Wahl (kostenlos z. B. mit Mentimeter[16] möglich). Gibt es dann eine große Resonanz, bietet sich ein Onlinekurs mit tiefgehenden Inhalten an. Bei unserem Social-Media-Toolbeispiel wären die Videofunktionalitäten und die Erstellung von Bild-für-Bild-Tutorials der Mittelpunkt des Kurses. Dementsprechend wählen Sie ein Tool, das Ihnen in diesem Bereich die maximalen Möglichkeiten bietet.

Die meisten Plattformen bieten eine Testphase an. Nutzen Sie diese für die Evaluation. Ich lege mir vorher eine *Entscheidungsmatrix* an, die zeigt, was ich von einer Plattform auf jeden Fall erwarte und welche Funktionen optional sind. So basieren Entscheidungen auf klar definierten Kriterien. Nach der Einschränkung auf drei Möglichkeiten, entscheidet am Ende meistens die Bedienbarkeit. Hat man sich einmal entschieden, bedeutet das nicht, dass man nicht noch einmal wechseln kann.

6.4.3 Das Konzept weiter verfeinern

Nun geht es in die konkrete Ausarbeitung aller Inhalte. Das Feinkonzept ist die Produktionsvorlage. Es ist der Ort, an dem alles zusammenkommt.

Was macht ein gutes Feinkonzept aus?

- Es folgt den am Anfang zusammengetragenen Unternehmenszielen.
- Es befriedigt alle festgelegten Bedürfnisse der Zielgruppe.
- Alle Elemente sind eindeutig und unmissverständlich definiert.
- Es ist konsistent, was Tonalität, Sprache und Bildsprache angeht.
- Es beinhaltet klare Anweisungen an Produktion und Design.

16 Mentimeter AB. (o. D). *Mentimeter Pricing.* Mentimeter, *www.mentimeter.com/plans*

Je genauer und detaillierter das Feinkonzept ausgearbeitet ist, desto weniger Korrekturen und Rücksprachen werden mit Design- und Produktionsmitarbeitenden benötigt. Doch egal, wie gut Ihr Konzept ist: Ganz werden Sie um Ab- und Rücksprachen nicht herumkommen. Regeln Sie im Team frühestmöglich die Zusammenarbeit aller Rollen (dazu mehr in Abschnitt 6.6). Aus den oben genannten Anforderungen an das Feinkonzept ergibt sich folgende Liste:

Welche Elemente enthält ein gutes Feinkonzept?

- Titel (und Modultitel)
- Version des Dokuments (Datum, Nummerierung)
- Autor*in
- Inhaltsverzeichnis und Seitenzahlen
- Zeitangaben für die Dauer der einzelnen Inhaltsbausteine. Dabei gilt: ein Baustein = ein Gedanke.
- Anweisungen für die Produktion (sofern Sie nicht alles selbst produzieren) zu Darstellungsmedium und -form in der späteren Anwendung
- Lerninhalte für jedes festgelegte Lernziel mit verständlichen Beispielen
- interaktive Aufgaben, um das Gelernte zu vertiefen oder zu überprüfen, sowie motivierendes Feedback zu korrekt oder inkorrekt gelösten Aufgaben
- zielgruppengerechte Struktur und Tonalität
- falls relevant: in Sequenzen unterteilte Audiotexte, um Sprechern und Autoren die Arbeit später zu erleichtern
- zielgruppengerechte, passende Bilder und Visualisierungen, die nicht einfach nur schmücken, sondern Informationen vermitteln oder unterstützen
- selbsterklärende Grafiken, Tabellen, Statistiken

Grundsätzlich sollte so viel wie nötig und so wenig wie möglich in das Feinkonzept. Überlegen Sie deshalb genau, welche Informationen und Anweisungen zwingend nötig sind, und achten Sie auf eine verständliche Formulierung. Um den Überblick nicht zu verlieren, hilft es z. B., Informationen für eine bestimmte Person in einer bestimmten Farbe zu hinterlegen.

In den gängigsten Varianten ist das Feinkonzept entweder in einem Textdokument oder in einer Präsentation in Bildschirmseiten aufgeteilt. Pro Bildschirm wird ein Inhaltsbaustein in einem sogenannten *Drehbuch* abgebildet. Dieses besteht in der Regel aus Vorschlägen für die szenische Darstellung, aus Texten und gegebenenfalls Produktionsanweisungen (siehe Abbildung 6.8).

Textexpertin Daniela Rorig hingegen schreibt vollständige *Skripte*, sozusagen einen sehr langen Monolog, den Sie für ihre Lernvideoeinheiten dann vor der Kamera vorträgt. Das sieht dann z. B. so aus wie in Abbildung 6.9.

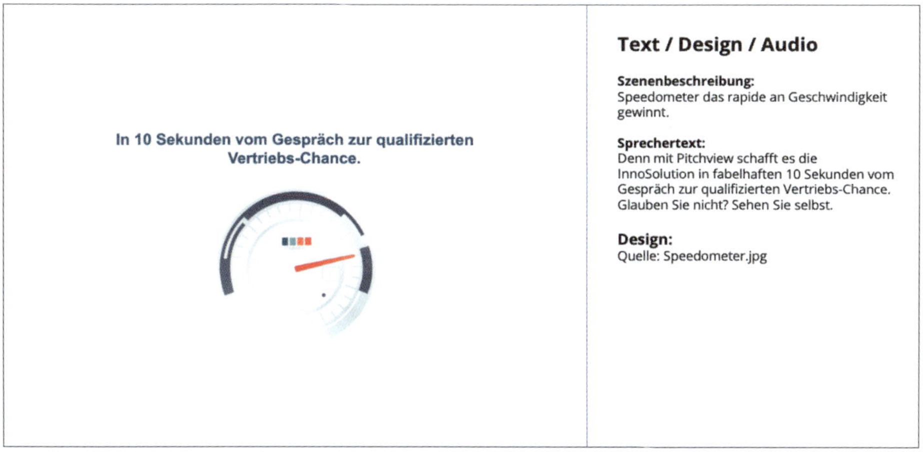

Abbildung 6.8 Beispielhafte Seite für ein PowerPoint-Drehbuch: links der Darstellungsvorschlag, rechts die Anweisungen und der Sprechertext

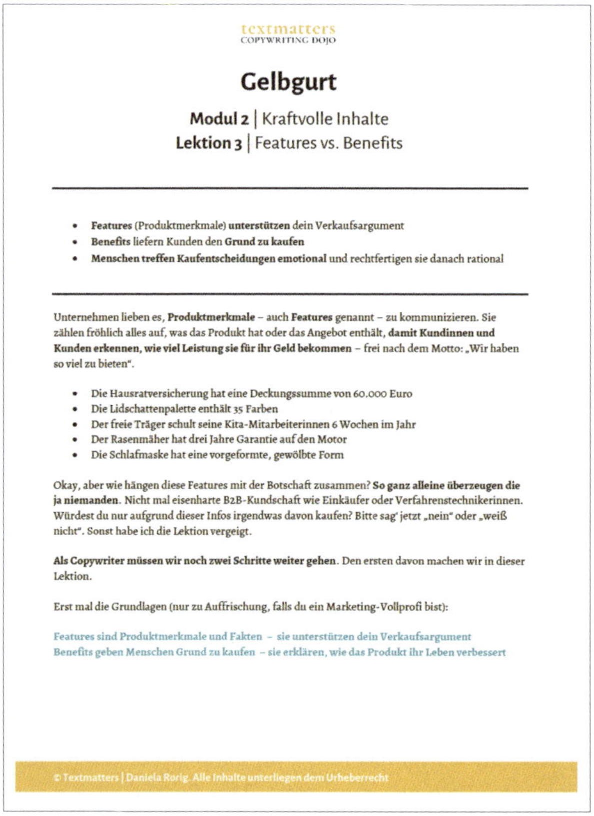

textmatters
COPYWRITING DOJO

Gelbgurt

Modul 2 | Kraftvolle Inhalte
Lektion 3 | Features vs. Benefits

- **Features** (Produktmerkmale) **unterstützen** dein Verkaufsargument
- **Benefits** liefern Kunden den **Grund zu kaufen**
- **Menschen treffen Kaufentscheidungen emotional** und rechtfertigen sie danach rational

Unternehmen lieben es, **Produktmerkmale** – auch **Features** genannt – zu kommunizieren. Sie zählen fröhlich alles auf, was das Produkt hat oder das Angebot enthält, **damit Kundinnen und Kunden erkennen, wie viel Leistung sie für ihr Geld bekommen** – frei nach dem Motto: „Wir haben so viel zu bieten".

- Die Hausratversicherung hat eine Deckungssumme von 60.000 Euro
- Die Lidschattenpalette enthält 35 Farben
- Der freie Träger schult seine Kita-Mitarbeiterinnen 6 Wochen im Jahr
- Der Rasenmäher hat drei Jahre Garantie auf den Motor
- Die Schlafmaske hat eine vorgeformte, gewölbte Form

Okay, aber wie hängen diese Features mit der Botschaft zusammen? **So ganz alleine überzeugen die ja niemanden**. Nicht mal eisenharte B2B-Kundschaft wie Einkäufer oder Verfahrenstechnikerinnen. Würdest du nur aufgrund dieser Infos irgendwas davon kaufen? Bitte sag' jetzt „nein" oder „weiß nicht". Sonst habe ich die Lektion vergeigt.

Als Copywriter müssen wir noch zwei Schritte weiter gehen. Den ersten davon machen wir in dieser Lektion.

Erst mal die Grundlagen (nur zu Auffrischung, falls du ein Marketing-Vollprofi bist):

Features sind Produktmerkmale und Fakten – sie unterstützen dein Verkaufsargument
Benefits geben Menschen Grund zu kaufen – sie erklären, wie das Produkt ihr Leben verbessert

© Textmatters | Daniela Rorig. Alle Inhalte unterliegen dem Urheberrecht

Abbildung 6.9 Die erste Seite des Skripts für Modul 2 des Texter-Gelbgurt-Onlinekurses von Daniela Rorig

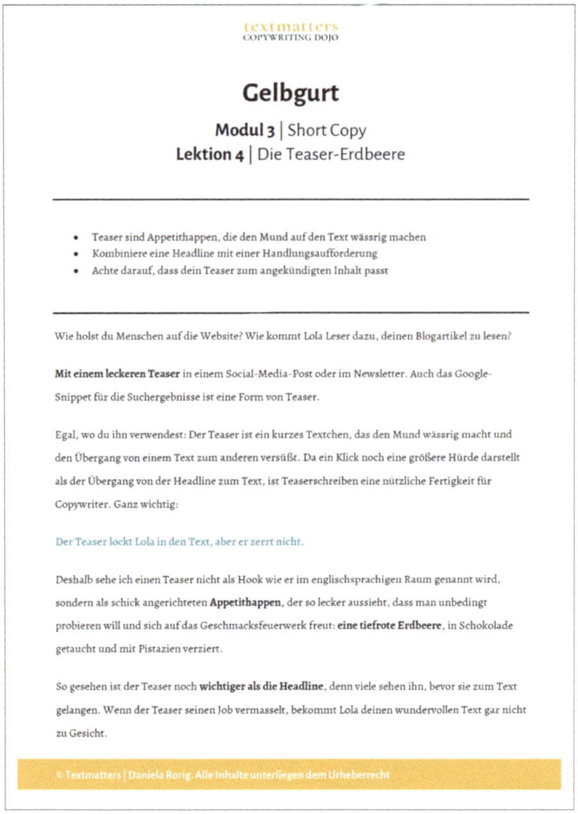

textmatters
COPYWRITING DOJO

Gelbgurt

Modul 3 | Short Copy
Lektion 4 | Die Teaser-Erdbeere

- Teaser sind Appetithappen, die den Mund auf den Text wässrig machen
- Kombiniere eine Headline mit einer Handlungsaufforderung
- Achte darauf, dass dein Teaser zum angekündigten Inhalt passt

Wie holst du Menschen auf die Website? Wie kommt Lola Leser dazu, deinen Blogartikel zu lesen?

Mit einem leckeren Teaser in einem Social-Media-Post oder im Newsletter. Auch das Google-Snippet für die Suchergebnisse ist eine Form von Teaser.

Egal, wo du ihn verwendest: Der Teaser ist ein kurzes Textchen, das den Mund wässrig macht und den Übergang von einem Text zum anderen versüßt. Da ein Klick noch eine größere Hürde darstellt als der Übergang von der Headline zum Text, ist Teaserschreiben eine nützliche Fertigkeit für Copywriter. Ganz wichtig:

Der Teaser lockt Lola in den Text, aber er zerrt nicht.

Deshalb sehe ich einen Teaser nicht als Hook wie er im englischsprachigen Raum genannt wird, sondern als schick angerichteten **Appetithappen**, der so lecker aussieht, dass man unbedingt probieren will und sich auf das Geschmacksfeuerwerk freut: **eine tiefrote Erdbeere**, in Schokolade getaucht und mit Pistazien verziert.

So gesehen ist der Teaser noch **wichtiger als die Headline**, denn viele sehen ihn, bevor sie zum Text gelangen. Wenn der Teaser seinen Job vermasselt, bekommt Lola deinen wundervollen Text gar nicht zu Gesicht.

© Textmatters | Daniela Rorig. Alle Inhalte unterliegen dem Urheberrecht

Abbildung 6.10 Die erste Seite des Skripts für Modul 3 des Texter-Gelbgurt-Onlinekurses von Daniela Rorig

Sobald Sie die Inhalte ausformuliert haben, ist der Zeitpunkt gekommen, alle beteiligten Fachexpert*innen noch einmal alles überprüfen zu lassen. Die Feedbackschleife stellt sicher, dass alle Inhalte fachlich korrekt sind. Nun, da wir die Formalitäten aus dem Weg geschafft haben, kommen wir zum Wichtigsten: wie Sie den Spaß in Ihren Wissens-Content bekommen.

6.5 Spaß und Abwechslung ins Lernen bringen

Stellen Sie sich Folgendes vor: Sie haben sich wochenlang auf ein Webinar gefreut. Das Thema ist etwas, das Sie schon lange interessiert hat. Sie haben schon ein paar Freund*innen davon erzählt, die jetzt auch teilnehmen. Und dann sitzen Sie in dem so traumhaft klingenden Webinar und Folgendes passiert: Die Person, die durch das Webinar führt, liest einfach nur das ab, was sowieso auf den Folien im Hintergrund steht. Und das geht jetzt schon seit 30 Minuten so. Wie würden Sie sich dabei fühlen? Behalten Sie genau diesen Gedanken im Kopf. Denn nun kümmern wir uns darum, dass es Ihren Teilnehmer*innen nicht genauso ergeht.

Zwei Dinge sollten Sie aus diesem Gedankenexperiment mitnehmen: Frontalunterricht will niemand, und lernen darf Spaß machen. Nein, es soll sogar Spaß machen. Gut, dass es mehr als genug Möglichkeiten gibt, Spaß in Ihren Wissens-Content zu bringen.

6.5.1 Die Informationsvermittlung und Interaktion im Weiterbildungs-Content

Eine erste Möglichkeit ist natürlich die Medienvielfalt. Ich persönlich verwende in meinen Angeboten gerne kurze Videos, GIFs und sehr viele Möglichkeiten, Rückfragen zu stellen und von anderen Expert*innen zu lernen. Tabelle 6.4 zeigt alle Informations- und Interaktionstypen, die Abwechslung in Ihren Wissens-Content bringen.

Informations-/ Interaktionstyp	Die beste Wahl, wenn ...
Video	Sie ein universelles, langanhaltend gültiges Thema oder ein Szenario in kurzer bis mittellanger Zeit darstellen wollen.
Podcast	Sie ein Informationselement tiefer diskutieren wollen und es Sie nicht stört, dass die Zuhörer*innen eventuell andere Dinge tun.
interaktive Aufgabe	Sie einen Lerninhalt besonders festigen wollen oder Sie am Ende das Gelernte für ein Zertifikat noch einmal abprüfen wollen.
Textdokument	Sie ein Informationselement in schriftlicher Form zusammengefasst darstellen können.
Liveinteraktion	Sie im Liveformat Fragen stellen oder den Raum frei für Fragen geben und diese beantworten.

Tabelle 6.4 Informations- und Interaktionstypen

Zusätzlich können Sie weitere Medien zur Unterstützung der Informationsvermittlung nutzen (siehe Tabelle 6.5).

Medium	Die beste Wahl, wenn...
Bild	Sie eine Aussage visuell stützen wollen, denn das Gehirn merkt sich Bilder besser.

Tabelle 6.5 Medienvielfalt im Überblick

Medium	Die beste Wahl, wenn...
Diagramm/Infografik	Sie Prozesse oder Zusammenhänge verständlich darstellen wollen.
Textblock	Sie ein Informationselement in einem Absatz kurz und bündig darstellen können.
Audiotext	Sie eine komplexere Animation erklären wollen. Menschen lesen schneller als im Audio gesprochen wird.
Sound/Ambience/Musik	Sie eine Atmosphäre unterstreichen wollen oder einen Moment besonders hervorheben. Bedenken Sie aber, dass nicht alle Kopfhörer oder Lautsprecher haben. Mehr zur Audionutzung finden Sie auch in Kapitel 5, »Schon gehört? Audio-Content ist der Nachwuchsstar am Content-Himmel«.

Tabelle 6.5 Medienvielfalt im Überblick (Forts.)

Wenn Sie ein Medium für eine bestimmte Information verwenden wollen, sollten Sie jetzt schon an später denken: Nichts ist ärgerlicher als ein Thema, das sich ständig weiterentwickelt, in einem aufwendigen Medium wie Video.

Wenn wir also unser oben genanntes Beispiel nehmen, einen Kurs für ein Social-Media-Tool, ist eindeutig, dass wir in einem Onlinekurs Videos für die einzelnen Anwendungsschritte bräuchten und für das Webinar entweder Bilder, Videos oder eine Livedemo im Screensharing. Zusätzlich können Aufgaben gestellt werden, um das Gelernte zu vertiefen: Ein bis drei Schritte werden gezeigt, und dann gibt es eine dazu passsende Aufgabe in einem Testaccount zum Nachmachen.

Während des ganzen Projekts sollten Sie den folgenden Schritt übrigens immer wieder machen: Schauen Sie sich alles bisher Überlegte an, und prüfen Sie ab: Ist das noch das, was die Zielgruppe braucht? Kann meine Zielgruppe damit etwas anfangen? Und passt das so auch noch zu meiner Unternehmensmarke und meinem Ziel? Nur, wenn das Hand in Hand geht, kommt am Ende ein gutes Weiterbildungsprodukt für Sie heraus.

6.5.2 Mit Interaktion Würze ins Lernen bringen

Interaktion ist der erste Schlüssel zu einem lebendigen Onlineweiterbildungsformat. Die Interaktion kann dabei zwischen Lehrperson und Lernenden stattfinden oder zwischen den Lernenden untereinander. Die Lernenden werden durch Interaktion aktiviert und ihre Aufmerksamkeit steigt. Dürfen die Lernenden selbst die Lösung eines bestimmten Problems erarbeiten, bleibt das Gelernte noch besser haften.

Tabelle 6.6 gibt Ihnen einen Überblick, wie Sie Interaktion in Liveformaten fördern können.

Möglichkeit	Beispiel
Geben Sie (lustige) Anekdoten zum Besten.	»Ich erinnere mich gut daran, wie ich bei einem Liveonlinekurs 2 Minuten geredet hatte, nur um dann darauf hingewiesen zu werden, dass ich mein Mikro noch stumm geschaltet hatte.«
Greifen Sie Erwartungen und Erfahrungen auf.	»Du hast erzählt, dass ihr eure Website neu macht. Nach dem bisher Gehörten, was würdest du jetzt schon konkret mit umsetzen/andenken/einplanen?«
Stellen Sie Aktivierungsfragen.	»Wie wichtig ist Ihnen ein gutes Bild in einem Social-Media-Beitrag?«
Stellen Sie offene Fragen.	»Wie könnten wir unser Tool noch verbessern?«
Geben Sie Raum für Rückfragen.	Planen Sie am Ende jedes Inhaltsblocks eine kleine Rückfragerunde ein.
Aktivieren Sie die Teilnehmenden mit Selbsterarbeitungsaufgaben.	»Nun seid ihr an der Reihe: Baut mit unserem Tool in den nächsten 15 Minuten ein perfektes Instagram Visual.«
Schaffen Sie ein offenes, vertrauensvolles Umfeld.	»Sie können hier über alle Fehler und Probleme sprechen; sie werden den Raum nicht verlassen. Es gibt auch keine ›falschen‹ Fragen oder Beiträge. Alle Wortmeldungen sind gleich willkommen.«
Nutzen Sie Kleingruppen zum direkteren Austausch.	Stellen Sie eine Aufgabe und teilen Sie die Personen in Kleingruppen ein, um diese zu bearbeiten. Dafür eignen sich z. B. besonders die Breakout Sessions von Zoom.
Lockern Sie das Lernen mit Quizzes und Umfragen auf.	»Was denken Sie, wie viele Minuten Video werden pro Stunde auf Instagram hochgeladen?«
Schaffen Sie Raum für Aufmerksamkeit mit einer Gedankenreise und/oder körperlicher Aktivierung.	»Jetzt stehen wir alle mal auf und gehen fünfmal auf und ab.«

Tabelle 6.6 Interaktion in Onlineformaten kann effektiv mit den oben stehenden Methoden gefördert werden.

Möglichkeit	Beispiel
Regen Sie durch kleine Szenarien und Storys die Empathie und Fantasie an.	»Stellen Sie sich vor, auf einer Party kommt eine fremde Person zu ihrer Gruppe und pöbelt alle an. Würden Sie noch mit dieser Person sprechen wollen?«
Vorstellungsrunden sind Eisbrecher und überwinden die Kamerascheu.	Nutzen Sie z. B. Online-Whiteboards mit vorgefertigtem Kurzfragebogen und einer Spaßfrage für die Vorstellungrunde.
Laden Sie auch mal Gastredner ein.	Nutzen Sie die Möglichkeit, Expert*innen aus aller Welt zu Ihrem Thema einzuladen. Lassen Sie die Teilnehmer*innen frei Fragen stellen.
Hausaufgaben nicht vergessen.	Grade in Kursreihen ist die Zeit zwischen den Liveterminen die wichtigste. Stellen Sie Aufgaben, in denen das Gelernte in Ruhe angewendet werden kann.

Tabelle 6.6 Interaktion in Onlineformaten kann effektiv mit den oben stehenden Methoden gefördert werden. (Forts.)

Wenn alle Stricke reißen und immer noch keine Interaktion passiert, kann ein *Secret Agent* aus dem eigenen Team das Eis mit Fragen brechen. Abbildung 6.11 zeigt ein Beispiel für eine gelungene Interaktion während eines Webinars von Sales- und Marketingexpertin Eva List[17], die den Teilnehmer*innen das Gefühl gibt, auf tiefer Ebene wahrgenommen zu werden.

Abbildung 6.11 Eine beispielhafte Folie aus Eva Lists Webinar

17 Das ganze Webinar »Social Media im B2B reine Zeitverschwendung« finden Sie hier: *www.omt.de/webinare/social-media-im-b2b-reine-zeitverschwendung/*

Zwischen Sales und Marketing gibt es oft Vorurteile und Reiberein. Eva List zeigt in ihrem Webinar für die OMT GmbH Tipps und Hinweise, wie eine bessere Zusammenarbeit gelingen kann, und räumt aktiv mit Vorurteilen auf. Interaktionen sind aber auch im Nicht-Liveformat möglich. Vom moderierten Forum bis zur interaktiven Aufgabe ist auf den Plattformen einiges möglich. Machen Sie von Anfang an deutlich, wo und in welcher Form im Onlinekurs Interaktion erwünscht oder sogar gefordert ist.

Da Sie aber beim Onlinekurs weniger Handhabe über die Nutzung der Interaktivität haben, gibt es noch zwei weitere Wege, Abwechslung in ihr Weiterbildungsformat zu bringen.

6.5.3 Mit Storytelling Emotion ins Lernen bringen

Eine weitere Möglichkeit, Ihren Wissens-Content aufzulockern, ist *Storytelling*. Im Fachjargon nennen wir so das Geschichtenerzählen. Mehr zu den Grundlagen des Storytellings erfahren Sie in Kapitel 2, »Das Königsformat Text heute – und auch in der Zukunft?«. Ich persönlich liebe Geschichten. Ich liebe, sie zu erzählen, ich liebe aber auch, sie zu hören oder zu sehen.

Tipp: Seien Sie mehr Mensch als Lehrer

Die Authentizität und auch Erfahrung des Vortragenden oder Lehrenden sind sehr entscheidend dafür, wie gut der Draht zu den Lernenden ist. Berichten Sie aus der Praxis und geben Sie dabei auch Geschichten zu Fehlern und Patzern zum Besten. Denn der menschliche Faktor macht nicht nur sympathisch, aus Fehlern lernt man auch besser.

Ich erzähle meinen Teilnehmern z. B. immer von der Konferenz, auf der ich sprechen sollte und wie ich erst fast zu spät kam und dann Teams auch noch gestreikt hat. Am Ende habe ich es mithilfe des Supports zwar trotzdem gerade noch rechtzeitig in die Vorstellungsrunde geschafft, aber ich konnte niemanden sehen. Das unterstreicht die Notwendigkeit eines Technikchecks.

Denken Sie jetzt an das letzte Mal zurück, dass Ihnen eine Person aus Ihrem Freundeskreis ganz euphorisch von einem Instagram-Account erzählt hat, den sie über ein Hashtag zufällig gefunden hat, und wie begeistert sie davon ist. Haben Sie vielleicht direkt die App aufgemacht und sich diesen angesehen? Haben Sie ihn vielleicht sogar abonniert? Damit hat die befreundete Person Ihnen Wissen durch Storytelling weitergegeben, hier in der Form einer Anekdote, wozu wir gleich noch einmal kommen.

Storytelling ist eine Methode, die es uns erleichtert, Inhalte zu vermitteln, und die es Ihrer Zielgruppe einfacher macht, diese zu erinnern. Das Gehirn verarbeitet Wissen in einer Art »narrativer Logik« (Erzählstruktur). Wir haben Minigeschichten im

Kopf, durch die wir Dinge lernen, die uns dabei helfen, tagtäglich unsere Welt einzuordnen.

Hormone sorgen dafür, dass Geschichten uns ein gutes Gefühl geben.[18] Und das lässt sich auch für positive Anreize und Lernerlebnisse im Onlinelernen nutzen. Denken Sie es einmal so: Die Teilnehmer*innen Ihres Onlinekurses oder Webinars sind die Protagonisten Ihrer Geschichte. Ihr Tool oder der Service, ist die Wunderwaffe, mit der sie zu Superhelden werden.

Und wie nutzen Sie Storytelling nun am besten für Ihr Liveformat oder Ihren Onlinekurs? Dafür haben Sie verschiedene Möglichkeiten: Für den Anfang können Sie z. B. einfach echte Anekdoten aus Ihrem Arbeitsalltag erzählen. Das Leben schreibt schließlich in der Regel die besten Geschichten.

Wenn ich einen Onlinekurs zum Thema Konzeption gebe, erzähle ich gerne davon, wie es in fast jedem Kurs vorkommt, dass jemand das Miro-Board nicht nutzen kann. Anfangs habe ich versucht, von meinem Computer aus das Problem zu lösen und habe damit wertvolle Zeit verloren, ohne das Problem lösen zu können. Dafür sind die Geräte und Probleme zu individuell. Mittlerweile gibt es den Workaround über die Chatfunktion des jeweiligen Videokonferenztools.

Meine eigene Ruhe, hilft den Teilnehmer*innen, ruhig zu bleiben. Ich vermittle gleichzeitig essenzielle Informationen, und wir verlieren keine Zeit für das wirklich Wichtige. Sie können ein abstraktes Thema aber auch durch Analogien greifbar machen. Daniela Rorig nutzt für ihre Texter-Onlinekurse z. B. eine Karatestory, die sich durch alle Kurse zieht (siehe Abbildung 6.12).

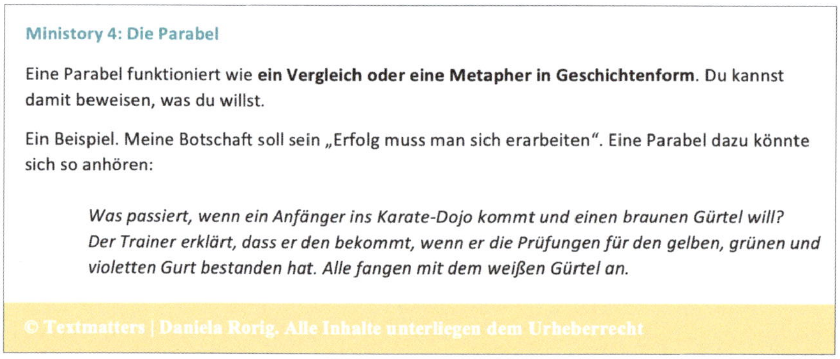

Abbildung 6.12 Dieser Kurs trägt auch den Titel »Gelbgurt Copywriting«[19]. Der Kurs »Schwarzgurt Content & Copywriting« baut darauf auf.

18 Rodriguez, G. R. (21.07.2017). This Is Your Brain On Storytelling: The Chemistry Of Modern Communication. Forbes: *www.forbes.com/sites/giovannirodriguez/2017/07/21/this-is-your-brain-on-storytelling-the-chemistry-of-modern-communication/?sh=6dd9a63cc865*

19 Mehr zum Texter-Gelbgurt erfahren Sie hier: *www.textmatters.org/texter-gelbgurt*

Hier wird Storytelling gleichzeitig zur einfacheren Vermittlung der Inhalte und zur Lernmotivation verwendet. Das ist aber nur der Anfang für Daniela.

Interview mit Daniela Rorig[20]

Daniela, du nutzt Storytelling in deinen Kursen. Wie wichtig ist das für dich?

Auf einer Skala von eins bis zehn sicher zehn.

Wie genau nutzt du Storytelling im Gelb- und Schwarzgurt Kurs?

Ich nutze Storytelling auf zwei Ebenen. Einmal nutze ich die Karatewelt, zu der ich Parallelen ziehe. Also z. B. kommt ja auch kein Anfänger ins Dojo und will direkt einen violetten Gurt machen. Bevor er das machen kann, muss er die Basics lernen und die Gürtel in der richtigen Reihenfolge machen, um immer besser zu werden. So ist das auch beim Texten. Man muss erst einmal Grundlagen legen, um gut schreiben zu können.

Andererseits nutze ich eben genau diese Karatewelt auch zur *Gamification*. Meine Teilnehmerinnen und Teilnehmer können eben nach und nach Zertifikate in Gürtelfarben bekommen.

Wie viel Story ist denn in deine Kurse eingebaut?

Ich nutze immer, immer, immer die Story. Das heißt, wenn ich irgendetwas erzähle, leite ich immer mit der Story ein, die die Parallele aufmacht. Ich rede auch nicht nur über Karate. Ich ziehe Parallelen zu Science-Fiction und Schrödingers Katze. Ich erzähle einfach immer Geschichten, um meine Lerninhalte zu unterstützen und sie verständlich zu machen. Es ist erstens unterhaltsam, und zweitens bleibt es besser hängen.

Das ist nur eine Möglichkeit, Storytelling in ein Training einzubauen. Sie können sich eigene Charaktere und eigene Welten für Ihren Wissens-Content ausdenken. Stellen Sie sich Ihre Trainingsreihe als Netflix-Serie vor. Bedenken Sie dabei aber, dass das kein Muss ist, sondern die Meisterklasse.

Die erste Idee für ein in eine Story verpacktes Training braucht einige Grundelemente: Eine dramatische Story mit einem klaren Aufhänger, diversen Problemen und deren Lösungen, verschiedenen Charakteren und einer klaren Definition, welche Perspektive die Lernenden in der Story einnehmen. Dabei ist es meiner Erfahrung nach am besten, wenn die Lerner*innen eine aktive Rolle in der Geschichte bekommen, anstatt nur über die Schulter zu schauen. Nachdem die Idee gefunden und in eine Storyline verpackt ist, muss das Setting entwickelt werden.

Fragen, die im Grobkonzept für eine Story beantwortet werden müssen

1. Handelt es sich um ein reales oder ein fiktives Setting?
2. Spielt die Story in der Vergangenheit, Gegenwart oder Zukunft?
3. Wie sieht das genau aus? Welche Personen/Wesen bevölkern die Story?

20 D. Rorig, Interview (04.12.2021)

Wenn Sie sich für eine solche Story entscheiden, muss Ihnen klar sein, dass die Geschichte zu den Lerninhalten passen muss. Die Lerninhalte müssen sich natürlich darin eingliedern lassen. Sonst fühlt es sich für die Lernenden künstlich an. Eine der einfachsten und am meisten genutzten Geschichten für Trainings ist die Storyline »A Day in a Life«. Hierbei schlüpft man in eine realistische Rolle und arbeitet mit realitätsnahen Situationen.

In der *Feinkonzeption* geht es dann darum, die Charaktere und die ganze Welt zum Leben zu erwecken. Sie beschreiben Szenarien, legen den Charakteren und Lernenden Worte in den Mund und lassen sie die bestmögliche Lösung für vorgegebene Probleme finden. Das dauert ein wenig länger in der Entwicklung als ein »normaler« Weiterbildungsinhalt, kann Sie aber auch deutlich vom Rest des Marktes abheben.

Im episodischen digitalen Training »Climate under pressure«[21] nimmt der Lernende aktiv am Geschehen der sechs verschiedenen Geschichten teil und muss regelmäßig Entscheidungen treffen und deren Konsequenzen überprüfen.

Abbildung 6.13 Durch das aktive Einbinden in die Geschichte schweift die Aufmerksamkeit nicht so schnell ab.

Die sechs Episoden spielen alle auf der Erde in der Jetztzeit oder nahen Zukunft und beschäftigen sich jeweils mit einem Aspekt des Klimawandels und wie dieser unser tägliches Leben beeinflusst. Indem das Thema allerdings in fiktive Szenarien mit realitätsnahen Charakteren versetzt wird, wird es einfacher für jeden Einzelnen, sich (relativ) angstfrei mit diesem schwierigen Thema auseinanderzusetzen.

21 Climate under pressure – Home. (o. D.). Climate under pressure, *http://climateunder-pressure.com*

Sie sehen also: Sie können Ihre Kurse so einfach oder komplex, wie Sie möchten, mit Storytelling verfeinern; für jedes Erzähllevel und jedes Thema ist etwas dabei.

6.5.4 Mit Videos die Massen begeistern

Erklärvideos und *Tutorials* erfreuen sich zunehmender Beliebtheit im Lernen. Sie erzählen komplexe Sachverhalte innerhalb kürzester Zeit (in der Regel unter 5 Minuten) zielgruppengerecht mithilfe von Storytelling und der Ansprache gleich mehrerer Sinne.[22] Dieser Trend ist gekommen, um zu bleiben. Eine Google-Studie zeigt, dass auch einer von drei Babyboomern YouTube bereits nutzt, um sich über Produkte und Services zu informieren.[23] Alle Generationen lieben Video-Content. Da Lernvideos seit der Gründung von YouTube massiv an Bedeutung und Beliebtheit gewonnen haben, lohnt es sich, die größten Stolperfallen anzureißen. In keinem Gebiet des Weiterbildungs-Contents verändern sich die Standards und Erwartungen so schnell wie in diesem: Schnitt, Szenenbild, Tempo, Optik, ideale Länge, Aufmerksamkeitsspanne – alles ist ständig im Wandel. Viele YouTuber haben sich zudem zunehmend professionalisiert und unsere Erwartungen an Videos nachhaltig geprägt. Genügt Ihr Video diesen Ansprüchen nicht, wird die Zielgruppe es nicht ansehen.

Tobias Ilg, Christina-Maria Schollerer und ich haben unsere Erfahrungen in einen Topf geworfen, und auf folgende Tipps im Kasten komprimiert.

Die wichtigsten Tipps zur Videoproduktion

1. Hochwertige Videoproduktion kostet Zeit – planen Sie von Anfang an genug dafür ein.
2. Schauen Sie sich regelmäßig die erfolgreichsten Unternehmen und Lernvideoproduzenten auf YouTube an, um auf dem neuesten Stand zu bleiben (z. B. Doctor Mike[24] oder General Electric[25]).
3. Sorgen Sie mit Ihrem Outfit oder dem Szenenbild für einen Wiedererkennungswert.
4. Skripten Sie die Texte vor und arbeiten Sie mit einem Teleprompter. Sie können sich für ca. 200 € einen kaufen, oder Sie nutzen eine App[26].
5. Holen Sie sich Profis wie Kameraleute, YouTuber oder Cutter dazu, wenn Sie im Haus keine Expertise in dem Feld haben.

22 Zander, S.; Behrens, A.; Mehlhorn S. (2020). Erklärvideos als Format des E-Learnings. In: H. Niegemann (Hrsg.), Handbuch Bildungstechnologie (S. 247–258). Springer Publishing.

23 Ackerman, B. 3 unexpected reasons baby boomers are turning to YouTube. Think with Google: *www.thinkwithgoogle.com/marketing-strategies/video/baby-boomer-youtube-trends/*

24 Varshavski, M. Doctor Mike: *www.youtube.com/channel/UC0QHWhjbe5fGJEPz3sVb6nw*

25 General Electric. General Electric, *www.youtube.com/user/GE*

26 Teleprompter: *https://apps.apple.com/us/app/teleprompter/id941620509*

6. Videos müssen unterhaltsam sein, sonst werden sie nicht zu Ende geschaut. Nehmen Sie sich ein Beispiel an Hornbach[27].
7. Bedenken Sie vorher, welche Inhalte im Video sich über die Jahre verändern können, und packen Sie diese auf leicht anpassbare Tafeln.
8. Ein gutes Bühnenbild braucht Zeit und sollte regelmäßig überarbeitet werden.
9. Bei szenischen Videos steht und fällt alles mit der Qualität. Auch hier lohnt es sich, gegebenenfalls auf Profis zu setzen.
10. Kann die Zielgruppe nicht überall den Ton anschalten, sollten die Videos untertitelt werden. Das ist bei vielen Zielgruppen eine Standarderwartung.
11. Achten Sie darauf, das Video nicht mit Lerninhalten zu überfrachten.

In den letzten Jahren haben sich die Sehgewohnheiten der jüngeren Zielgruppen im Vergleich zu denen der älteren in einem Punkt massiv verändert: Für die Generation Z und teilweise auch Y ist es nichts Ungewöhnliches mehr, dass Videos vertikal gedreht ausgespielt werden. Je nachdem, mit welcher Zielgruppe Sie es zu tun haben und welche Plattform Sie verwenden, sollten Sie darauf vorbereitet sein, Videos im Hochformat zu produzieren. Selbst der Videogigant YouTube bietet mittlerweile die Möglichkeit, hochformatige Videos hochzuladen und zu vermarkten. Wenn Sie z. B. Ihr Webinar in Instagram Live veranstalten, sind Videos von Anfang an vertikal ausgerichtet. Haben Sie stets ein Auge darauf, was Medium und Zielgruppe verlangen, wenn Sie ein Format planen.

Mehr Tipps für die Videoproduktion finden Sie in Kapitel 4, falls Sie dieses vorher übersprungen haben.

6.6 Den Zeitrahmen richtig schätzen und die Rollen im Team festlegen

Die Zeit für ein Training, Webinar oder eine Unterrichtseinheit einzuschätzen wird Ihnen mit zunehmender Erfahrung immer leichter fallen. Es gibt allerdings ein paar Tricks und Faustformeln, die Ihnen dabei helfen können.

Tipp: Stoppen Sie die Zeit in einem Testrun

Sie sind sich unsicher, wie lange Sie für ein bestimmtes Thema brauchen? Erklären Sie jemandem aus Ihrem Team, was Sie der Zielgruppe sagen wollen, und stoppen Sie dabei die Zeit. Keine Sorge, mit der Zeit kommt das Zeitgefühl ganz von allein.

27 Wohnraum verputzen – HORNBACH Meisterschmiede: *www.youtube.com/watch?v=nvpIL91-jrs8&t=4s*

Aber: Durchschnittnutzer*innen lesen deutlich schneller, als Sie sprechen können. Die Faustformel liegt bei 90 bis 120 Wörtern pro Minute für ein angenehmes Sprechtempo in deutscher Sprache. Gelesen werden allerdings zwischen 250 und 300 Wörter in derselben Zeit.

Für verschiedene Aufgabentypen wird die Zeit noch einmal anders berechnet:

- Bei **einfachen Aufgaben** mit Auswahlantworten rechne ich in der Regel mit **1 Minute Bedenkzeit**.
- Bei **Kreativaufgaben** rechne ich mit **10 bis 15 Minuten** Bearbeitungszeit **pro Aufgabe**. Wie viel Zeit die Teilnehmenden dann am Ende wirklich investieren, können Sie aber kaum beeinflussen.
- Handelt es sich um eine **Aufgabe in mehreren Schritten**, gilt es natürlich, die einzelnen Arbeitsschritte abzuschätzen. Drei Kreativaufgaben wären also 30 bis 45 Minuten.

Aus eigener Erfahrung kann ich sagen, dass beim ersten (Live-)Durchlauf dann erst richtig klar wird, wie lange Teilnehmer*innen für Aufgaben brauchen. Hier lohnt sich der Check, ob diese noch 5 Minuten länger brauchen. Deshalb baue ich in Liveformate am Ende meiner Präsentation Füllthemen ein, die aus gut ausgearbeiteten Folien bestehen. Sollte ich dazu nicht mehr kommen, können die Teilnehmer*innen das im Nachgang einfach selbst lesen, und ich habe genug Puffer, um nicht in Stress zu geraten.

Nun haben Sie eine exzellente Grundlage für Ihr Vorhaben gelegt. Doch bevor wir in die Umsetzung gehen, sollten Sie sich überlegen, wen Sie in Ihrem **Projektteam für die Umsetzung** brauchen.

Grundsätzlich brauchen Sie jemanden, der oder die die **Autorenrolle** (auch Instructional Designer oder Learning Experience Designer) übernimmt und alle Inhalte ausarbeitet. Diese Person arbeitet in der Regel mit sogenannten Fachexpert*innen im Unternehmen zusammen, die Inhalte liefern.

Hinzu kommen in späteren Schritten noch **Design- und Produktionsrollen**, mit denen sich Autoren und Autorinnen frühestmöglich austauschen sollten. So stellen Sie sicher, dass geplante Inhalte auch realisierbar sind. Für die Produktion von Audios und Videos können professionelle Sprecherinnen und Schauspieler notwendig werden. Einen solchen Profi bekommt man auf Fiverr[28] z. B. schon ab 5 € (pro 100 Worte). Sollte es im Haus das Können geben, kann aber auch darauf zurückgegriffen werden.

---

28 Es gibt verschiedene Plattformen, die Dienstleistungen wie diese anbieten, neben Fiverr (*https://de.fiverr.com*) z. B. Upwork (*www.upwork.com*) und Freelancer (*www.freelancer.com*).

Tobias Ilg, Experte für digitale Bildung, rät allerdings mit seiner langjährigen Erfahrung Folgendes:

> *»Ich plädiere dafür, nicht alles selbst machen zu wollen, sondern bei bestimmten Themen auf externe Expertinnen und Experten zurückzugreifen. Bei der Lernfilmproduktion sind das beispielsweise eine professionelle Moderation, aber auch Kamera und Ton. Das sorgt für Qualität und spart Zeit. Nach und nach kann es sich aber auch lohnen, inhouse zu produzieren und diese Personen nach und nach selbst zu befähigen.«*[29]

Eine weitere Rolle, die zumindest in größeren Projekten nicht schadet, sind *Projektmanager*innen*, die alle Beteiligten koordinieren und zeitlich einplanen. Je nach Ausrichtung des Lernerlebnisses können auch *Community Management* und/oder Tech Support notwendig werden.

Bevor Sie die Rollen für Ihr Projekt besetzen, sollten Sie klären, ob die notwendige Expertise im Haus vorhanden ist und gegebenenfalls externe Expert*innen hinzuziehen. Schlechte Qualität schadet am Ende nur. Aus verschiedenen Gründen kann es auch sein, dass eine Person alle Rollen in Personalunion übernimmt. Es ist aber durchaus zeitaufwendig, sich in alles selbst reinzufuchsen.

Zu Zeit und Rollen gehört natürlich auch die Projektplanung. Seien Sie hier großzügig. Für Instagram-Expertin und Content-Strategin Anna Turner war es mit Abstand die größte Herausforderung bei der Erstellung des Onlinekurses »Creative Content Lab«[30], im Zeitplan zu bleiben:

> *»Mein größtes Learning war, dass nichts über eine gute Vorplanung geht. Meine Projektlisten in Asana und Notion haben mir und meiner Assistentin dabei geholfen, den Überblick zu bewahren und zumindest grob in der Zeit zu bleiben.*
>
> *Ich habe mir einen Projektplan angelegt, in dem ich klare To-dos für jeden Monat von Mai 2022 bis zum Launch im Dezember 2022 festgelegt habe – mit der nötigen Flexibilität, diese noch zu verschieben, sollte etwas dazwischenkommen.*
>
> *Alle wichtigsten Informationen rund um die Kursinhalte, den Verkauf und die Betreuung meiner Slack-Community habe ich in Notion festgehalten.«*[31]

Für die Projektplanung bieten sich Tools wie *Trello*, *Asana* oder *Basecamp* an. Seien Sie hier mit der Zeitplanung lieber etwas zu großzügig, als am Tag des Launches ohne Inhalte dazustehen oder den Launch verschieben zu müssen.

---

29 T. Ilg, Interview, 7.1.2021.

30 Creative Content Lab – Kreatives Content Marketing für Instagram: *www.anna-turner.com/creative-content-lab*

31 A. Turner, Interview, 15. Dezember 2022.

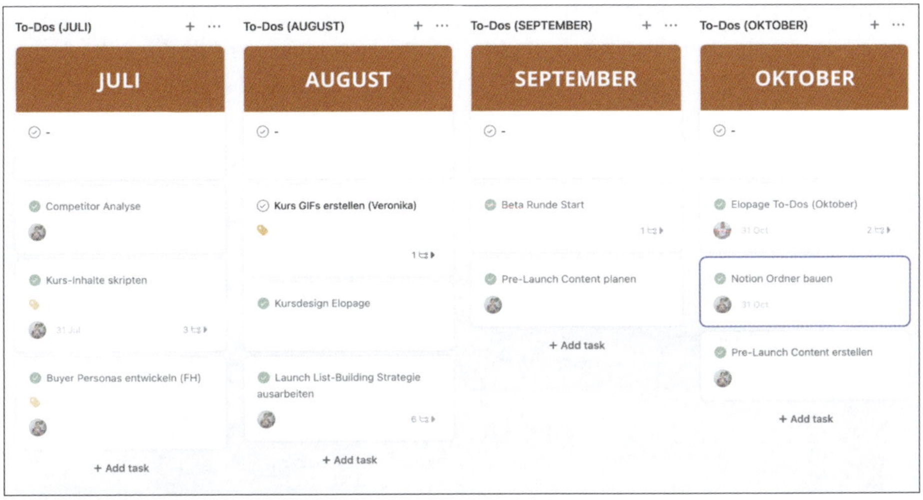

Abbildung 6.14 Anna Turners Planung für den Onlinekurs »Creative Content Lab – Strategisches Content Marketing auf Instagram«

6.7 Mit gutem Design für Klarheit sorgen

Lassen wir die Konzeption hinter uns und kommen zum Design. In meinem Gespräch mit Designerin Maren Steinlen[32] konnten wir einige Gründe zusammentragen, warum Sie das Design nicht vernachlässigen sollten.

Tipps von Maren Steinlen: Mit gutem Design kann man …

- die Zielgruppe führen
- die Marke stärken
- interaktive Erlebnisse fördern
- die Lernenden in eine andere Welt entführen
- das Lernen erleichtern

Schlechtes Design reißt dagegen die Lernenden aus ihrem Flow, lässt ihren Geist abschweifen und im schlimmsten Fall sorgt es dafür, dass sie aufgeben, bevor sie am Ende ankommen (hierzu finden Sie auch weitere Hinweise in Kapitel 3, »Gutes Design, guter Content?«). Um das zu vermeiden, sollten Konzeption, Design und Produktion von Anfang an zusammenarbeiten.

32 M. Steinlen, Interview, 21. Dezember 2020.

Als Teil des Designs ist auch die *User Experience (UX)* zu verstehen. Die meisten Tools geben hier aber die UX schon vor. Für alles gilt auf jeden Fall der altbewährte Grundsatz: »Don't make me think.« Die UX muss intuitiv und einfach sein und darf das Lernerlebnis nicht stören.

Ich kann hier nur das preisgekrönte Beispiel Multiple Choice Mayhem[33] empfehlen, das veranschaulicht, wie Konzept und Design Hand in Hand gehen können (siehe Abbildung 6.15).

Abbildung 6.15 Dieser Minikurs von Cara North lehrt im Retro-Gameshow-Format, wie Multiple-Choice-Fragen formuliert werden sollten.

In einen Retro-Fernseher eingebettet zeigt der erste Teil eine Quiz-Gameshow mit schlecht formulierten Quizfragen, um im zweiten Teil darüber aufklären zu können, wie es besser geht. Inhalt, Konzept und Design passen perfekt zusammen. Ein langweiliges Thema wie das richtige Formulieren von Lernfragen wird durch den Konzeptansatz und das bis auf die Musik durchdachte Design zu einem Lernerlebnis, das wirklich Spaß macht.

Manchmal macht ein kleiner Aufwand hier schon einen riesigen Unterschied. Viele Tools und Plattformen erlauben gezieltes Branding, aber auch das Verwenden von eigenen Bildern, Grafiken und Icons. Achten Sie bei der Verwendung dieser Elemente auf eine einheitliche Gestaltungssprache. Und vergessen Sie nicht das Wichtigste: Am Ende muss es nicht Ihnen und dem Designer gefallen, sondern der Zielgruppe.

---

33 North, C. Multiple-Choice Mayhem: *https://caranorth.com/portfolio/2019/04/09/learning-design/*

Ist das Design erst einmal klar, können alle *Assets* (Designbestandteile wie Logos, Grafiken, Bilder, Videos) produziert werden. Dann fehlt eigentlich nur noch die Produktion. In diesem Schritt wird alles zusammengebaut. Je nachdem, welches Tool Sie verwenden, können Sie das selbst übernehmen oder brauchen Profis.

6.8 Einmal testen, bitte!

Gratulation, Ihr Kurs ist endlich »fertig«. Sie fragen sich jetzt wahrscheinlich, warum ich das fertig in Anführungszeichen gestellt habe? Das liegt daran, dass man bei Onlineprodukten wirklich selten einen Status »fertig« erreicht. Tobias Ilg nennt diesen Zustand *Permanent Beta*.

Was bedeutet »Permanent Beta«?

Das bedeutet, dass der Prozess und die Inhalte des Weiterbildungskurses permanent auf dem Prüfstand stehen. Passt das alles zur Zielgruppe? Ist der Prozess effizient? Sind die Rollen richtig besetzt? Sind die Inhalte noch aktuell oder bereits veraltet? Wird der Kurs gut angenommen? Wie ist das Feedback? Ist die Qualität aller Bausteine ausreichend?

Diese Fragen sollten Sie sich zum ersten Mal stellen, bevor Ihr neues Bildungsprodukt das erste Mal live geht, und danach in regelmäßigen Abständen immer und immer wieder.

Bei den Content Queens[34] werden Onlinekurse und Webinare oft an Teilnehmerinnen des Netzwerkes getestet, bevor sie veröffentlicht werden. Das erlaubt es, Fehler zu entdecken und zu beheben, bevor die (zahlenden) Zielgruppen sie zu Gesicht bekommen. Außerdem bekommt man ein besseres Gefühl dafür, ob die angegebene Lernzeit realistisch ist oder korrigiert werden muss. Das Wichtigste ist aber ein klares Gefühl für die Technik.

Vor allem bei Liveformaten ist es wichtig, im Vorfeld alles einmal komplett durchzuspielen. Denn grobe Probleme beim Launch sind ein Garant für schlechte Rezensionen. Kleine Fehler dürfen natürlich bei einem Live-Webinar auch passieren, da heißt es dann, Ruhe bewahren und souverän lösen. Ich hatte zuvor schon die Anekdote über die Teams-Probleme erwähnt. Das wollen Sie nicht erleben.

Sie haben zwei Möglichkeiten für das *Testing*: Sie können das neue Produkt intern testen und sich von anderen Mitarbeitenden Feedback einholen. Oder Sie schreiben einen echten Beta-Test mit der Zielgruppe aus, wo klar kommuniziert ist, dass das Material noch nicht final ist. Solange klar kommuniziert wird, dass es sich um

34 Hier finden Sie mehr Informationen zum Freelancerinnen-Netzwerk »Content Queens«, das dieses Buch zusammen geschrieben hat: *https://content-queens.com*

eine Beta-Version handelt, die auch deshalb weniger kostet, und Feedback erwartet wird, wird Ihnen die Zielgruppe Fehler verzeihen.

Von der Beta geht es dann in den Livezustand. Bleiben Sie auch hier offen für Feedback.

6.9 Die Aufmerksamkeit der Zielgruppe gewinnen

Wie machen Sie nun Ihre Zielgruppe auf Ihr Onlineweiterbildungsformat aufmerksam, in das Sie so viel Herzblut investiert haben? Die gute Nachricht ist: Sollten Sie schon einige Tipps dieses Buches umgesetzt haben, sind Sie und Ihre Kanäle wunderbar vorbereitet: Fokussieren Sie sich dabei auf die Kanäle mit der meisten Reichweite innerhalb der anvisierten Zielgruppe .

Content-Strategin Irene Michl nutzt z. B. ihre Reichweite auf LinkedIn, um Teilnehmer*innen für ihre Webinare zu rekrutieren.

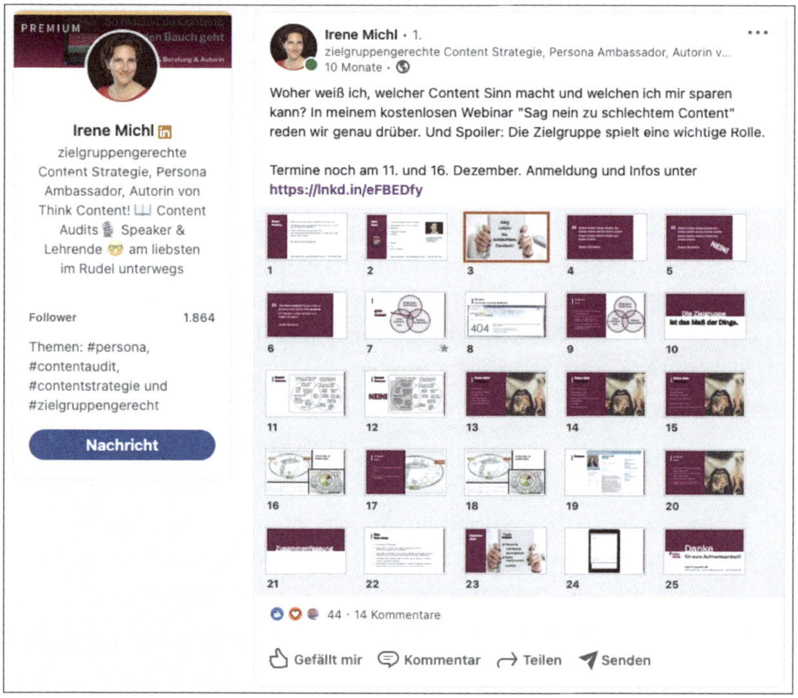

Abbildung 6.16 Irene nutzt für ihr Webinar »Sag nein zu schlechtem Content«[35] einen Sneak Peek auf LinkedIn, um das Interesse zu steigern.[36]

35 Mehr dazu hier: *www.irenemichl.at/kostenloses-webinar-content-strategie/*
36 Quelle: *Linkedin.com*

5 Aufmerksamkeit erregende Tipps von Irene Michel[37]

1. exklusives, kostengünstigeres Angebot zur Beta-Version für die eigene Mailingliste oder das eigene Netzwerk
2. mit einer geführten Challenge die angestrebte Zielgruppe herausfordern
3. ein Webinar anbieten, das einen Vorgeschmack auf die Kursinhalte gibt
4. Teaserposts auf LinkedIn und XING
5. die Zielgruppe bereits mit gezielten Interessenfragen in die Konzeptionsphase miteinbinden

Neben Ihren eigenen Kanälen wie Website, Newsletter oder Social-Media-Auftritt haben Sie viele weitere Möglichkeiten:

- Schalten Sie Anzeigen auf Kanälen, die Ihre Zielgruppe nutzt.
- Laden Sie *Beta-Tester* ein, die ein eigenes Blog haben und bereit sind, einen Preview zu schreiben.
- Geben Sie ein Interview über die Entwicklung in einem relevanten Magazin oder Podcast.
- Laden Sie zu den ersten Terminen Influencer*innen aus der relevanten Zielgruppe ein.
- Bieten Sie Rabattcodes für Weiterempfehler an.

Eine weitere Möglichkeit, Aufmerksamkeit für bezahlten Content zu generieren, ist es, kostenlose Freebies anzubieten. Sie können z. B. der Zielgruppe ein einzelnes Video aus dem gesamten Kurs anbieten oder eine Checkliste passend zu Ihrem Webinar. Viele Firmen entscheiden sich allerdings gleich dazu, zumindest ihre Webinare kostenlos anzubieten und damit ihren Funnel anzutreiben. Es scheiden sich die Geister daran, ob man das nun machen sollte oder nicht: Meine Meinung hierzu ist klar, mit Honig fängt man mehr Fliegen.

Nun bleibt nur noch eins zu tun: live gehen!

6.10 Auswerten, verbessern, in die Zukunft denken

In Abschnitt 6.8 übers Testing haben wir bereits über Permanent Beta gesprochen. Der Kern davon ist die stetige Auswertung und Verbesserung Ihres Angebots. Haben Sie keine Scheu, nach Feedback zum Kurs zu fragen, denn nur so können Sie das

37 I. Michel, Interview (24.1.2022)

Lernerlebnis und Lernergebnis stetig verbessern. Nur weil ein Weiterbildungs-Content fürs Erste fertig ist, heißt das noch lange nicht, dass er perfekt und effektiv ist.

Viele Plattformen und Tools bieten eigene *Metriken* an, über die Sie Parameter wie Zuschauerzahl, Absprungrate, Teilnehmerzahl zu Kursbeginn, Teilnehmerinnenzahl zu Kursende, Video-Views, wie lange Videos geschaut wurden etc. abrufen können. Das gilt sowohl für spezialisierte Webinar-Tools und Onlinekursplattformen als auch für Social-Media-Plattformen. Nicht alle bieten dabei aber den gleichen Umfang an Metriken.

Must-have-Metriken für die Verbesserung des Onlinekurses

- Lernfortschritt (Wie weit haben Lernende den Kurs durchgearbeitet?)
- Lernkompetenz (Wie viele Aufgaben wurden erfolgreich bewältigt?)
- Kundenzufriedenheit (Wie gut oder schlecht fanden die Teilnehmenden den Kurs?)

Wird ein Kurs z. B. immer an derselben Stelle abgebrochen, muss dieser überarbeitet werden. Haben Sie sich für eine Plattform entschieden, die diese Möglichkeiten nicht anbietet, haben Sie dennoch Mittel und Wege, Rückfragen an die Zielgruppe zu stellen. Sie können Teilnehmer*innen beispielsweise über Social Media, E-Mail oder Google-Formular zu Ihrem Lernerlebnis befragen. Achten Sie aber bitte darauf, dass Sie keine unerlaubte E-Mail-Werbung ohne Double-Opt-in verschicken, da das in Deutschland schnell ein rechtlich sensibles Thema werden kann und Sie im Zweifelsfall nur Ihre Teilnehmer verärgern.

Da Sie am Anfang die Lernziele aufgeschrieben haben, fällt es Ihnen nun hier auch leichter, gezielt Rückfragen zu stellen. Arbeiten Sie ein paar Fragen entlang der Lernziele aus, um herauszufinden, ob die Teilnehmerinnen sich in diesen Bereichen befähigt fühlen. Wenn dem nicht so ist, gilt es, hier nachzuarbeiten.

Neben reinen Verbesserungspotenzialen liefert Ihnen Feedback aber auch etwas noch viel Wertvolleres: neue Themen, die Ihre Zielgruppe interessieren. Wenn Sie genau hinhören oder aktiv danach fragen, sehen Sie plötzlich überall Potenziale für neuen Weiterbildungs-Content. Sammeln Sie alle Ideen, und wenn Sie bereit sind, fangen Sie mit dem Prozess wieder bei der Themenentwicklung an.

Zu einem guten Webinar oder Onlinekurs gehört einiges an Arbeit, wie Sie sehen. Fürs Erste sind Sie nun aber gut informiert, um an Ihr eigenes Projekt zu gehen. Vergessen Sie dabei nicht das Wichtigste: Lernen darf und soll Spaß machen. Und haben Sie Spaß bei der Konzeption. Das ist schon die halbe Miete.

Kapitel 7

Content auf Speed – Inhalte für Social Media

»You can buy attention (advertising). You can beg for attention from the media (PR). You can bug people one at a time to get attention (sales). Or you can earn attention by creating something interesting and valuable.«
David Meerman Scott

Nirgendwo sonst werden Inhalte so rasant verbreitet wie auf Social Media. Im Sekundentakt flattern Tausende Tweets, Reels und Stories rund um die Welt. Neue Formate und Netzwerke entstehen praktisch über Nacht (siehe TikTok und BeReal), während andere an Bedeutung verlieren (siehe Snapchat). Mit jedem neuen Kanal steigt auch die Komplexität.

Der Erfolg deines Engagements auf sozialen Netzwerken bleibt deshalb lieber nicht dem Zufall überlassen. Ohne sauber ausgearbeitete Strategie, konsequente Umsetzung und genügend Raum für Spaß und Kreativität werden deine Aktivitäten kaum zielführend sein. Social Media leben von einzigartigen Ideen und lebendigem Austausch. Denk deshalb bitte daran, auch genügend Ressourcen einzuplanen. Guter, anregender Content wird nicht so nebenbei erstellt, sondern kostet Zeit, Geld und Erfahrung. Welches Budget du für dein *Social Media Marketing* einplanen solltest, erfährst du in Abschnitt 7.2.

Vom Kundenservice über Reputationsmanagement bis hin zu SEO, es gibt zahlreiche Möglichkeiten, wie du soziale Netzwerke für dein Unternehmen nutzen kannst. Das Fundament bildet aber immer der Beziehungsaufbau. Das klingt jetzt vielleicht hart, aber Social-Media-Nutzer öffnen Instagram, TikTok und Co. nicht, um von dir zu kaufen. Auch wenn sich durchaus hohe Verkaufszahlen über soziale Netzwerke erzielen lassen (siehe Abschnitt 7.4), sind diese eher ein positiver Nebeneffekt.

Was User stattdessen wollen? Unterhalten und inspiriert werden, Neuigkeiten erfahren und mit anderen in Verbindung treten. Als Social-Media- und Content-Strategin gibt es für mich kein spannenderes Thema als Content auf sozialen Medien. Wie das Zitat, das ich zum Einstieg in dieses Kapitel gewählt habe, zeigt, gibt es verschiedenste Möglichkeiten, um die Aufmerksamkeit von Onlinenutzern zu erbetteln oder viel Geld auszugeben, um diese zu kaufen. Dabei geht es doch viel besser. Auch 20 Jahre später behält Bill Gates noch immer recht, als er 1996 sagte, »Content is King« (bzw. Queen, wir haben schon etwas dazugelernt).

7.1 Einführung: Content für immer mehr abgelenkte Zielgruppen

Soziale Netzwerke haben unseren Alltag nachhaltig verändert, denn ein Leben ohne Instagram und Co. ist kaum mehr vorstellbar. Noch vor dem Zähneputzen lesen wir die neuesten Tweets. Die Vorbilder der Generation Z sind nicht Schauspielerinnen und Fußballstars, sondern Influencer, Bloggerinnen und TikTok-Creators. YouTube und Netflix sind das neue Fernsehen, geshoppt wird heute über Pinterest und Instagram; und Weltgeschehnisse erfahren wir nicht mehr nur aus dem TV oder Radio, sondern auf Facebook und Twitter.

Waren es 2013 nur vier Profile, besitzt jeder User mittlerweile knapp acht Social-Media-Accounts.[1] Auch die Zeit, die wir auf sozialen Netzwerken verbringen, wird immer länger. Waren es 2019 noch im Schnitt 99 Minuten, konsumiert der durchschnittliche Deutsche heute mehr als 2 Stunden am Tag Videos, Podcasts oder textbasierte Onlinemedien. Bei den *Digital Natives*, den 14- bis 29-Jährigen, sind es sogar mehr als 4 Stunden.

Die überwältigende Vielzahl an Netzwerken, Formaten und Inhalten sowie die immer kürzer werdende Aufmerksamkeitsspanne führen dazu, dass Plätze in den Newsfeeds mittlerweile hart umkämpft sind. Dazu kommen noch regelmäßige Algorithmus-Updates und sinkende organische Reichweiten, die es vor allem Unternehmen immer schwerer machen, die eigene Zielgruppe zu erreichen. Trotzdem lohnt sich das Experiment Social Media Marketing auch heute noch. Denn nirgendwo sonst kannst du so gut deine Markenbekanntheit steigern, in Echtzeit mit deinen Kundinnen kommunizieren, sowie den Verkauf ankurbeln.

7.1.1 Die Bedürfnisse von Social-Media-Nutzern verstehen

Um zu verstehen, welche Inhalte auf Facebook und Co. ankommen, lohnt es sich, zunächst einen Blick auf die Bedürfnisse von Nutzerinnen zu werfen. Du weißt mittlerweile, wie viel Zeit User pro Tag auf Social Media verbringen, aber was sind die Beweggründe dafür? Laut einer Studie des Global Web Index nutzen 40 % der Deutschen soziale Netzwerke aus Langeweile. Weitere Gründe sind die Aktivität von Freunden, der Austausch mit der Peer-Gruppe, das Konsumieren von lustigen

1 Quelle: *https://de.statista.com/statistik/daten/studie/777930/umfrage/durchschnittliche-anzahl-an-social-media-accounts-pro-internetnutzer-weltweit/*

und unterhaltsamen Inhalten sowie die Suche nach Informationen über aktuelle Geschehnisse. Wenn ich Social-Media-Strategien für meine Kund*innen entwickle, stütze ich mich deshalb auf vier *Content-Säulen*, die all diese Bedürfnisse abdecken (siehe Tabelle 7.1).

Content-Säule	Beschreibung	Content-Ideen
Unterhalten	Content, der gute Laune macht und Nutzerinnen zum Lachen bringt oder auf andere Art und Weise besonders unterhaltsam ist	▪ Memes, Witze, lustige Sprüche ▪ Tänze und Challenges ▪ Sketches und Dialoge ▪ lustige Tiervideos ▪ Pannen und Hoppalas ▪ Spiele, Quizzes und Umfragen
Inspirieren	Content, der zum Nachdenken anregt und im Gedächtnis bleibt, indem er die Ziele und Wünsche deiner Zielgruppe darstellt	▪ Storytelling, authentische Geschichten ▪ Transformationen, Vorher-Nachher-Posts ▪ inspirierende Zitate ▪ Lifestyle-Tipps
Erklären	Content, der Wissen vermittelt, die Probleme deiner Zielgruppe löst und Neuigkeiten unterhaltsam verpackt	▪ Tutorials und DIY-Tipps ▪ Minitrainings ▪ FAQ beantworten ▪ Newsjacking, Neuigkeiten kommentieren ▪ Produktdemonstrationen
Verkaufen	Content, der dein Angebot als Lösung für die Probleme deiner Zielgruppe positioniert und den Weg zum Wunschzustand zeigt	▪ Produkt in der Anwendung ▪ wichtigste Details zum Angebot ▪ Testimonials und Rezensionen ▪ User-generated Content ▪ Give-aways

Tabelle 7.1 Die vier Content-Säulen auf Social Media

Content-Säulen sind noch keine Content-Strategie. Jedoch verstehen es erfolgreiche Social-Media-Accounts, alle vier Säulen regelmäßig zu bespielen. Mit welcher Frequenz Inhalte für jede Säule umgesetzt werden, hängt natürlich vom Account-Thema, der Markenidentität und der Zielgruppe ab. Luxusmarken wie Gucci oder Louis Vuitton teilen vorwiegend hochwertigen Inspirations- und Verkaufs-Content, bei dem die neuesten Kollektionen von bekannten Models oder Influencern ausdrucksstark in

Szene gesetzt werden. Im Gegensatz dazu setzt eine selbstständige Beraterin wie ich lieber darauf, möglichst praktisches Wissen zu vermitteln, um dadurch eine starke Bindung zur Zielgruppe aufzubauen. Wichtig ist dabei, dass eigentlich jedem Post ein gewisser Unterhaltungsfaktor beigemessen werden sollte, egal, ob dieser inspiriert oder etwas erklärt. Wie die oben zitierte Studie zeigt, wollen Social-Media-User abgelenkt werden. Nur wer es schafft, Inhalte so kurzweilig und ansprechend zu verpacken, dass Nutzerinnen gar nicht anders können als stehen zu bleiben statt gelangweilt weiterzuscrollen, wird auch in übersättigten Newsfeeds sichtbar. Wie du solchen Thumbstopper-Content erstellst, erfährst du in Abschnitt 7.3.

Warum soll ich unterhalten, wenn ich doch verkaufen möchte?

Diese Frage begegnet mir im Rahmen meiner Beratungen allzu oft. Unternehmen und Selbstständige werden ja nicht aus Jux und Dollerei auf Social Media aktiv, und die Betreuung der eigenen Kanäle nimmt viel Zeit und Geld in Anspruch. Diese Investitionen sollen sich am Ende auch irgendwie rentieren. Aus diesem Wunsch heraus verkümmern solche Accounts oft zu einem lieblos gestalteten Produktkatalog – nicht gerade das, was Nutzerinnen anspricht. Social-Media-Erfolg setzt ein Bewusstsein über die Bedürfnisse der User voraus. Und diese sind eben, unterhalten und inspiriert zu werden sowie sich zu informieren. Die trotzdem vorhandene Kaufbereitschaft ist eher ein angenehmer Nebeneffekt. Wer das früh genug erkennt, wird auch belohnt werden.

7.1.2 Die vier Content-Säulen entlang der Customer Journey

Um die Strategie hinter den vier Säulen zu veranschaulichen, betrachten wir sie einmal im Rahmen der *Customer Journey*. Diese beschreibt die Reise deiner Kundin vom ersten Mal, wo sie auf dich aufmerksam wird, bis zum Kaufabschluss und darüber hinaus – so die Theorie. In der Realität sind Customer Journeys differenziert und divers, keine gleicht der anderen. So könnte ein Kunde über die Empfehlung eines Freundes von deiner Marke erfahren haben, um daraufhin auf Instagram nach dieser zu suchen und über das Shopping-Feature noch am selben Tag dein Produkt zu kaufen. Eine andere Kundin entdeckt dich hingegen in einem Magazin, googelt nach dir und trägt sich zunächst in deinen Newsletter ein, um einen Rabattcode zu erhalten. Erst nach ein paar Tagen bekommt sie eine Erinnerungs-E-Mail und klickt auf deinen Shoplink, um vom Rabatt Gebrauch zu machen. Du siehst, dass die beiden Kund*innen in diesem Beispiel verschiedene Berührungspunkte auf mehreren Plattformen durchlaufen und auch unterschiedlich lange brauchen, bis es zum Kaufabschluss kommt.

In meinen Social-Media-Strategien skizziere ich in dem vollen Wissen, dass diese im echten Leben kaum einmal so stattfinden wird, gerne eine komplette Customer Journey auf einer einzigen Plattform. Damit möchte ich aufzeigen, dass Social-Media-Content wirklich in jeder Phase erfolgreich eingesetzt werden kann. So könnte z. B. eine Kundenreise auf dem Instagram-Account eines Personal-Brand-Fotografen aussehen (siehe Tabelle 7.2):

1. **Aufmerksamkeit**: Die (potenzielle) Kundin wird über ein lustiges Reel auf den Fotografen aufmerksam.
2. **Interesse**: Das Reel gefällt ihr so gut, dass sie den Account des Fotografen besucht, um sich weitere Posts von ihm anzusehen. Sie sieht in seiner Profilbeschreibung, dass er ganz in ihrer Nähe lebt, und folgt ihm.
3. **Bedürfnis**: Als Followerin sieht sie täglich seine Posts und Stories und fühlt sich immer mehr zugetan. Er schafft es, genau ihre Pain Points anzusprechen, z. B., dass sie sich vor der Kamera eher unwohl fühlt. Durch seine Inhalte nimmt er ihr die Angst und das Bedürfnis entsteht, selbst ein Fotoshooting bei ihm zu buchen.
4. **Kaufabschluss**: Sie schreibt ihn direkt über Instagram an, wo er freundlich und effizient die Terminbuchung abwickelt.
5. **Nach dem Kauf**: Nachdem sie ihre Fotos erhalten hat, ist sie überglücklich und postet diese auf ihrem Account. Sie markiert ihn und er teilt ihre Posts in seiner Story.
6. **Kundenbindung**: Auch nach dem Fotoshooting bleibt sie ihm als Followerin treu, da er Inhalte teilt, die auch seine bestehende Kundschaft ansprechen.

	Ziel	**Touchpoints**	**Content-Idee**
Aufmerksamkeit	Reichweite generieren	Reels, Liveinterviews, Explore Feed …	lustiges Reel mit abgedroschenen Businessposen
Interesse	Follower gewinnen	Profilbio, Storyhighlights …	Über-mich-Storyhighlight
Bedürfnis	Interaktionen	Feed- & Story-Posts, Guides, DMs	inspirierende Posts zum Thema Selbstbewusstsein
Kauf	Kunden gewinnen	DMs, Linksticker, Kontakt-Buttons	Sales-Story mit wichtigsten Informationen zum Angebot
nach Kauf	Kunden aktiv betreuen	DMs, Story-Re-Posts	fertige Bilder der Kunden im Feed oder in der Story teilen
Bindung	Kunden in Fans verwandeln	Feed- & Story-Posts, Guides, DMs	Post mit Tipps zum Einbetten der Fotos auf der Website

Tabelle 7.2 Content-Ideen für jede Phase der Customer Journey auf dem Instagram-Kanal eines Personal-Brand-Fotografen

Wie bereits erwähnt, durchläuft eine Customer Journey in der Realität meist mehrere Plattformen. Diese Übung zeigt jedoch, warum es wichtig ist, Inhalte zu planen, die nicht nur alle Phasen der Customer Journey, sondern auch die vier Content-Säulen abdecken. Gelingt es dem Fotografen in der Aufmerksamkeitsphase, über unterhaltsamen Content hohe Reichweiten zu generieren, nutzt er inspirierende und hilfreiche Posts, um das Vertrauen potenzieller Kundinnen zu festigen. Und um die Kaufabwicklungsphase aktiv zu begleiten, versteht er es, die wichtigsten Informationen zu seinem Angebot sowie mögliche Verkaufseinwände regelmäßig in seiner Story zu behandeln.

Liebscher & Bracht: Mit Erklär-Content zum YouTube-Erfolg

Mit mehr als 1 Million YouTube-Abonnenten und Follower-Zahlen im sechsstelligen Bereich auf Facebook, Instagram und TikTok zeigen die Schmerzspezialisten Liebscher & Bracht, wie man durch spannende Inhalte und gutes Storytelling den Verkauf ankurbelt. Dabei steht dieser gar nicht im Vordergrund. Gerade weil es um so ein sensibles Thema wie Schmerzen geht, bemüht sich das Unternehmen, mit leicht umzusetzenden Praxistipps (siehe Abbildung 7.1) sowie emotionalen Geschichten echter Kunden ein Vertrauensverhältnis aufzubauen, noch bevor etwas verkauft wird.

Abbildung 7.1 Auf dem YouTube-Kanal von Liebscher & Bracht gibt es zahlreiche Praxistipps, um den Alltag schmerzfrei zu bewältigen. (*www.youtube.com/watch?v=WRnOYsBihPQ*)

7.1.3 So entwickelst du abwechslungsreichen Social-Media-Content

Unternehmen wie Liebscher & Bracht, die Social Media verstanden haben, machen vor, wie man relevante Inhalte abwechslungsreich aufbereitet. So findet man auf dem Twitter-Profil von Slack (*https://twitter.com/SlackHQ*), einem Instant-Messaging-Dienst für Unternehmen und Teams, eine bunte Mischung aus Produkt-Updates, inspirierenden Sprüchen rund um den Arbeitsalltag, Links zu hilfreichen Blogartikeln und sogar das eine oder andere Meme. Auf dem Instagram-Profil von Westwing (*www.instagram.com/westwingde/*) tummeln sich hingegen Homestorys von Westwing-Kunden, Bilder von wunderschön gestylten Zimmern und Nischen sowie Tutorials, wie man Servietten weihnachtlich faltet oder seinen Kleiderschrank ordentlich sortiert. Beide Unternehmen verstehen es nicht nur, Content-Formate zu wählen, die alle Bedürfnisse von Social-Media-Nutzern abdecken, sondern auch solche Themen anzusprechen, die für ihre Zielgruppe relevant sind.

Erfolgreiche *Content-Planung* für deine Social-Media-Kanäle beginnt immer mit der Themenauswahl. Idealerweise wurden bestimmte Kernthemen schon im Rahmen der Markenstrategie und Positionierung ausgearbeitet. Vielleicht wurden auch schon erste Zielgruppenbefragungen durchgeführt, in denen besondere Interessen und Bedürfnisse rund ums eigene Business abgefragt wurden. Falls beides noch nicht geschehen ist, hilft dir die folgende Übung, deine Kernthemen zu definieren.

Übung: Die Themencluster-Methode

Die Themencluster-Methode wende ich seit jeher an, um relevante Content-Ideen für meine Kund*innen zu entwickeln. Dabei handelt es sich um eine einfache Mindmap, wie du sie vielleicht noch aus der Schulzeit kennst, in der fünf bis acht Themencluster rund um das Businessthema skizziert werden. Im Vergleich zu normalen Texten oder Listen werden in einer Mindmap Informationen so strukturiert, wie dies in unserem Gehirn passiert. Deshalb eignet sich diese Methode hervorragend zum freien Brainstorming.

So gehst du dabei vor:

1. Nimm dir ein Blatt Papier oder öffne eine leere Grafik im Programm deiner Wahl. Arbeitest du die Mindmap gemeinsam mit einem Team aus, das sich nicht im selben Raum befindet, empfehle ich für diese Übung das digitale Whiteboard Miro (*https://miro.com*).
2. Schreib dein Businessthema groß in die Mitte. Notiere hier gerne auch schon Stichworte zu deiner Positionierung, was dein Angebot besonders macht und dich vom Wettbewerb unterscheidet. Im Beispiel in Abbildung 7.2 ist das ein Yogastudio für Meditation und langsame Yogaformen.

3. Als Nächstes malst du fünf bis acht Kreise rund um dein Businessthema. Diese stellen deine Kernthemen dar. Welche Ideen und Aspekte fallen dir rund um dein Businessthema ein? Welche Themen und Fragen bewegen deine Kundschaft? Unser Yogastudio wird auf jeden Fall die Themen Yoga-Asanas und Meditation abdecken. Zusätzlich möchte sich das Studio auch mit der Yogaphilosophie beschäftigen, die eine wichtige Ergänzung zur rein körperlichen Seite von Yoga darstellt. Auch das Thema Achtsamkeit soll Platz auf den Social-Media-Kanälen des Studios finden, da es das eigene Angebot ergänzt. Zum Schluss sollen noch Inhalte zum Studio selbst und der persönlichen Geschichte der Studiobesitzerin geteilt werden, um neue Kundinnen anzulocken.
4. Jetzt kommen wir zum spannenden Teil. Im nächsten Schritt gehst du deine fünf bis acht Kernthemen der Reihe nach durch und überlegst dir möglichst viele Unterthemen dazu. Wenn dir zu einem Kernthema nichts mehr einfällt, springst du zum nächsten. Wichtig ist dabei, dass du dir an dieser Stelle noch keine Gedanken zur Umsetzung machst. Es geht bei dieser Übung allein darum, so viele Ideen wie möglich für deine Social-Media-Kanäle zu finden. Wo und wie diese dann umgesetzt werden, entscheidest du erst, nachdem du das Brainstorming beendet hast. So werden also nach und nach alle Kernthemen befüllt und miteinander verbunden. Am Ende hast du eine visuelle Darstellung zahlreicher Themenbereiche und Posting-Ideen für deine Social-Media-Accounts.

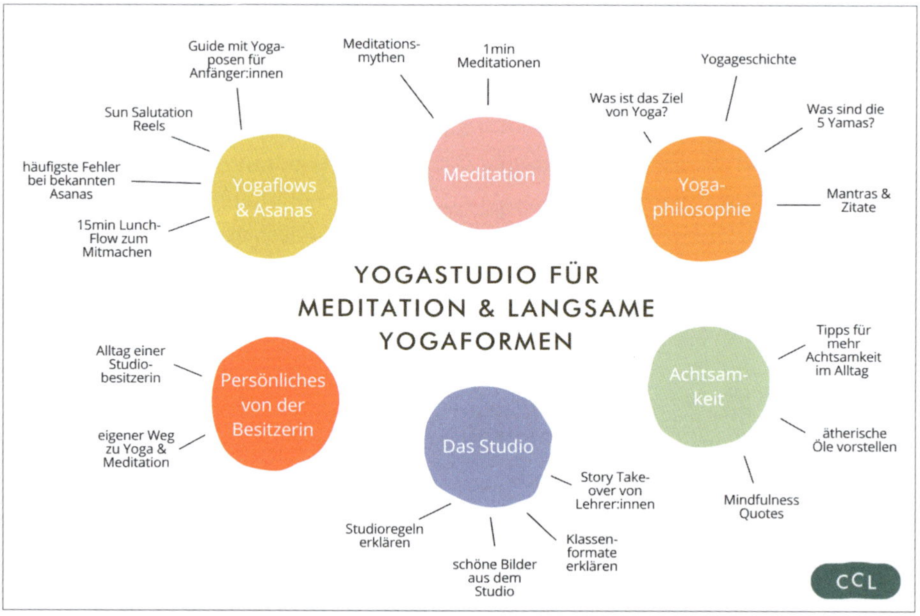

Abbildung 7.2 Die Themencluster für einen Yogastudio-Account

Wie viele Themen darf ein Account behandeln?

Eine Analyse beliebter Businessprofile auf Social Media zeigt, dass solche Accounts am erfolgreichsten sind, die sich thematisch klar eingrenzen. Doch nicht jedes Unternehmen hat so einen klaren Fokus wie das Yogastudio aus dem vorher genannten Beispiel.

Eine mögliche Strategie, um dieses Problem zu umgehen, ist es, mehrere Business-Accounts mit thematischen Schwerpunkten zu erstellen. So besitzt der Großkonzern Siemens auf Instagram neben seinem Markenaccount *@siemens* nicht nur einzelne Länder-Accounts (z. B. *@siemens_austria*, *@siemens_es*), sondern auch Themen-Accounts. Auf dem Profil von *@siemens_mobility* wird über Mobilität und Infrastruktur gepostet, während sich Endkundinnen auf dem Account von *@siemenshomede* über das Produktangebot für das eigene Zuhause inspirieren lassen können. Auf *@siemens_ausbildung* dreht sich dafür, wie der Name schon sagt, alles um Siemens als attraktiven Arbeitgeber.

Kleine Unternehmen oder Solopreneure, deren Ressourcen es nicht zulassen, gleich mehrere Accounts pro Kanal zu betreuen, können stattdessen versuchen, ihre Kernthemen auf verschiedene Plattformen aufzuteilen. Als Content-Strategin und Social-Media-Beraterin für Selbstständige und KMU teile ich auf Instagram praktische Tipps rund um die Themen Instagram-Marketing und Content-Strategie, während ich auf LinkedIn vorwiegend persönliche Gedanken und Erfahrungen rund um meine Selbstständigkeit poste.

Übung: Ein Thema – vier Säulen

Hast du deine Kernthemen für einen oder mehrere Accounts festgelegt, geht es im nächsten Schritt darum, diese in ansprechende Posting-Ideen zu verwandeln. Dabei hilft es, mit den vier Content-Säulen zu arbeiten, die ich dir in Abschnitt 7.1.1, »Die Bedürfnisse von Social-Media-Nutzern verstehen«, vorgestellt habe. Wähle eines der Themen aus deiner Mindmap aus und überleg dir, wie du dieses Thema unterhaltsam, inspirierend oder informativ darstellen könntest.

In Abbildung 7.3 siehst du drei Posts und eine Handlungsaufforderung (Call-to-Action) auf meinem Instagram-Account. Alle vier Beispiele drehen sich um das Thema Content-Strategie und wurden im Rahmen meines Onlinekurs-Launches gepostet.[2] Um meine Follower schon vorweg für die Kursinhalte zu begeistern, habe ich über mehrere Wochen ausschließlich Posts zum Kursthema »Content-Strategie für Instagram« geteilt und diese anhand der vier Säulen geplant. Du siehst ganz links ein unterhaltsames Reel, in dem ich so tue, als wäre ich eine Person, die ganz ohne Content-Strategie auf Instagram verkaufen möchte und daran scheitert. Um meiner Zielgruppe dann zu zeigen, was alles möglich ist, wenn man strategisch postet, habe ich im zweiten Reel Screenshots aus meinen Instagram-Insights geteilt. Im dritten Post habe ich Step-by-Step meine Social-Media-Strategie aufbe-

2 Als Launch bezeichnet man die Markteinführung eines neuen Produkts.

reitet und am Ende einen Call-to-Action platziert. Und schon wurden alle vier Säulen mit einem Thema abgedeckt. Probiere diese Übung gerne selbst aus. Auf meiner Website findest du ein Worksheet dazu: *www.anna-turner.com/content-360-grad*.

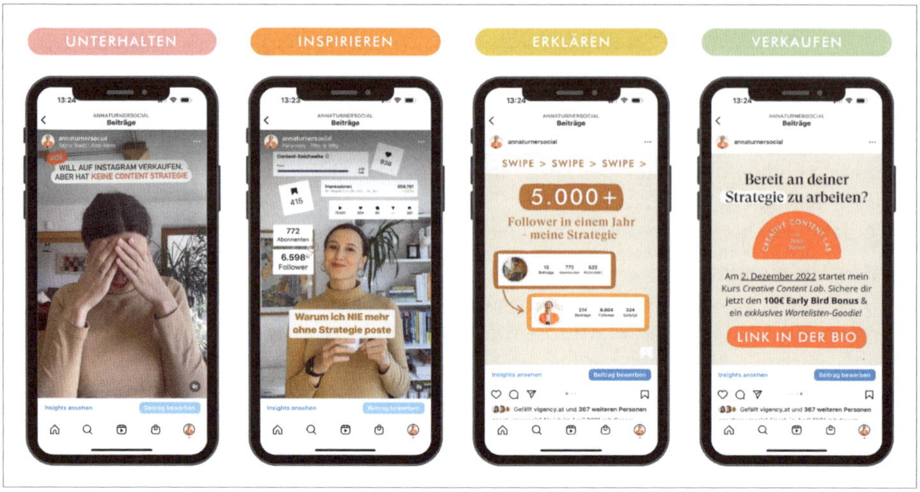

Abbildung 7.3 Die vier Content-Säulen auf meinem Instagram-Account (*www.instagram.com/annaturnersocial/*)

7.2 Social-Media-Content-Management – nur nebenbei geht meist an den Bedürfnissen vorbei

Übungen wie diese helfen dir nicht nur dabei, deine Inhalte abwechslungsreich zu gestalten, sondern sind eine Form von smartem Content-Recycling. Bevor wir aber näher auf dieses Thema eingehen, werfen wir einen eher tristen Blick auf die aktuell vorherrschende Situation in zahlreichen Unternehmen. Gute Social-Media-Inhalte und deren erfolgreiche Umsetzung sind mit Zeitaufwand verbunden, deshalb müssen auch notwendige personelle, zeitliche und finanzielle Ressourcen freigegeben werden. Leider sieht die Realität oft noch anders aus, und die Betreuung von sozialen Netzwerken wird als Nebensache, als reine Spielerei oder – noch schlimmer – als Belastung betrachtet und an die Praktikanten oder das ohnehin schon überlastete Marketingteam abgegeben. Wenn dann die Follower-Zahlen stagnieren und das Engagement ausbleibt, sehen sich viele Chefs in ihrer ursprünglichen Annahme bestätigt und es heißt: »Social Media sind einfach nichts für uns.«

Siehst du den Fehler? Wer von Anfang an glaubt, dass das Posten auf sozialen Netzwerken sowieso nichts bringt, wird auch nicht die Strukturen schaffen, um guten, zielgerichteten Social-Media-Content zu erstellen. Was bleibt, sind leere Feeds und die immer gleichen Inhalte – hier eine Case Study, dort ein Schnappschuss vom Team-Meeting und jede Woche ein bis zwei Testimonials – nicht gerade das, was deine Zielgruppe begeistert.

7.2.1 Von der Idee zum fertigen Post – was kostet es?

Egal, ob du deine Ideen alleine umsetzt, mit Agenturen oder Freelancerinnen arbeitest oder sogar dein eigenes Team vor Ort hast, Fakt ist: Wer Social Media Marketing ernsthaft betreiben möchte, muss auch etwas springen lassen. Die wichtigsten Kostenfaktoren stehen in Tabelle 7.3 im Überblick.

Content-Erstellung	Software und Tools	Werbung und Partnerschaften	Interne Kosten
▪ Fotografinnen, Grafikdesigner ▪ Bildlizenzen ▪ Videoproduktion ▪ Texterinnen, Übersetzer	▪ Bild- und Videobearbeitungstools ▪ SEO- und Keyword-Tools ▪ Planungs- und Analysetools	▪ Werbung auf verschiedenen Netzwerken ▪ Influencer-Kampagnen ▪ Co-Branding-Kampagnen ▪ Preise für Gewinnspiele	▪ Gehälter des Social-Media-Teams ▪ Weiterbildungskosten, Trainings ▪ Geräte (Computer, Smartphones, Kameras, Mikrofone usw.)

Tabelle 7.3 Die wichtigsten Kostenfaktoren im Social Media Marketing

Was ist ein angemessenes Social-Media-Budget?

Wie viel du ausgeben solltest, kann man natürlich nicht pauschal beantworten. Dennoch gibt es Benchmarks, an denen du dich orientieren kannst. Das Social-Media-Planungstool Buffer fand heraus, dass US-amerikanische Firmen im Schnitt zwischen 4.000 US$ und 7.000 US$ im Monat für Social Media Marketing ausgeben.[3] Aber auch mit knapperem Budget kannst du viel erreichen. Entscheidend ist, dass du es zielgerichtet einsetzt.

Best Practice: Instagram-Marketing mit Herz vom Biohotel Der Daberer

Dass erfolgreiches Social Media Marketing auch ohne großes Budget funktionieren kann, zeigt Marianne Daberer vom Biohotel Daberer im österreichischen St. Daniel. Die Hotel-Accounts werden nämlich von der Chefin selbst betreut, ohne professi-

3 Quelle: *https://buffer.com/library/social-media-marketing-budget/*

onelles Equipment und sonstigen Firlefanz. Auf Instagram postet sie ehrliche Einblicke in den Hotel-Alltag, Rezepte aus der Bioküche, Zimmerführungen und Fotos ihrer Wanderungen (siehe Abbildung 7.4). Dieser authentische Umgang gefällt auch der Community, denn immer mehr Gäste finden das Hotel über Social Media.

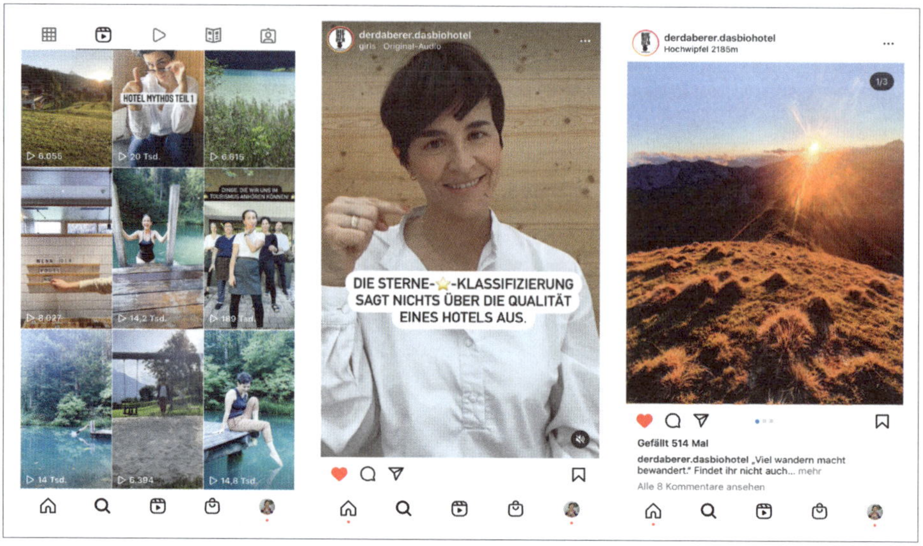

Abbildung 7.4 Der Instagram-Account vom Biohotel Daberer wird von der Chefin selbst betreut. (*www.instagram.com/derdaberer.dasbiohotel/*)

7.2.2 Eine durchdachte Strategie spart Zeit und Kosten

Der größte Kostenfresser im Social Media Marketing ist eine fehlende Strategie. Wer einfach wild darauflos postet, ohne darüber nachzudenken, kommt zwar vielleicht auch irgendwann ans Ziel, wird es aber teuer bezahlen. Damit meine ich nicht, dass alles nach Strich und Faden laufen muss und man aufhört zu experimentieren. Content-Erstellung für Social Media ist ein bisschen wie das Arbeiten in einem Labor. Man sollte zumindest über die Beschaffenheit seiner Instrumente und Zutaten Bescheid wissen, bevor man sie wild zusammenmischt. Sonst fliegt noch das ganze Labor in die Luft.

Eine durchdachte *Social-Media-Strategie* schafft die Rahmenbedingungen dafür, dass Inhalte auch wirklich auf deine Unternehmensziele einzahlen, damit sich dein Investment rentiert. Sie stellt außerdem sicher, dass die passenden Workflows und Ressourcen zur Verfügung gestellt werden, und informiert über Erfolge und Misserfolge. In Abbildung 7.5 erfährst du, welche Fragen beim Ausarbeiten einer Social-Media-Strategie beantwortet werden.

Abbildung 7.5 Einfaches Canvas zur Social-Media-Strategie, inspiriert von Martin Oswald (*https://oswaldmartin.medium.com/how-you-get-a-smart-social-media-strategy-in-only-60-minutes-ecd9a2530848*)

Im Laufe der letzten Jahre durfte ich verschiedenste Kund*innen strategisch beraten, vom Einzelunternehmen bis zum Großkonzern, vom Onlineshop bis zur NGO. Dabei habe ich einige Erfahrungswerte gesammelt, von denen auch du profitieren sollst:

- **Keine Strategie gleicht der anderen**. So schön es auch wäre, es gibt keinen allgemeingültigen Leitfaden dafür, wie man mit Social Media erfolgreich wird. Es gibt nicht die eine Strategie, die für jeden passt. Denn jedes Unternehmen, jedes Netzwerk und jede Community ist anders.
- **Hab Freude am Experimentieren**. Eine Social-Media-Strategie ist nicht in Stein gemeißelt, sondern muss ausprobiert, analysiert und angepasst werden. Eine gesunde Balance aus Strategie und Spaß hilft dabei, dranzubleiben und deine Social-Media-Kanäle nachhaltig aufzubauen.
- **Bring so viel wie möglich über deine Zielgruppe in Erfahrung**. Was nutzen die tollsten Grafiken und effizientesten Workflows, wenn deine Botschaft nicht ankommt? Erfolgreicher Content ist zu 100 % auf die Ziele, Wünsche, Probleme und Sorgen deiner Zielgruppe abgestimmt.

Best Practice: Fünfstelliger Launch dank strategischen Social-Media-Contents

Im Vorfeld meines ersten Onlinekurs-Launches habe ich mich intensiv mit den Bedürfnissen und Herausforderungen meiner Zielgruppe auseinandergesetzt. Diese hatte ich schon im Rahmen meiner Beratungsgespräche abgefragt und für den Kurs-

Launch noch einmal sortiert und ausgewertet. So fand ich heraus, dass das größte Ziel meiner Kund*innen ist, selbst Kunden über Instagram zu gewinnen. Dasselbe stellte aber auch deren größte Herausforderung dar.

Deshalb habe ich genau dieses Thema im Vorfeld meines Launches immer wieder in meinem Content aufgegriffen und dabei sogar das genaue Wording meiner Zielgruppe übernommen. In Abbildung 7.6 siehst du drei erfolgreiche Posts von meinem Instagram-Account, die sich alle damit beschäftigen, wie man selbst Kunden über Instagram gewinnt. Auch auf meiner Sales-Page (*www.anna-turner.com/creative-content-lab*) habe ich dieses Thema explizit erwähnt. Die Strategie ist offensichtlich aufgegangen, denn schon beim ersten Launch konnte ich durch rein organisches Posten auf Instagram 37.000 € Umsatz generieren und das als Solopreneurin ohne Marketingteam.

Abbildung 7.6 Mit der richtigen Content-Strategie können auch Einzelunternehmer auf Social Media erfolgreich verkaufen.

7.2.3 Welcher Kanal ist der richtige für mich?

Nachdem du deine Marke, deine Ziele und deine Zielgruppe festgelegt hast, folgt die Auswahl deiner Social-Media-Kanäle. Grundsätzlich kann auf allen gängigen Plattformen erfolgreiches Content Marketing betrieben werden. Welche dabei die

Nase vorn hat, hängt von deiner Zielgruppe ab. Während Facebook, Instagram und YouTube die Liste im *B2C* anführen, wird Content Marketing im *B2B*-Bereich eher auf LinkedIn und Facebook betrieben (siehe Abbildung 7.7).

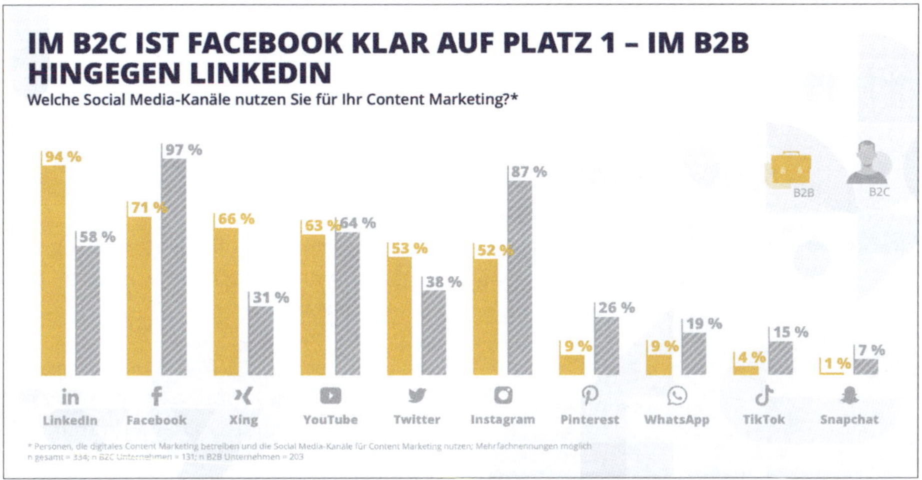

Abbildung 7.7 Die Wahl der Kanäle hängt von der Zielgruppe ab. (Quelle: *https://statista.design/wp-content/uploads/2021/05/Statista-Content-Marketing-Trendstudie-2021.pdf*)

Um zu bestimmen welche Netzwerke sich am besten für dich eignen, hilft es, deren Besonderheiten zu verstehen. Teilt man auf Twitter kurze Gedankenimpulse zu aktuellen Themen, nutzt man Businessnetzwerke wie LinkedIn eher zum Networking und übt sich auf Instagram und TikTok im Community-Aufbau. Einen kurzen Überblick über die beliebtesten sozialen Netzwerke, deren Eigenschaften und Formate bekommst du in Tabelle 7.4.

Bevor du jetzt fieberhaft Profile auf allen Netzwerken gleichzeitig erstellst, überleg dir gut, ob sich diese wirklich für dein Thema, deine Zielgruppe und deine Ressourcen eignen. Denn hast du ein Profil erstellt, musst du dieses auch regelmäßig mit Inhalten befüllen. Gerade Selbstständige oder kleine Unternehmen, die nicht auf mehrköpfige Marketingteams oder teure Agenturen zugreifen können, dürften sich zunächst einmal für ein passendes Netzwerk entscheiden und ihre Social-Media-Strategie nach und nach auf weitere Kanäle ausbauen.

Folgende Fragen sollen dich bei der Kanalauswahl unterstützen:

- Befindet sich meine Zielgruppe auf diesem Kanal?
- Eignet sich der Kanal für mein Businessthema und meine Stimme?
- Ist mein Wettbewerb auf diesem Kanal aktiv?

- Stehen mir Inhalte für diesen Kanal zur Verfügung oder bin ich bereit, solche Inhalte zu erstellen (z. B. Videos, Fotos, Audio, Infografiken)?
- Macht es mir oder meinem Team Spaß, auf diesem Kanal aktiv zu sein?
- Kann ich diesen Kanal langfristig in meine Content-Strategie einbetten?

Netzwerk	Besonderheiten	Eignet sich für
Facebook	■ meistbenutztes Netzwerk ■ wertvolle Analysetools	Werbekampagnen und Community Management, z. B. in Facebook Gruppen
Instagram	■ visuelles Netzwerk ■ Vielzahl an Formaten (z. B. Stories, Reels, Karussell-Posts)	Community-Aufbau, Storytelling und interaktive Inhalte, z. B. in Instagram Stories
Twitter	■ Microblogging-Plattform ■ Kommunikation in Echtzeit	Kundenservice, Marktforschungstool, Pressekontakte knüpfen oder als Markenbotschafter auftreten
YouTube	■ bekannteste Videoplattform ■ zweitgrößte Suchmaschine nach Google	SEO, Storytelling im Videoformat, Employer Branding, Influencer Marketing, Einbettung der Videos auf der Website
Vimeo	■ Alternative zu YouTube ■ kreative Community	Storytelling, Community-Aufbau, Einbettung der Videos auf der Website
Twitch	■ Livestreaming-Plattform ■ beliebt unter Gamern	Liveevents, interaktive Inhalte, Influencer Marketing
TikTok	■ kurze Videoclips, oft mit Musik ■ schnelllebig	Community-Aufbau, Brand Awareness, Influencer Marketing und virale Trends
Snapchat	■ Ephemeral Content (Inhalte, die wieder verschwinden)	Community-Aufbau, Brand Awareness und Einblicke in den Arbeitsalltag
Pinterest	■ visuelle Suchmaschine ■ hohe Kaufbereitschaft	virtuelles Schaufenster, Stärkung der eigenen Marke und Traffic-Lieferant
LinkedIn	Businessnetzwerk	B2B-Marketing, sich selbst als Experte etablieren und berufliche Kontakte knüpfen, auch international

Tabelle 7.4 Die wichtigsten sozialen Netzwerke auf einen Blick

Netzwerk	Besonderheiten	Eignet sich für
Reddit	▪ Onlineforum ▪ Interessengemeinschaften, sogenannte Subreddits	Marktforschung, Social Listening

Tabelle 7.4 Die wichtigsten sozialen Netzwerke auf einen Blick (Forts.)

7.2.4 Von der Planung in die Umsetzung – der Content-Plan

Du hast deine Ziele und Themen festgelegt, kennst deine Zielgruppe in- und auswendig und weißt, auf welchen Kanälen du aktiv werden möchtest. Jetzt fehlt nur noch ein konkreter Plan, damit das Ganze auch umgesetzt wird.

Im Content-Plan hältst du fest, welche Inhalte wann und auf welchen Plattformen geteilt werden. Gerade für größere Social-Media-Teams ist ein Content-Plan essenziell, um den Überblick zu behalten. Egal, ob du deinen Content-Plan als einfache Tabelle in Excel oder Google Sheets erstellst oder Onlinetools wie Notion und Trello verwendest[4], folgende Informationen sollten auf alle Fälle festgehalten werden:

- Thema: Worum geht es in dem Beitrag?
- Datum: Wann soll ein Beitrag veröffentlicht werden?
- Zuständigkeit: Wer verfasst oder veröffentlicht den Beitrag?
- Bearbeitungsstatus: In welchem Status befindet sich der Beitrag?
- Zielgruppe/Personas: Wen soll der Beitrag ansprechen?
- Customer-Journey-Phase: In welcher Phase der Customer Journey wird dieser Beitrag eingesetzt?
- Content-Säule: Soll dieser Beitrag unterhalten, inspirieren, erklären oder verkaufen? Was hat der Social-Media-User davon?
- Plattform: Auf welchem Netzwerk wird der Beitrag veröffentlicht?
- Format: Handelt es sich um eine Grafik, ein Foto oder ein Video?
- Grafiken und Videos: Wird der Beitrag visuell untermalt? Wo ist die Grafik oder das Video gespeichert, damit auch alle Zugriff darauf haben?
- Text: Was steht im Beitragstext? Welche Hashtags werden verwendet?

4 Auf meiner Website kannst du dir meine Content-Plan-Vorlage für Notion und Trello kopieren: *www.anna-turner.com/content-360-grad*

Beliebte Social-Media-Planungstools

Hast du deine Inhalte erstellt, musst du mit dem Posten nicht bis zum Veröffentlichungsdatum warten. Es gibt zahlreiche Tools und Programme, mit denen sich Social-Media-Beiträge vorplanen lassen. Hier eine kleine Auswahl:

- Der *Meta Business Manager* bietet ein kostenloses Tool, um Facebook- und Instagram-Beiträge vorzuplanen: *https://business.facebook.com*
- *Swat.io* ist ein kostenpflichtiges Social-Media-Management-Tool, mit dem du unter anderem Redaktionspläne erstellen und deinen Content für Facebook, Twitter, Instagram, YouTube und LinkedIn vorplanen kannst (ab 35 €/Monat): *https://swat.io*
- *Hootsuite* ist eines der umfangreichsten Social-Media-Management-Tools, mit dem du alle gängigen Netzwerke mit Inhalten befüllen kannst (ab 49 €/Monat): *https://hootsuite.com*

7.2.5 Zeit sparen dank smarten Content-Recyclings

Vor meiner Tätigkeit als Beraterin war ich selbst fünf Jahre als Social Media Managerin tätig und habe täglich Posts für mehrere Kund*innen gleichzeitig erstellt. Dabei war es mir wichtig, nicht nur mit meiner Zeit, sondern auch dem Investment meiner Kundschaft achtsam umzugehen und das meiste aus deren Social-Media-Aktivitäten herauszuholen. Eine Strategie, die sich dafür als besonders hilfreich erwiesen hat, ist *Content-Recycling*. Genau wie beim Recycling im echten Leben werden beim Content-Recycling Inhalte nachhaltig wiederverwertet. Die Vorteile liegen auf der Hand. So ist die Mehrfachnutzung deiner Inhalte nicht nur ressourcenschonender, als ständig neuen Content zu produzieren, sie ermöglicht es auch, abgelenkte Social-Media-Nutzer besser für deine Inhalte zu begeistern.

Vielleicht inspirieren dich diese Ideen dazu, deine Social-Media-Inhalte öfter zu recyceln:

- **Bereite ein Thema anhand verschiedener Formate auf**. Diese Idee funktioniert ähnlich wie die Übung zu den vier Content-Säulen aus Abschnitt 7.1.3, »So entwickelst du abwechslungsreichen Social-Media-Content«. So könntest du z. B. einen Blogartikel in einen Karussell-Post für Instagram oder LinkedIn verwandeln. Poste die wichtigste Erkenntnis aus deiner letzten Podcast-Folge als Zitat auf Twitter und Facebook oder nutze Clips aus einem längeren YouTube-Video, um in TikToks, Reels und Shorts darauf hinzuweisen.
- **Entwickle wiederkehrende Content-Kategorien**. Gibt es bestimmte Themen oder Formate, die auf deinen Accounts besonders gut ankommen? Verwandle diese in Content-Kategorien (oder Content-Serien), die in regelmäßigen Abständen auf deinem Account vorkommen. Ein Paradebeispiel dafür ist die Kategorie *Altes Ich vs. Neues Ich* auf den Instagram-Accounts von TooGoodToGo (*www.in-*

stagram.com/toogoodtogo.at/). Hier wird eine Infografik im Stil einer Gegenüberstellung eingesetzt, um das Thema Lebensmittelverschwendung visuell ansprechend aufzubereiten. Dabei wendet der Account immer dasselbe Schema an. Links befindet sich das alte Ich, das nicht weiß, wie man Lebensmittel kreativ einsetzen könnte und sie deshalb einfach wegschmeißt. Rechts der Linie wird unter dem Titel *Neues Ich* gezeigt, was man mit dem Lebensmittel machen könnte, um unnötigen Müll zu vermeiden. Hier wird also sowohl Lebensmittel- als auch Content-Recycling betrieben.

- **Teile ein und denselben Post mehrmals**. Es ist wahr. Du darfst deine Posts tatsächlich mehr als einmal teilen, und das auf derselben Plattform. Wenn ein Blogartikel besonders gut ankommt, poste ihn alle zwei bis drei Monate auf Twitter und Facebook und passe nur den Vorschautext leicht an. Gibt es ein TikTok oder Reel, das viral gegangen ist, warte ein halbes Jahr und teile dieses einfach noch einmal. Die Wahrscheinlichkeit ist hoch, dass es beim zweiten Mal genauso gut performen wird. Glaub mir, ich habe das schon öfter getestet. Social-Media-Feeds befinden sich im ständigen Wandel, und was du zu Jahresbeginn gepostet hast, weiß im September schon niemand mehr.

7.2.6 Die Welt der Zahlen – Social Media messbar machen

Um zu erkennen, welche Inhalte du besonders gut recyceln könntest, und um die Ergebnisse deiner Social-Media-Strategie zu evaluieren, wirf einen Blick in deine Analytics. Leider glauben viele nach wie vor, dass Follower-Zahlen den einzigen Messwert für ihren Social-Media-Erfolg darstellen. Dabei gibt es unzählige Kennzahlen, die viel ausschlaggebender sind (siehe Tabelle 7.5) und deinen Social-Media-Content entlang der gesamten Customer Journey bewerten. Analysiere deine Performance unbedingt regelmäßig. Je nachdem, wie aktiv du bist, solltest du das mindestens einmal pro Monat tun.

Customer-Journey-Phase	Ziel	Kennzahlen
Aufmerksamkeit	so viele Nutzer wie möglich erreichen	▪ Account-Reichweite ▪ Reichweite pro Post ▪ Impressionen pro Post
Interesse	Nutzer aufs Profil locken und in Follower verwandeln	▪ Profilaufrufe ▪ Profilaufrufe pro Post ▪ neue Follower

Tabelle 7.5 Die wichtigsten Kennzahlen entlang der Customer Journey

Customer-Journey-Phase	Ziel	Kennzahlen
Bedürfnis	Community-Aufbau, Interaktionen und Engagement auf Posts	▪ Anzahl Likes, Kommentare, Reposts und gespeicherte Posts ▪ Für Videos: durchschnittliche Wiedergabezeit ▪ Für Videos: Zuschauerbindung (wie viele User das Video bis zum Ende sehen) ▪ Für Stories: Exit Rate (wie viele User die Story verlassen) ▪ Für Stories: Antworten per Direktnachricht
Kaufabschluss oder weitere Handlung	neue Kunden gewinnen, Leads generieren	▪ Linkklicks ▪ Conversion Rate ▪ Kontaktanfragen und DMs ▪ Anzahl der Neukunden

Tabelle 7.5 Die wichtigsten Kennzahlen entlang der Customer Journey (Forts.)

Hilfreiche Analytics-Tools

Wenn du deine Social-Media-Erfolge noch genauer messen möchtest, reichen die vorhandenen Insights der Plattformen oft nicht aus. Zum Glück gibt es einige praktische Tools, die detaillierte Analyseberichte für dich erstellen:

- *SocialBlade* ist ein kostenloses Analytics-Tool für YouTube, Facebook, Instagram, TikTok und weitere Plattformen: *https://socialblade.com*
- *Not Just Analytics* erstellt umfangreiche Berichte für Instagram und TikTok. Das Tool ist kostenpflichtig (ab 6 €/Monat), du kannst es aber kostenlos vorab testen: *www.notjustanalytics.com*
- *Keyhole* hilft dir bei der Auswertung von Influencer-Kampagnen sowie Hashtag-Performances (ab 39 US$/Monat): *https://keyhole.co*
- *Fanpage Karma* bietet eine Komplettlösung für dein Social Media Management. Du kannst damit sowohl Posts planen als auch Trends recherchieren (ab 69 US$/Monat): *www.fanpagekarma.com*
- *Google Analytics* ist weit mehr als ein Social-Media-Analytics-Tool, eignet sich jedoch hervorragend dafür, bestimmte Messwerte wie Website Traffic, Bounce Rate und Social ROI (Return of Investment) zu verfolgen. Google Analytics ist komplett kostenfrei: *https://analytics.google.com*

7.3 Content, der begeistert – Tipps und Beispiele für die gängigsten Social-Media-Formate

Eine Social-Media-Strategie ist nur so gut, wie sie auch umgesetzt wird. Wie du nun kreativen, relevanten und einzigartigen Content erstellst, der deine Zielgruppe begeistert, erfährst du im nächsten Abschnitt. Dabei ist mir wichtig, noch einmal ausdrücklich anzumerken, dass dieses umfangreiche Thema unmöglich auf 20 Seiten abgedeckt werden kann. Social-Media-Inhalte sind so vielfältig und divers, wie wir Menschen das sind. Dennoch gibt es einige allgemeingültige Tipps, an denen du dich beim Erstellen deiner Posts orientieren kannst – aber bitte ohne dich davon in deiner Kreativität einschränken zu lassen. Denn der allerbeste Tipp für Social-Media-Erfolg ist: ausprobieren, du selbst sein und sehen, was dabei herauskommt.

7.3.1 Social-Media-Texte – ein Überbleibsel aus der Vergangenheit?

Man könnte glauben, Social-Media-Content bestünde nur noch aus Fotos, Grafiken und Videos. Fragt man Expertinnen und Experten in Marketingabteilungen, bekommt man ein ganz eindeutiges Bild: Texte sind auf dem absteigenden Ast. Sie gelten als nicht zukunftsfähig. Aber stimmt das wirklich?

Bei genauerer Betrachtung fällt auf: Texte sind auf Social Media noch immer omnipräsent. Man findet sie in Überschriften und Captions, Infografiken und Karussell-Posts, in *Alt-Texten*[5] und Bildbeschreibungen und sogar als Einblendungen und Untertitel in Reels und TikTok-Videos (siehe Abbildung 7.8).

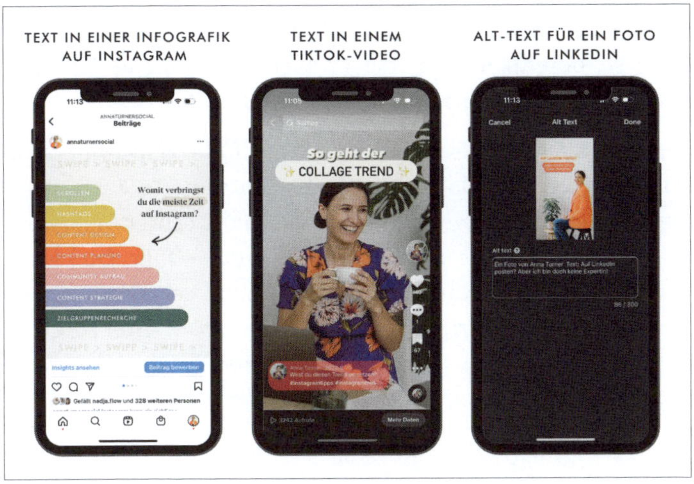

Abbildung 7.8 Texte sind auf Social Media omnipräsent.

5 Keine Sorge, wenn du diese Begriffe nicht verstehst. Sie werden im Laufe des Kapitels noch erklärt.

Ja, reine Text-Posts sind eine Seltenheit geworden, doch auch 2023 kommt guter Social-Media-Content nicht ganz ohne Texte aus. So sind es Texte, denen die Mammutaufgabe zukommt, die Aufmerksamkeit von Nutzerinnen einzufangen. Denn der erste Berührungspunkt mit einem Post ist meistens textlich, entweder geschrieben oder gesprochen. Man sagt, dass Social-Media-Nutzer in 2 Sekunden entscheiden, ob sie einen Inhalt konsumieren oder gelangweilt weiterscrollen. Um innerhalb kürzester Zeit zu überzeugen, muss dein Einstieg also knallen.

Textformeln für deinen Hook

Die ersten Sätze eines Posts werden auch als *Hook* bezeichnet, als Haken, der die Aufmerksamkeit der User wie einen Fisch an der Angel einfängt. Bevor wir verschiedene Textformeln für starke Social-Media-Hooks betrachten, möchte ich dir einen Einblick in meine Hook-Strategie geben. Ich folge nämlich immer demselben Prinzip. Entweder geht mein Hook auf ein ganz konkretes Problem meiner Zielgruppe ein oder er zeigt deren Wunschzustand auf. Das größte Problem meiner Follower kennst du ja mittlerweile: Sie wollen unbedingt endlich Kunden über Instagram gewinnen. In der Infografik ganz links in Abbildung 7.6 verwende ich also den Hook »Wie Leute auf Instagram von dir kaufen«, um zu zeigen, dass ich nicht nur ein Verständnis für dieses Problem, sondern auch gleich eine Lösung parat habe.

Ich hätte für diesen Post auch eine Überschrift wie »Der Customer Funnel auf Instagram« wählen können. Was glaubst du, hätte sich meine Zielgruppe davon genauso angesprochen gefühlt? Das Problem mit dieser Überschrift ist, dass die meisten meiner Follower keine Marketingexpertinnen sind und mit dem Wort *Funnel* eher wenig anfangen können. Dementsprechend verstehen sie auch nicht, welchen Mehrwert dieser Post für sie bereithält, und scrollen weiter. Um meine Follower zum Verweilen einzuladen, muss der Usernutzen auf einen Blick klar sein.

Solche Hooks wie in Tabelle 7.6 eignen sich besonders gut für Erklär-Content, in dem eben Lösungen für die Probleme oder erste Schritte hin zum Wunschzustand einer Zielgruppe gezeigt werden. Idealerweise folgt im Anschluss echter Mehrwert, der die Erwartungen, die in dem Hook geschaffen wurden, auch erfüllt. Du kennst bestimmt solche Clickbait-Artikel, die mit reißerischen Headlines versuchen, so viel Aufmerksamkeit wie möglich auf sich zu ziehen, nur um dann 500 Wörter lang rein gar nichts auszusagen. So bitte nicht. Dein Hook soll empathisch und ansprechend in das Post-Thema einführen und Nutzer davon überzeugen, dass es sich lohnt, weiterzulesen.

Business	Problem	Wunschzustand
Ordnungs-Coach	Meine Top-3-Ordnungshelfer, um **Küchenchaos** zu vermeiden	endlich ein **aufgeräumter Abstellraum** mit diesem Trick
nachhaltiger Onlineshop	Wusstest du, dass Einwegrasierer **schädliche Weichmacher** beinhalten?	5 essenzielle Produkte für ein **nachhaltiges Bad**
Fotografin	Du bist **kamerascheu**? Das ist gar kein Problem.	3 starke Posen für **überzeugende Porträtfotos**

Tabelle 7.6 Hook-Ideen für Erklär-Posts

Nun geht es aber nicht in allen Social-Media-Posts darum, Wissen zu vermitteln. Manchmal wird eine spannende Geschichte erzählt oder auf ein bestimmtes Angebot aufmerksam gemacht. Auch solche Posts profitieren von starken Hooks. Wie du diese gestalten könntest, erklärt dir Textkoryphäe Daniela Rorig. In ihrem Buch »Texten können« stellt sie acht bewährte Formate vor, die garantiert Spannung erzeugen und Nutzerinnen neugierig machen. Wichtig ist aber, dass du beim Verfassen deines Hooks nicht nur blind irgendwelchen Formeln folgst. Pass den Aufbau und das Wording immer deiner Sprache und dem Rest deines Textes an. Sonst bekommst du, wie Daniela schreibt, am Ende nur »Klon-Headlines, die sich wie dreckiges Diebesgut anfühlen«.

Daniela Rorigs bewährte Headline-Formate[6]

- **Story**

  Das Meine-Freundin-will-zu-Ikea-Auto (Autovermietung)
- **Gegenüberstellung**

  Alle reden übers Wetter. Wir nicht. (Deutsche Bahn)
- **Hyperbel (stilvolle Übertreibung)**

  Warum die letzte Folge von Game of Thrones die Regeln für immer geändert hat.
- **Frage**

  Was knallt besser: Glühwein mit Rum oder deine Texte?

  (Eigenkreation E-Mail-Newsletter. Öffnungsrate: 82 %)
- **Aufforderung**

  Machen Sie's wie Napoleon. Krönen Sie sich selbst. (Mercedes)

6 Aus dem Buch: Rorig, Daniela: Texten können. Bonn: Rheinwerk Verlag 2019, S. 228 f.: *www.rheinwerk-verlag.de/texten-koennen-das-neue-handbuch-fuer-marketer-texter-und-redakteure/*

- **Neuigkeit**

  Neue Studie: 71 % der Deutschen wollen für Klimaschutz nicht auf Fleisch verzichten.
- **Testimonial**

  Seit dem Abi habe ich mich immer mit Steuererklärungen herumgeärgert. Nach 5 Minuten mit dieser Frau hab ich's verstanden.
- **Wortspiel**

  Hodenlose Frechheit: Astra feiert Väterinnentag.

Es gibt in diesem Buch ja noch ein ganzes Kapitel, das sich mit dem Verfassen von Onlinetexten auseinandersetzt (siehe Kapitel 2, »Das Königsformat Text heute – und auch in der Zukunft?«). Für deinen einzigartige Social-Media-Hook möchte ich dir aber noch folgende Tipps mitgeben:

- **Verwende Pronomen und direkte Anrede**. Auf Social Media verbinden sich Menschen mit anderen Menschen. Wenn du eine persönliche Geschichte erzählst, sprich ruhig von »mir« oder »uns«. Sprichst du deine Zielgruppe direkt an, verwende »Sie« oder »du«, damit sich die Person hinterm Handybildschirm persönlich angesprochen fühlt. Auch die direkte Anrede in der Mehrzahl »ihr« kann eingesetzt werden, um ein Community-Gefühl entstehen zu lassen.
- **Halte dich kurz**. Ein Hook soll innerhalb kürzester Zeit überzeugen und muss deshalb klar und verständlich formuliert sein. Du brauchst auch nicht zwingend einen vollständigen Satz zu schreiben. Hooks wie »5.000 Follower in einem Jahr – meine Strategie« werden vom abgelenkten Social-Media-Publikum viel besser verarbeitet als komplexe Satzkonstruktionen.
- **Show, don't tell**. Dieser Satz ist mir schon während des Studiums immer wieder begegnet. Rede nicht lange um den heißen Brei herum. Einleitungen wie »Hi! Heute zeige ich dir, wie du …« eignen sich höchstens für eine Story, in der man auch mal locker plaudern darf. Um Aufmerksamkeit zu generieren, musst du aber zum Punkt kommen.
- **Bau Zahlen ein, wenn es passt**. Welchen Post würdest du eher lesen? »Ein paar Tipps, wie du deinen Badezimmerschrank sortierst« oder »3 Tipps für mehr Ordnung im Badezimmer«. Konkrete Zahlen schaffen eine Erwartungshaltung, man weiß, was man danach bekommt und wie viel davon. Wichtig: Schreib Zahlen in Hooks nicht aus, sondern verwende die Ziffer. »3« liest sich schneller als »drei«.

Vom Anfang zum Ende – der Call-to-Action

Genauso wichtig wie ein überzeugender Anfang ist auch der stimmige Abschluss deiner Social-Media-Posts. Endet ein Text zu abrupt, fühlt sich das für die Lesenden unrund an. Der Hook und der sogenannte *Call-to-Action* (CTA), eine konkrete

Handlungsaufforderung an die Lesenden, bilden einen strategischen Rahmen um deinen Post, ihnen solltest du also besonders viel Aufmerksamkeit schenken.

Call-to-Actions sind so verschieden, wie deine Inhalte selbst. So könntest du z. B. User dazu aufrufen, deinen Post zu kommentieren oder auf einen Link zu klicken, der sich im Post befindet. Wichtig ist, dass der CTA zum restlichen Inhalt passt. Dabei hilft es, wenn du dir vor dem Posten ein strategisches Ziel für deinen Beitrag überlegt hast, so wie ich es dir in Abschnitt 7.2.4, »Von der Planung in die Umsetzung – der Content-Plan«, gezeigt habe. Verfolgst du Das Ziel, möglichst viel Reichweite mit diesem Post zu bekommen, wird ein Linkklick, der Nutzerinnen auf eine externe Website treibt, nicht viel Sinn machen. Einige Netzwerke wie LinkedIn »bestrafen« solche Aufforderungen sogar mit Reichweiteneinbußen, um User auf der eigenen Plattform zu halten, wo deren Aufmerksamkeit auch monetarisiert werden kann. In Tabelle 7.7 habe ich dir verschiedenste Beispiele für CTAs entlang der Customer Journey zusammengefasst.

Customer-Journey-Phase	Ziel	Call-to-Actions
Aufmerksamkeit	so viele Nutzer wie möglich erreichen	▪ Teile diesen Post, wenn du mir zustimmst. ▪ Markiere eine Freundin, die diesen Beitrag unbedingt sehen sollte.
Interesse	Nutzer aufs Profil locken und in Follower verwandeln	▪ Schau auf mein Profil, wenn du mehr zu *[dein Thema]* erfahren möchtest. ▪ Folge mir für mehr Tipps zu *[dein Thema]*.
Bedürfnis	Community-Aufbau, Interaktionen und Engagement auf Posts	▪ Speichere diesen Post, wenn er dir geholfen hat. ▪ Schreib mir in die Kommentare, wie du das siehst. ▪ Lass mir gerne ein Like da, wenn du zustimmst.
Kaufabschluss oder weitere Handlung	neue Kunden gewinnen, Leads generieren	▪ Klick den Link (in meiner Bio), um *[Wunschzustand]* ▪ Ja, ich will *[Wunschzustand]* erreichen

Tabelle 7.7 Einige Call-to-Actions entlang der Customer Journey

Nicht jeder Post muss, sollte aber maximal einen Call-to-Action beinhalten. Gerade auf Instagram sehe ich oft den Fehler, dass User am Ende ihrer Karussell-Posts (eine

Art Slideshow mit bis zu zehn Grafiken) dazu aufrufen den Post zu liken, zu kommentieren, zu teilen und zu speichern. Das überfordert mich schon beim Lesen. Ein einzelner, strategischer Call-to-Action, bei dem auch die Nutzerin was davon hat (z. B. indem sie eingeladen wird, ihre eigene Meinung zu teilen) ist sicher effektiver als dieses Betteln um Engagement.

Hook – Mehrwert – CTA: Die Wunderformel für deine Social-Media-Posts

Okay, die eine Wunderformel gibt es zwar nicht, dennoch sind auffallend viele Posts nach dem Prinzip »Hook – Mehrwert – Call-to-Action« aufgebaut, weil es einfach funktioniert. Mit dem Hook gewinnst du die Aufmerksamkeit von Nutzern und überzeugst sie davon, weiterzulesen. Im Mehrwertteil kommunizierst du dann den eigentlichen Inhalt und zum Schluss setzt du eine gezielte Handlungsaufforderung, um dein strategisches Ziel für diesen Post zu erreichen. Dieser Ablauf passt auf nur 280 Zeichen, wie im Tweet von Slack in Abbildung 7.9, und lässt sich auf Instagram, Facebook oder LinkedIn unendlich in die Länge ziehen.

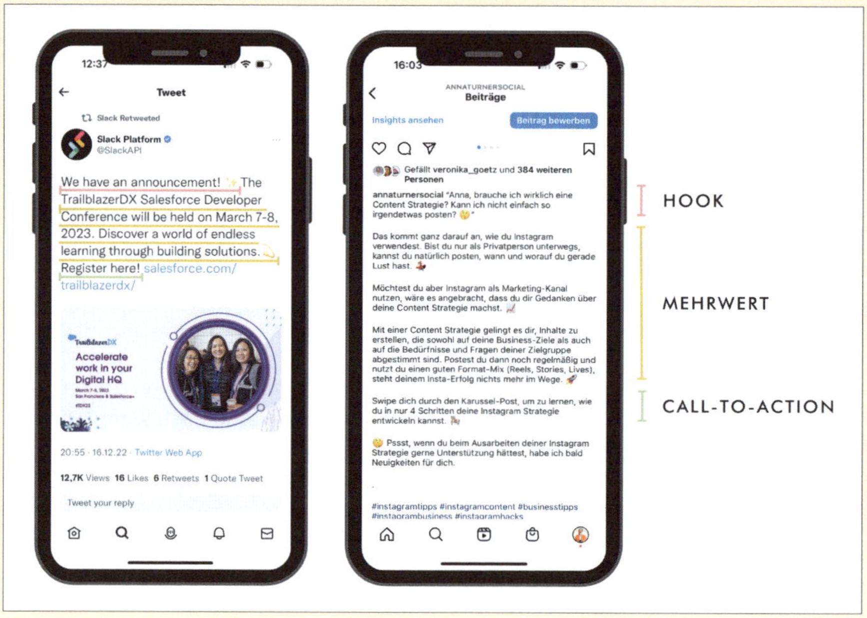

Abbildung 7.9 Die magische Formel »Hook – Mehrwert – Call-to-Action«

Texttipps für alles dazwischen

Jetzt weißt du, wie du einen effektiven Rahmen um deine Social-Media-Texte spannst. Bleibt nur noch der Teil dazwischen. Im Mehrwertpart teilst du das eigentliche Wissen, deine Story oder die wichtigsten Informationen rund um dein Produkt, Event oder deine Dienstleistung. In diesem Teil wird klar, warum dein Post unterhält, inspiriert, informiert oder verkauft. Weil dieser Teil ganz individuell gestaltet werden soll, möchte ich dir an dieser Stelle nur einige allgemeingültige Tipps für Social-Media-Texte mitgeben. Erinnere dich: Jede Strategie, jeder Account und jede Community sind einzigartig. Was für den einen funktioniert, kann für die andere fatal werden. Von diesen Tipps können aber alle profitieren:

- **Komm zum Punkt**. Vermeide komplexe Satzkonstruktionen und unnötig lange Wörter. Halte deine Beiträge so kurz und knackig wie möglich, ohne dass der Mehrwert verloren geht.
- **Vermeide Textwüsten**. Lange Fließtexte interessieren auf Social Media niemanden. Als Grundregel gilt: Nutze wo immer möglich Aufzählungen und bau nach spätestens vier Zeilen einen Absatz ein.
- **Ein bisschen Spaß darf sein**. Deine Kunden zum Lachen zu bringen ist wertvoller als jeder Rabattcode. Comics, Memes und lustige Sprüche werden gerne und oft geteilt.
- **Vergiss nicht die Emojis**. Emojis gehören auf Social Media längst zum normalen Sprachgebrauch – auch in der professionellen Kommunikation. Wichtig ist, dass du sparsam damit umgehst. Zwei, drei wohlplatzierte Emojis pro Post sind ausreichend.
- **Erstelle kanalspezifische Texte**. Facebook ist nicht LinkedIn und TikTok nicht Twitter. Achte beim Texten auf die verschiedenen Zielgruppen und Grundregeln der Netzwerke und variiere deine Inhalte, Textlängen und die Tonalität.[7]
- **Achte auf die passende Schriftgröße**. Fügst du selbst Texte zu deinen Reels, Stories und TikToks hinzu oder teilst Infografiken und Listicles, achte darauf, dass diese auch auf kleinen Handybildschirmen gut lesbar sind. Die Mindestgröße für Fließtext in deinen Grafiken ist 28 pt.
- **Nutze Alt-Texte für Bilder und Grafiken**. Ein Alternativtext wie im LinkedIn-Beitrag in Abbildung 7.8 dient als Bildbeschreibung für sehbehinderte Menschen. Alt-Texte sind aber nicht nur in puncto Barrierefreiheit ein Muss, sondern können die Social-Media-Algorithmen auch dabei unterstützen, deine Inhalte besser einzuordnen. Platziere hier also deine wichtigsten Keywords.
- **Verwende Hashtags**. Auch Hashtags ordnen deine Posts thematisch ein und können dabei helfen, diese auffindbar zu machen. Auf Plattformen wie Twitter, TikTok oder Instagram werden einzelnen Hashtags eigene Feeds eingeräumt (siehe Abbildung 7.10), auf denen deine Posts mit etwas Glück (und Strategie) aufscheinen können – inklusive organischer Reichweitenboosts. Passende Hashtags für Twitter findest du über *https://hashtagify.me*, für Instagram über *www.flick.social*.

7 Einen Überblick über die optimale Textlänge auf verschiedenen Kanälen bekommst du hier: *https://blog.hootsuite.com/ideal-social-media-post-length/*

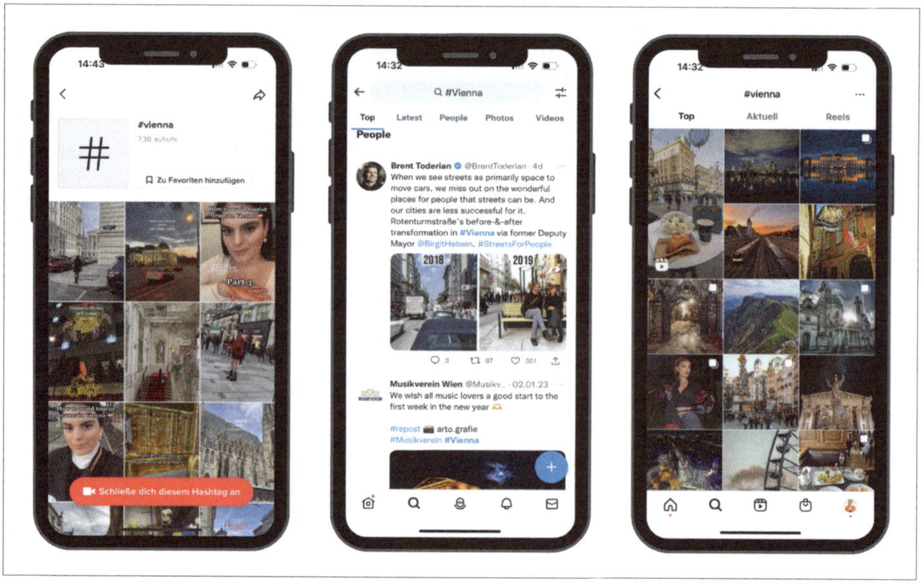

Abbildung 7.10 Suchen Nutzer auf TikTok, Twitter oder Instagram nach dem Hashtag #vienna, bekommen sie aktuelle und beliebteste Posts zu sehen.

Diese Strategie hilft dir bei der Auswahl deiner Hashtags

Genauso wie guter Content werden auch Erfolg bringende Hashtags nicht einfach so, ohne Plan und Strategie platziert. Gerade auf Instagram, wo du bis zu 30 Hashtags unter einen Post setzen kannst, lohnt es sich eher, möglichst relevante Begriffe abzudecken, anstatt auf Biegen und Brechen die Zahl voll zu bekommen. Auch auf TikTok und Twitter zahlt es sich aus, nur zwei, drei gut platzierte Hashtags zu wählen, bei denen die Wahrscheinlichkeit hoch ist, dass dein Post auch darunter aufscheint. Um passende Hashtags zu finden, wähle eine breite Mischung aus Begriffen aus den folgenden Bereichen:

- **Marken-Hashtags**: Gerade größere Marken haben oft eigene Hashtags mit ihrem Markennamen oder Claim (z. B. #nike #justdoit). Setz diese gezielt ein, damit deine Posts auch unter diesen Hashtags auftauchen.
- **Lokale Hashtags**: Betreibst du ein Restaurant, eine Arztpraxis oder einen physischen Laden, nutze ortsbezogene Hashtags (z. B. #vienna, #viennafood).
- **Themenbezogene Hashtags**: Verwende Hashtags, die auf das Thema deines Posts hinweisen. Achte darauf, nicht nur einzelne Begriffe auszuwählen (z. B. #yoga), da diese sehr oft verwendet werden. Die Chance, dass dein Post unter diesem Begriff auftaucht, ist also gering. Besser: Nutze Long-Tail-Keywords, also Begriffskombinationen (z. B. #yogateacher, #yogaflow).
- **Community-Hashtags**: Manchmal gibt es eigens kreierte Hashtags, die Communitys zu bestimmten Themen verbinden (z. B. #booklovers).

7.3.2 Fotos auf Social Media – postet die noch wer?

Genug getextet. Unternehmen wir eine kurze Zeitreise zurück ins Jahr 2015. Angela Merkel ist noch Kanzlerin, Corona nur ein Bier und auf Instagram werden fast ausschließlich quadratische Fotos mit grenzwertigen Farbfiltern gepostet. Okay, ich geb's zu, dieser Rückblick ist etwas verklärt. Dennoch lässt sich eines nicht leugnen: Einfache Fotos haben es mittlerweile schwer in den Feeds. Sind Texte unausweichlich, wurden Fotos im Laufe der Jahre lautstark von einem Format verdrängt – Kurzvideos à la TikTok und Reels. Irgendwie auch kaum verwunderlich, ist der Unterhaltungsfaktor und somit die Verweildauer bei Bewegtbild doch viel größer. Ganz so pessimistisch ist die Lage dann aber doch nicht. So hat ausgerechnet TikTok im Oktober 2022 ein Fotoformat eingeführt und ausnahmsweise einmal Instagram kopiert, nicht umgekehrt. Erleben Fotos also gerade ein Revival?

Viraler Instagram-Trend – Foto als Reel

Dazu gibt es eine spannende Geschichte. Nach knapp zwei Jahren im Reels-Höhenflug wurde im Sommer 2022 Frust unter Instagram-Usern laut. Die Nutzerin @*illumitati* teilte einen Post[8], in dem sie sich kritisch gegenüber den Veränderungen auf der Plattform aussprach. Instagram solle aufhören, TikTok nachzueifern, sie wolle doch nur süße Fotos ihrer Freunde sehen. In kürzester Zeit ging dieser Post viral und wurde sogar von Celebrities wie Kylie Jenner geteilt. Das Ganze ging so weit, dass der Instagram-CEO Adam Mosseri öffentlich Stellung bezog.

Auf der Plattform selbst ging dafür ein weiterer Post viral – das Reel von Manu Muraro (@*yoursocialteam*).[9] Darin sieht man ein Foto von Manu mit ihrem Handy in der Hand. In der mitlaufenden Tonspur drückt sie den Frust der Instagram-User perfekt aus: »Instagram sagt allen, dass sie Reels machen sollen. Aber ich bin eine Rebellin – hier ist also ein Foto als Reel.« Was danach folgte, ist unglaublich. Bis heute wurde ihr Reel 1,5 Millionen Mal angesehen und über 300.000-mal nachgemacht – ein richtiger viraler Trend eben. Und wieder hat Instagram hingehört. Als mehr und mehr User begannen, mit Musik unterlegte Fotos als Reel zu posten, bot die App kurzerhand die Möglichkeit auch statische Feed-Posts mit Musik zu unterlegen – eine echte Win-win-Situation!

Du darfst noch immer Fotos posten, aber bitte mit Strategie!

Fotos ziehen also noch immer, auch auf Instagram. Vor allem das Produktbusiness (Modelabels, Onlineshops) oder Unternehmen mit einem physischen Bezug (Läden, Yogastudios, Arztpraxen) und natürlich Fotografen können von starken Fotos profitieren. Wichtig ist aber, dass die Fotos eine Geschichte erzählen. Soziale

8 *www.instagram.com/p/CgVLB1Dj3Ow/*

9 *www.instagram.com/reel/Cgj3NpOFWue/*

Medien sind kein Produktkatalog und keine Werbebroschüre. Ein ausgeschnittenes Produkt auf weißem Hintergrund hat weder auf Instagram, noch auf LinkedIn oder Facebook etwas verloren – es sei denn im Shop. Vorsichtig wäre ich auch mit Stockfotos, also Bildern, die ohne einen bestimmten Auftrag erstellt worden sind und über entsprechende Portale erworben werden können. Auf Social Media würde ich diese nur sehr vorsichtig einsetzen. Du möchtest doch eine persönliche Verbindung zu deiner Zielgruppe aufbauen. Wie soll das gehen, wenn man dich oder dein Unternehmen nie zu Gesicht bekommt?

Bau dir eine eigene Stockbibliothek auf

Die beste Strategie, um immer genügend Bildmaterial bereit zu haben, ist, eine eigene Sammlung an Stockfotos aufzubauen – Bilder von dir, deinem Team, eurem Arbeitsplatz und deinen Angeboten, die du jederzeit einsetzen kannst. Mit meinen Kund*innen plane ich viermal pro Jahr einen Content-Tag, an dem massenhaft neue Bilder und Videos erstellt werden. So sind sie immer versorgt und müssen sich nie Gedanken darüber machen, was sie als Nächstes posten.

Social-Media-Storytelling – ein Bild sagt mehr als tausend Worte

Social Media haben nicht nur verändert, wie wir *Storytelling* betreiben, sondern auch, welche Geschichten erzählt werden. War es früher gang und gäbe, Kunden auf eine Heldenreise zu schicken, erzählt man heute lieber Alltagsgeschichten. Wie Unternehmerin und Storytelling-Expertin Rebecca Vogels beobachtet:

> *»Wir brauchen keine Geschichten von Helden mehr, sondern von Menschen.«*[10]

Ein gutes Beispiel dafür ist der Fotograf Brandon Stanton, dessen Fotoblog »Humans of New York« auf Instagram von mehreren Millionen Menschen gelesen wird (siehe Abbildung 7.11). Denn Stanton teilt nicht nur Porträtfotos von New Yorkern, sondern dokumentiert deren Ängste, Sorgen, Beziehungen, Erfolge und Weltanschauungen.

Wenn du dir etwas vom Beispiel *@humansofny* mitnehmen kannst, dann ist es, dass sich Social-Media-Nutzerinnen nach authentischen Storys sehnen. Teile ungeschönte Alltagseinblicke, persönliche Erfahrungen und ehrliche Geschichten. Bist du dir noch immer unsicher, wie du eine spannende Story entwickelst? Vielleicht inspirieren dich die folgenden Ideen:

---

10 Erfahre mehr über Rebecca Vogels Storytelling-Ansatz in diesem Forbes-Artikel: *www.forbes.com/sites/rebeccavogels/2021/11/03/the-story-revolution-why-brands-and-leaders-need-to-tell-a-different-story-in-2022/?sh=6ad3048c4cd1*

- **Außergewöhnliches**: Gibt es eine außergewöhnliche Entstehungsgeschichte zu deinem Unternehmen? Oder gibt es Kundinnen, die außergewöhnliche Geschichten zu erzählen haben?
- **Erfolge**: Inwiefern verändert dein Produkt das Leben deiner Kunden? Gibt es Mitarbeiterinnen, die etwas Besonderes geleistet haben?
- **Ängste**: Wovor fürchtest du dich? Gibt es etwas, vor dem deine Kunden Angst haben? Wie linderst du diese Ängste?
- **Humorvolles**: Über welche lustige Anekdote wird im Büro immer wieder gelacht? Gibt es Pannen oder Hoppalas, die du teilen kannst?
- **Behind-the-Scenes**: Wie und wo wird dein Produkt produziert? Welche Geschichten können Kollegen oder Zulieferer erzählen?
- **Ziele**: Verfolgst du eine bestimmte Mission? Was willst du erreichen? Inwiefern veränderst du die Welt?

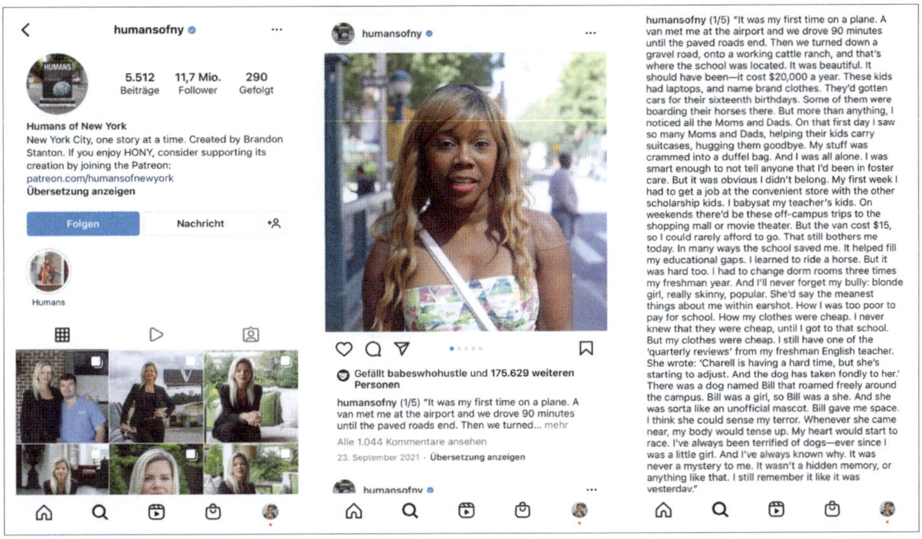

Abbildung 7.11 Die Geschichten auf dem Instagram-Account von Brandon Stanton werden von Millionen verfolgt. (*www.instagram.com/humansofny*)

7.3.3 Video is Queen!

Am besten können Geschichten für Social Media natürlich im Videoformat erzählt werden. Die unschlagbare Kombination aus bewegten Bildern und Geräuschen, vielleicht noch untermalt mit einem passenden Musikstück, weckt Emotionen und spricht gleich mehrere Sinnesebenen an. Da du in diesem Buch ein komplettes Kapitel zum Thema Video-Content zu lesen bekommst (siehe Kapitel 5, »Schon gehört? Audio-Content ist der Nachwuchsstar am Content-Himmel«), werde ich im weiteren Verlauf nicht darauf eingehen, wie du Videos für Social Media produzierst, welches Equipment du dafür verwendest oder mit welchen Programmen du deine Videos schneidest. Stattdessen möchte ich dir zeigen, wie du Videos erstellst, die so unterhaltsam, inspirierend und hilfreich sind, dass deine Zuseher garantiert bis zum Ende schauen.

In ihrem Buch »Create Content!«[11] teilen die beiden Autoren Andreas Berens und Carsten Bolk Videos in drei Kategorien ein, die sich auch für deinen Social-Media-Content eignen:

- Videos der Kategorie A sind aufwendig und professionell produziert (z. B. Werbespots, Imagefilme und Produktvideos). Sie erfordern auch ein dementsprechendes Budget und werden am ehesten auf YouTube oder Vimeo geteilt, wo auch längerer Content konsumiert wird.
- Videos der Kategorie B sind zwar gut geplant, aber nicht aufwendig. Für diese brauchst du auch keine professionelle Filmcrew, es reicht ein Smartphone oder eine gebräuchliche Kamera. Zu dieser Kategorie gehören Erklär-Videos, Vlogs oder Produktdemonstrationen, die auf TikTok oder Instagram geteilt werden.
- Kategorie C bezeichnet spontane Videos, die im Moment entstehen und wenig bis gar nicht vorgeplant werden, z. B. Livestreams auf Twitch, YouTube oder Facebook und schnelle Stories, wie sie auf Snapchat, TikTok und Instagram gepostet werden.

Videos der Kategorie C kann wirklich jeder filmen. Für Kategorie B braucht es schon ein wenig Geschick und Know-how, während Kategorie A wirklich nur von professionellen Agenturen und Filmproduktionen erstellt werden kann. Das Tolle ist aber: Mit allen drei Kategorien kann großer Impact kreiert werden. Wenn der Höhenflug von TikTok eines gezeigt hat, dann ist es, dass eine Prise Kreativität, Spaß und Humor viel Erfolg versprechender ist als ein großes Marketingbudget und opulent gestaltete Werbefilme.

Best Practice: Doppelter Umsatz dank innovativen TikTok-Marketings

Dass man mit kreativen TikTok-Videos auch verkaufen kann, zeigt die deutsche Marke Cookie Bros. 2020 wurde der Umsatz aus dem Vorjahr in nur vier Monaten verdoppelt – dank einer Hashtag-Challenge auf TikTok. Die Challenge kam so gut an, dass Cookie Bros. innerhalb kürzester Zeit Tausende neue Follower gewann, die alle wissen wollten, wo es denn den Keksteig zu kaufen gäbe. Doch statt ein paar Geschäfte aufzulisten oder die neuen Fans auf die eigene Website zu verweisen, entschied sich die Brand dafür, zu erklären, wo es Cookie Bros. überall nicht gibt.

11 *www.rheinwerk-verlag.de/create-content/*

Daraufhin stürmten TikToker in zahlreiche Supermärkte und filmten sich dabei, wie sie die Mitarbeiterinnen nach Cookie Bros. fragten. Mit dieser cleveren Strategie erzielte die Marke nicht nur wirksamen User-generated Content, sondern schaffte es letztendlich auch in die Regale von großen Supermärkten wie Rewe oder Kaufland (siehe Abbildung 7.12).

Abbildung 7.12 Dank TikTok gibt es den Keksteig von Cookie Bros. mittlerweile in allen großen Supermärkten.

Videos mit Unterhaltungswert

Wer als Business auf Unterhaltungsplattformen wie TikTok und YouTube mitmischen möchte, sollte sich damit auseinandersetzen, wie den eigenen Videos ein gewisser Entertainment-Faktor verliehen wird. Marken wie Duolingo (*@duolingo*), die Wiener Lokalbahnen (*@badner_bahn*) oder der Lebensmittelhandel Edeka Esslinger (*@edekaesslinger*) haben es verstanden, kreative Kurzvideos zu erstellen, die süchtig machen. Ich muss gestehen, ich habe schon einige Nachmittage damit verschwendet, mir TikTok-Videos von Wiener Zügen anzuschauen, einfach weil es Spaß macht.[12] Um deine Kurzvideos für TikTok, Instagram oder YouTube unterhaltsamer zu gestalten, beachte die folgenden Tipps:

- **Wähle einen spannenden Einstieg**. Genauso wie bei Texten gilt: Du brauchst einen starken Hook, einen Einstieg, der zum Verweilen einlädt. Am besten funktioniert das, indem du Bewegung einbaust. Sprichst du selbst in die Kamera, mach beim Reden ein paar Schritte oder setz dich hin. So mache ich das in mei-

12 Mein Lieblingsvideo: *www.tiktok.com/t/ZTRgkgE6G/*

nen Reels und konnte damit im letzten Jahr über 2,5 Millionen Views erzielen. Auch bei anderen Videoformaten lohnt es sich, sofort ins Geschehen einzutauchen. Erinnere dich, du hast nur 2 Sekunden Zeit, um Nutzer zu überzeugen.

- **Arbeite mit Texteffekten**. In Videos, in denen zu Beginn nicht viel Bewegung herrscht, kann durch animierte Texte mehr Bewegung hineingebracht werden. Spiel mit der Anzeigedauer deiner Texte, aber achte bitte immer darauf, dass man zumindest jedes Wort in einem angenehmen Lesetempo aufnehmen kann, bevor es wieder verschwindet.
- **Nutze kreative Übergänge**. Einmal schnipsen, schon ist man auf Bali oder wechselt wie durch Zauberhand vom Pyjama ins Ballkleid – TikTok lebt von solchen kreativen Transitions.[13] Auch Unternehmen können diesen Effekt nutzen, z. B. um gesprochene Videos unterhaltsamer zu gestalten.
- **Bau Pattern Interrupts ein**. »Pattern« steht für Muster und »Interrupt« für unterbrechen. Bei Pattern Interrupts geht es also darum, ein bestehendes Muster, sprich eine Kameraeinstellung oder Audiospur in deinem Videoclip, zu unterbrechen. Vielleicht kennst du das aus dem Fernsehen, wo oft ein und dieselbe Szene aus verschiedenen Winkeln gefilmt wird. Genau diese Strategie kannst du auch für deine Social-Media-Videos einsetzen. Wenn ich Reels für ein Wiener Yogastudio filme, in dem ein Yogaflow vorgezeigt werden soll, bitte ich die Yogalehrerin immer, diesen mehrmals zu wiederholen, sodass wir aus verschiedenen Winkeln filmen können. Am Ende schneide ich die Clips dann so zusammen, dass sich alle 2 Sekunden der Kamerawinkel ändert. Weitere Formen von Pattern Interrupts sind Text-Pop-ups, Soundeffekte und Übergänge.

Infotainment: Tipps, um selbstbewusst in die Kamera sprechen

Dass man auf TikTok durchaus ernste Themen und Sachverhalte besprechen darf, zeigen erfolgreiche Accounts wie *@herranwalt* und *@herrfahrschule*. Deren Kurzvideos bieten eine unschlagbare Kombination aus Information und Entertainment, kurz Infotainment. Für solche Videos ist es essenziell, gut vorauszuplanen, denn Infotainment-Videos müssen kurz und knackig sein. Jedes »äh« und »uhm« ist ein Totschlag für die Aufmerksamkeit deiner Zuseher.

Um selbstbewusst in die Kamera zu sprechen, hilft es, wenn du deine Videotexte zunächst durchskriptest. Das heißt, dass du Satz für Satz niederschreibst, was du sagen möchtest. Du musst dir dann gar nicht alles am Stück merken. Um den Unterhaltungsfaktor deiner Videos zu erhöhen, ist es besser, wenn du diese Satz für Satz filmst und die vorher genannten Effekte mit einbaust.

13 Anleitung zum Schneiden von Transitions: *www.instagram.com/reel/CY4JoFaJ1Wi/*

7.3.4 Informiere mit Infografiken, Diagrammen und Karussell-Posts

Erklär-Content auf Social Media geht auch anders, du musst nicht zwingend vor der Kamera herumtanzen. Auch durch Infografiken, Diagramme und Karussell-Posts kannst du Wissenswertes unterhaltsam aufbereiten und anschließend auf LinkedIn, Instagram oder Pinterest veröffentlichen. Gerade komplexe Inhalte können dadurch vereinfacht und social-media-gerecht gestaltet werden. Ein Paradebeispiel für diese Art von Wissensvermittlung sind die Instagram-Posts von Funk (*@funk*), dem Content-Netzwerk von ARD und ZDF. Deren 1,3 Millionen Follower bekommen mehrmals täglich spannende Infografiken zu aktuellen Themen serviert, ein absoluter Erfolg.

Das Erstellen solcher Grafiken ist aber gar nicht so einfach. Nicht umsonst gibt es eigene Expert*innen, die sich mit der optimalen Visualisierung von Daten beschäftigen. Möchtest du es trotzdem selbst versuchen, befolge diese Tipps:

- **Schaff Klarheit darüber, was du kommunizieren möchtest**. Bevor du mit dem Design beginnst, überleg genau, was du mitteilen möchtest. Welches Problem soll dargestellt werden? Welche Fragen sollen beantwortet werden und auf welche Art und Weise?
- **Wähle die richtige visuelle Darstellung**. Eine Infografik eignet sich besonders gut dazu, verschiedene Aspekte eines Themas zu beleuchten, da sie aus mehreren visuellen Elementen besteht. Diagramme zählen zwar zur Gruppe der Infografiken, stellen jedoch meist nur einen bestimmten Aspekt dar. Merksatz: Diagramme sind reine Datenvisualisierungen, während Infografiken eine Geschichte erzählen.
- **Wähle einfache Farbkombinationen und gut lesbare Schriften**. Ein ansprechendes Design ist einer der wichtigsten Erfolgsfaktoren für Infografiken. Laut dem Marketingexperten Jeff Bullas werden Infografiken mit simplen und visuell ansprechenden Farben zu 80 % häufiger gelesen.[14] Verwendest du farbige Hintergründe, achte bitte auf den Kontrast, damit dein Text auch lesbar ist. Überprüf deine Infografik vor der Veröffentlichung mit *https://colourcontrast.cc*.
- **Nutze Vorlagen**. Du musst das Rad nicht neu erfinden. Zum Glück gibt es zahlreiche Apps wie Infogram (*https://infogram.com*) oder Piktochart (*https://piktochart.com*), die sich auf Infografiken spezialisiert haben und schöne Vorlagen bieten. Auch das Allrounder-Grafiktool Canva (*www.canva.com*) bietet zahlreiche Infografikvorlagen, die sogar für verschiedene Social-Media-Plattformen optimiert sind. Wichtig ist, dass du diese Vorlagen immer deinem Branding anpasst. Ändere unbedingt die Farben und Schriften vor dem Posten.

14 *https://onlinemarketing.de/social-media-marketing/virale-infografiken-erstellen-tipps-how-to*

Tipp: Lass dir professionelle Vorlagen im eigenen Stil erstellen

Als Instagram-Beraterin nutze ich Grafiken und Infografiken wie in Abbildung 7.13, um mein Wissen visuell ansprechend zu vermitteln. Da sich meine Grafikdesign-Skills in Grenzen halten, habe ich mir professionell gestaltete Canva-Vorlagen gekauft, die ich nur noch leicht meinem Branding anpassen muss. Das spart Zeit und Geld.

Posting-Vorlagen kannst du dir von der Grafikerin deines Vertrauens selbst gestalten lassen, oder du kaufst vorgefertigte Templates über Plattformen wie Creative Market (*https://creativemarket.com*).

Von kostenlosen Canva-Vorlagen rate ich dir eher ab. Nicht, weil diese nicht schön gestaltet wären, sondern weil es dort Tausende Templates gibt, alle in verschiedenen Stilen. Deine Social-Media-Posts sollten ein klares Branding und einen durchgängigen Designstil vermitteln, sonst geht jeder Wiedererkennungswert verloren. Teilst du am Montag ein Tortendiagramm in Grautönen auf weißem Hintergrund und am Dienstag eine knallbunte Infografik, können sich deine Follower nie wirklich sicher sein, von wem dieser Post gerade stammt. Um in 2 Sekunden zu überzeugen, musst du jede Art von Ablenkung eliminieren. Ein klares Brand-Design hilft dir dabei.

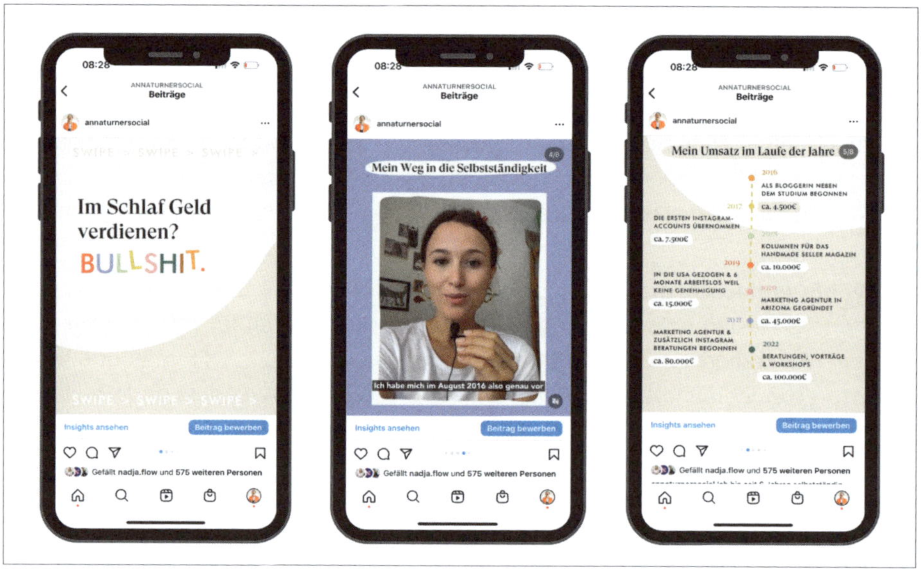

Abbildung 7.13 Ein guter Karussell-Post verbindet alle verschiedenen Formate miteinander, um möglichst abwechslungsreich Wissen zu vermitteln.

Ein Format, das besonders auf LinkedIn und Instagram gerne zur Wissensvermittlung genutzt wird, sind sogenannte *Karussell-Posts* oder Slideshows, eine Art Minipräsentation mit mehreren Folien. Gute Karussell-Posts belohnen mit einer hohen Verweildauer, da sich User Seite für Seite durchswipen müssen und somit viel Zeit mit einem einzelnen Post verbringen. Auf Instagram haben Karussell-Posts den Vorteil, dass sie als einziges Format mehrmals im Home-Feed deiner Followerinnen auftauchen. Beim ersten Mal, sieht ein Follower nur das Cover, beim zweiten Mal das zweite Slide. So sollen Nutzerinnen dazu animiert werden, den gesamten Post durchzuswipen.

Ein guter Karussell-Post ist unschlagbar, da er alles, was ich dir bis jetzt gezeigt habe, miteinander verbindet. Gute Karussell-Posts erregen Aufmerksamkeit durch einen starken Hook auf dem Cover und enden mit einem strategischen Call-to-Action. Anstatt Informationen in einem ellenlangen Text zu präsentieren, werden sie in Karussell-Posts häppchenweise, in maximal drei bis vier Sätzen am Stück an die abgelenkten Social-Media-Nutzer verfüttert. Dabei wird das vermittelte Wissen zusätzlich verbildlicht, indem Infografiken, Grafiken oder sogar Bewegtbild eingesetzt werden. Für Coaches und Beraterinnen sind Karussell-Posts die Crème de la Crème, das effektivste Social-Media-Format, denn nirgendwo sonst kann Wissensvermittlung so spannend und abwechslungsreich gestaltet werden.

7.3.5 Content + Community – Social Media sind keine Einbahnstraße

Deinen Social-Media-Content unterhaltsam zu gestalten heißt nicht nur, abwechslungsreiche Formate zu verwenden, sondern auch deine Community aktiv miteinzubeziehen. Nutze die zahlreichen Interaktionsmöglichkeiten, die soziale Netzwerke bieten, um in den direkten Austausch zu treten. So könntest du die interaktiven Sticker auf TikTok und Instagram einsetzen, um Feedback aus deiner Community einzuholen. Ein Modelabel könnte vor dem Launch über zwei verschiedene Farbversionen eines neuen Produkts abstimmen lassen. Bist du Dienstleisterin, veranstalte regelmäßige Story-Q&As, in denen du die wichtigsten Fragen deiner Community beantwortest. Damit positionierst du dich klar als Expertin und schaffst Vertrauen. Wer es lieber lustiger angeht, könnte »3 Wahrheiten und eine Lüge« spielen. Teile vier verschiedene Statements über dich und dein Unternehmen, drei davon stimmen und eines ist falsch. Lass deine Follower über Quiz-Sticker abstimmen, was die Lüge ist, und teile danach deine Auflösung.

Auch Social-Media-Challenges eignen sich großartig zum Community Building. Darin nominieren sich Nutzerinnen gegenseitig, bei einer bestimmten Herausforderung mitzumachen, sei es sich einen Kübel Eis über den Kopf zu schütten wie bei der ALS Ice Bucket Challenge, die schon 2014 auf Facebook viral ging, oder eine bestimmte Tanzbewegung nachzumachen wie bei zahlreichen Challenges auf TikTok. Unternehmen wie Cookie Bros. zeigen, dass Challenges auch im Businesskontext funktionieren.

7.4 Social sells – Verkaufen über Social Media

Egal, für welche Plattformen oder Formate du dich entscheidest, am Ende des Tages beschäftigt dich wahrscheinlich vor allem eines: Wie hilft dir dein Content dabei, dein Produkt oder deine Dienstleistung über soziale Netzwerke zu verkaufen? Dass Instagram und Co. erfolgreich in den Vertriebs-Funnel integriert werden können, beweisen die Verkaufszahlen der letzten Jahre. Alleine 2021 wurden 732 Milliarden US-Dollar über Social Sales generiert,[15] Tendenz steigend.

Vielleicht vorab ein kurzer Exkurs zu dem, was Social Selling nicht ist. Manche glauben nämlich noch immer, dass unaufgeforderte Nachrichten à la »Hey, wie lange bist du schon selbstständig?« eine erfolgreiche Technik zur Kunden-Akquise wären. Die meisten Nutzer finden so etwas übergriffig und werden dich ignorieren oder noch schlimmer, dein Profil blockieren.

Worauf es beim Social Selling stattdessen ankommt, ist Beziehungsaufbau. Es heißt ja nicht umsonst »Social« Media. Schon bevor es soziale Netzwerke gab, spielte die soziale Komponente eine entscheidende Rolle bei Verkaufsentscheidungen. Oft sind es Empfehlungen aus dem eigenen Umfeld, von Freunden und Familienmitgliedern, die Käufer überzeugen. Daran hat sich bis heute nichts geändert. In einer US-amerikanischen Onlineumfrage gaben 40 % der Befragten an, dass Bewertungen, Kommentare und Feedback von anderen Konsumenten ihr Onlineshopping-Verhalten beeinflusst haben. Im Vergleich: Nur 26 % kauften nach dem Betrachten von Werbeanzeigen.[16]

Um eine Beziehung zu deiner Social-Media-Community aufzubauen, musst du zunächst deren Vertrauen gewinnen. Gerade wenn deine Marke noch nicht etabliert ist, muss eine positive Reputation erst hart erarbeitet werden. Das klappt natürlich am besten über Content. Inhalte, die deine Community unterhalten, inspirieren und informieren, wie die zahlreichen Beispiele, die ich dir in diesem Kapitel gezeigt habe, helfen dir dabei, Follower zu gewinnen und diese nach und nach in Kundinnen zu verwandeln. Erstellst du Content, der die Bedürfnisse von Social-Media-Nutzerinnen abdeckt, geht das Verkaufen wie von allein.

Weitere Social-Selling-Tipps:

- **Decke alle vier Content-Säulen ab**. Erfolgreiche Social-Media-Accounts teilen 80 % Inhalte mit Mehrwert, die unterhalten, inspirieren und informieren, und maximal 20 % Verkaufs-Content.

---

15 *www.statista.com/statistics/1251145/social-commerce-sales-worldwide/*

16 *https://de.statista.com/statistik/daten/studie/518436/umfrage/einfluss-von-social-media-auf-das-online-shopping-verhalten-in-den-usa/*

- **Sei nicht zu »salesy«**. Schaff immer Mehrwert, auch in deinen Sales-Posts. Verkaufst du z. B. Hautpflegeprodukte, präsentiere deine Produktpalette in einem unterhaltsamen Morgenroutine-Reel, anstatt ein einfaches Produktfoto zu posten. Möchtest du neue Kunden für deine Webdesignagentur gewinnen, teile ein LinkedIn-Karussell mit den drei größten Webdesign-Fails und wie man diese vermeidet. Ein gut platzierter Call-to-Action am Ende resultiert bestimmt in mehr Anfragen als irgendwelche aggressiven Verkaufstaktiken.
- **Folge den richtigen Leuten**. Erweitere dein Netzwerk und folge deinen Partnern, Lieferantinnen, Kunden, Interessentinnen, Influencern oder Thought Leaderinnen aus deiner Branche. Vielleicht ergibt sich sogar die ein oder andere Kollaboration.

Kapitel 8

Content im B2B – da geht noch einiges!

Wer sich als B2B-Unternehmen gegen Wettbewerber durchsetzen und Kunden gewinnen möchte, muss heute digital sichtbar sein. Immer mehr B2B-Unternehmen setzen deshalb auf Content Marketing. In diesem Kapitel zeige ich Ihnen, wie auch Sie mit der Marketingmethode durchstarten.

Sie halten Ihre Themen für trocken, langweilig und unsexy? Es scheint Ihnen unmöglich, Ihr Angebot in spannende Inhalte zu verpacken, die Ihre *Zielgruppen* vom Hocker hauen? Wälzlager und Gleitringdichtungen sind schließlich nicht der Stoff, aus dem sich einzigartiger Content machen lässt. Da muss ich widersprechen: Auch *B2B-Content*, also Content Business-to-Business, von Unternehmen für Unternehmen, kann begeistern. Sie brauchen nur zu wissen, wie Sie es anstellen. Und genau dabei helfe ich Ihnen in diesem Kapitel. Ich gebe Ihnen Tipps und Tricks aus meinem Beraterailtag an die Hand. Und ich zeige Ihnen, dass auch in Ihrem Unternehmen *spannende Geschichten* schlummern, die es zu entdecken und zu erzählen gilt.

8.1 Dreamteam – Content Marketing und B2B

Volle E-Mail-Postfächer, Push-Benachrichtigungen auf dem Smartphone und unterschiedlichste digitale Plattformen – zahlreiche Aufmerksamkeitsfresser buhlen heute rund um die Uhr um uns. Sich für die richtigen Menschen sichtbar zu machen, noch dazu als B2B-Unternehmen mit erklärungsbedürftigem Angebot, ist da gar nicht so einfach. Welche Angelhaken können Sie auswerfen, damit B2B-Entscheider*innen anbeißen? Die richtigen Inhalte im richtigen Format auf dem richtigen Kanal zum richtigen Zeitpunkt!

Hier kommt Content Marketing ins Spiel und passt als Marketingmethode perfekt zu B2B-Anforderungen: Genau auf Ihre Zielgruppen zugeschnittener Content wird online häppchenweise so sichtbar gemacht, dass ein *B2B-Entscheider* schon bei seiner ersten Informationsrecherche darauf stößt. Im Idealfall beißt er sofort an, beispielsweise weil die knackige Headline und der in den *SERPs* als *Snippet* erscheinende Teaser Ihres Artikels ihn in den Suchergebnissen sofort angesprochen und dazu gebracht hat zu klicken.

SERPs und Snippets kurz erklärt

SERPs steht für Search Engine Result Pages (dt. Suchergebnisseiten). Sie listen die Suchergebnisse einer Suchanfrage auf einer Suchergebnisseite auf. Eine SERP besteht generell aus zehn sogenannten Snippets (dt. Schnipseln). Je nach Suchbegriff kann das aber variieren und es erscheinen auch Features – zusätzliche Integrationsboxen wie Bilder-Widgets, Videos oder Direct Answers. Über den organischen – also nicht bezahlten – Suchergebnissen erscheinen in den SERPs auch zur Suchanfrage passende bezahlte Ergebnisse als Anzeigen.

Ein Snippet setzt sich zusammen aus *Meta Title*, *Meta Description* und URL der Zielseite. Optimieren Sie Ihre Snippets sorgfältig, und passen Sie sie genau den Informationsbedürfnissen Ihrer Zielgruppen an. Sie entscheiden letztlich darüber, ob Suchende auf das Ergebnis klicken und auf Ihrer Website landen.

Ein Zielgruppenvertreter landet dann auf Ihrer Website und sammelt dort erste Informationen zu Ihrem Unternehmen und Ihrem Angebot. Das ist deshalb so wichtig, weil 70 % des Kaufprozesses schon abgeschlossen sind, bevor ein B2B-Entscheider einen Anbieter kontaktiert, so eine Studie von *Google*. Diese »Köder«, um beim Anglerbild zu bleiben, können Sie in Form eines Fachartikels, eines Social-Media-Postings mit einer anschaulichen Grafik, eines Whitepapers, eines Produktdatenblattes oder auch einer Videoanleitung zu einem Ihrer Produkte liefern.

Was einfach klingt, ist es in der Praxis natürlich nicht. Und wie diese Recherchereise, der *Kaufentscheidungsprozess* – die sogenannte *Customer Journey* – verläuft und welche Rolle Inhalte darin spielen, lesen Sie in Abschnitt 8.4. Im Folgenden zeige ich Ihnen, wie Sie Ihre B2B-Zielgruppen besser kennenlernen, wo Sie unterwegs sein sollten, um sie zu erreichen, und wie Sie das Ganze in Ihren persönlichen Fahrplan verpacken, um Content Marketing Schritt für Schritt umzusetzen.

Im B2B ist *LinkedIn* die Social-Media-Plattform der Wahl. Deshalb werde ich in diesem Kapitel einen besonderen Fokus auf die internationale Businessplattform legen und Ihnen ein paar Praxistipps mitgeben, wie Sie LinkedIn-Content nutzen, um Ihre Ziele zu erreichen.

8.2 Das B2B-Marketing und seine Herausforderungen

Als B2B-Marketer haben Sie es nicht leicht: Anders als im B2C-Bereich sind die Produkte oder Dienstleistungen Ihres Unternehmens komplex, erklärungsbedürftig und nur schwer greifbar. Statt an Privatpersonen verkaufen Sie an Unternehmen und bedienen oft auch eher nischige Märkte mit kleineren Zielgruppen.

Es gilt, ihr vielschichtiges Angebot anschaulich, einzigartig und gleichzeitig faktenbasiert darzustellen und die oft eher trockenen fachlichen Themen spannend zu verpacken. Denn auch *B2B-Käufer* sind Menschen und freuen sich über kreative, emotionale und auch mal unterhaltende Inhalte. Zugegeben: keine leichte Aufgabe. Das sogenannte *Storytelling*, eine Erzählmethode, mit deren Hilfe Sie Informationen, Daten und Fakten bildhaft in Form von Geschichten an Ihre Leser weitergeben, kann Ihnen dabei helfen. Wie das aussehen kann, habe ich in Abschnitt 8.5 beschrieben.

Der B2B-Kaufentscheidungsprozess unterscheidet sich von dem im *B2C* (Business-to-Consumer). Er ist meist länger: Ein B2B-Käufer lässt sich nicht immer von jetzt auf gleich überzeugen. Er lässt sich oft Zeit mit seiner Entscheidung und recherchiert gründlich einen passenden Anbieter. Schließlich muss er für das Angebot eines B2B-Unternehmens tief in die Taschen greifen – häufig geht es um Millionenbeträge. Das vereinfacht das Marketing nicht gerade. Und B2B-Marketer brauchen deshalb einen langen Atem: Vom ersten Interesse eines potenziellen Kunden über die weitere *Informationsrecherche* und *erste Kontaktaufnahme* bis zum *Kauf* haben Sie viel Erklärungs- und *Überzeugungsarbeit* zu leisten. *Vertrauen* zu potenziellen Kunden aufzubauen und es dann auch zu halten steht an oberster Stelle.

Vielleicht geht es Ihnen so wie vielen meiner Kunden: Ihre Marketingabteilung ist klein, was Sie und Ihre Kolleg*innen zusätzlich herausfordert. Viele unterschiedliche Aufgaben sind auf wenige Köpfe verteilt, die Zeit ist knapp, das Budget überschaubar. Zusätzlich laufen, angetrieben durch eine wachsende Zahl digitaler Tools und Kanäle, Entscheidungs- und Kreativprozesse immer schneller. Da müssen alle Maßnahmen gut geplant und die Ressourcen optimal genutzt werden. Planungs- und Automatisierungstools für Teamorganisation, Social Media, Analyse und Co. können Ihnen hier den Arbeitsalltag erleichtern. Sie helfen dabei, Zeit zu sparen und einen besseren Überblick über alle Maßnahmen zu behalten. In diesem Kapitel erfahren Sie mehr dazu.

8.3 Ein B2B-Kunde ist auch nur ein Mensch

Erfolg im Content Marketing steht und fällt auch im Businesskontext mit gutem Content. Was zeichnet guten Content aus? Zuallererst ist er natürlich genau auf die Lebenswelt, auf den Arbeitsalltag der Zielgruppe abgestimmt. Sogenannte *Buyer Personas* (siehe Abschnitt 8.3.3, »Nichts geht ohne Fahrplan – die sechs W-Fragen«) können dabei helfen. Haben Sie sich ein genaues Bild Ihrer Zielgruppe gemacht, fällt es viel leichter, sie mit passenden *Content-Formaten* und in der passenden *Tonalität* anzusprechen. Im Folgenden zeige ich Ihnen, was guten B2B-Content ausmacht, wie Sie damit Ihre *Ziele* erreichen und warum es auch und gerade im Geschäftsbereich menscheln darf und sollte. Dazu habe ich Ihnen Checklisten gepackt – für Website- und Social-Media-Inhalte. Damit Ihr Content bei Ihren Zielgruppen sichtbar wird.

8.3.1 Der (Sprach-)Ton macht die Musik

Auch wenn Sie es im B2B mit anspruchsvollen Lesern zu tun haben und oft fachliche Inhalte transportieren: Verwenden Sie eine verständliche, aktive und bildhafte *Sprache*. Niemand liest gerne Texte, die vor Passivkonstruktionen nur so strotzen. Und komplexe, lange Schachtelsätze, gespickt mit Substantivierungen, machen es den Lesern schwer, am Ball zu bleiben. Fachbegriffe können und sollten Sie an den passenden Stellen natürlich einbauen, übertreiben Sie es aber nicht damit.

Je nach Zielgruppe, Thema und Format können Sie auch einen etwas lockereren Ton anschlagen. Sie möchten ja schließlich Vertrauen zu Ihren Zielgruppen aufbauen und potenzielle Kunden nicht mit distanzierten Formulierungen auf Abstand halten oder sogar abschrecken.

Aus vielen Beraterprojekten mit B2B-Kunden weiß ich: Die Frage nach dem »Du« oder »Sie« in der *Ansprache* auf Website, Blog, Social Media und Co. treibt die B2B-Marketingwelt nach wie vor um. Ich rate meinen Kunden: So wie Sie mit Ihren Kunden im täglichen Umgang sprechen, sollten Sie auch Ihren Content verfassen. Das gilt besonders für Social-Media-Inhalte. Duzen Sie Ihre Kunden, tun Sie das gerne auch in Ihren Postings auf Social Media. Gehört bei Ihnen das Sie zum Standard, behalten Sie das auch bei Ihrer Social-Media-Kommunikation bei. Gerade in den letzten Jahren setzt sich der Trend zum Du auch immer mehr im B2B der DACH-Region (Deutschland, Österreich, Schweiz) durch. In vielen traditionelleren Unternehmen dominiert aber nach wie vor das Sie.

Für B2B-Zielgruppen zu texten heißt auch, *Humor* nicht außen vorzulassen. Auch B2B-Entscheider sind Menschen und freuen sich über Content mit einer Prise Witzigkeit – natürlich ohne dass dabei die Seriosität zu kurz kommt. Leider ist bei vielen B2B-Unternehmen besonders im deutschsprachigen Raum noch die Meinung verbreitet, humorvolle Inhalte hätten im Businesskontext nichts verloren. Davon zeugen zahlreiche mit staubtrockenen Texten gespickte Websites. Garniert werden diese Text dann oft noch mit Worthülsen wie »innovativ«, »kompetent«, »professionell« oder »qualitativ hochwertig«. Zum Leidwesen der Leser, die sich nur mit Mühe und Not durch diese leblosen Texte kämpfen. Und die Social-Media-Inhalte geben in vielen Fällen kein besseres Bild ab.

Mit Worthülsen und Phrasendrescherei hinterlassen B2B-Unternehmen aber sicher keinen bleibenden Eindruck bei ihren Website-Besuchern, darunter auch potenzielle Kunden. Und wer die Website-Besucher einmal mit schlechtem Content abgeschreckt hat, zu dem kommen sie so schnell nicht zurück. Machen Sie es besser und trauen Sie sich was! Heben Sie sich mit lebendigen, kreativen und leicht zu lesenden Texten von Ihren Wettbewerbern ab. Zeigen Sie, dass Sie sich mit den Problemen und Herausforderungen Ihrer Zielgruppen auskennen. Tauchen Sie mit anschaulichem Content in die *Lebenswelten* der Menschen ein, die Sie ansprechen möchten. Schildern Sie eine wünschenswerte Situation, die sich die jeweilige Zielgruppe gut vorstellen kann. Wie schafft sie es, dorthin zu kommen? Mit Ihrem Produkt! Wie, das beschreiben Sie in einer emotionalen Geschichte. Mehr dazu habe ich Ihnen in Abschnitt 8.5 aufgeschrieben. Auch B2B-Entscheider lesen gerne kreative Texte, die unterhalten und zum Schmunzeln anregen. Ein unterhaltsamer und auch mal witziger Text kann Nähe und Vertrauen aufbauen. Hier entscheidet ebenfalls das richtige Maß, übertreiben sollten Sie es nicht.

Das alles klingt erst mal nicht so einfach. Aus der Erfahrung mit B2B-Unternehmen unterschiedlicher Größe weiß ich: Nicht alle Geschäftsführer, Vertriebler oder Marketerinnen sind geborene Schreiber, sondern fühlen sich beim *Texten* oft unsicher. Wenn es auch Ihnen so geht und Ihnen das *Schreiben* nicht leichtfällt, ist es keine Schande, sich professionelle Hilfe zu holen: Beauftragen Sie eine externe Texterin, stellen Sie einen Redakteur ein oder buchen Sie ein Text-Coaching fürs Team. Im Coaching lernen Sie die wichtigsten Basics und Tricks und können dieses Wissen dann schrittweise ausbauen. Mit der Zeit werden Sie immer besser, Sie werden sehen. Egal, wie Sie sich entscheiden: Das Wichtigste ist aber, dass Ihr Content authentisch bleibt.

Passen Sie Ihre Tonalität an die Zielgruppe und das jeweilige Content-Format an. Ein eher sachliches *Whitepaper* sollte den Leser oder die Leserin schließlich nicht zum Lachen bringen. Ein *Blogbeitrag* Ihrer Geschäftsführerin oder Ihres Vertriebskollegen kann schon die eine oder andere witzige Anekdote, verbunden mit geschicktem Storytelling, enthalten. Und ein wenig Persönlichkeit darf auch durchschimmern. Denn wo es menschelt, da kann Vertrauen entstehen. Und das möchten Sie ja schließlich erreichen. Finden Sie Ihre unverwechselbare Stimme, die Sie aus der Masse der Wettbewerber heraushebt – und die dafür sorgen kann, dass sich ein B2B-Kunde für Sie und nicht für die Konkurrenz entscheidet.

Wie Sie das anstellen? Überlegen Sie sich, was Sie einzigartig macht: Womit heben Sie sich vom Wettbewerb ab? Was können Sie glaubhaft von sich und Ihrem Angebot behaupten? Was ist Ihr *Alleinstellungsmerkmal*? Adressieren Sie außerdem die Bedürfnisse Ihrer Zielgruppen, und tauchen Sie in deren Lebenswelt ein.

Vielleicht sagen Sie auch: Wir haben uns schon einzigartig positioniert. Aus der Masse an Wettbewerbern stechen wir sofort heraus. Ob Sie damit richtig liegen, testen Sie ganz einfach: Tauschen Sie Ihren Unternehmensnamen in Ihren Texten gegen den eines Wettbewerbers aus. Klappt das problemlos, haben Sie Ihr Profil noch nicht genug geschärft. Arbeiten Sie daran, es lohnt sich. Denn mit geschärftem, genau auf Ihre Zielgruppen zugeschnittenem Profil ziehen Sie die richtigen

Menschen an. Und die werden dann vom Interessenten vielleicht auch irgendwann zum Kunden.

8.3.2 Content-Checkliste – so sollten Ihre Content-Stücke sein

Inhalte im Content Marketing verfolgen unterschiedliche *Ziele*: Sie informieren, unterhalten, inspirieren oder überzeugen. Jedes Ihrer Content-Stücke – ob auf Social Media, im Newsletter oder auf der Website – sollte mindestens eines dieser Kriterien erfüllen. Sie können natürlich auch mehrere Kriterien innerhalb eines Social-Media-Postings, eines Artikels oder eines Videos kombinieren.

Inhalte im Content Marketing sollten

- informieren
- unterhalten
- inspirieren
- überzeugen

Jedes Ihrer Content-Stücke sollte außerdem genau auf die jeweilige Zielgruppe zugeschnitten sein – bezogen auf Inhalt, Sprache und Format. Denken Sie auch daran, die Emotionen der B2B-Entscheider anzusprechen. Denn jede Verkaufsentscheidung wird emotional getroffen, auch im B2B. Und damit Ihr Content überhaupt auf dem Schirm der richtigen Menschen landet, habe ich für Sie eine Checkliste mit den wichtigsten Punkten zusammengestellt.

So sollte Ihr Content sein:

Auffindbar

Schon wenn ein B2B-Käufer einen bestimmten Suchterm in eine Suchmaschine eintippt, der zu Ihnen und Ihrem Angebot passt, sollten Sie idealerweise mit einem Artikel unter den ersten Suchergebnissen erscheinen. Landet der Suchende auf Ihrer Website, haben Sie die erste Hürde genommen: Seine Aufmerksamkeit ist geweckt und Sie können ihn mit weiteren Inhalten auf Ihrer Website und auf anderen Kanälen wie Social Media oder Newsletter entlang der Customer Journey begleiten.

Achten Sie bei der Content-Erstellung also unbedingt auf Kriterien der *Suchmaschinenoptimierung*. Damit ist es wahrscheinlicher, von Ihren Zielgruppen gefunden zu werden und überhaupt auf der Auswahlliste potenzieller Anbieter zu landen.

B2B-SEO unterscheidet sich von der Suchmaschinenoptimierung im B2C-Bereich. Besonders wenn Ihr Unternehmen eher nischige Themen bedient, haben die für Ihre Zielgruppen relevanten Themen ein eher geringes Suchvolumen. Das heißt, die entsprechenden Suchtermini werden weniger häufig in das Suchfeld eingetippt. Dazu kommt: Möchten Sie Suchmaschinenwerbung schalten (das sogenannte *SEA*, Search Engine Advertising), haben Sie mit höheren *Klickpreisen* zu rechnen. Denn der Wettbewerb buhlt mit Ihnen um die obersten Positionen.

Wir konzentrieren uns in diesem Kapitel aber auf organische Maßnahmen, daher habe ich hier eine weitere *Checkliste für Website-Inhalte* für Sie. Sie kann Ihnen dabei helfen, Ihren Content für suchende B2B-Entscheider sichtbar zu machen.

Checkliste für auffindbare Website-Inhalte

- Recherchieren Sie noch vor dem Schreiben eines Artikels die relevanten Keywords. So schreiben Sie nicht an der Zielgruppe vorbei.
- Haben Sie ein Oberthema definiert, finden Sie mithilfe einer gründlichen Keyword-Recherche heraus, für welche thematischen Teilaspekte sich Ihre Zielgruppe noch interessiert.
- Bauen Sie die Keywords in den Text ein, erwähnen Sie sie auch in den *Headlines* unterschiedlicher Ebenen (H1–H6).
- Achten Sie auf die Formatierungen. Suchmaschinen bewerten Texte neben der inhaltlichen Relevanz auch nach der *Leserfreundlichkeit*. Machen Sie es Ihren Lesern und Leserinnen also so leicht wie möglich, Ihrem Text zu folgen. Nehmen Sie sie von der Headline über den Teaser, den Text bis zum Textende an die Hand.
- Fügen Sie Absätze ein.
- Fetten Sie wichtige Begriffe – und erklären Sie sie.
- Verlinken Sie zu anderem Content auf Ihrer Website oder auch auf externe Seiten.
- Achten Sie auf für Suchmaschinen optimierte *Bilder*: Nutzen Sie das passende Dateiformat, die passende Dateigröße und *Alt-Tags*.

Und Ihr Social-Media-Content? Da LinkedIn inzwischen als eines der wichtigsten sozialen Netzwerke im B2B gilt, konzentriere ich mich hier auf diese Plattform.

Checkliste für auffindbare LinkedIn-Inhalte

- Kategorisieren Sie Ihren LinkedIn-Content mit *Hashtags*, und ordnen Sie ihn so in ein bestimmtes Themenumfeld ein. Menschen, die einem in Ihrem Posting verwendeten Hashtag folgen, stoßen so mit höherer Wahrscheinlichkeit darauf – und interagieren dann eventuell auch damit. Mehr dazu finden Sie auch in Abschnitt 8.6, »Mit Content sichtbar auf Social Media«.
- Für LinkedIn sollten es nicht mehr als fünf Hashtags sein. Kombinieren Sie nischige und reichweitenstarke Hashtags miteinander. Wie viele Menschen einem LinkedIn-Hashtag folgen, lässt sich beispielsweise mit dem LinkedIn-Plug-in *Chrome Hashtag Analytics*[1] herausfinden.

---

1 *https://chrome.google.com/webstore/detail/hashtag-analytics-by-enga/ocgihmepobcgbfibaopg-gddieigbopja?hl=de*

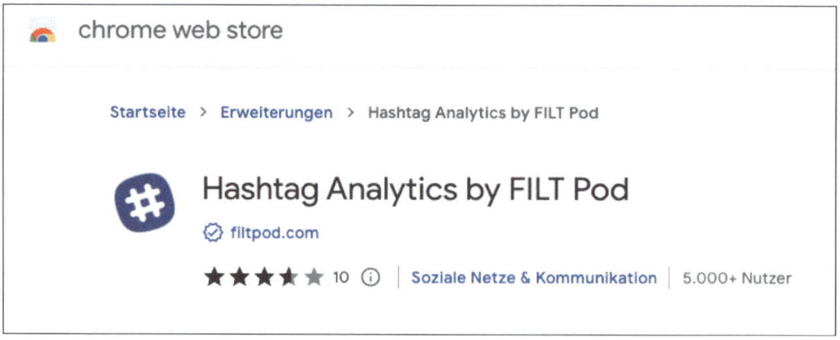

Abbildung 8.1 Mit dem Chrome-Plug-in lässt sich herausfinden, wie viele Menschen einem Hashtag folgen.

Ein Beispiel, wie Sie Chrome Hashtag Analytics in der Praxis einsetzen, habe ich in Abbildung 8.2 für Sie. Das Tool zeigt an: Der Hashtag #saas im Posting des Toolexperten Jens Polomski hat auf LinkedIn 25.820 Follower. Die Hashtag-Kombination des follower-starken #saas, mit dem ebenso follower-starken #martech, des nischigen #tooltipp und des durch den Experten in seiner Community gut promoteten Kampagnen-Hashtags #saasadvent tragen zur guten Sichtbarkeit des Contents bei seinen Followern – und deren Netzwerk – bei. Das zeigen die Reaktionen, Kommentare und geteilten Beiträge unter dem Posting.

Abbildung 8.2 Chrome Hashtag Analytics auf LinkedIn im Einsatz

Lesbar

Halten Sie Ihren Content lesbar. Vereinfachen Sie es Ihren Leserinnen und Lesern, Ihre Inhalte zu konsumieren. Bauen Sie den Text logisch auf, erzählen Sie eine Geschichte, achten Sie auf den roten Faden.

Einen Artikel leiten Sie mit einer knackigen *Headline* ein, strukturieren ihn in Absätzen, fügen Überschriften und Unterüberschriften ein. Wichtige Wörter heben Sie per Fettung hervor und fügen auch Aufzählungen ein, wo es sinnvoll ist. Das alles dient dazu, dass die Leser Ihren Text schneller erfassen, gegebenenfalls auch »scannen« und schnell zu den für sie interessanten Passagen springen. Denn digitale Leser von heute neigen dazu, Texte nicht mehr unbedingt von vorn bis hinten zu lesen. Sie picken sich lieber gleich die für sie interessanten Passagen heraus. Beachten Sie das, ist es umso wahrscheinlicher, dass eine Leserin oder ein Leser auf Ihrer Website verweilt und nicht gleich abspringt.

Wer seine Texte strukturiert und diesen »Leserservice« bietet, kann punkten, auch bei Suchmaschinen. Denn was das Lesen erleichtert, belohnen Google und Co. unter Umständen mit einem vorderen Platz auf der Liste der Suchergebnisse.

Dasselbe gilt auch für Ihre *Social-Media-Inhalte*: Machen Sie es Lesern leicht, Ihre Inhalte zu konsumieren. Dann verweilen sie beispielsweise auch länger auf einem *Posting* – ein Signal für den Algorithmus, Ihre Beiträge mit mehr Reichweite zu pushen. Besonders auf Social Media gilt: Halten Sie es kurz und knackig. Sogenannter *Snackable Content* ist hier gefragt. Denn Social-Media-Nutzer scrollen schnell durch Ihre Feeds.

Verständlich

Schreiben Sie verständlich. Versetzen Sie sich in Ihre Zielgruppe: Welches Fachwissen können Sie voraussetzen? Haben Sie es mit einem Fachexperten zu tun? Oder lässt sich eher Basiswissen voraussetzen? Daran sollten Sie Ihren Content anpassen.

Machen Sie die Leser neugierig, schon im ersten Absatz. Das gilt übrigens auch und besonders für Social-Media-Postings. Gerade auf Social Media rauschen so viele Inhalte an uns vorbei. Wenn uns da nicht die ersten Sätze eines Postings packen, scrollen wir weiter.

Enttäuschen Sie dann natürlich nicht die Erwartungshaltung der Leser. Halten Sie sie »bei der Stange«, achten Sie auf den roten Faden. Setzen Sie Fachbegriffe sparsam ein und wenn, dann bleiben Sie in der Welt der Zielgruppe und stimmen Sie die Begriffe genau auf sie ab.

Aktivierend

Sie schreiben Ihre Inhalte nicht zum Spaß, sondern Sie verfolgen damit klare Ziele. In erster Linie möchten Sie dafür sorgen, dass ein Leser oder eine Leserin, die beispielsweise das erste Mal auf Ihrem *Blog* landen oder Ihr Social-Media-Posting lesen, sich auch weiter mit Ihnen beschäftigen – oder sogar mit Ihnen in Kontakt treten.

Bauen Sie deshalb *Handlungsaufforderungen*, sogenannte *Call-to-Actions*, in Ihren Content ein. Auf Social Media können Sie am Ende Ihres Postings dazu auffordern, bei Fragen oder Anmerkungen Ihr Posting zu kommentieren. Damit treten Sie dann gleich in einen Austausch mit Ihrer Zielgruppe und bauen erstes Vertrauen auf.

Teilbar

Damit ein Content-Stück sich möglichst weit verbreitet und viele Zielgruppenvertreter erreicht, fügen Sie einen Call-to-Action ein und bieten eine Möglichkeit an, es zu teilen. Unter Ihrem Blogbeitrag fragen Sie: »Hat Ihnen der Beitrag gefallen? Dann freue ich mich, wenn Sie ihn mit Ihrem Netzwerk teilen.« Unter den Beiträgen auf Ihrer Website sollten Sie gut sichtbar *Sharing-Buttons* für die gängigen Social-Media-Plattformen einbauen.

Damit Sie Ihre Inhalte genau auf Ihre Zielgruppen abstimmen können und sie im richtigen Moment am richtigen Ort ausspielen, brauchen Sie einen Fahrplan. Ich zeige Ihnen im Folgenden, wie Sie Ihren persönlichen *Plan* erstellen.

8.3.3 Nichts geht ohne Fahrplan – die sechs W-Fragen

Die *Informationsbedürfnisse* Ihrer B2B-Zielgruppen genauestens zu kennen – ihnen mit Inhalten nachzukommen und dadurch ihr Vertrauen zu gewinnen, das ist die zentrale Aufgabe des Content Marketings. Gelingt Ihnen das, haben Sie Wettbewerbern einiges voraus. Und es ist auch die Grundvoraussetzung dafür, dass Sie in der digitalen Welt für Ihre Zielgruppen überhaupt sichtbar werden. Denn wir alle werden 24/7 mit Informationen überflutet. Dafür müssen Sie zuallererst eine gut durchdachte *Content-Strategie* entwickeln.

Sie fragen sich vielleicht: Wie gehe ich das am besten an? Ich habe eine leichte Formel für Sie: die sechs *W-Fragen*. Fragen Sie warum, wer, was, wie, wo und wann? Damit können Sie Ihren Fahrplan schrittweise erstellen, ihn umsetzen und langfristig Ihre Marketing- und damit auch *Unternehmensziele* erreichen.

Warum Content Marketing?

Warum haben Sie sich für Content Marketing entschieden? Das ist die zentrale Frage, die Sie weiter konkretisieren können: Was möchten Sie mit der Marketingmethode erreichen? Welche Ziele verfolgen Sie damit? Vielleicht möchten Sie bei Ihren Zielgruppen sichtbar werden und Ihr Image verbessern. Sie möchten neue Website-Besucher und Leser für Ihr Unternehmensblog gewinnen. Sie wünschen sich neue Newsletter-Abonnenten, möchten *Leads generieren*. Und natürlich möchten Sie im nächsten Schritt auch neue Kunden gewinnen, sie halten und sie langfristig zu Fans und Multiplikatoren Ihres Unternehmens machen. Das alles können Sie mit Content Marketing erreichen. Denken Sie beim Erstellen Ihrer Inhalte daran: Jedes Ihrer Content-Stücke – ob Artikel, Social-Media-Posting, Whitepaper oder Newsletter – sollte auf Ihre Ziele einzahlen.

Wer ist Ihre Zielgruppe?

Wer sind die Adressaten Ihrer Content-Marketing-Maßnahmen? Machen Sie sich Gedanken dazu, wen Sie konkret erreichen möchten. Höchstwahrscheinlich richten sich Ihre Maßnahmen auch an mehrere Zielgruppen. Denn im B2B sind oft mehrere Personen an einer Kaufentscheidung beteiligt.

Um greifbar zu machen, mit wem Sie es zu tun haben, wen Sie erreichen möchten, hilft Ihnen eine *Buyer Persona*. Dafür sammeln Sie Informationen zu Alter, Geschlecht, Wohnort, Familienstand, Ausbildung, aktueller Position im Unternehmen, Tagesablauf und Gewohnheiten Ihres typischen Kunden. Wichtig sind auch die Informationsbedürfnisse der jeweiligen Persona: Welche Themen interessieren sie? Welche Alltagsherausforderungen treiben sie um? Welche Fragen stellt sie sich? Wie liefern Sie mit Ihren Inhalten Antworten darauf? Wie kann Ihr Content vielleicht schon kleine Alltagsprobleme lösen? Und nicht zu vergessen die *Aufmerksamkeitsplätze* (Kanäle, Foren, Events etc.): Wo erreichen Sie sie wann mit Ihren Inhalten?

Um die Persona besser vor Augen zu haben, geben Sie ihr einen Vor- und Nachnamen. Es gilt: So realistisch wie möglich, so detailreich wie nötig. Damit das klappt, hat sich in der Praxis ein *Persona-Workshop* bewährt. Holen Sie dafür alle Kollegen ins Boot, die im Arbeitsalltag mit der Zielgruppe zu tun haben, für die Sie den Kundenavatar erstellen. Damit kommen Ihre Persona-Darstellungen der Realität möglichst nahe. Ziehen Sie dafür auch Kundeninterviews, Erfahrungswerte Ihrer Kollegen, *Daten* aus dem CRM-System, Ihren Website- und Social-Media-Analytics und gegebenenfalls Marktforschungsdaten heran.

Haben Sie sich intensiv mit Ihrer Buyer Persona beschäftigt, fällt es umso leichter, Inhalte für sie zu erstellen. Und es gelingt Ihnen viel eher, Vertrauen zu Ihrer Zielgruppe aufbauen. Sie können Ihre Inhalte besser vermitteln, zeigen den Kundinnen und Kunden, dass Sie ihre Schmerzpunkte (*Pain Points*) sehr gut kennen, sich in ihre Lage versetzen, sich sehr gut in sie einfühlen und quasi in »ihren Schuhen gehen können«. Im B2B werden diese Aspekte, sich in den Kunden einzufühlen und aus dessen

Sicht, nicht vom Produkt aus zu denken, viel zu oft vernachlässigt. Gelingt Ihnen aber dieser Perspektivwechsel, sind Sie der Konkurrenz einige Nasenlängen voraus.

Von B2B zu H2H

Auch im B2B geht es im Kern nicht ums Geschäft. Es geht vor allem darum, langfristig Vertrauen aufzubauen, von Mensch zu Mensch, H2H (von engl. *Human-to-Human*). Damit das klappt, ist es wichtig, auf Augenhöhe zu kommunizieren, zu zeigen, dass man das Gegenüber versteht, seine Sprache spricht, seine Probleme und Herausforderungen kennt. Und auf dieser Basis lassen sich Produkte und Dienstleistungen dann verkaufen. Denn auch und gerade ein B2B-Entscheider kauft nicht von irgendwem. Er schaut sich denjenigen vorher genau an, prüft ihn auf Herz und Nieren – und erst wenn er oder sie vertraut, kommt es zum Deal. Haben Sie das bei Ihren Marketing- und Kommunikationsmaßnahmen im Blick. Und geben Sie das auch an Ihre Vertriebskollegen weiter: Es geht um H2H statt um B2B.

Was treibt Ihre Zielgruppe um?

Mit welchen Herausforderungen hat Ihre Zielgruppe im Alltag zu kämpfen? Welche Probleme möchte sie lösen? Die dritte Frage dreht sich um die Informationsbedürfnisse Ihrer Zielgruppe. Diese sind sehr eng mit der Persona-Erstellung verknüpft. Neben Befragungen Ihrer Kolleg*innen aus *Vertrieb* und *Kundenservice* oder bestehender Kunden, die dem jeweiligen Zielgruppensegment entsprechen, können Sie auch in der digitalen Welt nachforschen, was Ihre Zielgruppen umtreibt. Dabei helfen beispielsweise das sogenannte *Social Listening*, die Recherche nach Trends und Unterhaltungen zu bestimmten Themen aus der Branche, aber auch über Ihr Unternehmen, in sozialen Netzwerken. Außerdem geben Keyword-Analysen Einblick, wo bei Ihrer Zielgruppe der Schuh drückt.

Wie sprechen Sie Ihre Zielgruppe an?

Dann fragen Sie nach dem Wie: Jeder Ihrer Inhalte sollte immer eines dieser Ziele verfolgen: informieren, unterhalten, inspirieren oder überzeugen. Besonders wenn ein Zielgruppenvertreter Ihr Unternehmen noch nicht gut kennt, lohnt es sich, ihm oder ihr Inhalte zu präsentieren, die Sie als perfekter Problemlöser positionieren. Denn wer mir einmal geholfen hat, dem vertraue ich auch größere Probleme an. In die B2B-Welt übersetzt: Den nehme ich in die engere Auswahl für den Kauf von Überwachungssystemen für meine Gasanlagen.

Eng verknüpft mit dem Wie ist die Frage, in welcher Situation und an welchem Punkt der Rechercheriese Sie Ihre Zielgruppe erreichen: Startet der Einkäufer seine Suche gerade erst und recherchiert mithilfe bestimmter Suchbegriffe über eine Suchmaschine? Oder steht die Einkäuferin schon kurz vor der Kaufentscheidung und muss nur noch mal ihre Auswahlliste durchgehen?

Für jede Entscheidungsphase sollten Sie die passenden Inhalte parat haben. Das kann ein *Fachartikel* sein oder auch ein Social-Media-Posting, eine *Fallstudie*, ein Webinar, ein Video oder ein Whitepaper. Achten Sie dabei auch darauf, Content mit unterschiedlicher fachlicher Tiefe anzubieten. Und sprechen Sie die Sprache Ihrer Zielgruppe. Verwenden Sie an den passenden Stellen die entsprechenden Fachtermini.

Wo treffen Sie Ihre Zielgruppe?

Auch an dieser Stelle kommen die entwickelten Personas wieder ins Spiel: An welchen Aufmerksamkeitsplätzen sind sie anzutreffen? Wo können Sie vielleicht sogar mit ihnen ins Gespräch kommen? Im B2B-Bereich könnte die Antwort LinkedIn lauten. Aber auch Fachmedien, Ihre Website, weitere soziale Netzwerke wie Twitter oder Fachforen können Aufmerksamkeitsplätze sein. Recherchieren Sie das gründlich, und fragen Sie gegebenenfalls direkt bei bestehenden Kunden oder bei Ihren Kollegen mit Kundenkontakt nach.

Wann treffen Sie Ihre Zielgruppe?

Kennen Sie das Wo, sollten Sie auch das Wann recherchieren. Wann ist beispielsweise ein guter *Zeitpunkt für ein LinkedIn-Posting*? Aus meiner Erfahrung eignen sich Dienstag und Donnerstag im Zeitraum 8 bis 11 Uhr besonders gut dafür. Postings am Abend oder nachts sind eher ungünstig. Logisch, da dann die wenigsten Nutzer online sind. Aber auch am Wochenende auf Social Media zu posten, kann sich für bestimmte Formate und Zielgruppen lohnen. Aber auch hier rate ich: Testen Sie, welche Uhrzeiten bei Ihrer Zielgruppe am besten funktionieren.

Haben Sie alle Fragen beantwortet, steht Ihr Fahrplan, Ihre Content-Strategie. Damit können Sie Ihre Zielgruppen in der digitalen Welt sprichwörtlich an die Hand nehmen, und diese können schrittweise Vertrauen zu Ihnen aufbauen – vom ersten Interesse bis zum Kauf und darüber hinaus. Im nächsten Teil schauen wir uns gemeinsam an, wie das geht.

8.4 Customer Journey im B2B – Ihre Inhalte als Reisebegleiter

B2B-Entscheider sind anspruchsvoll. Sie recherchieren lange und intensiv, bis sie sich vom Kauf überzeugen lassen und für einen Anbieter entscheiden. Von der ersten Informationsrecherche bis zur Kaufentscheidung können schon mal ein paar Monate ins Land ziehen. Auf ihrem Kaufentscheidungsweg, der Customer Journey, konsumieren B2B-Käufer unterschiedliche Content-Formate, wie beispielsweise Fachartikel, Grafiken, Whitepaper, Datenblätter, Case Studies, Produktvideos oder

Webinare. Sie wägen verschiedene Optionen ab, informieren sich online und in ihrem Netzwerk über diverse Anbieter und sammeln viele Daten und Fakten zu unterschiedlichen Angeboten. Erst dann treffen sie eine Kaufentscheidung. Schließlich geht es um viel Geld.

Dazu kommt: Oft sind mehrere Personen, das sogenannte *Buying Center*, mit variierenden Informationsbedürfnissen und fachlichen Hintergründen am Entscheidungsprozess beteiligt. Zum Buying Center gehören beispielsweise der spätere Anwender des Produkts bzw. der Dienstleistung, die Abteilungsleiterin, der Mitarbeiter aus dem Einkauf und auch die Geschäftsführung. Sie alle benötigen Inhalte, die ihre jeweiligen Fragen beantworten und auf ihre Anforderungen eingehen. Diese Inhalte sollten die einzelnen Entscheider in ihrer Rolle und genau dort abholen, wo sie auf ihrer Rechercheeise gerade stehen, und ihnen dabei helfen, unterschiedliche Anbieter und ihr Angebot zu bewerten und sich für oder gegen einen Anbieter zu entscheiden.

Welche Anforderungen sollten diese Inhalte erfüllen? Sie sollten beispielsweise demonstrieren, dass der Anbieter sich genauestens mit bestimmten Fertigungsprozessen, Richtlinien, Logistik- oder Audit-Verfahren auskennt. Dass er über Gefahrstoffe und Produktionslinien im Detail informiert ist. Indem Sie mit Ihren Inhalten die zentralen Fragen Ihrer Zielgruppen beantworten, ihren Informationsbedürfnissen begegnen, baut sie Vertrauen zu Ihnen auf. Sie zeigen, dass Sie ihren Alltag gut kennen, dass Sie sich deren Probleme bewusst sind. Und dann haben Sie es viel leichter zu zeigen, dass Sie dafür die passende(n) Lösung(en) parat haben.

8.4.1 Customer Journey und der Sales Funnel

Um sich bei B2B-Entscheidern bei der Recherche ins Spiel zu bringen, müssen Sie möglichst früh auftauchen. Begegnen Sie ihnen an ihren Reisestationen, den sogenannten *Touchpoints*. Begleiten Sie sie mit Ihren Maßnahmen und dem entsprechenden Content, informieren Sie sie und überzeugen Sie sie schließlich, bei Ihnen zu kaufen.

Aber wo startet die Kundenreise eines B2B-Käufers eigentlich? Und an welchen Aufmerksamkeitsplätzen treffen Sie ihn? Als B2B-Marketer ist Ihnen vielleicht das Konzept des *Marketing* oder *Sales Funnels* bekannt, im deutschsprachigen Bereich auch als »Verkaufstrichter« bezeichnet. Dieser Trichter veranschaulicht die einzelnen Entscheidungsphasen potenzieller Kunden vom ersten Interesse bis zum Kauf. Er teilt sich von oben nach unten in *Top of Funnel* (ToFu), *Middle of Funnel* (MoFu) und *Bottom of Funnel* (BoFu). Zusammen mit dem Modell der Customer Journey lässt sich so ein sehr genaues Bild zeichnen, in welcher Entscheidungsphase Sie Ihre Zielgruppen wo mit welchen Inhalten erreichen. Während die Customer Journey mehr aus Sicht der Zielgruppe gestaltet ist und ihre einzelnen Entscheidungsphasen in den Blick nimmt, deckt der Sales Funnel die einzelnen Content-Formate und Berührungspunkte, die Touchpoints, eher aus Anbietersicht ab.

Der Verkaufstrichter endet im BoFu-Bereich mit dem Kauf des Kunden, die Kundenreise hört hier aber nicht auf: Nach dem Kauf lässt sich die Kundenbeziehung weiter mit hilfreichen (Content-)Angeboten ausbauen, beispielsweise mit *Leitfäden* zur Produktnutzung oder Kundenevents. Auf dass Ihre Kunden zufriedene Kunden bleiben und vielleicht sogar zu Ihren Multiplikatoren werden, positive Rezensionen auf Ihrer Website oder Social Media hinterlassen und Sie weiterempfehlen. Diese Phasen werden *Retention*- und *Advocacy*-Phasen genannt.

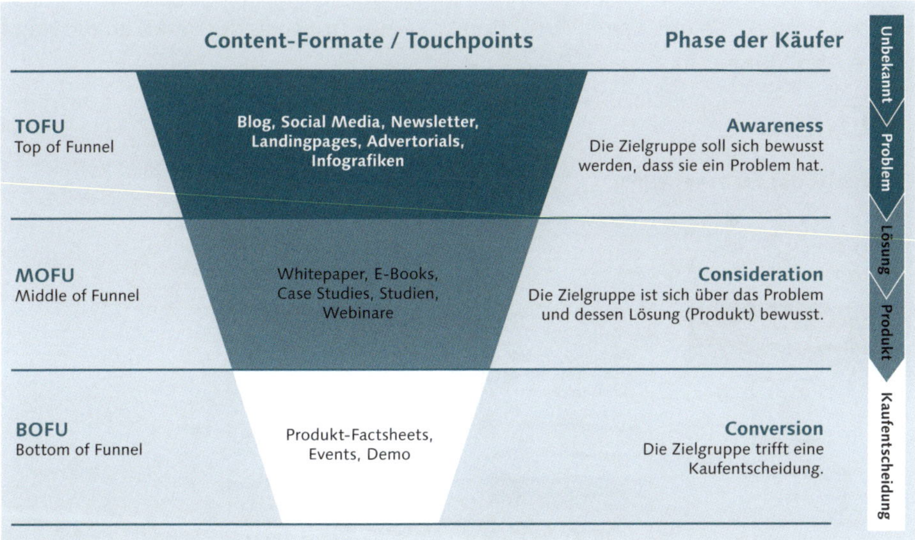

Abbildung 8.3 Links zu sehen: die Phasen des Sales Funnels, rechts daneben die Customer-Journey-Phasen (Quelle: Vogel Communications Group *www.marconomy.de/die-customer-journey-im-b2b-erklaerung-beispiele-und-praxistipps-a-1006388/?cflt=rel*)

Awareness-Phase (ToFu) – machen Sie mit Ihren Inhalten auf sich aufmerksam

Potenzielle Kunden kennen Sie noch nicht. Machen Sie sie in der Awareness-Phase mit Ihren Inhalten auf sich aufmerksam. Oben im Trichter startet die Reise Ihrer B2B-Zielgruppenvertreter. In der *Awareness-Phase* sind sie auf der Suche nach einer Lösung für ein bestimmtes Problem und recherchieren allgemeine Informationen. Wo tun sie das? Ich werde im Folgenden am Beispiel *Ingenieure* unterschiedliche Elemente der Content-Erstellung für die Customer Journey erläutern.

Ingenieur*innen beginnen ihre Informationsrecherche zu einem geeigneten Anbieter zu 89 % über Suchmaschinen, darauf folgen mit 85 % Websites Ihnen schon bekannter Hersteller und Lieferanten und Fachmedien mit 68 %. Weitere Recherchequellen sind persönliche Empfehlungen aus dem Netzwerk.[2] Möchten Sie einen B2B-Entscheider auf sich aufmerksam machen, sollten Sie entsprechende suchmaschinenoptimierte Inhalte wie Blog-Posts auf Ihrer Website parat haben. Auch mit *PR- oder Werbemaßnahmen* machen Sie sich bei einem suchenden Ingenieur in dieser Phase sichtbar. Weitere Möglichkeit: Wecken Sie seine Aufmerksamkeit über Social-Media-Kanäle, indem Sie Postings beispielsweise mit *Infografiken* veröffentlichen, die seine Fragen dieser ersten Phase der Informationsrecherche beantworten. Auch *Events* bringen Sie auf das Radar eines suchenden B2B-Entscheiders.

Die Lenkering Montage- und Zerspanungstechnik GmbH macht das aus meiner Sicht gut. Sie gibt potenziellen Kunden und Bestandskundinnen in ihrem »LMZ Magazin« auf der Website rund um die Themen Automatisierung, Industrie 4.0/ Digitale Produktion und Lean Production konkrete Tipps aus der Praxis an die Hand (siehe Abbildung 8.4).

Abbildung 8.4 Das »LMZ Magazin« der Lenkering Montage- und Zerspanungstechnik GmbH (Quelle: *www.lmz-lenkering.de/magazin*)

2 Quelle: Whitepaper »Die Customer Journey der Ingenieure«, Vogel Communications Group GmbH & Co. KG: *www.marconomy.de/die-customer-journey-der-ingenieure-d-60a7925d5c567/*

Die Magazinbeiträge vermitteln Fachwissen und bieten Einsichten in unterschiedlichste Kundenprojekte von LMZ Lenkering. Das baut Vertrauen auf und etabliert das Unternehmen bei den Zielgruppen als Experte für Entwicklung und Bau schlüsselfertiger Automatisierungsanlagen. Die Beiträge schreiben der Maschinenbauingenieur und Geschäftsführer des Unternehmens und der Marketingverantwortliche, unterstützt von Gastautoren. Dass der Geschäftsführer hier auch als Autor auftritt und auch Fachkollegen Input liefern, macht die Inhalte besonders authentisch und baut Nähe zu Interessenten auf.

Um Leser von LinkedIn auf das Magazin zu führen, teasert LMZ Lenkering in einem Posting *Praxistipps* an, wie Unternehmen die Mobilrobotik angehen, und verlinkt den entsprechenden Magazinbeitrag auf der Website (siehe Abbildung 8.5).

Abbildung 8.5 In LinkedIn-Postings zeigt LMZ Lenkering seine Expertise beim Thema Industrie 4.0 und teasert hilfreiche Praxistipps auf der Website an.

LMZ zeigt so: Sie kennen sich mit der Thematik aus, sie konnten bei der Systemeinführung selbst viel mitnehmen. Und das Gelernte geben sie jetzt gerne weiter. Um die Zielgruppe inhaltlich noch besser abzuholen, steht ihnen außerdem ein Fachexperte eines Partnerunternehmens zur Seite. Hier wird einer der Kernaspekte des Content Marketings deutlich: Es geht darum, sein Wissen zu verschenken, um Vertrauen aufzubauen. Sie gehen damit zwar in »Vorleistung«, aber was Sie dafür bekommen, ist umso wertvoller: Vertrauen der Zielgruppen, Expertenstatus, zudem wird der eine oder andere Interessent vielleicht auch zum Käufer.

Consideration-Phase (MoFu) – potenzielle Kunden mit tiefgehenden Informationen füttern

Der B2B-Entscheider sucht nun konkreter und hat eine Auswahlliste unterschiedlicher Anbieter erstellt. Wichtig: Bis zu diesem Zeitpunkt hat er die Unternehmen auf seiner Liste noch nicht kontaktiert. Daher sucht er in der *Consideration-Phase* nach tiefgehenden Informationen und konsumiert Whitepaper, Newsletter, Studien, Produktdatenblätter oder Webinare. Bieten Sie ihm Inhalte, die veranschaulichen, dass Sie der passende Anbieter sind. Um beim Beispiel Ingenieur zu bleiben: Verfassen Sie einen *Leitfaden*, der sich thematisch um einen der wichtigsten *Pain Points*, also Kernfragen und Schmerzpunkte, Ihrer Zielgruppe dreht. Die Lee Company, Anbieter von Miniatur-Flüssigkeitssteuerungslösungen, bietet auf Ihrer Website einen »Leitfaden für die Auswahl eines Durchflussbegrenzers für ein Fluidiksystem« als E-Book an, zum Download und gegen Angabe der Kontaktdaten (siehe Abbildung 8.6). Damit der Leitfaden den Nerv und die Tonalität der Zielgruppe trifft, haben Fachkollegen unterstützt: »Dieses E-Book wurde von Ingenieuren geschrieben, um die Auswahlkriterien hervorzuheben, die Ingenieure bei der Auswahl eines Durchflussbegrenzers für ein Fluidiksystem berücksichtigen sollten.«

In einem solchen Leitfaden lässt sich nun zunächst erklären, was ein Durchflussbegrenzer ist und wie er funktioniert. Fügen Sie Konfigurationen und Funktionen hinzu, liefern Sie Beispiele für Berechnungen, gehen Sie auf kritische Leistungsmerkmale ein, auf Umweltfaktoren, und schildern Sie auch mögliche Ausfallarten. Diesen Leitfaden können Sie nun als Whitepaper oder E-Book auf Ihrer Website, idealerweise auf einer separaten *Landingpage* wie bei der Lee Company, hochladen und per Google- oder *Social-Media-Ads*, aber auch per organischer Postings bei Ihren Zielgruppen sichtbar machen. Gegen Adressangabe laden sich Ingenieure diesen Leitfaden herunter – und landen damit auf Ihrer Newsletter-Abonnenten-Liste, werden also zum *Lead*. Achten Sie dabei unbedingt auf geltende Datenschutzregelungen wie die *DSGVO-Richtlinien*. Viele nützliche Tipps rund ums Thema *Datenschutz* finden Sie beim Rechtsanwalt für Datenschutzrecht, Thomas Schwenke[3].

3 Der Rechtsanwalt Thomas Schwenke bietet auf seiner Website und in seinem Blog regelmäßig Wissenswertes und Tipps zum Thema Datenschutz: *www.datenschutz-generator.de/kanzlei-dr-schwenke/*

Abbildung 8.6 Leitfaden für ein Fluidiksystem im E-Book-Format (Quelle: *www.theleeco.com*)

Mit einem solchen Leitfaden zeigen Sie den recherchierenden Ingenieuren und Ingenieurinnen, dass Sie sie und ihre *Pain Points* genau kennen. Wichtig bei der Content-Erstellung: Sprechen Sie ihre Sprache. Verwenden Sie die entsprechenden

Fachbegriffe, bauen Sie Daten und Fakten ein, holen Sie sie in ihrer Welt, in ihrem Alltag ab. Leitfäden eignen sich auch hervorragend als Artikel für Ihr Unternehmensblog. Suchende B2B-Entscheider und -Entscheiderinnen können Sie so auf Ihr Angebot aufmerksam machen. Den Leitfaden teilen Sie in kleine Content-Häppchen auf und posten sie auf Social Media. Nur verraten Sie nicht zu viel. Sie möchten ja schließlich, dass Interessenten den kompletten Leitfaden im Tausch gegen ihre Kontaktdaten herunterladen.

Decision-Phase (BoFu) – potenzielle Kunden vom Kauf überzeugen

In der letzten Phase des Sales Funnels steht in unserem Beispiel der Ingenieur kurz vor der Kaufentscheidung. Er sammelt jetzt die letzten Informationen: Welcher der Anbieter auf meiner Liste passt am besten zu unseren Anforderungen? Was sagen andere Kunden? Er hat die Anbieter jetzt schon auf Herz und Nieren geprüft und stark ausgesiebt. In dieser Phase helfen ihm Kundenreferenzen, Studien, Videos oder auch Rabatte, die Entscheidung zu fällen.

Positionieren Sie sich als Experte und zeigen Sie sich als perfekte Problemlöserin mithilfe von *Anwendergeschichten* Ihrer Bestandskunden. Weitere Content-Formate, die dem Ingenieur in dieser Phase helfen: *Produktdemos*, -datenblätter, -features, -vergleiche, Webinare, Coupons, Live-Events, Verkaufspräsentationen – oder auch ein Gespräch mit Ihren Vertriebsmitarbeitern. LMZ Lenkering macht das mit dem Demovideo in Abbildung 8.7 sehr gut.

Abbildung 8.7 Im Demovideo erklärt der Projektleiter von LMZ Lenkering die einzelnen Schritte des Montageprozesses einer Baugruppe (Sichtteil) für den Automobil-Interieur-Bereich. (Quelle: *www.youtube.com/watch?v=WczlOqoTB40*)

Das gerade vorgestellte Modell zeigt sehr schön, wie Sie mithilfe von Inhalten schrittweise Vertrauen aufbauen und sich auch gegenüber Ihren Wettbewerbern positionieren, um B2B-Entscheider vom Kauf zu überzeugen. Doch es hat eine Schwachstelle: Es stoppt beim Kauf. Im Idealfall fällt der Kunde aber nicht einfach unten »aus dem Trichter«. Sie fangen ihn dort mit weiteren (Content-)Angeboten ab. Denn gerade im B2B braucht es relativ lange, bis ein Entscheider Vertrauen zu einem Anbieter fasst. Hat er sich dann aber für Sie entschieden, nutzen Sie dieses Vertrauen. Begleiten Sie den Kunden weiter, investieren Sie in die Beziehung.

Auch das kann Content, beispielsweise ein speziell auf Bestandskunden ausgerichteter Newsletter, der kundenspezifische Angebote personalisiert anbietet, oder Blog- sowie Social-Media-Inhalte, die sich speziell an die Zielgruppe *Bestandskunden* richten.

8.5 Erfolgsfaktor Storytelling

Um Vertrauen und Glaubwürdigkeit bei B2B-Zielgruppen aufzubauen, eignet sich das sogenannte *Storytelling* ideal. Dahinter verbirgt sich eine der ältesten Formen der menschlichen Kommunikation: das Geschichtenerzählen. Als wichtige Grundlage von Literatur, Journalismus und Film verbreitet sich das Geschichtenerzählen auch immer mehr im Marketing und der Unternehmenskommunikation. Denn eine gut erzählte Geschichte schafft es, Leser emotional zu berühren und zu begeistern. Und sie kann dafür sorgen, dass sie die darin vermittelten Informationen besser verstehen und behalten. Netter Nebeneffekt: Gefällt ihnen die Geschichte, erzählen sie sie auch gleich weiter.

Genau deshalb lässt sich Storytelling hervorragend im B2B-Marketing einsetzen. Wie sonst transportieren Sie eher trockene, sachliche Themen anschaulich und bildhaft an ein anspruchsvolles Publikum? Mit Texten, die bloße Daten und Fakten aufzählen und von Fachbegriffen nur so wimmeln, locken Sie ihr Zielpublikum nämlich nicht hinter dem Ofen hervor und hinterlassen schon gar keinen bleibenden Eindruck. Langweilige, vor Fachbegriffen nur so strotzende Texte gibt es im B2B schließlich genug.

Streuen Sie aber *Emotionen* in Ihre Texte ein und stricken Sie spannende Geschichten rund um die Kernthemen Ihrer Zielgruppen, können Sie sie damit an sich binden. Und machen Sie Ihre Kolleg*innen zu Protagonisten oder sogar Helden Ihrer Geschichten, bauen Sie damit wie von selbst Vertrauen zu den richtigen Menschen auf.

An Beschaffungsprojekten beteiligte Entwicklungsingenieure in Europa lesen in der *Consideration-Phase* unter anderem sogenannte *Case Studies*, Fallstudien.[4] Sie stehen dann schon kurz vor der Kaufentscheidung – eine ideale Gelegenheit für Sie, sich als potenzieller Anbieter sichtbar zu machen. Eine Fallstudie beschreibt beispielhaft, wie ein Unternehmen ein bestimmtes Problem mithilfe eines Produkts oder einer Dienstleistung eines Anbieters lösen konnte. Sie zeigen sich Ihren Zielgruppen damit als perfekter Problemlöser. Was hat das mit Storytelling zu tun? Als packende Geschichte erzählt die Fallstudie eine klassische Heldengeschichte in einzelnen Schritten.

Die *Heldenreise* ist eines der meistverwendeten Erzählprinzipien. Mehr zum Thema lesen Sie auch in Kapitel 2, »Das Königsformat Text heute – und auch in der Zukunft?«, und Kapitel 7, »Content auf Speed – Inhalte für Social Media«. Sie findet sich beispielsweise in der Bibel, in mittelalterlichen Aventüren und in den meisten Hollywood-Filmen. Was alle diese Geschichten eint: Der Held oder die Heldin durchläuft eine *Transformation* – und ist am Ende eine bessere Version seiner selbst. Und genau das ist es ja, was sich Ihre potenziellen Kunden wünschen: Sie möchten ein zentrales Problem lösen und sich zum Besseren »transformieren«. Nutzen Sie also dieses Erzählprinzip, um zu beweisen, dass Sie der beste Partner für diese Transformation sind.

Wie finden Sie nun Ihre Heldengeschichten? Gehen Sie in Ihrem Unternehmen auf Recherchereise. Fragen Sie Ihre Kolleginnen und Kollegen nach Best-Practice-Beispielen, nach erfolgreichen Kundenprojekten der letzten Jahre: Mit welchen Herausforderungen hatten Ihre Kunden zu kämpfen? Wie konnte Ihr Team dabei helfen? Wer war involviert – auf Kundenseite und auch in Ihrem Unternehmen? Und dann vereinbaren Sie am besten gleich einen Interviewtermin mit diesem zufriedenen Kunden und lassen ihn seine persönliche Heldengeschichte erzählen. Sie müssen sie dann nur noch aufschreiben. Achten Sie dabei darauf, keine sensiblen Informationen preiszugeben. So macht das auch die Ehrhardt Partner Group auf ihrer Website: Sie schildert in einer *Case Study*, wie sie die Logistik der Textilmaschinen eines Kunden mithilfe ihres Warehouse Management Systems optimierte (siehe Abbildung 8.8). Hier lässt sich der Aufbau einer typischen Heldengeschichte sehr gut ablesen – von der Herausforderung, über die Lösung bis zu den Resultaten. In der Geschichte kommt auch ein zufriedener Mitarbeiter des Auftraggebers zu Wort, der die Ergebnisse zusammenfasst, die mithilfe des Systems erzielt werden konnten. Das sorgt für Glaubwürdigkeit und baut Vertrauen zu weiteren potenziellen Kunden auf, die die Fallstudie lesen.

---

4 Quelle: Whitepaper »Die Customer Journey der Ingenieure«, Vogel Communications Group GmbH & Co. KG: *www.marconomy.de/die-customer-journey-der-ingenieure-d-60a7925d5c567/*

Abbildung 8.8 Case Study auf der Website der Ehrhardt Partner Group (Quelle: *www.epg.com/logistik-know-how/case-studies*)

8.6 Mit Content sichtbar auf Social Media

Mit Content als B2B-Unternehmen online sichtbar sein – neben einer eigenen Website (bzw. einem *Content Hub* wie einem Unternehmensblog) schließt das natürlich auch Social Media ein. Aber auf welcher Social-Media-Plattform lohnt es sich, als B2B-Unternehmen unterwegs zu sein?

Die einfache Antwort: Seien Sie dort aktiv, wo auch Ihre Zielgruppen sich bewegen. Recherchieren Sie, bevor Sie auf Social Media starten, die Aufmerksamkeitsplätze Ihrer Zielgruppen. Erstellen Sie einen Fahrplan, setzen Sie sich Ziele für Ihren Social-Media-Auftritt: Was möchten Sie erreichen? Potenzielle Kunden auf sich aufmerksam machen und sich als Experte positionieren oder neue Mitarbeiter gewinnen? Für Ersteres eignet sich LinkedIn, für das zweite Vorhaben können Sie auch einen *Instagram*-Kanal eröffnen, wo sich besonders jüngere Zielgruppen ansprechen lassen. Im Folgenden lege ich neben allgemeinen Ausführungen zu

Social Media im B2B meinen Fokus auf das Businessnetzwerk LinkedIn, da es sich gerade für B2B-Unternehmen am besten eignet, ihre Kommunikations- und Marketingziele zu erreichen.

8.6.1 Content-Formate für Social Media

Auch auf Social Media gilt die *Content-Formel*: informieren, unterhalten, inspirieren oder überzeugen. Nutzen Sie dafür unterschiedliche Content-Formate wie Text-Postings, Videos, Animationen oder Infografiken.

So oft es geht, sollten Sie in Ihren Social-Media-Content visuelle Elemente einbinden, um im Newsfeed zwischen all den anderen Inhalten aufzufallen. Bilder verarbeitet unser Gehirn bis zu 60.000-mal schneller als Text. Erwähnen Sie eine aktuelle Branchenstudie in Ihrem Posting, können Sie dazu beispielsweise eine passende Infografik veröffentlichen, natürlich immer mit Quellenangabe. *Bewegtbild* ist seit vielen Jahren das bei den Social-Media-Nutzern beliebteste Format – und wird von den sozialen Plattformen vom Algorithmus gepusht und bevorzugt in den Nutzerfeeds ausgespielt. Mehr zu *Video-Content* verraten Ihnen Christine Henning und Hendrik Unger in Kapitel 4 dieses Buches.

Wer gerade keinen Grafikdesigner oder Multimediaexperten an der Hand hat, kann sich auch selbst an *visuellen Elementen* versuchen. Ich empfehle für schlichte Formate das Tool *Canva* (*www.canva.com*). Ich selbst verwende das Tool regelmäßig, um für meine eigenen Social-Media-Kanäle oder auch die meiner Kunden schnell und unkompliziert Grafik- und Bewegtbildmaterial zu erstellen. Praktisch: Canva bietet Vorlagen für Facebook, Instagram, LinkedIn, Twitter, YouTube und Co. Die Vorlage für eine LinkedIn-Grafik ist so mit wenigen Klicks parat. Für alle, die in der Adobe-Welt zu Hause sind, ist auch *Adobe Express* (*www.adobe.com/express*) zu empfehlen.

8.6.2 So sparen Sie Zeit beim Social Media Management

Posting-Texte einstellen, Zusatzelemente hochladen, Hashtags recherchieren – Content auf Social Media zu veröffentlichen kostet viel Zeit. Um Ihnen die Arbeit zu erleichtern, gibt es inzwischen zahlreiche Social-Media-Management-Tools. Sie unterstützen dabei, Postings vorauszuplanen, und stellen sie auf der jeweiligen Plattform zur gewünschten Uhrzeit automatisiert ein. Außerdem erkennen die meisten Tools mit der Zeit die für Ihre Zielgruppe optimalen Posting-Zeiten, sodass Sie Ihre Social-Media-Reichweite bei den richtigen Menschen schrittweise erhöhen können. Und die Tools helfen Ihnen auch dabei, Ihr *Community Management* und die Ergebnisse im Analytics-Bereich im Blick zu behalten.

Ich persönlich nutze das Tool *Hootsuite* (*www.hootsuite.com/de*) seit vielen Jahren und bin sehr zufrieden damit. Neben Hootsuite sind je nach Budget, den zu managenden Kanälen und benötigten Funktionen außerdem die Tools *Buffer* (*www.buffer.com*), *Publer* (*www.publer.io*) oder *Later* (*www.later.com*) zu empfehlen.

8.6.3 Das Business-Netzwerk LinkedIn

Im DACH-Raum hat sich in den letzten Jahren vor allem ein Netzwerk in der B2B-Welt einen Namen gemacht: LinkedIn. Laut einer aktuellen Studie des Ersten Arbeitskreises Social Media in der B2B-Kommunikation nutzen 81 % der insgesamt 750 befragten Unternehmen aus dem gesamten DACH-Raum das internationale Businessnetzwerk, gefolgt von Facebook mit 69 % und Instagram mit 59 %. Die Videoplattform YouTube folgt mit 53 % auf dem vierten Platz, die deutsche Businessplattform XING nutzen nur 39 % der Befragten.[5]

Auch wenn LinkedIn in Deutschland inzwischen die Rangliste der im B2B genutzten sozialen Netzwerke anführt: Wo Sie als Unternehmen aktiv sein sollten, hängt wie gesagt von Ihren Zielgruppen ab. Recherchieren Sie das für sich, und machen Sie es von Ihren individuellen Zielen abhängig.

Besonders in den letzten Jahren hat LinkedIn im deutschsprachigen Raum stark aufgeholt. Mit inzwischen rund 19 Millionen Mitgliedern in Deutschland, Österreich und der Schweiz und mehr als 875 Millionen Mitgliedern in 200 Ländern und Regionen[6] kommen B2B-Unternehmen um einen Auftritt auf dem weltweit größten Businessnetzwerk heute nicht mehr herum. LinkedIn ist inzwischen mehr als eine reine Netzwerkplattform: Wer als Unternehmen oder Person bei seinen B2B-Zielgruppen sichtbar werden möchte, ist hier genau richtig. Und Content Marketing ist auch hier das Mittel der Wahl. Denn nützliche Inhalte, die genau die Informationsbedürfnisse der Zielgruppe stillen, helfen dabei, sich als Experte oder Expertin zu positionieren und sich direkt auf der Plattform mit den Zielgruppen auszutauschen.

Falls Sie noch nicht auf LinkedIn aktiv sind, empfehle ich für den Start, ein persönliches Profil anzulegen. Besonders für Marketing- und Kommunikationsverantwortliche aus dem B2B lohnt es sich heute sehr, auf dem Businessnetzwerk präsent und aktiv zu sein. Und auch für Ihr Unternehmen empfiehlt sich ein professioneller LinkedIn-Auftritt, ein Unternehmensprofil, um mit Ihren Zielgruppen in Kontakt zu kommen. Im Folgenden erkläre ich Ihnen die wichtigsten Elemente beider Profiltypen.

---

5 Quelle: 1. Arbeitskreis Social Media in der B2B-Kommunikation: B2B-Social-Media-Studie 2022: *www.pr-journal.de/nachrichten/social-media-web-2-0/29403-social-media-in-der-b2b-kommunikation-zwischen-mut-und-luecke.html*

6 Quelle: *www.news.linkedin.com/about-us#Statistics*

Meine persönlichen LinkedIn-Tipps

- Wie die meisten sozialen Netzwerke bekommen auch auf LinkedIn persönliche Profile allgemein mehr Reichweite als Unternehmensprofile. Berücksichtigen Sie das beim Erstellen Ihrer Content-Strategie.
- Wählen Sie beispielsweise gezielt einzelne social-media-affine Mitarbeiter als *Markenbotschafter* aus. Diese fungieren dann als »Sprachrohr« Ihres Unternehmens und seiner Botschaften nach außen, natürlich immer angepasst an ihre jeweilige Position. Binden Sie Ihre Kollegen und Kolleginnen in die Content-Planung mit ein.
- Bevor Ihre Kollegen mit Social-Media-Aktivitäten starten, geben Sie Ihnen Guidelines an die Hand und vermitteln Sie ihnen die wichtigsten Funktionen der jeweiligen Plattform, beispielsweise in einem *LinkedIn-Workshop* oder Einzelcoaching. Holen Sie sich dafür auch externe Experten ins Boot: Sie sind auf dem neuesten Stand, was aktuelle Funktionen und Content-Formate angeht, und vermitteln Ihnen die wichtigsten Basics, Tipps und Tricks.

8.6.4 Das persönliche LinkedIn-Profil

Ihr persönliches *LinkedIn-Profil* ist mehr als ein Lebenslauf, eine bloße Auflistung Ihrer beruflichen Laufbahn. Es ist Ihre digitale Visitenkarte, vergleichbar einer Website oder Landingpage. Hier listen Sie alles auf, was Sie Ihren Profilbesuchern zu sich als Person – zugeschnitten auf Ihre aktuelle Position – mitgeben möchten. Vom *Profilbild*, über den *Profilslogan* bis hin zur Info: Ihr Profil sollte Vertrauen wecken und dafür sorgen, dass die passenden Profilbesucher sich mit Ihnen vernetzen und Kontakt mit Ihnen aufnehmen.

Wie werden Sie aber gefunden? Dafür müssen Sie wissen: LinkedIn ist eine Suchmaschine. Damit die richtigen Menschen auf Ihrem Profil landen, achten Sie beim Ausfüllen deshalb auf passende *Keywords*. Diese können Sie beispielsweise mit dem Google Keyword-Planer über Google Ads[7] oder mit weiteren kostenlosen Tools wie *Ubersuggest* (*www.ubersuggest.com*), *AnswerThePublic* (*www.answerthepublic.com*) oder *KeywordPro* (*www.keywordpro.net*) recherchieren.

Der Profilslogan

Der *Profilslogan* ist einer der wichtigsten Teile Ihres LinkedIn-Profils. Er wird neben Ihrem Profilbild angezeigt und gehört damit zum ersten Eindruck, den Sie auf LinkedIn hinterlassen. Er erscheint im oberen Bereich Ihres Profils. Und er taucht immer dann auf, wenn Sie auf LinkedIn unterwegs sind und beispielsweise im Newsfeed ein Posting kommentieren.

7 Über diesen Link erfahren Sie mehr zum Einrichten des Keyword-Planers: *https://support.google.com/google-ads/answer/7337243*

Der Slogan als persönlicher Elevator Pitch

Ihr Profilslogan bringt idealerweise kurz und knackig auf den Punkt, wofür Sie stehen, was Sie anbieten und eventuell auch für wen. Nutzen Sie diese Bühne, um Ihre Zielgruppen auf sich aufmerksam zu machen. Und denken Sie auch hier an die passenden Keywords. Dann werden Sie viel eher von den richtigen Menschen gefunden.

Machen Sie es wie LinkedIn-Expertin Britta Behrens: Vermitteln Sie Ihren Profilbesuchern im Slogan direkt, welche Fähigkeiten und Kenntnisse sie mitbringen. Zeigen Sie Persönlichkeit und wenn es zu Ihnen passt, bauen Sie *Emojis* ein: Britta Behrens lässt uns beispielsweise wissen, dass sie »Golf Geek«, »Gin Taster« und »Always on Fire« ist, kombiniert mit entsprechenden Emojis. Darunter sehen Sie in Abbildung 8.9 die Themen, für die die Expertin steht: #linkedin, #diversity, #socialselling etc. Diese werden im oberen Profilteil angezeigt, wenn Sie den sogenannten *Creator Modus* aktiviert haben. Den Modus zu aktivieren lohnt sich, wenn Sie regelmäßig Content teilen. Und ich hoffe natürlich sehr, dass ich Sie mit meinem Kapitel dazu motiviere, regelmäßig auf LinkedIn aktiv zu sein.

Abbildung 8.9 LinkedIn-Expertin Britta Behrens bringt im Profilslogan auf den Punkt, wofür sie steht.

Ihnen fehlen Ideen für Ihren Profilslogan? Mein Tipp für Sie: Fragen Sie bei Kolleginnen oder langjährigen Kunden nach. Welche Fähigkeiten schätzen Kollegen an Ihnen? Mit welchen Problemen und Anliegen kommen Kunden immer wieder auf Sie zu?

Extratipp

Ändern Sie Ihren Slogan von Zeit zu Zeit. Das macht Ihr Netzwerk neugierig – und sorgt für neue Besucher auf Ihrem Profil.

Die Info

Zu einem Profil, das auffällt und die richtigen Menschen anzieht, gehört auch eine aussagekräftige Kurzbeschreibung, auf LinkedIn *Info* genannt. Verfassen Sie die Info im Ton Ihrer Branche. Nutzen Sie auch hier die Schlagwörter aus dem Slogan, und fügen Sie gegebenenfalls weitere hinzu. Erzählen Sie etwas über sich: Was machen Sie aktuell? Wie sind Sie dahin gekommen? Welche beruflichen Stationen liegen hinter Ihnen? Und lassen Sie dabei Ihre Persönlichkeit durchschimmern. Ans Ende setzen Sie dann noch eine Kontaktmöglichkeit, in Form einer Handlungsaufforderung wie »Schicken Sie mir gerne Ihre Anfrage …«. So macht das auch die LinkedIn-Spezialistin Britta Behrens in ihrem Infotext auf LinkedIn.

8.6.5 Das LinkedIn-Unternehmensprofil

LinkedIn ist der Ort, wo Sie potenzielle Kunden, Mitarbeiter oder Partner treffen. Deshalb lohnt sich neben dem persönlichen Profil auch ein *Unternehmensprofil*. Es ist neben der Website das digitale Schaufenster Ihres Unternehmens. Über Ihr Unternehmensprofil teilen Sie unterschiedliche Content-Formate wie Postings, Artikel, Events, Jobs, Umfragen oder Livevideos.

Die wichtigsten Elemente des Unternehmensprofils

- Headerbild
- Profilbild mit Platz für das Unternehmenslogo
- Profilslogan
- Info
- Kontaktmöglichkeiten
- Spezialgebiete

Für die LinkedIn-Expertin Britta Behrens ist die Scopevisio AG, Anbieter von Cloud-Unternehmenssoftware für den Mittelstand, ein Paradebeispiel eines Unternehmensprofils auf LinkedIn. Angefangen beim Headerbild über den Profilslogan bis hin zu den Beiträgen – der Softwareanbieter punktet mit seinem LinkedIn-Auftritt (siehe Abbildung 8.10).

Abbildung 8.10 Unternehmensprofil des Anbieters von Cloud-Unternehmenssoftware

Das *Headerbild* weist prominent auf ein wichtiges Unternehmensevent hin, den Cloud Unternehmertag. Es finden sich weitere Informationen zu Ort, Zeit und Kontaktmöglichkeiten. Das Unternehmensprofil wird so zur zusätzlichen digitalen Werbefläche für das Event, gut sichtbar für alle Profilbesucher.

Als Profilbild dient das Unternehmenslogo des Softwareanbieters. Darunter fasst der Profilslogan kurz und knapp zusammen, wer Scopevisio ist und was sie der Zielgruppe anbieten: »Die Software-Lösung für Ihre digitale Transformation – Betrieben in deutschen Hochsicherheits-Rechenzentren.« Der blau unterlegte Call-to-Action-Button Mehr erfahren führt Interessenten bei Klick gleich auf die Website des Unternehmens und sorgt so für mehr Traffic. Die Info darunter beschreibt kurz, wer Scopevisio ist, und bietet Platz, um eigene Produkte und Leistungen vorzustellen. Die Profilbesucher finden auch Kontaktmöglichkeiten, einen auf die Website führenden Link sowie die Spezialgebiete. Sie sehen: Ein überlegt ausgefülltes LinkedIn-Unternehmensprofil ist eine prima Möglichkeit, sich bei den Zielgruppen sichtbar zu machen und erstes Interesse zu wecken.

Im Unterschied zum persönlichen Profil können B2B-Marketer über ihr Unternehmensprofil auch Events veröffentlichen und Anzeigen schalten. Und was ich außerdem besonders schätze: LinkedIn hat in den letzten Jahren den Analytics-Bereich des Unternehmensprofils stark ausgebaut. Über das persönliche Profil lassen sich nicht so viele nützliche Daten ablesen. Die *Analytics* geben Einblick beispielsweise in das Follower-Wachstum, aus welchen Städten und Branchen Ihre Follower kommen und in welchen Positionen sie arbeiten. Außerdem bietet Ihnen der Analytics-Bereich detaillierte Einblicke und Ergebnisse Ihrer Content-Marketing-Aktivitäten. Mit ein paar Klicks lassen sich die wichtigsten Daten für monatliche Reportings abfragen, und Sie behalten gut im Blick, wie gut Ihre Maßnahmen anschlagen.

8.6.6 Profiltipps für mehr Sichtbarkeit bei den richtigen Menschen

Dieser Tipp stammt von der LinkedIn-Expertin Britta Behrens: Weisen Sie die Follower auf die *Profilglocke* hin, beispielsweise per Posting. Wie Sie auf dem Screenshot oben sehen, befindet sich oben rechts eine graue Glocke. Klickt ein LinkedIn-Nutzer darauf, abonniert er – ähnlich wie bei der Videoplattform YouTube – das Unternehmensprofil und bekommt die aktuellsten Postings in seinem Newsfeed angezeigt. Wichtig: Der Nutzer muss dem Profil zunächst folgen, damit die Glocke überhaupt erscheint. So hilft das Feature dabei, sich bei den richtigen Menschen sichtbar zu machen. Die Glocke gibt es übrigens auch für das persönliche Profil. Ich aktiviere meine LinkedIn-Community in Postings standardmäßig mit dem Zusatz: »Sie möchten keins meiner Postings mehr verpassen? Klicken Sie die Glocke in meinem Profil.«

Weitere Tipps für Ihr LinkedIn-Profil

- Halten Sie Ihr Profil und die Unternehmensinformationen aktuell.
- Füllen Sie es vollständig aus und verwenden Sie die für Ihr Unternehmen und Ihr Angebot relevanten Keywords und Hashtags.
- Für mehr Sichtbarkeit bei Ihren Zielgruppen achten Sie darauf, dass Ihre auf LinkedIn aktiven Kolleg*innen Ihr Unternehmen als Arbeitgeber angeben – und so mit dem Profil verknüpft sind. Denn dann bekommen sie die von Ihnen geteilten Inhalte angezeigt und können leichter mit Ihren Inhalten interagieren, sodass sie auch in deren Netzwerk sichtbar werden.

8.7 Mit Content sichtbar auf LinkedIn

LinkedIn eignet sich ideal, um sich mithilfe von Content bei Ihren Zielgruppen sichtbar zu machen, sich als Experte und Problemlöserin zu positionieren und Vertrauen aufzubauen. Aktuell funktionieren Postings mit Slideshows im Dokumentenformat besonders gut. Sie lassen sich mit dem oben schon erwähnten Tool Canva erstellen. Dazu bauen Sie mehrere Folien mit unterschiedlichen Bild- und

Textelementen und laden Sie anschließend im PDF-Format hoch. Alternativ können Sie auch klassische Präsentationen hochladen (die Sie vorher ins PDF-Format umwandeln).

Die Postings mit klickbaren Slideshows lassen Nutzer länger auf Ihrem Posting verweilen – für den LinkedIn-Algorithmus ein Signal, dass Ihr Inhalt für die Zielgruppe besonders interessant ist. Er spielt ihn dann umso häufiger in den Feeds von Nutzern aus, die einem ähnlichen Profil entsprechen. Um die Reichweite eines Postings bei den passenden Menschen zu erhöhen, empfehle ich Ihnen außerdem, die für die jeweilige Zielgruppe relevanten Keywords und Hashtags zu nutzen. Mehr als fünf Hashtags sollten es nicht sein. Kombinieren Sie nischige (besonders im B2B mit oft nischigen Themen entscheidend, um die richtigen Zielgruppen zu erreichen) und reichweitenstarke Hashtags. Damit erhöht sich die Wahrscheinlichkeit, dass die richtigen Menschen Ihre Inhalte sehen.

Persönliche Profile bekommen auf LinkedIn mehr *Reichweite* als Unternehmensprofile. Menschen interessieren sich schließlich für Menschen. Und LinkedIn ist ein soziales Netzwerk, das auf Kommunikation und gegenseitigen Austausch ausgelegt ist. Trotzdem empfehle ich, auch Inhalte über das Unternehmensprofil zu teilen.

Mein Tipp für Ihren LinkedIn-Start

Entwickeln Sie eine Content-Strategie, machen Sie einen *Redaktionsplan* und legen Sie fest, welche Inhalte Sie über das Unternehmensprofil und welche Inhalte ausgewählte Kolleginnen und Kollegen aus Marketing, Vertrieb oder den Fachabteilungen als *Markenbotschafter* über ihre persönlichen Profile teilen.

Neben dem Posten von Inhalten ist es auf LinkedIn entscheidend für den Erfolg, regelmäßig aktiv zu sein und sich mit den Zielgruppen auszutauschen. Das können entweder Sie selbst übernehmen oder von Ihnen ausgewählte Kollegen aus dem Unternehmen, die dann als Markenbotschafter fungieren. Das heißt, sie verteilen Content in ihrem Netzwerk, der die von Ihnen entwickelten Botschaften Ihrer Marke, Ihres Unternehmens an die Zielgruppen transportiert.

Kommentieren Sie Beiträge anderer Nutzer, die zu Ihrem Fachgebiet passen, schalten Sie sich in Diskussionen ein, und zeigen Sie Ihren Expertenstatus. So machen Sie potenzielle Kunden oder Partner auf sich aufmerksam. Besonders strahlen Ihre *Unternehmensbotschaften* natürlich, wenn Ihre Geschäftsführerin mit Content sichtbar wird. Im Folgenden zeige ich Ihnen zwei erfolgreiche Markenbotschafterinnen.

Mit gutem Beispiel voran geht die Vorständin des eben schon betrachteten Softwareunternehmens Scopevisio, Silke Kanes. In ihren Postings gibt sie Einblicke in den Unternehmensalltag – wie in Abbildung 8.11 zu einer internen Schulung für Product Owner – und postet zu ihren Kernthemen Agile Leadership, IT und Digitalisierung. Die Reaktionen auf und Interaktionen mit dem Beitrag zeigen, dass Silke Kanes die Unternehmensbotschaften weit in die LinkedIn-Community trägt.

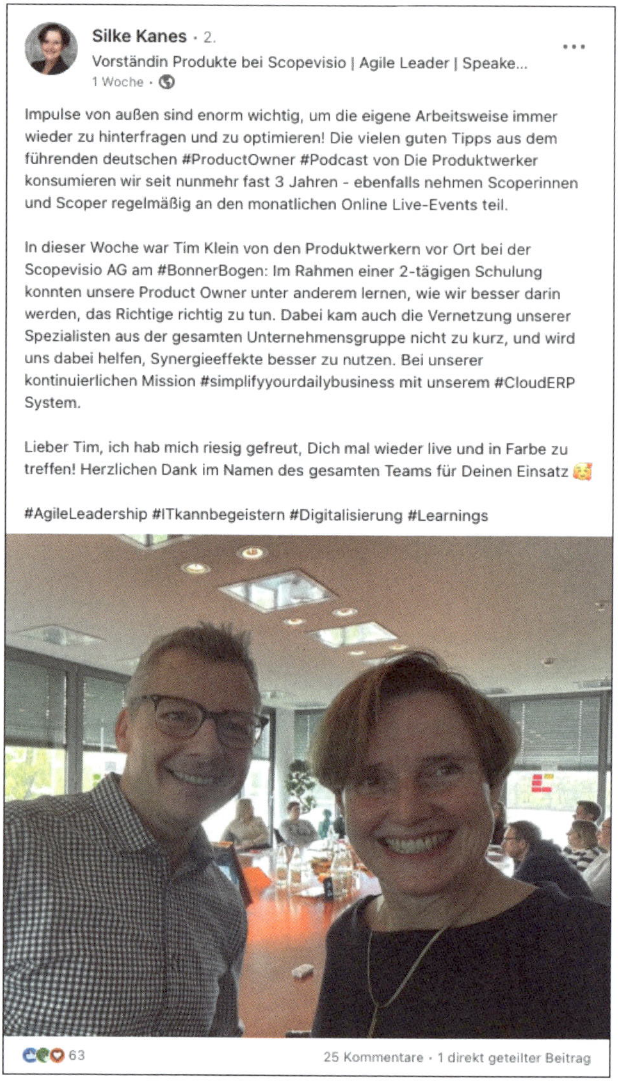

Abbildung 8.11 Silke Kanes, Vorständin Produkte bei Scopevisio, ist als Markenbotschafterin ihres Unternehmens auf LinkedIn unterwegs.

Auch Dina Reit, Geschäftsführerin bei SK LASER, einem Anbieter von Lasersystemen in der Industrie, macht auf LinkedIn einiges richtig. In dem Posting in Abbildung 8.12 zeigt sie sich als Content-Marketing-Profi: Als Co-Host eines *Podcasts* zu einem ihrer Kernthemen, der Unternehmensnachfolge, betreibt sie mit dem Audioformat eines der aktuell erfolgreichsten Content-Formate, um sich bei den richtigen Menschen zu positionieren und Vertrauen aufzubauen. Sie gibt nun ihre Learnings als eine *Schritt-für-Schritt-Anleitung* weiter und lässt uns wissen, was sie seit Start des Podcasts gelernt hat.

Dina Reit · Follower:in
Laser für die Oberflächenbearbeitung I Geschäftsführerin bei SK LASER ...
1 Tag ·

Tipps für deinen eigenen Podcast

Seit vier Monaten bin ich Co-Host des Podcast „Hermann & ich - der Nachfolgepodcast", den Lena Schaumann ins Leben gerufen hat.

Was habe ich gelernt zum Thema Podcasten?

Equipment ist key

Die Tonqualität muss stimmen, sonst macht es keinen Spaß zuzuhören. Für meine Aufnahmen nutze ich das RODE NT-USB und als Aufnahme Tool können wir Zencastr empfehlen (da werden die Tonspuren unabhängig voneinander aufgenommen und es gibt eine free Version). Beides keine bezahlte Werbung

Vorbereitung muss sein

Jede Folge soll spannend und informativ werden. Auch wenn ich gerne behaupten würde, dass ich ohne Vorbereitung eine ordentliche Struktur aus dem Ärmel schüttle, muss ich mir vorher einen Fahrplan machen. Welche Themen wollen wir besprechen? Wer ist mein Gast? Was werde ich fragen?

Teamwork makes the dreamwork

Gemeinsam mit Lena den Podcast zu hosten ist die beste Entscheidung. Zwei Köpfe haben mehr Ideen als einer und wenn man selber mal eine kreative Durstrecke hat, hilft die Andere aus. Außerdem bleiben wir dadurch regelmäßig im Kontakt und sind immer auf dem Laufenden was bei der anderen so los ist.

Ich bin sehr froh, dass ich JA gesagt habe als Lena mich angefragt hat ob ich bei dem Podcast dabei sein möchte

So können wir wertvolle Stories und Tipps zum Thema Nachfolge teilen.

In der aktuellen Folge berichtet Leonie Lemp beispielsweise über ihre Unternehmensnachfolge in der 7. Generation im Baugewerbe – super spannend!

Link zur Folge ist in den Kommentaren.

Was für Tipps hast du zum Podcasten?

Manfred Gonglach und 198 weitere Personen 43 Kommentare

Abbildung 8.12 Dina Reit, Geschäftsführerin bei SK LASER, tauscht sich als Markenbotschafterin regelmäßig auf LinkedIn mit ihren Followern aus.

Was Dina Reit hier richtig gut macht, fasse ich Ihnen mal kurz zusammen:

- Knackige Headline: Die Leser wissen sofort, worum es geht, und werden, wenn sie das Thema interessiert, im Feed hängen bleiben und weiterlesen.
- Taggen ihres Co-Hosts: Diese erhält eine Benachrichtigung und kann den Beitrag kommentieren, sodass er auch in ihrem Netzwerk sichtbar wird und mehr Reichweite bekommt.
- *Emojis*, kombiniert mit Unterüberschriften und Absätzen strukturieren das Posting. Aus meinen Kundenprojekten weiß ich allerdings: Emojis sind nicht jedermanns Sache. Ich setze sie selbst auch nur reduziert ein. Und das empfehle ich auch vor allem bei Unternehmensprofilen. Bei persönlichen Profilen hängt es von der Persönlichkeit ab.
- Link: Dina Reit verweist auf die Podcast-Folge und erhöht so die Wahrscheinlichkeit, dass mehr Menschen sie anhören.
- Call-to-Action: Dina Reit fragt zum Schluss nach den Erfahrungen ihrer Follower – und startet damit in den Austausch.
- Was noch fehlt: Zum Thema passende (bis zu fünf) Hashtags. Sie können dafür sorgen, dass Menschen, die an dem Thema interessiert sind, das Posting zu sehen bekommen.

Dina Reits Posting folgen 43 Kommentare. Sie kommt damit ins Gespräch mit ihrer LinkedIn-Community, darunter vielleicht auch potenzielle Kundinnen, Partner oder Mitarbeiter. *Kommentare* sind auf LinkedIn die wichtigste Interaktionsform, da der Algorithmus kommentierte Beiträge stark pusht. Denken Sie daran, wenn Sie Content erstellen.

8.8 Und die Kennzahlen? So überzeugen Sie die Geschäftsleitung

Was bringt Content Marketing einem B2B-Unternehmen eigentlich? Lohnt sich der Aufwand? Und wie lassen sich *Ergebnisse* messen? In Abschnitt 8.3.3, »Nichts geht ohne Fahrplan – die sechs W-Fragen«, habe ich Ihnen schon ein paar Ziele gelistet, die Sie mit Content Marketing erreichen. Wer trotzdem noch ein schlagendes Argument für die Marketingmethode braucht: Content Marketing ist verhältnismäßig kostengünstig. Laut einer Studie von Demand Metric lassen sich mit Content Marketing dreimal mehr Leads generieren als mit traditionellen Marketingmethoden. Und es kostet 62 % weniger.[8]

8 Quelle: *www.demandmetric.com/content/content-marketing-infographic*

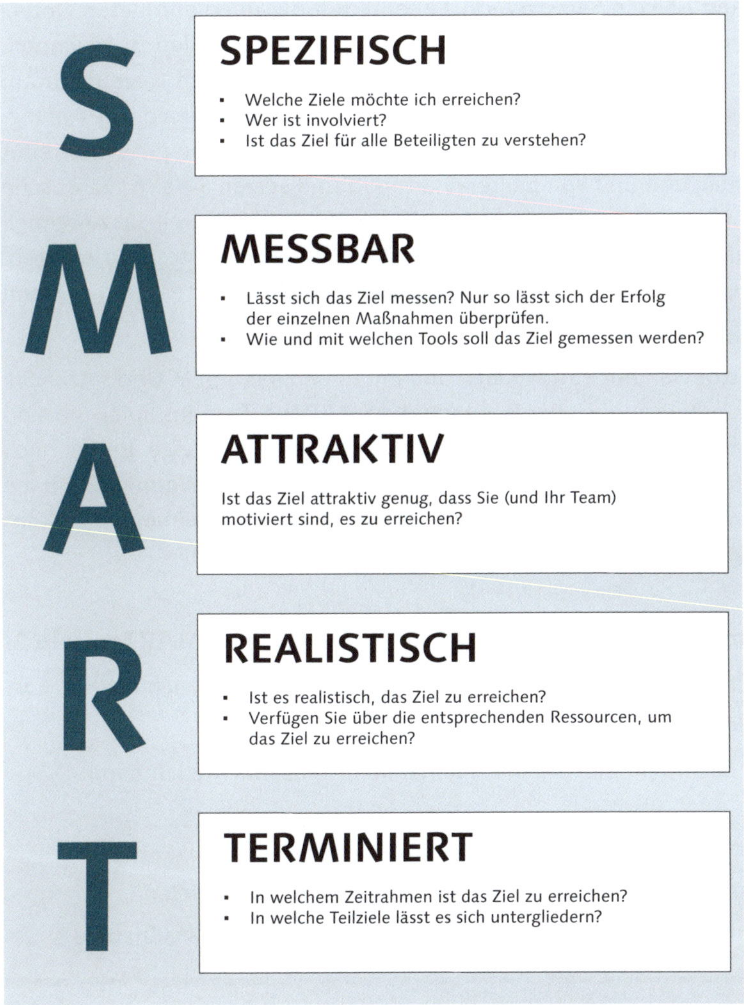

Abbildung 8.13 Setzen Sie sich SMARTe Ziele für Ihr Content Marketing. Sie sollten spezifisch, messbar, attraktiv, realistisch und terminiert sein.

Natürlich stellt sich Erfolg im Content Marketing nicht über Nacht ein. Es braucht zum einen eine gute strategische Basis (Ihren persönlichen Fahrplan, Ihre Content-Strategie), zum anderen braucht es Durchhaltevermögen. Und am Anfang müssen Sie auch erst mal einiges an Ressourcen investieren. Denn Content Marketing setzt auf organisches Wachstum, darauf schrittweise sichtbar zu werden, Vertrauen zu gewinnen und mit den Zielgruppen eine Beziehung aufzubauen. Das wirkt dann aber umso nachhaltiger – und bringt Ihnen mehr als kurzfristige Werbekampagnen, die meist schnell verpuffen.

Content Marketing ist kein Selbstzweck. Es sollte auf die übergeordneten Unternehmensziele einzahlen, wie beispielsweise neue Leads und Kunden zu gewinnen. Wie schaffen Sie es, diese Ziele miteinander zu koordinieren? Ich setze dafür auf sogenannte *SMARTe Ziele*. Stehen Sie mit Content Marketing noch am Anfang, empfehle ich: Halten Sie Ihr Content Marketing klein. Starten Sie gut vorbereitet mit einem durchdachten und kompakten Starterkit, und setzen Sie sich realistische Ziele. Es bringt nichts, wenn Sie sich und Ihr Team überfordern, weil Sie zu schnell mit zu vielen Maßnahmen und auf zu vielen digitalen Kanälen gleichzeitig loslegen. Das frustriert nur – und die Gefahr besteht, dass Sie sich verzetteln und es dann schnell wieder sein lassen.

Beginnen Sie stattdessen mit einem Kanal und mit einer Zielgruppe. Und setzen Sie sich Ziele für kurze Zeiträume. Hier kommen die SMARTen Ziele ins Spiel. Sie sind spezifisch, messbar, attraktiv, realistisch und terminiert. Ich zeige Ihnen noch genauer, wie Sie SMARTe Ziele formulieren. In der Grafik in Abbildung 8.13 habe ich Ihnen die jeweiligen Fragen zusammengefasst, mit denen Sie überprüfen können, ob Ihre gesetzten Ziele wirklich SMART sind.

8.8.1 Warum, was, wann, wie – so formulieren Sie SMARTe Ziele

Um SMARTe Ziele fürs Content Marketing zu formulieren, wende ich die *4W-Formel* an. Ich frage immer warum, was, wann und wie:

- Warum fragt nach dem Ziel meiner Maßnahmen: Was möchte ich damit erreichen?
- Was fragt nach der jeweiligen Kennzahl: Was messe ich?
- Wann fragt nach dem Zeitraum und eventuell auch nach Teilzielen.
- Wie fragt nach der Taktik, der jeweiligen Content-Marketing-Maßnahme.

Fügen Sie die einzelnen Komponenten dann in einen Satz ein

Um (Ziel A) zu erreichen, erreichen wir (die Kennzahl B) im (Zeitraum C) mit (der Maßnahme D).

Der Aufbau des Satzes kann dabei je nach Maßnahme variieren, er sollte aber alle genannten Elemente enthalten. Wie sieht das dann konkret aus? In Tabelle 8.1 stelle ich schlechte Content-Marketing-Ziele SMARTen Zielen gegenüber.

Um einschätzen zu können, ob Sie Ihre Ziele mit den definierten Maßnahmen erreichen, überprüfen Sie sie regelmäßig. Ich mache das spätestens einmal im Monat, werfe einen Blick in Webanalysetools wie *Google Analytics* oder *Matomo* oder in Social-Media-Tools wie *Hootsuite* oder *Buffer* (oder auch direkt in die Analytics der jeweiligen Social-Media-Plattform) – je nach definierten SMARTen Zielen. Mit diesem Analyse-Framework sind Sie gut ausgestattet, um der Geschäftsführung den Erfolg Ihrer Maßnahmen nachweisen zu können. Und die SMARTen Ziele halten Ihr Content Marketing schlank und flexibel. Sie können regelmäßig nachjustieren – und laufen nicht Gefahr, Zeit und Geld zu verschwenden.

Schlechte Ziele	SMARTe Ziele
Wir möchten die LinkedIn-Reichweite erhöhen.	Um uns bei der Zielgruppe Persona A sichtbar zu machen, steigern wir die Impressionen in den nächsten drei Monaten mit auf die Persona A ausgerichteten LinkedIn-Postings um 10 %.
Wir möchten neue Podcast-Folgen aufnehmen.	Um mehr neue Hörer zu gewinnen, entwickeln wir unseren Podcast in den nächsten zwölf Monaten weiter, setzen dafür einen Redaktionsplan auf und veröffentlichen monatlich zwei Folgen auf unserer Website.
Wir möchten unsere Website-Texte optimieren.	Um den organischen Traffic bis Ende dieses Jahres um 25 % zu erhöhen, bringen wir alle Website-Texte zu Thema A bis Ende des Quartals auf den neuesten Stand und optimieren sie für Suchmaschinen.
Wir möchten mehr Besucher auf die Website holen.	Um mehr Besucher der Zielgruppe Persona B auf unsere Website zu holen, steigern wir die Klickrate unseres monatlichen Newsletters (mit auf die Persona B zugeschnittenen Inhalten) in den nächsten drei Monaten um 10 %.

Tabelle 8.1 Schlechte Content-Marketing-Ziele gegenüber SMARTen Zielen

8.9 Fazit

Sie sehen: Content Marketing lohnt sich auch für B2B-Unternehmen. Es kann die wichtigsten Unternehmensziele unterstützen, wie die Unternehmensbekanntheit steigern, Kunden gewinnen, sie langfristig halten und sogar zu Fans und Multiplikatoren Ihres Unternehmens machen. Das funktioniert natürlich nicht von heute auf morgen – es braucht etwas Zeit, wirkt dann aber umso nachhaltiger. Und damit Sie mit Content Marketing Erfolg haben, braucht es eine gut durchdachte Content-Strategie. Sie ist nicht aus Unternehmensperspektive gedacht, sondern sie stellt die B2B-Zielgruppen ins Zentrum. Deren Informationsbedürfnisse und Aufmerksamkeitsplätze bestimmen, wo Ihr Unternehmen wie aktiv ist. Haben Sie Ihr Content Marketing strategisch aufgesetzt, haben Sie Ihren Fahrplan parat und die SMARTen Ziele definiert, sind Sie bestens gerüstet für die volatile digitale B2B-Marketing-Welt.

Kapitel 9

Der Umsatz-Rockstar – Shop-Content

Content für Onlineshops ist besonders attraktiv, denn nirgendwo sonst lassen sich Text und Co. so unmittelbar zu Geld machen. Gleichzeitig hadern immer noch viele Shopbetreiber mit ihrem Content. Warum das so ist und wie Sie es schaffen, online erfolgreich zu verkaufen, erfahren Sie in diesem Kapitel.

Das Aufsetzen eines Onlineshops ist so einfach wie nie. Mit ein paar Artikelstammdaten, Texten und Fotos ist im Handumdrehen der eigene E-Com-Shop befüllt und schon kann's losgehen mit dem Verkaufen. Das gelingt selbst unerfahrenen Betreibern und Betreiberinnen kleiner Ladenlokale.

So zumindest bewerben viele Anbietende ihre smarten ShopsystemeUnd es stimmt in gewissen Teilen: Man muss keine Programmierkenntnisse haben, um online verkaufen zu können. Doch an einem Punkt hört das Scheinwissen auf und fängt die Kunst an: Es ist der Zeitpunkt der Content-Erstellung. Hier zeigen Sie wirklich, ob Sie die potenzielle Kundschaft von Ihren Produkten oder Dienstleistungen überzeugen können. Denn entscheiden über die Qualität Ihrer Texte, Fotos oder Videos tut nur der gnadenlose Klick auf den Button JETZT KAUFEN. Und dieser bleibt in den meisten Fällen aus.

Dies ist der Zeitpunkt, an dem meine Kundinnen und Kunden mich in der Regel um Rat fragen, und häufig stelle ich dann fest, dass Content als eines der mächtigsten Verkaufsinstrumente immer noch stark unterschätzt wird. Die klassischen Fehler:

- Große Mengen an Content werden ungefiltert und ohne Struktur online gestellt.
- Texte werden beiläufig erstellt oder völlig weggelassen.
- Fotos werden 1:1 aus dem Printbereich online übertragen.
- Unpassende Stockbilder kommen auf Startseiten oder Landingpages zum Einsatz.
- Farbschemata für Banner und Co. werden rein aus persönlichen Vorlieben gewählt usw.

Das ernüchternde Ergebnis dieses Content-Chaos: Die Verkäufe bleiben aus.

Und dies ist durchaus keine Frage der Größe. Selbst namhafte, international erfolgreiche Marken straucheln mit ihrem Content. Woran das liegt? Zum größten Teil an der Komplexität und der Schnelllebigkeit des Geschäftsbereichs, an der Prozessdichte und kleinteiligen Verzahnungen diverser Unternehmensbereiche. E-Commerce ist wahnsinnig komplex, es gibt keinen Tag ohne unvorhersehbare Herausforderungen. Da bleibt das Frontend samt Produktinformationen häufig schlichtweg auf der Strecke. Mit fatalen Folgen, denn viele Shopverantwortliche verlieren in diesem komplexen Onlinegeschäft zunehmend den wahren Fokus: die Endkundschaft.

Hier und da höre ich immer wieder den Begriff *Customer Centricity* fallen, also der vollkommenen Zentrierung auf die Zielgruppe. Doch oftmals bleibt es beim reinen Buzzword. Dabei ist genau diese Customer Centricity der Schlüssel zum Erfolg und entscheidend dafür, welcher Onlineshop lediglich vor sich hindümpelt und welcher wirklich erfolgreich ist.

Wie kommen Sie also dahin, Content im Onlineshop kundenzentriert zu gestalten? Ein einfaches Denkspiel kann Ihnen dabei helfen: Stellen Sie sich vor, Sie führten ein kleines Ladenlokal.

Zurück zu den Wurzeln, sozusagen. Ein überschaubares Warenangebot, zwei/drei Mitarbeitende, klassische Öffnungszeiten 9–18:30 Uhr. Jetzt nehmen wir an, in der Woche besuchen 100 Menschen Ihren Laden. Alle stöbern, manche lächeln freundlich, fragen nach, andere verlassen nach wenigen Minuten das Geschäft. Ergebnis am Ende der Woche: Drei Leute haben tatsächlich etwas gekauft. 97 weitere nicht. Geben Sie sich damit zufrieden? Selbstverständlich nicht, behaupte ich. Sie setzen womöglich alle Hebel in Bewegung, die Verkaufsquote zu erhöhen. Sie werden das Schaufenster neu dekorieren, die Produkte auf den Auslagen tauschen und neu arrangieren, Sie schulen das Verkaufsteam, entnehmen Qualitätsproben der Waren oder fragen die Menschen einfach direkt, wonach sie suchen. Sehr gut, das wird helfen. Und für Sie ist dies ein völlig logisches, unternehmerisches Handeln, schließlich möchten Sie als kluge Person des Einzelhandels, dass Ihre Zielgruppe zufrieden ist und gerne bei Ihnen einkauft.

Jetzt stelle ich die einfache, aber ketzerische Frage, warum sich online dahingegen die meisten aller Shopbetreibenden mit kümmerlichen 3 % an Verkäufen zufriedengeben? Genauso so hoch liegt nämlich die durchschnittliche *Conversion Rate*, also die Quote, die Ihnen das Verhältnis von Besuchenden gegenüber tatsächlich abgeschlossenen Käufen zeigt. 97 % der User fühlen sich demnach vom Onlineangebot der meisten Shops nicht angesprochen und verlassen innerhalb von Sekunden die Seite, ohne etwas zu kaufen, häufig für immer.

Lassen Sie uns das ändern! Mit richtig gutem Content, solchem, der die Menschen in Ihrem Onlineshop begeistert und sie vollends überzeugt, mit informativen Verkaufstexten, fesselnden Videos, funktionierenden Buttons, klugen Bildarrangements. Wir nehmen uns essenzielle, verkaufspsychologische Gesetze zur Hand und schulen damit Ihr grundsätzliches Verständnis vom Umgang mit Content. Am Ende werden Sie Inhalte erstellen, die Ihre Zielgruppe schlichtweg überzeugen – und zwar branchenübergreifend, in *B2B* (Business-to-Business) und *B2C* (Business-to-Consumer), in jedem Land der Welt. Lassen Sie uns starten!

9.1 Die drei Grundgesetze eines jeden erfolgreichen Shops – warum der Fokus auf die Zielgruppe so entscheidend ist

Es geht also darum, die Conversion Rate anzuheben und idealerweise aus Besuchenden eine treue, wiederkehrende Kundschaft zu machen. Ganz konkret gelingt Ihnen das, wenn Sie einige, wichtige Leitsätze im E-Commerce beherzigen. Nach meiner Erfahrung und nach dem Gespräch mit renommierten Kolleginnen und Kollegen aus der Branche[1] haben wir gemeinsam drei branchenübergreifende Grundgesetze für jeden erfolgreichen Shop-Content festgehalten:

1. Guter Shop-Content ist strategisch aufgesetzt.
2. Guter Shop-Content ist jederzeit zielgruppenrelevant.
3. Guter Shop-Content übernimmt immer die Rolle des virtuellen Verkaufsteams.

Was aber ist »guter« Shop-Content? Es ist Content, der relevant für Ihre Klientel ist. Und das betrifft nicht nur Text. Der Inhalt eines Onlinestores besteht immer aus vielen Komponenten. Diese einzelnen Content-Puzzleteile ergeben ein harmonisches Miteinander, und idealerweise passt jedes Puzzleteil in ein stimmiges Gesamtbild und zahlt damit auf die Gesamtzufriedenheit der User ein: eine ausgewogene Mischung aus Text und Bild, der Einsatz von Videoelementen, passende Call-to-Action-Buttons, Soundeinheiten, Informationskästen usw. Dies alles sollte so aufbereitet sein, dass die Kaufinteressierten Informationen jederzeit leicht konsumieren können.

All diese Content-Puzzleteile haben folglich sehr bedeutende Aufgaben: die User zufriedenzustellen, ihre Wünsche zu kennen und genau zu wissen, in welchem

1 Befragt wurden in persönlichen Interviews: Rebeca Seara del Moral (Team Lead Online Sales bei Liebherr Hausgeräte), Olaf Grueger (Executive Expert Marketplaces & Digital Marketing cosnova GmbH), Lutz Spannuth (Consultant | Project Lead | Omnichannel Expert | Managing Director), Alexander Graf (E-Commerce-Unternehmer | Publisher).

Modus er oder sie sich gerade befindet: Inspiration oder dringendes Kaufbedürfnis? Vergleich oder gezielte Produktsuche? Vorwissen oder komplette Ahnungslosigkeit? Essenzielle Fragen, die sich jeder Shopbetreibende immer wieder stellen sollte.

Kommen wir zurück zu den Grundgesetzen eines jeden guten Shop-Contents und darauf, wie Sie konkret diese Art Inhalte auf den einzelnen Seiten und Unterseiten integrieren können. Ich möchte Ihnen dies anhand von drei Kernseiten zeigen: der Startseite, der Produktübersichtsseite und der Produktdetailseite.

9.1.1 Die Startseite – machen Sie Ihre Kundschaft neugierig!

Eine gute Startseite ist Ihr Schaufenster. Die User werden durch Banner, die darin enthaltenen Bilder und Headlines entweder tiefer in Ihren Shop gezogen – oder auch nicht. Heißen Sie Ihre Kundschaft demnach willkommen, indem Sie ihre Aufmerksamkeit wecken und es schaffen, die 5-Sekunden-Hürde zu überwinden. So lange benötigen nämlich in der Regel Menschen, um sich online für ein Angebot zu entscheiden. Dies gelingt Ihnen mit folgenden Punkten:

- **Nehmen Sie sich Zeit für den Seitenaufbau**. Eine sinnvolle Struktur und nutzerfreundliche Gliederung sind das A und O einer jeden Shop-Homepage. Versetzen Sie sich in Ihre Zielgruppe hinein: Wo schauen die Menschen hin, wenn sie die Startseite als Erstes besuchen? Welche Fragen stellen sie sich? Nach welchen Inhalten suchen sie? Möchten sie stöbern oder konkret auf ein Produkt hingewiesen werden? Erst, wenn Sie Ihre Kundschaft und ihr Nutzerverhalten kennen, werden Sie sie für Ihren Shop begeistern können.
- **Der zweite Tipp für eine funktionierende Startseite betriff das Design, genauer gesagt, das Responsive Design**. Erzeugen Sie immer mehrere Ansichten auf verschiedenen Endgeräten, und testen Sie diese mit unterschiedlichen Browsern nach jeder relevanten Anpassung. Nur so sehen Sie, worüber User stolpern können. Dies ist vor allem entscheidend, wenn Sie Ihr Template, Ihr Shopgrundgerüst, grundlegend in der Struktur verändern. Textpassagen, Call-to-Action-Buttons und Videoeinbettungen reagieren häufig komplett unterschiedlich in unterschiedlichen Browsern und Betriebssystemen. Spekulationen oder allgemeine Glaubenssätze helfen Ihnen nicht weiter, es zählen nur Daten und Fakten, die Sie aus Analysetools wie Google Analytics sehr einfach auslesen können.
- **Weiterhin rate ich Ihnen, bereits auf der Startseite auf Emotionen zu setzen**. Was erzeugt für Ihre Zielgruppe die größte Aufmerksamkeit? Welches Gefühl soll Ihr Produkt in den Menschen auslösen, sodass sie einen Kaufanreiz empfinden? Welche Geschichte können Sie mit Ihrem Content erzählen, sodass exakt

dieses Gefühl ausgelöst wird? Mit dem Ansprechen von möglichst vielen Sinnen gelingt es Ihnen am besten, Content emotional zu gestalten.

Schalten Sie das Kopfkino Ihrer Kundschaft an und versetzen Sie sie gedanklich in eine positive Stimmung: den letzten Urlaub, eine schöne Kindheitserinnerung, das Gefühl von Erfolg, Gänsehaut bei einem rührenden Moment – denken Sie immer an ein geübtes Verkaufsteam im stationären Handel: Welche Geschichten würden dort erzählt werden, um Ihr Produkt zu verkaufen? Mit cleverem Storyelling erzeugen Sie eine Art Kettenreaktion bei Ihrer Kundschaft mit vielen JAs: JA, ich will mehr über das Produkt erfahren! JA, ich will mir dieses Video anschauen! JA, ich will das einmalige Angebot XY wahrnehmen und Geld sparen! JA, ich will kaufen! So befördern Sie Ihre User in kürzester Zeit zum Warenkorb und zum Klick auf den Button JETZT KAUFEN.

- **Ein gutes Tool aus der Verkaufspsychologie ist es weiterhin, den Blick Ihrer Kundschaft aktiv zu lenken**. Menschen folgen immer den Blicken von anderen Menschen, vor allem auf Fotografien. Sie können demnach einen Call-to-Action-Button sehr geschickt exakt in der Blickrichtung des Models im Banner platzieren und die User so zum Klicken animieren.
- **Bleiben wir bei der Verkaufspsychologie und schauen wir uns Ihre Sprache auf der Shop-Startseite an, Stichwort richtiges Wording**. Achten Sie auf korrekte Begrifflichkeiten. Welche Worte triggern Ihre Zielgruppe? Mögen Ihre Kundinnen und Kunden blumig verpackte Werbebotschaften oder zählen eher Zahlen, Daten, Fakten?

  Ein Beispiel:

  Zeit ist Geld! Verschwenden Sie nicht Ihre hart erarbeiteten Ressourcen und investieren Sie jetzt in das Abo für erfolgreiche Businessleute!

  vs.

  Ihre Zeit ist so kostbar, dass wir sie gemeinsam schützen sollten: mit einem Abonnement für Menschen, die das Leben in all ihren Zügen genießen möchten!

  Sehen Sie den Unterschied? Beide Male geht es um ein Abonnement, das der oder die Kundin abschließen sollte, beide Zitate sprechen von Zeit. Während die Zielgruppe beim ersten Beispiel von Wörtern wie »verschwenden«, »hart« oder »erfolgreich« getriggert wird, spricht Beispiel Nummer 2 mit Begriffen wie »kostbar«, »gemeinsam« oder »genießen« einen komplett anderen Typ an. Welche Ansprache gefällt Ihnen besser? Content ist erst dann erfolgreich, wenn Sie genau die richtigen Worte für Ihren Kunden wählen, die optimalen Bilder ausspielen und damit ein gutes Gefühl erzeugen.
- Das führt mich auch zum letzten Tipp für Ihren Startseiten-Content: **Machen Sie sich die Regeln der Verkaufspsychologie zunutze**. Verwenden Sie z. B. Bilder mit Menschen, idealerweise solche mit lächelnden Gesichtern, denn diese

erzeugen weitaus mehr Aufmerksamkeit als eine neutrale oder angespannte Mimik. Hierbei ist es wichtig, dass die Personen authentisch wirken und zu Ihrer Kundengruppe passen. Das junge, hübsche Model in einem Banner mit Werbung für Lesebrillen kann noch so sympathisch lächeln, die wahren Kundinnen und Kunden des jeweiligen Produkts mit durchschnittlich einem Altern von 60+ wird sie jedoch irritieren und keinesfalls zum Kaufen anregen.

Formattipp: Videos auf der Startseite

Videos auf der Startseite erzeugen hohe Aufmerksamkeit und ermöglichen starke Emotionen. Aber auch hier gilt: Hören Sie auf die Bedürfnisse Ihrer Zielgruppe, denn schnell überfordert eine Videoschleife manch einen User und strapaziert eher die Nerven, als Neugier zu wecken. Achten Sie demnach darauf, dass Ton und Video sich beispielsweise nicht automatisch abspielen, sondern von den Website-Besuchenden bewusst aktiviert werden können. Das bringt sie nicht in eine unangenehme Situation, wenn sie völlig unbedarft eine Seite aufrufen und beispielsweise in einem vollen Zug sitzen.

Ihr Video sollte demnach immer barrierefrei konsumiert werden können, nicht nur aus Störgründen, sondern auch, um körperlich oder geistig beeinträchtigte Menschen weitgehend mit Ihrem Inhalt erreichen zu können. Binden Sie in etwa Untertitel ein, damit auch Hörgeschädigte Ihre Inhalte mitlesen können. Ebenso hilfreich ist eine Audiodeskription für blinde oder stark seheingeschränkte Zuschauende. Hier erklärt ein Sprecher oder eine Sprecherin die Inhalte Ihres Videos.

Sollten Sie Bewegtbild einbinden, dann sind Größe und Ladezeiten für Ihren Shop entscheidend. Für ein schnelleres Laden des Videos empfiehlt es sich, die Daten auf eine externen Hosting-Plattform auszulagern. Alternativ können Sie Ihre Videos auch auf Plattformen wie YouTube laden und eine Verknüpfung zum Shop bilden. Dies hat den Vorteil, dass Sie einen weiteren Social-Media-Kanal mit Ihrem hochwertigen Content bespielen können und damit noch sichtbarer für Ihre Zielgruppe werden. Mehr Tipps zum Thema Video auf YouTube lesen Sie in Kapitel 4.

Für ein Video auf der Startseite sollten Sie mit einer erfahrenen Produktionsfirma arbeiten. Video-Content ist kostspielig, lässt sich aber mit dem klugen Planen der grundsätzlichen Content-Produktion verknüpfen. Beispielsweise können Sie Budget sparen, indem Sie den Videodreh zeitgleich mit dem Fotoshooting für Ihren Shop verknüpfen. So fällt der aufwendige Setaufbau der Produkte nur einmal an, und Sie sparen neben Geld auch Zeit. Planen Sie zudem ein, auf welchen weiteren Kanälen Sie das Videomaterial einsetzen können, Social Media in etwa oder auf Ihrer Unternehmens-Website. Sollten Sie Videos mit Menschen erstellen, so empfiehlt es sich, immer eine Variante ohne das Zeigen von Gesichtern zu drehen – ein weiteres Potenzial zum Sparen von Kosten, bei dem Sie hohe Nutzungsgebühren reduzieren können.

Bevor ich Ihnen ein paar gelungen Beispiele zeige, ein kleiner Hinweis zur Aktualität der Screenshots: Ich habe bewusst Showcases für Sie herausgesucht, die von allgemeiner Gültigkeit sind. Sie können sich demnach sicher sein, dass alle Beispiele zu dem Zeitpunkt, an dem Sie dieses Kapitel lesen immer noch relevant sind. Lassen Sie sich von dem Datum des Screenshots demnach nicht irritieren! In diesem

Sinne möchte ich Ihnen im Folgenden einige Beispiele für gelungene Startseiten in einem Onlineshop zeigen.

mudju – Sofas, die selbst digital die Sinne berühren

Handgefertigte Sofas sind das Kerngeschäft des Möbelanbieters mudju. Der emotionale Einstieg gelingt dem *Direct-to-Consumer-Label* durch ein Videobanner in Slow Motion. Der Trick: Unterschiedliche Sofas werden hier in konkreten Wohnszenarien präsentiert, wobei die Kamera immer nur Teilausschnitte zeigt. Das weckt Neugier, schafft Nähe und macht vor allem Lust, gleich einmal probezusitzen. Ein einfacher Slogan bringt die Gedanken der Zuschauenden auf den Punkt: UNGLAUBLICH BEQUEM. Da ist der Call-to-Action-Button schnell geklickt. Für alle Bedenkentragenden, die sich nicht vom Video triggern lassen, nehmen puristische Icons Fragen vorweg, die der Kauf eines großen Möbelstücks mit sich führt.

Abbildung 9.1 Ausschnitt einer Shop-Startseite des Möbelherstellers mudju (Quelle: *www.mudju.de*)

Das können Sie von mudju lernen:

- Schaffen Sie Emotionen mit Bewegtbildern: Haben Ihre Produkte Videopotenzial? Dann schöpfen Sie dies aus, indem Sie Geschichten erzählen. Erzeugen Sie eine lebendige Szenerie, sodass Ihre Kaufinteressenten das Gefühl haben, Ihre Artikel faktisch berühren zu können. Zoomen Sie auf Stoffe und Oberfläche, sodass Nähe entsteht, spielen Sie mit Videoeffekten wie der Geschwindigkeit, und zeigen Sie Ihre Ware in einer wirklichkeitsnahen Umgebung.

- Bringen Sie Headlines auf den Punkt: Was würde Ihre Zielgruppe spontan sagen, wenn sie Ihr Produkt live erlebt? Legen Sie den Website-Besuchenden mit einer passenden Überschrift im Banner Worte in den Mund, sodass sie sich wiedererkennen. Das schafft Nähe und Persönlichkeit.
- Nutzen Sie Icons: Welche Bedenken oder direkten Fragen hat Ihre Kundschaft in Ihrem Shop? Stellen Sie sich diese Frage immer und jederzeit, vor allem aber auf der Startseite. Icons sind eine gute Möglichkeit, Aufmerksam zu erzeugen und charmant auf die Services und Möglichkeiten in Ihrem Shop aufmerksam zu machen. Kurze, gezielte Texte erklären die Zeichen und beantworten damit schon viele Fragen gleich auf der Homepage.
- Erzeugen Sie Vertrauen mit Gütesiegeln: Welches unabhängige Institut könnte die Qualität oder den Service Ihres Shops untermauern? mudju nutzt das Trusted-Shops-Siegel mit Kundenbewertung, um weiteres Vertrauen aufzubauen, was gerade im Endkundenbereich sehr gut funktioniert. Insbesondere kleinere oder unbekanntere Shops können durch große, bekannte Qualitätstester einen Vertrauensvorsprung gewinnen. Eine Studie des Onlinesiegel Monitors 2020 ergab, dass 51 % aller rund 2.500 befragten Menschen angaben, dass sie einem Onlineshop mit Gütesiegeln mehr vertrauten als solchen ohne.[2] Achten Sie darauf, welches Institut bei Ihrer Zielgruppe den größten Effekt hat.

Boden – Gute-Laune-Mode mit hohem Begehrlichkeitsfaktor

Gut gekleidet Spaß haben – das ist der erste Gedanke, der beim Blick auf die stimmungsvollen Fotos des britischen Modelabels Boden durch den Kopf geht. Immer aus dem Leben gegriffen, mit lächelnden, schönen Menschen, die Stil haben und sich einfach wohlfühlen in ihrer Haut. Da wächst bei der Zielkundschaft schnell das Begehren, und automatisch stellt sich die Frage: Wo kann ich das kaufen? Ganz klar, einfach auf den Button in der Mitte klicken, denn die gut gelaunten Damen lenken den Blick des Betrachters gezielt auf den clever zentrierten Call-to-Action-Button (siehe Abbildung 9.2).

Was Sie von Boden lernen können:

- Schaffen Sie konkrete Stimmungsmuster: Welches Leben würde Ihre Zielgruppe gerne führen und wie gelingt ihr das? Natürlich mit Ihrem Produkt! Zeigen Sie demnach Ihrer potenziellen Kundschaft, wie eine konkrete Szenerie mit Ihrem Artikel aussehen könnte. Mit stimmungsvollen, emotionalen Bildern, positiven Emotionen, ausgelassener Stimmung, einer sorgenfreien Zeit.

---

2 Komplette Studie abrufbar unter: *www.splendid-research.com/de/studie-online-siegel*

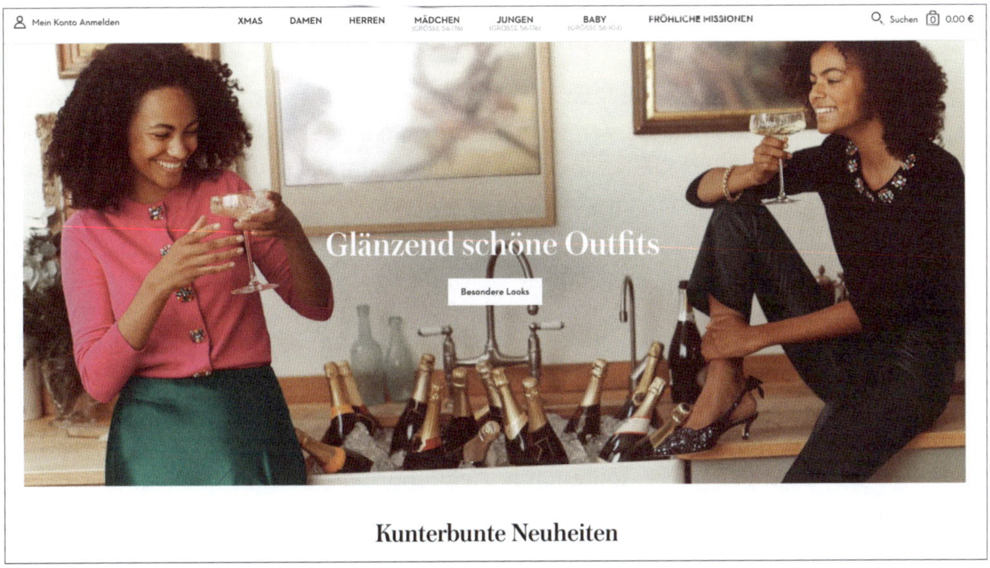

Abbildung 9.2 Ausschnitt einer Shop-Startseite des britischen Modelabels Boden (Quelle: *www.bodendirect.de*)

- Investieren Sie in hochwertige Bilder: Wie können Sie Ihr Produkt besonders lebendig darstellen? Mit erstklassigen Fotos z. B. Denken Sie daran, dass die Startseite Ihr Schaufenster ist und Sie an dieser Stelle alles geben sollten. Wie beim Video-Content auch, rate ich Ihnen dazu, ausreichend Budget für das Startseitenfotomaterial einzuplanen. Die User werden immer merken, ob Ihre Bilder laienhaft erstellt, in einem öffentlichen Portal als Stockfotos erworben wurden oder von hoher Qualität sind. Dies ist vor allem entscheidend an prominenten Stellen wie dem Startseitenbanner, denn hier haben Sie nur eine Chance.
- Platzieren Sie Überschriften geschickt: Wo soll Ihre Zielgruppe gezielt hinschauen? Mit der bereits erwähnten verkaufspsychologischen Methode der aktiven Blicklenkung gelingt es Ihnen, die Augen der Menschen exakt dorthin zu leiten, wo Sie sie haben möchten: auf den Call-to-Action-Button.
- Fordern Sie aktiv auf: Mit welchen grafischen Mitteln können Sie Aufmerksamkeit erzeugen? Mit Call-to-Actions! Das ist etwas, das Boden noch besser machen könnte. Der Call-to-Action-Button an sich ist zwar optimal platziert, könnte allerdings noch stärker wirken, wenn der Modehersteller mit Farben und Texten mutiger gewesen wäre. BESONDERE LOOKS ist keine direkte Handlungsaufforderung, ein Aufruf wie »Jetzt mitfeiern« oder »Jetzt Ihren besonderen Look finden« in Kombination mit einer auffälligen Farbe wie Pink würde den Button wesentlich stärker akzentuieren. Fragen Sie sich immer: Welches Maß an Aufmerksamkeitsleitung benötigt meine Zielgruppe?

9.1.2 Die Produktübersichtsseite – präsentieren Sie Ihre Waren ansprechend!

Die Produktübersichtsseite lässt sich am besten mit den einzelnen Verkaufsbereichen in einem Ladenlokal vergleichen. Verkaufstische, Vitrinen, Produktregale – idealerweise ist diese Seite demnach leicht verständlich und logisch aufgebaut, damit sich Ihre Besuchenden direkt zurechtfinden.

Im Onlineshop sind es diese Bereiche, die eine gute Übersichtsseite von einer schlechten unterscheiden:

- **Ordnen Sie das Sortiment benutzerfreundlich an**. Je größer Ihr Sortiment ist, desto besser sollten Sie es strukturieren. Filter, Sortierungen und eine exzellente Suchfunktion sind entscheidend und gleichzeitig auch immer wieder eine Herausforderung, die bei der Konzeption viel Zeit und Energie kostet, Zeit, die sich Sie unbedingt nehmen sollten. Ihre Zielgruppe wird es Ihnen danken. Ganz nach dem Motto »Don't make me think« sollten Sie es den Usern immer wieder sehr leicht machen und die wertvolle Zeit der Besucher durch kluge Tools und Prozesse in Ihrem Shop sinnvoll nutzen.

Tooltipp: Versetzen Sie sich bei der Suchfunktion in Ihre Kunden

Werden Sie misstrauisch, wenn Ihnen Suchfunktionstools angeboten werden, die angeblich vom ersten Tag an ganz von allein laufen. Eine gute Suche bedeutet immer zuerst ein kluges Konzept mit möglichen Optionen sowie einem fortwährenden Justieren dieser. Ein Beispiel: Insbesondere im Fashion-Bereich gibt es immer neue Trends, nach denen Fashion Victims suchen. Viele User machen sich bei der Eingabe des Begriffs kaum Gedanken und ignorieren die korrekte Orthografie. Aus der weit geschnittenen, eleganten »Culotte-Hose« wird z. B. schnell die »Culot«, »Külot« oder auch das deutsche Synonym »Marlene-Hose«. Haben Sie vorab nicht exakt diese Suchbegriffe als Alternativen für die korrekte Schreibweise des Keywords in Ihrem Tool definiert, wird das Suchergebnis leer ausfallen. Sorgen Sie also dafür, dass bei Eingabe aller kundenspezifischen Begriffe auch die richtigen Ergebnisse erscheinen.

- **Investieren Sie in erstklassige Produktbilder**. Achten Sie auf qualitativ hochwertige Produktbilder, die auch im Zusammenspiel mit anderen Produkten gut wirken. Hier haben Sie die Möglichkeit, entweder immer die gleiche Ansicht des Produkts zu wählen (z. B. freigestellte Artikel mit neutralem Hintergrund oder Produkte am Model) oder auch eine aufeinander abgestimmte Mischung verschiedener Ansichten. Lassen Sie sich hierfür vorab eine Grafik erstellen, die Ihnen mehrere Produkte auf einer Seite nebeneinander zeigt, und betrachten Sie diese als Gesamtwerk. So haben Sie die Möglichkeit, auch die Anzahl der Produkte in einer Reihe und auf der kompletten Seite ganzheitlich zu betrachten. Behalten Sie im Hinterkopf: Im täglichen Shopbetrieb wird niemand mehr die Fotos manuell auf die Produktübersichtsseite laden, von daher sollten Sie hier ein Gesamtbild finden, das sich auch automatisiert harmonisch fügt. Achten Sie darauf, dass Ihre Bilddaten nicht zu groß sind. Lange Ladezeiten stören nicht nur die Besuchenden, sondern auch Google.

- **Setzen Sie simple Markierungen ein**. Störer und Flags wie »Sale« oder »Neu« helfen Ihren Kaufinteressierten, Produkte direkt für sich einzuordnen. Auch hier ist die Relevanz entscheidend: Je nach Zielgruppe funktionieren auch Begrifflichkeiten wie »Bestseller« oder »nachhaltig« sehr gut. Setzen Sie auch an dieser Stelle Farbpsychologie ein. Ein rotes »Sale«-Zeichen aktiviert sofort den gewünschten Handlungsbedarf, während ein »Bio«-Siegel in Rot eher zu Irritationen führt. Die Farbe Grün würde an dieser Stelle eine weitaus stärkere Wirkung entfalten, ebenso Aufmerksamkeit wecken, aber auch gelernte Assoziationen von Natur und Umweltbewusstsein auslösen.
- **Bilden Sie Produkthighlights**. Machen Sie Ihr Angebot interessant durch Herausheben einiger Produkte – je nach Zielgruppe ist die Anordnung im Magazinstil mit Imagebildern und passenden Slogans eine schöne Darstellungsvariante. Auch hier bietet es sich an, vorab mit einer Grafik das Gesamtbild durchzuspielen, um später den Automatismus in Ihrem Shop zeitsparend selbst regeln zu lassen. In Abbildung 9.5 zeige ich Ihnen ein schönes Beispiel zur Magazinseite des Kaffeeanbieters Tchibo.
- **Wählen Sie Produktbezeichnung clever**. Gestalten Sie den Titel des Produkts so prägnant wie möglich: Die User möchten sich hier einen schnellen Überblick verschaffen und keine langen Texte lesen. Der Mix aus *Produktgruppe* + *USP* (Kernaussage des Artikels) + *Preis* ist in der Regel immer eine gute Wahl. In Abbildung 9.6 finden Sie ein Beispiel des B2B-Händlers Printus, der in wenigen suchrelevanten Keywords die Kernaspekte des Produkts im Titel darstellt. Achten Sie darauf, dass die Bezeichnung der Produkte einheitlich ist und dass eine maximale Zeichenbegrenzung eingehalten wird. Dies ist vor allem wichtig, wenn Sie Händlerin oder Händler sind und Ihre Texte von verschiedenen Marken erhalten.
- **Vermeiden Sie langes Scrollen**. Das sogenannte *Infinite Scrolling* mag auf den ersten Blick zum Stöbern einladen, es ermüdet allerdings auch schnell. Das Gehirn wird bei einer Vielzahl an Angeboten überfordert, und man sieht den Wald vor lauter Bäumen nicht mehr. Das Ergebnis: Frustration statt Inspiration. Zudem kommt es beim Infinite Scrolling auch immer wieder zu Ladezeitenproblemen, was Ihre Kaufinteressierten zusätzlich frustriert. Setzen Sie demnach auf *Pagination*, das heißt auf die sinnvolle Einteilung Ihrer Produkte auf Seiten, und erlauben Sie das Blättern in Ihrem Onlineshop, analog zu einem physischen

Katalog. Ihre Zielgruppe kann so selbst entscheiden, ob und wann sie mehrere Produkte anschauen möchte, findet sie leichter wieder (»Das rote Kleid war auf Seite 2«) und wird wesentlich schneller auf ein konkretes Produkt klicken, als sich in der Endlosscrollschleife zu verlieren. Denken Sie an das Mantra »Don't make me think« – leiten Sie immer zielgerichtet auf den Warenkorb zu.

Tooltipp: Recommendation Engines

Für das kluge Präsentieren Ihrer Produkte empfehle ich Ihnen eine performanceorientierte Reihenfolge. Werten Sie aus, welche Produkte sich am besten verkaufen, und platzieren Sie diese ganz oben in der Liste. Nutzen Sie hierfür digitale Lösungen in Form von datenbasierten, automatisierten Produktempfehlungssystemen, sogenannten *Recommendation Engines*. Die meisten Shopsysteme haben in ihrer Standardfunktion nur begrenzte Möglichkeiten, Produkte auf der Übersichtsseite automatisiert darzustellen. Sie können hier häufig nur nach Preis oder Aktualität wählen.

Recommendation Engines erlauben Ihnen, sehr zielgerichtet zu bestimmen, welche Produkte Ihre Website-Besuchenden als Erstes angezeigt bekommen, und bieten zudem die Möglichkeit, an gesonderten Stellen Artikelempfehlungen anzuzeigen (ganz oben auf der Seite in einer gesonderten Zeile z. B.). Analog zur Suchfunktion gilt auch hier: Eine Recommendation Engine läuft nicht von allein. Die künstliche Intelligenz greift erst ab einer gewissen Datenmenge und muss vorab mit Rahmenparametern manuell angereichert werden.

Der Automatismus braucht also auch immer Menschen, die die Maschine steuern und nachjustieren. Mehr dazu lesen Sie in Abschnitt 9.3, »Textautomation – wann guter Content auf Knopfdruck funktioniert«.

Ich habe Ihnen nachfolgend ein paar Beispiele für gelungene Produktübersichtsseiten herausgesucht, die viele der hier angebrachten Tipps gut veranschaulichen.

Ace & tate – Brillen mit und für Persönlichkeiten

Clean und dennoch mit viel Persönlichkeit präsentiert das Brillenlabel *ace & tate* seine Produkte. Die Übersichtsseite hat den Blick zuerst auf dem Wesentlichen: dem Produkt, dazu ein Name sowie der Hinweis, ob der Artikel verfügbar ist. Bewegt man die Maus über das Bild, erscheint das Produkt am Model, abwechselnd zwischen einem weiblichen und männlichen Model. Dabei haben die Menschen vor allem eines: Charakter. Persönlichkeiten mit Ecken und Kanten, verschiedene Hautfarben, Zahnlücken, Sommersprossen – Diversität wird groß geschrieben bei ace & tate, und genau das ist es, was die User zum Kaufen anregt.

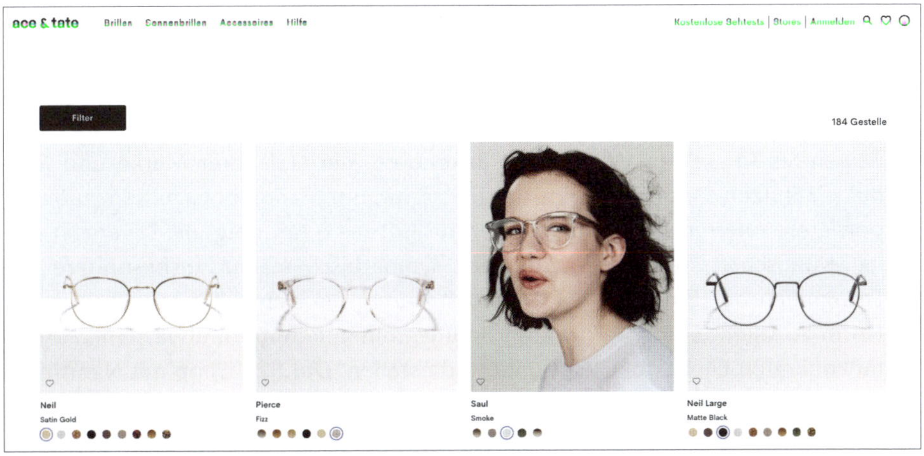

Abbildung 9.3 Ausschnitt einer Produktübersichtsseite des Brillenherstellers ace & tate (Quelle: *www.aceandtate.com*)

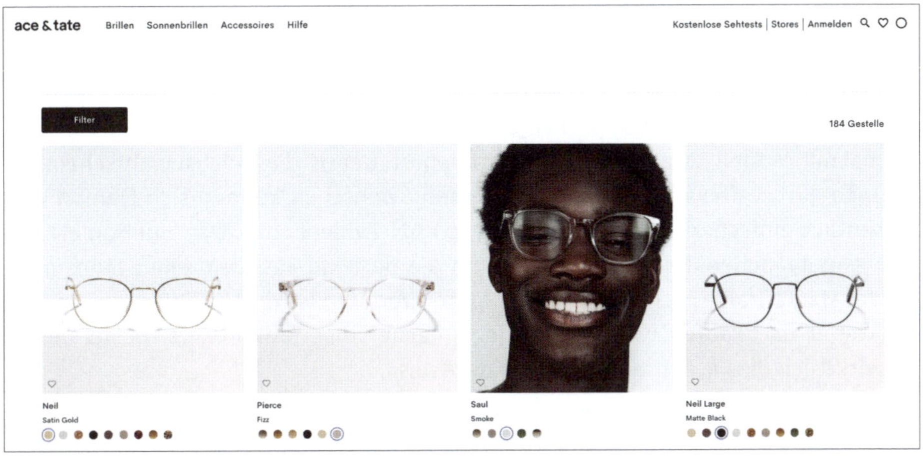

Abbildung 9.4 Ausschnitt einer Produktübersichtsseite des Brillenherstellers ace & tate mit einem weiteren Mouse-over über dasselbe Produkt

Was Sie von ace & tate lernen können:

- Bringen Sie Ruhe in Ihren Shop: Fotografieren Sie Ihre Produkte immer in der gleichen Position, um für die Anordnung in der Produktübersichtsseite Harmonie und Ordnung zu erzeugen. Setzen Sie den Fokus dabei völlig auf das Produkt, sodass Ihre Zielgruppe bereits in dieser Ansicht jeden einzelnen Artikel gut erkennen kann.

- Überraschen Sie Ihre Kundschaft: Mit Wechsel des Bildes bei einem Mouseover erzeugen Sie einen unerwarteten Effekt und damit Aufmerksamkeit bei den Usern. Bei B2C-Shops bietet sich an dieser Stelle optimal der Wechsel auf eine Ansicht des Produkts bei Gebrauch bzw. wie bei ace & tate am Model an.
- Zeigen Sie Charakter: Was ist das Besondere, der USP Ihrer Marke und Produkte? Nutzen Sie die Produktübersichtsseite, um Markenbotschaften zu transportieren, sofern diese verkaufsfördernd sind. ace & tate zeigt die Diversität seiner Kundschaft, was die Marke sehr sympathisch macht. Insbesondere bei Fotografien der Produkte im Gebrauch dürfen Sie sich ruhig trauen, aus der Norm zu fallen: Ein B2B-Shop mit Baumaschinen könnte in etwa seine Artikel im konkreten Einsatz bei Mitarbeitern darstellen. Der B2C-Shop mit Nahrungsergänzungsmitteln zeigt Menschen, die sich mit Einnahme des Produkts glücklich und gesund fühlen usw. Spielen Sie auch hier mit den starken Mitteln der Verkaufspsychologie, und nutzen Sie immer wieder die Kraft der positiven Emotionen als Verkaufs-Booster.
- Geben Sie Ihren Produkten Namen: Insbesondere im B2C-Bereich ist es für Menschen vorteilhaft, wenn sie Artikel konkret zuordnen können. Bei ace & tate hat jedes Brillengestell einen männlichen oder weiblichen Vornamen. Das stärkt den Wiedererkennungswert bei der Suche nach dem bestgeeigneten Modell im Shop für Ihre Kundschaft und vereinfacht gleichzeitig den Wiederkauf. Wer einmal mit Modell XY gut zurechtgekommen ist, der wird es höchst wahrscheinlich auch ein zweites oder drittes Mal kaufen. Menschen können sich Namen wesentlich einfacher merken als kryptische EAN-Zahlencodes. Das funktioniert übrigens branchenübergreifend, denn ob die perfekte Passform einer Jeans oder der starke Halt eines Bastelklebers: gute Produkte wird Ihre Zielgruppe immer wieder nachkaufen wollen. Und je einfacher dies funktioniert, desto besser wirkt sich dies auf Ihre Conversion Rate aus.

Tchibo – Themenwelten für Inspirationskicks

»Jede Woche eine neue Welt« – kaum jemand spielt Themenwelten stationär und online so smart wie Tchibo.

Im Onlineshop ist die Produktübersichtsseite gleichzeitig die Themenseite, die mit ihrer Mischung aus Anwenderbeispielen, stimmungsvollen Collagen, Imagebildern und Produktfreistellern für viel Abwechslung sorgt. Preise und Verfügbarkeiten sind klar erkenntlich, ebenso wie der Mehrwert des Produkts.

Abbildung 9.5 Ausschnitt einer Themenseite von Tchibo (Quelle: *www.tchibo.de*)

Was Sie von Tchibo lernen können:

- Schaffen Sie Mehrwert und Stimmung: Mit der Gestaltung Ihrer Produktübersichtsseite in Magazinform können Sie vor allem starke Emotionswelten schaffen. Auch hier sollten Sie die Mittel der Verkaufspsychologie nutzen, indem Sie stimmungsvolle Fotos und verkaufsfördernde Texte einsetzen. Das Fotografieren des Artikels im Einsatz mit Menschen beispielsweise schafft sofort Nähe und macht das Produkt erlebbar. Neben freigestellten Produkten lassen sich hier ideal farbige Hintergründe einsetzen: Grün wirkt harmonisch und familiär, Rot regt zur sofortigen Aktion an und steht für hohe Wichtigkeit, Blau schafft Vertrauen, signalisiert Zuverlässigkeit und Sorgfalt, Gelb steht für Abenteuer, Kreativität und Humor.

Verwenden Sie *Störer* und *Flags*: Tchibo nutzt ein eigenkreiertes Label in Form eines grünen Herzens für seine Produktübersichtsseite, um nachhaltige Artikel auszuzeichnen. Kunden und Kundinnen wissen sofort, worum es sich handelt, selbst, wenn sie diese Art der Auszeichnung vorher noch nie gesehen haben. Solche selbst gestalteten Icons haben demnach eine ganz ähnliche, bekräftigende Wirkung wie reine Wortstörer in Form von »Sale« oder »neu«. Achten Sie dabei darauf, dass die Farben zur Aussage des Labels passen und für genau Ihre Zielgruppe eindeutig verständlich sind.

Zusatztipp zur Umsetzung in Ihrem Shop

Um das Aufsetzen und Pflegen einer solchen Magazinseite mit so wenig Aufwand wie möglich zu gestalten, empfehle ich Ihnen vorab das Erstellen verschiedener Musterseiten. Solche grafisch ausgearbeiteten Templates beinhalten genaue Maßangaben der Bilder, den konkreten Platz für Überschriften und Texte inklusive maximaler Zeichenlänge und sonstige Rahmenbedingungen für sämtliche Schrift- und Grafikelemente. Es erspart Ihnen und den Content-Schaffenden viel Arbeit, wenn jeder weiß, welche Art und Form er oder sie für seinen Bereich erzeugen soll und darf. Zudem macht es das automatische Befüllen mit entsprechenden Tools möglich, was enorm Zeit spart. Im Übrigen können Sie diese Templates auch ideal für Ihren Newsletter nutzen und dort die Themenwelten in Ihrem Shop bewerben. So erreichen Sie bei Ihren Kunden einen Wiedererkennungswert und machen Lust, noch mehr über ihr Sortiment zu erfahren. Denken Sie demnach immer einige Schritte im Voraus, denn Content lässt sich hervorragend recyceln oder von einer großen Zusammenstellung an Bildern und Texten »snackable« an anderen Stellen einsetzen.

Printus – B2B-Angebot für schnelle Kaufabschlüsse

Alles auf einen Blick: Die Produktübersichtsseite des B2B-Anbieters für Bürobedarf Printus ist eine Mischung aus Übersichts- und Detailseite. Den Bedürfnissen seiner Zielgruppe angepasst zeigt der Anbieter hier bereits alle relevanten Informationen: Preise inklusive Angebote, Preisvorteile bei Kauf von größeren Mengen, Auswahl an Varianten in Form von Farben oder Papierstärke sowie die Bewertung des Produkts durch andere Kundinnen und Kunden. Die Gewerbetreibenden können bereits an dieser Stelle entscheiden, ob sie den Artikel kaufen möchten, sparen dadurch viel Zeit, ohne sich unter Druck gesetzt zu fühlen. Schließlich besteht weiterhin die Möglichkeit, sich das Produkt im Detail anzuschauen. Der Klick zum rot markierten Warenkorb-Button ist hier nicht mehr weit.

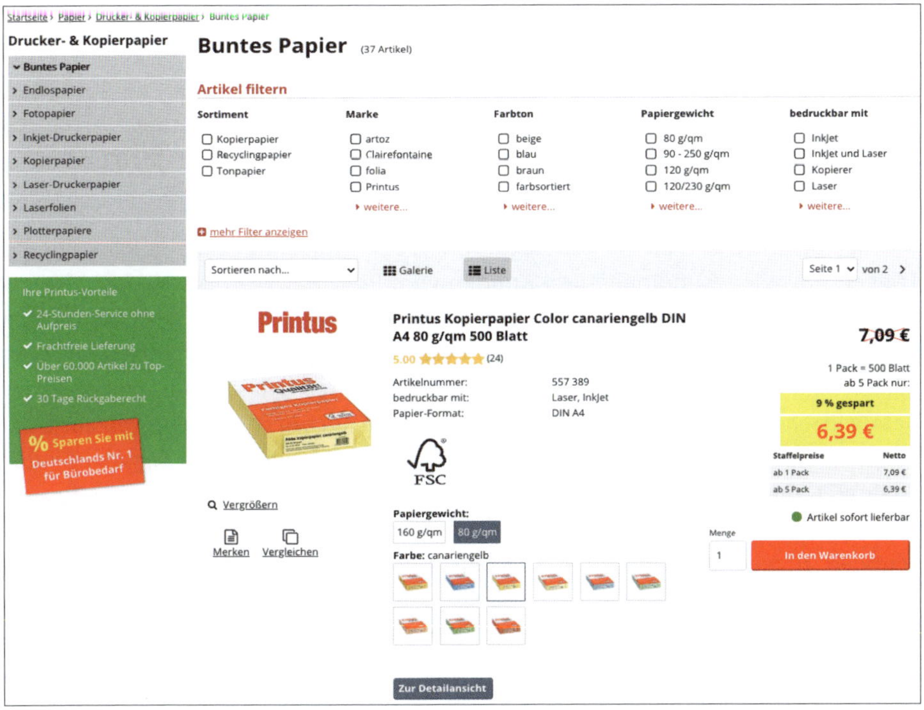

Abbildung 9.6 Ausschnitt einer Themenseite von Printus (Quelle: *www.printus.de*)

Was Sie von Printus lernen können:

- Machen Sie es Ihrer Kundschaft leicht: Wenn Sie wissen, dass Ihre Zielgruppe in der Regel schnell und zielgerichtet in Ihrem Shop einkaufen möchte, dann geben Sie ihr unbedingt die Möglichkeit dazu. Gerade im B2B-Bereich bietet sich die Variante einer Mischung aus Übersichtsseite und Detailseite dabei sehr gut an. Aber auch B2C-Anbieter können diese Art des Einkaufs für ihren Shop nutzen, wenn sie in etwa Gebrauchsartikel mit hohem Wiederkaufsquoten anbieten (Nahrungsmittel oder Drogeriebereich z. B.). So sparen sich die User den zusätzlichen Klick auf die Produktdetailseite und können sehr schnell zum Kaufabschluss kommen. Ein Tipp: Bei Bedarfsartikeln bieten sich Abo-Modelle hervorragend an. Mit Preisvorteilen, individuellen Liefermöglichkeiten sowie flexiblen Laufzeiten liefern Sie Ihren Kunden demnach nicht nur einen sehr guten Service, sondern schaffen vor allem auch eine hohe Bindung.
- Nutzen Sie Gütesiegel: Siegel schaffen Vertrauen und nehmen Ihrer Kundschaft damit noch mehr Zweifel, das Produkt zu kaufen. Stimmen Sie sich demnach mit Ihrem Produktteam ab, welche Gütesiegel für Ihre Artikel geeignet sind. Klären Sie vorab unbedingt mit dem Anbietenden, ob und wie Sie die Art der Icons in Ihrem Shop verwenden dürfen. Eine kleine Anpassung der Originalfarbe z. B.

könnte bereits einen juristischen Abmahngrund bedeuten bzw. je nach Rechtslage Bußgelder nach sich ziehen.

- Ermöglichen Sie einfaches Filtern: Insbesondere bei einem großen Sortiment sind Filter als erste Option auf einer Produktübersichtsseite unabdingbar. So kann Ihre Zielgruppe sehr zielgerichtet die gesuchten Produkte finden und diese unkompliziert kaufen.

Machen auch Sie sich Preispsychologie zunutze: Printus nutzt viele psychologische Trigger, um seine Kundinnen und Kunden vom Preis der Ware zu überzeugen. So endet der Preis z. B. bei nahezu allen Produkten mit einer 9, was den Umsatz erhöht. Sie kennen den Effekt sicherlich aus dem Einzelhandel, wo viele Waren einen ungeraden Preis haben, was uns psychologisch günstiger als ein gerader Betrag erscheint. Ebenso setzt Printus *Streichpreise* an, um so das gute Angebot des Produkts zu untermauern. Der eigentliche Produktpreis wird in der Signalfarbe Rot angezeigt, die sich im Warenkorb-Button findet und damit einen direkten Zusammenhang für die User bildet. Bestärkend hierzu können Sie den Preisvorteil in Prozentwert angeben, der die direkte Ersparnis von Aktionen aufweist. Vor allem im B2B-Bereich, aber auch bei Nutzartikeln in B2C-Shops, bieten sich Preispakete oder Bundles an, ganz nach dem Motto: »Kauf 3, zahl 2« oder »Beim Kauf von Stift und Schreibblock im Paket sparen Sie XX €.«

9.1.3 Die Produktdetailseite – lenken Sie Ihre Kundschaft zum Check-out!

Die Produktdetailseite ist ein Schritt weiter in Richtung Bestellabschluss, hier sollten Sie alles auf die Fokussierung des Produkts setzen. Bieten Sie den Usern demnach alle notwendigen Informationen, und leiten Sie sie auf direktem Wege mit smartem Content zur Kasse.

Der wichtigste Tipp lautet hier: Gestalten Sie Ihre Inhalte mit maximaler Informationsdichte und gleichzeitig minimaler Ablenkung. Konkret bedeutet dies, dass Content auf dieser Seite exakt so präsentiert wird, wie es Ihre Kundschaft benötigt und es die Kaufentscheidung unterstützt.

Verwenden Sie beispielsweise klare, eindeutige und hochwertige Bilder, die keine Missverständnisse aufwerfen. Dies ist vor allem notwendig, wenn Ihr Produkt sehr erklärungsbedürftig ist oder kleinteilig. Hier helfen Detailansichten: Fotografieren Sie Knöpfe an einer Jacke, den Schalter an einer Lampe oder das Gewinde einer Schraube in der Nahaufnahme. So haben die User gleich ein klares Bild und ersparen sich das Recherchieren oder mühselige Nachfragen beim Kundendienst.

Ebenso hilfreich sind stimmungsvolle Imagebilder, die das Produkt mit Accessoires oder in der konkreten Anwendung zeigen. Für besonders erklärungsbedürftige

Artikel sind Videos ein gutes Tool, um die Funktionalität zu erklären oder Emotionen zu erzeugen.

Ein gutes optisches Bild Ihres Produkts ist essenziell für das Shoppen im Internet, ebenso wichtig ist jedoch der Beschreibungstext. Immer wieder führe ich mit meinen Kunden Gespräche darüber, ob eine Produktbeschreibung in Textform nicht einfach entfallen können oder auf ein Minimum eingegrenzt werden könne. Ganz klare Antwort: nein. Ich erkläre Ihnen, warum:

Zum einen dürfen Sie allein aus SEO-Gründen einfach nicht auf Text verzichten. Google und Co. werden Sie schlichtweg bei der Suchanfrage nicht finden, wenn Sie keine Texte verwenden. Von daher nutzen Sie hier unbedingt die Möglichkeit, Ihre Keywords clever und leserfreundlich mit einzubinden.

Weiteres Kriterium für die Verwendung von (gutem) Text ist zum anderen, dass Sie in der Regel nur eine Chance haben, Ihre Kunden von Ihrem Produkt zu überzeugen. Wenn Sie nicht gerade Apple sind oder ein anderer Anbieter, der rein durch sein begehrenswertes Design und Brand Kaufanreize schafft, müssen Sie Kunden von Ihrem Produkt wirklich überzeugen. Das gelingt nur in einer ausreichender Informationsdichte, die Bilder allein in der Regel nicht erfüllen.

Was bedeutet nun eine gute Produktbeschreibung? Aus meiner Erfahrung heraus ist aller Anfang, sich ernsthaft mit dem Produkt zu beschäftigen. Klingt banal, macht aber den deutlichen Unterschied. Nur, wenn Sie wirklich genau dieses Produkt verkaufen wollen (und zwar unbedingt) werden Sie den USP finden. Den einen (oder mehrere) Gründe, um Ihre Kundinnen und Kunden auf den Button JETZT KAUFEN klicken zu lassen.

Die Quintessenz aller meiner Beratungen in den vergangenen zehn Jahren für wirklich gute Beschreibungen habe ich Ihnen im Folgenden zusammengefasst. Nennen wir Sie die »5 goldenen Regeln für eine konversionsstarke Produktbeschreibung«:

1. **Präsentieren Sie Produkttexte »snackable«**. Bieten Sie Ihrer Zielgruppe einen Mix aus Fließtext und Bulletpoints: Dadurch ermöglichen ein einfaches Scannen von relevanten Informationen ebenso wie das Beschreiben Ihres Produkts mit emotionalen Szenarien anhand von Storytelling. Geben Sie den Besuchenden die Möglichkeit zu wählen, wie viele Informationen sie für ihre Kaufentscheidung brauchen. Das gelingt z. B. mit dem Ausblenden von Texten und konkretem Aktivieren auf Wunsch, mit Onsite-Verlinkungen oder auch mit Klappleisten.
2. **Generieren Sie Bilderwelten**. Erzeugen Sie konkrete Szenen im Kopf: Was kann meine Zielgruppe mit diesem Produkt anfangen? Wofür setzen Menschen es ein? Welches Problem löst das Produkt? Zwei Beispiele: Ein Klebestift für Kinder klebt nicht nur Papier, sondern hebt die Stimmung, denn schlechte Laune bei

nicht klebenden Kunstwerken und damit verbundene Wutausbrüche der lieben Kleinen werden gleich vermieden. Der Bio-Grüntee schmeckt nicht nur gut nach Vanille, sondern macht die Konsumierenden nachweislich gesünder und kann bis zu dreimal aufgegossen werden, was wiederum den hohen Preis relativiert.

3. **Berühren Sie textlich die Sinne**. Versuchen Sie, alle Sinne anzusprechen: Beschreiben Sie, wie Produkte sich anfühlen (essenziell für Textilien), wie sie riechen (im Beauty- oder Food-Bereich extrem wichtig), wie sie klingen (Soundproben bei Musik, aber auch förderlich bei Elektronik, einer besonders leisen, elektrischen Zahnbürste in etwa), wie sie aussehen (siehe oben, hervorragende Fotos sind sehr wichtig) und wie sie schmecken (ein Muss in jedem Food-Shop).
4. **Bleiben Sie bei der Wahrheit**. Beschreiben Sie authentisch und wahrheitsgemäß: Ein absolutes No-Go sind falsche Versprechungen. Ihre Kundschaft wird es Ihnen mit Ärger, einer kostenintensiven Retoure und schlimmstenfalls mit einer schlechten Rezension heimzahlen und damit potenziellen neue Kundinnen und Kunden am Kaufen hindern.
5. **Setzen Sie Produkt-Storytelling ein**. Erzählen Sie Geschichten und Hintergründe: Wo wird Ihr Produkt hergestellt? Was unterstützt der Kunde und die Kundin womöglich mit dem Kauf des Artikels? Produkt-Storytelling ist nicht nur eine Sache der Fantasie. Die wahren Geschichten schreibt das Leben, demnach Ihr Unternehmen und Ihre Produktion. All das, was Sie im stationären Handel Ihrer Kundschaft persönlich über die Manufaktur und Hintergründe Ihrer Artikel erzählen würden, gehört in die Produktbeschreibung. Nur so heben Sie sich ab von der Masse und nur so haben insbesondere kleinere Betriebe mit geringerem Budget die Möglichkeit, einen entscheidenden Mehrwert und Markencharakter zu zeigen.

Zusatztipp: Negative Produkteigenschaften clever nutzen

Haben Sie keine Angst vor negativen Produkteigenschaften oder Schwachstellen: Bieten Sie Hilfestellung an, geben Sie Tipps und Pflegehinweise, wie Menschen lange Freude an Ihrem Produkt haben. Schuhe aus hellem Wildleder beispielsweise eigenen sich natürlich nicht für den Herbstspaziergang im Wald. Bei richtiger Pflege und regelmäßiger Imprägnierung sind sie aber unempfindlicher als vermutet und können leicht wieder gereinigt werden. Mit solchen einfachen Erwähnungen nehmen Sie die Sorge Ihrer Kundschaft und zeigen, dass Sie stets auf offene Kommunikation setzen.

Sie finden in diesem Buch weitere hervorragende Hinweise, wie Sie einen Produkttext gestalten, in Kapitel 2, »Das Königsformat Text heute – und auch in der Zukunft?«.

Ganz zum Schluss möchte ich Ihnen noch ein paar oftmals vergessene, aber wichtige Details für die Produktdetailseite mit auf den Weg geben. Achten Sie unbedingt auf diese Feinheiten:

- eindeutige Preise inklusive Steuern und Lieferkosten (siehe Abschnitt 9.4, »Safety first – wie Sie E-Commerce rechtssicher gestalten«)
- verständliche Call-to-Action-Buttons wie »In den Warenkorb«
- treffende, verständliche Überschriften
- Kundenrezensionen
- sinnvolle Cross-Sales wie weitere Kaufempfehlungen oder dazu passende Artikel in Ihrem Shop

Es gibt zahlreiche gute Beispiele für gelungene Produktdetailseiten im Netz, so wie die beiden folgenden.

Conflictfood – Lebensmittel, die Geschichte(n) schreiben

Immer wieder führe ich Gespräche mit meinen Kunden darüber, ob Storytelling in eine Produktbeschreibung gehört. Meine Antwort: Unbedingt! Denn wie Sie bereits gelernt haben, kaufen Menschen eher ein Produkt, wenn sie emotional berührt werden, und das funktioniert hervorragend mit Storytelling.

Ein meisterliches Beispiel für diese Art der Produktdarstellung ist das Berliner Unternehmen Conflictfood. Alle Lebensmittel in diesem Onlinestore stammen aus Konfliktregionen und transportieren damit den tief verankerten Leitsatz des Unternehmens: »Trade not aid«.

»Wir bringen kulinarische Köstlichkeiten vom Krisenherd auf deinen Tisch«, heißt es auf der Website, *»und erzählen Geschichten über Lebensfreude und Esskultur der jeweiligen Herkunftsregion.«* Das Erstaunliche dabei: Als Kunde werden Sie nach dem Lesen der ausführlichen Produktbeschreibungen keinerlei Zweifel mehr am vergleichsweise hohen Preis des Produkts haben. Schließlich können Sie sich nicht nur auf ein köstliches Lebensmittel von bester Qualität freuen, sondern bewirken mit Ihrem Genuss zudem etwas wirklich Gutes.

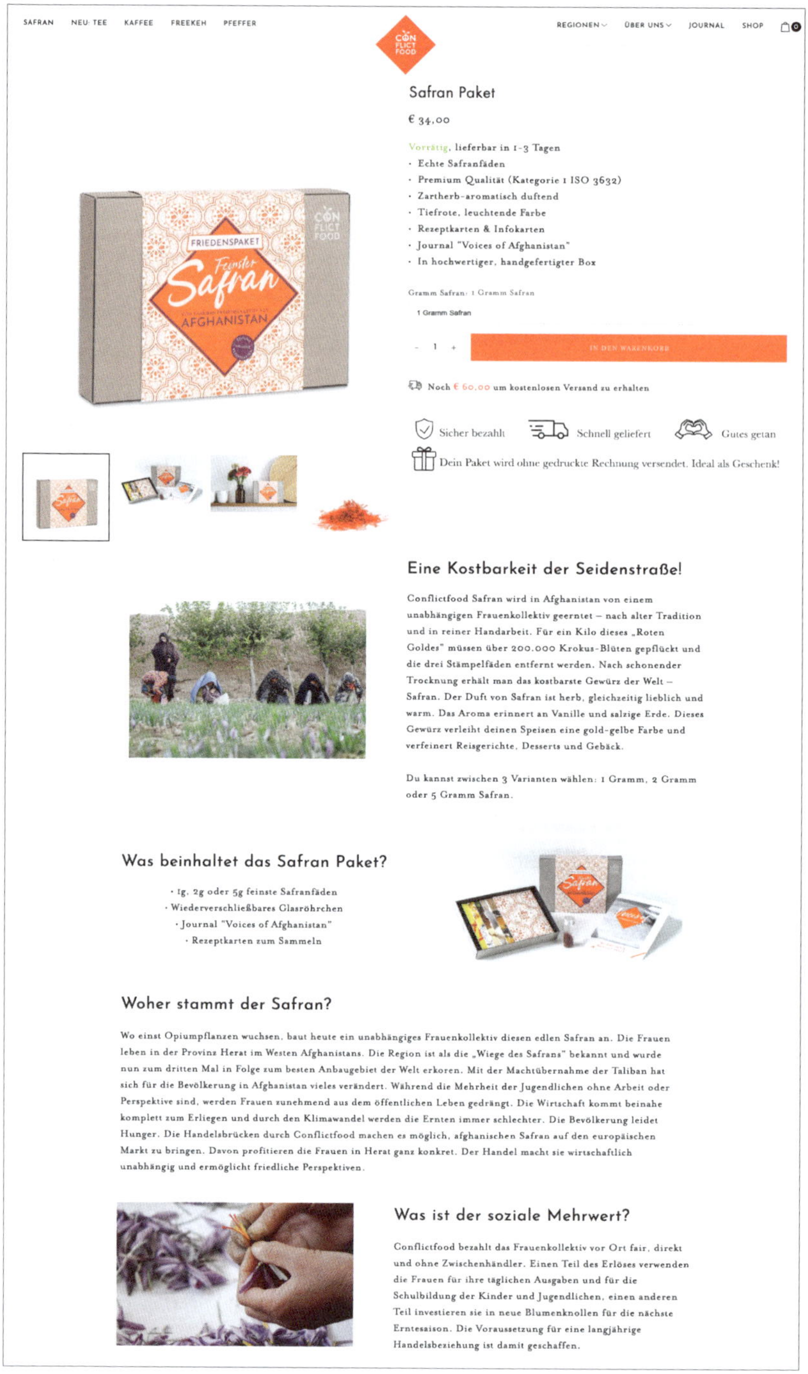

Abbildung 9.7 Ausschnitt einer Produktdetailseite von Conflictfood (Quelle: *www.conflictfood.com*)

Was Sie von Conflictfood lernen können:

- Nehmen Sie sich Zeit für Ihr Produkt, und erzählen Sie etwas über den Hintergrund. Wo und wie wurde es hergestellt? Was ist das Besondere daran? Wie erklärt sich der Preis?
- Erzeugen Sie Bilder anhand von Storytelling, und sprechen Sie dabei alle Sinne an: Farben, Gefühle, Gerüche, Geschmäcker.
- Verwenden Sie individualisierte Icons, die zu Ihrem Produkt passen. Auch Gütesiegel stärken das Vertrauen, wie Sie bereits gelesen haben.
- Überlegen Sie, wie Ihr Produkt verwendet werden könnte: selbst genutzt, rein zweckorientiert oder als Geschenk?
- Ordnen Sie längere Texte leserfreundlich an: mit Headlines, Bildern, Klappleisten oder Bulletpoints.
- Lassen Sie sich durch den Kopf gehen, was Ihr Produkt bewirkt: Spenden Sie einen Teil des Gewinns an eine gemeinnützige Organisation? Ist Ihr Artikel besonders nachhaltig? Wir er unter fairen Bedingungen hergestellt? Es muss nicht immer ein »eingekauftes« Sigel sein, das den Mehrwert Ihres Produkts unterstreicht. Die wahren Geschichten sind oftmals wesentlich bedeutender und bleiben bei Ihrer Kundschaft stärker im Kopf.

Adidas – User-generated Content smart eingesetzt

Im Fokus die Zielgruppe – das hat der Sportanbieter Adidas nicht nur perfekt durchdacht, sondern auch clever eingesetzt. Neben den vielen, hervorragenden Produktfotos, informativen und zielgruppengesteuerten Beschreibungen in Kurz- und Langform macht sich Adidas vor allem auch einen ganz essenziellen Content-Part zunutze: *User-generated Content* (UCG) in Form von Instagram-Fotos von Kundinnen und Kunden. Stolz präsentiert, schnell aufgenommen, dennoch aus dem echten Leben. Die User selbst fühlen sich geschmeichelt, auf Adidas.com zu erscheinen, und gleichzeitig gewinnt das Sportlabel das Vertrauen neuer, potenzieller Kaufinteressierter. Sollte der Funke vom Anwenderbild dennoch nicht vollkommen übergesprungen sein, so fangen ihn die darunter platzierten Kundenrezensionen ein. Die Größenauswahl und der Warenkorb-Button laufen dabei bei jedem Scrollen »sticky« bequem mit, sodass der Kauf als das entscheidende Ziel nicht aus dem Fokus gerät.

Was Sie von Adidas lernen können:

- Integrieren Sie User-generated Content. Aktivieren Sie Ihre Zielgruppe auf allen Ihren Kanälen, und bitten Sie immer wieder um Statements, Fotos oder Videos der gekauften Produkte. UGC ist besonders wertvoll, es gibt keinen authentischeren Content als den Ihrer eigenen Kundschaft. Wie Ihnen das Motivieren hierzu gelingt? Durch Befragungen auf Social-Media-Kanälen in etwa, Gewinnspiele, Wettbewerbe, Vergabe von Gutscheinen für den nächsten Kauf usw.

Scheuen Sie sich dabei nicht vor unprofessionell wirkendenden Fotos. Solange Sie die Inhalte Ihrer Kundschaft klar als solche deklarieren und sie Mehrwert für andere User bieten, sollten Sie diese Art von Content unbedingt in Ihren Shop integrieren. Damit erzeugen Sie eine starke Bindung zu Ihrer Zielgruppe und zeigen sich besonders kundennah – eine sehr wirkungsvolle Methode, die auch von Shops mit kleinen Budgets gut umsetzbar ist.

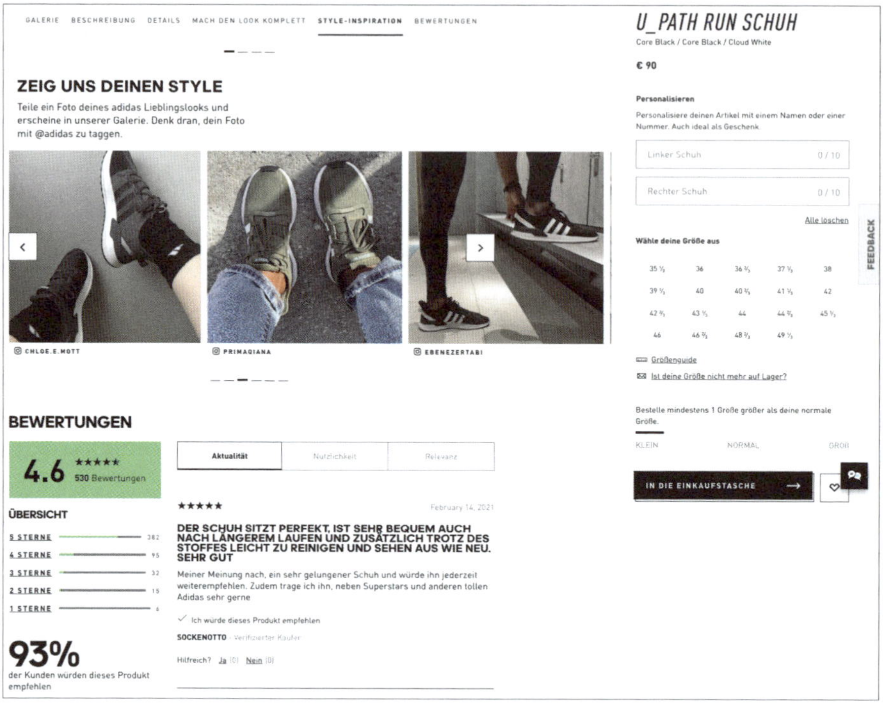

Abbildung 9.8 Ausschnitt einer Produktdetailseite von Adidas (Quelle: *www.adidas.de*)

- Nutzen Sie Kundenrezensionen: Neben dem Einbetten von Social-Media-Content sind auch Kundenrezensionen wertvolle Inhalte in Ihrem Shop. Eine einfache Bewertung durch Sternchen und ein kurzer Text sind hierbei schnell erledigt und von großem Nutzen für andere Kaufinteressierte. Zeigen Sie die Sternchenbewertung auch an anderen Stellen Ihres Shops: auf der Produktübersichtsseite oder auch ganz zu Anfang Ihrer Produktdetailseite. Auch hier können Sie die User animieren, indem Sie nach dem Kauf per E-Mail um ein kurzes Feedback bitten. Ein Gutschein als *Incentive*, eine Art Kaufbelohnung, dient auch hier als Booster und beschert Ihnen bestenfalls einen Folgebestellung.
- Verlieren Sie nie den Kaufabschluss aus dem Auge: Das Mitscrollen des Warenkorb-Buttons ist eine Art, Ihre User immer wieder auf ihre Kaufabsicht hinzulenken. Grundsätzlich sollte dieser Call-to-Action-Button auf Ihrer Produktseite

immer präsent zu sehen sein und farblich passend zu Ihrer Kundengruppe akzentuiert werden.

Metro – B2B-Shop mit verkaufsfördernden Mengenrabatten

Im B2B-Bereich geht es für Kundinnen und Kunden vor allem darum, zeitsparend und kostengünstig online einzukaufen, wie Sie bereits im Fall von Printus gesehen haben. Der Großhändler Metro löst dies in seinem Onlineshop für Gewerbekundschaft mit einer übersichtlichen Preisstaffelung auf der Produktdetailseite, bei der die Ersparnis in Signalrot angezeigt wird. Das Beschaffungsmanagement wird damit erheblich erleichtert, und die Großküche kann auf diese Art schnell und einfach mit neuen Bratpfannen ausgestattet werden.

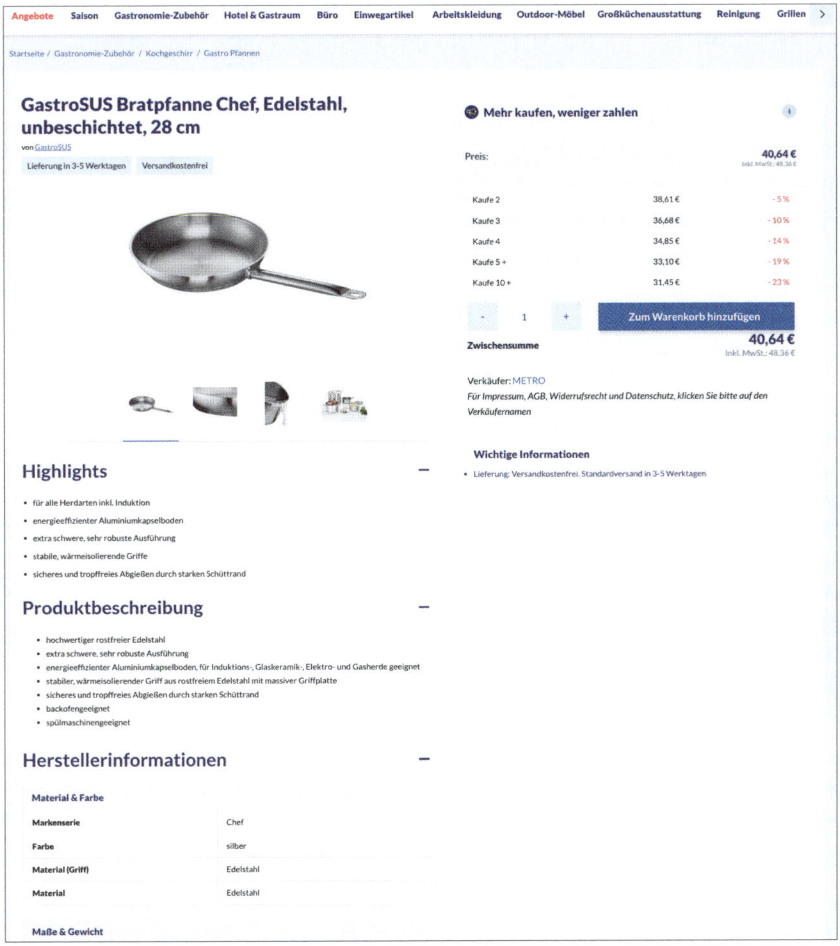

Abbildung 9.9 Ausschnitt einer Produktdetailseite von Metro (Quelle: *www.metro.de*)

Was Sie von Metro lernen können:

- Schaffen Sie eine gute Übersicht: Sämtliche relevanten Informationen sind in diesem Beispiel auf den ersten Blick zu erkennen: Lieferzeiten, Versandkosten, Preise sowie Rabatte ebenso wie die Produkthighlights. Das ist nicht nur für eine Zielgruppe, die sehr zielgerichtet kaufen möchte, von großem Vorteil. Auch in Onlineshops mit Kundschaft, die gerne stöbern und sich inspirieren lassen möchte, tut eine aufgeräumte Produktdetailseite gut. Zu viel Content überfordert Auge und Kopf, schaffen Sie von daher immer wieder Ruhepunkte und klare Übersichten in Ihrem Shop. Durch Klappleisten oder Onsite-Verlinkungen können Sie dennoch alle relevanten Inhalte platzieren, ohne dass die Seite zu überladen wirkt.
- Machen Sie Ihr Angebot schmackhaft: Wie gut das verkaufspsychologische Instrument des Pricings funktioniert, haben Sie bereits anhand des Beispiels von Printus und seiner Produktübersichtsseite gesehen. Die Detailseite verstärkt den Preiseffekt, denn hier ist genau die richtige Stelle, um die Shopbesuchenden vom guten Angebot zu überzeugen. Mengenrabatte wie in diesem Beispiel eigenen sich dafür ebenso gut wie sogenannte Bundles, Paketpreise mit weiteren Produkten (»Beim Kauf von 5 Bratpfannen schenken wir Ihnen 5 passende antihaftbeschichtete Profi-Pfannenwender dazu«) oder auch Zusatzprodukte beim Kauf einer größeren Menge (»Kaufen Sie fünf Bratpfannen und wir schenken Ihnen eine sechste dazu!«).

Profitipp: Verkaufen von Dienstleistungen

Das Anbieten von Dienstleistungen wie Handwerk, Beratung oder künstlerische Arbeiten ist im Vergleich zum Verkauf von physischen Gütern besonders anspruchsvoll. Denn die Dienstleistung an sich steht immer im engen Zusammenhang mit der Individualität der ausführenden Person. Versuchen Sie von daher neben der sehr detaillierten Beschreibung der Serviceleistung auch etwas über den Dienstleistenden zu erzählen. So in etwa: Die Künstlerin stellt sich in einem Video kurz vor und zeigt, wie sie die angebotenen Objekte von Hand liebevoll herstellt, der Kammerjäger begrüßt die Familie wieder in ihrem Zuhause, nachdem er die Räume vom Ungeziefer befreit hat, die Immobilienmaklerin begleitet ihre Kunden beim Besuch auf der Baustelle oder erläutert komplexe Sachverhalte in einem Vertragsgespräch.

Schaffen Sie mit Bildern, Videos und Texten Emotionen und Vertrauen – schließlich helfen hier Menschen einander und diese müssen schlichtweg auch vom Wesen her idealerweise zueinanderpassen.

Ein Beispiel für eine gelungene Dienstleisterbewerbung sehen Sie in Abbildung 9.10.

Gute Beispiele für das Bewerben von kostenintensiven Dienstleistungen finden Sie im Content-Queens-Onlineshop. Hier wird Content in Form von Logos, Beratung oder

Whitepapern in festen Preispaketen angeboten. Auf verschiedenen Karteikarten wird erläutert, was im angebotenen Paket enthalten ist, warum die entsprechende Freelancerin richtig für den Job ist und in welchem Zeitraum die Dienstleistung erfüllt wird. Arbeitsproben und Videos erleichtern die Entscheidung für die jeweilige Dienstleisterin und verraten neben den reinen Fakten über das Produkt vor allem auch etwas über den Charakter. Auch hier war bei allen Texten die Aufgangsfrage: Welche Fragen könnte die Zielgruppe zum Leistungspaket haben?

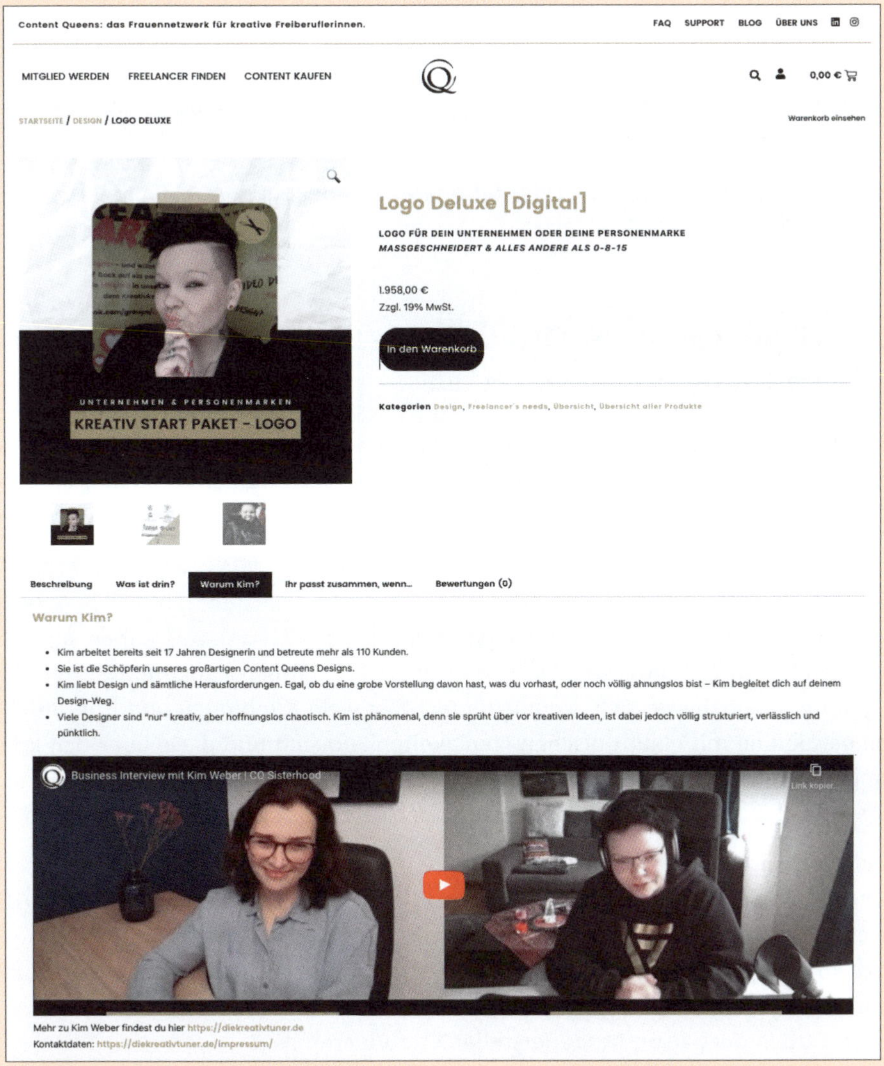

Abbildung 9.10 Ausschnitt einer Produktdetailseite vom Content-Queens-Onlineshop (Quelle: *www.content-queens.com*)

Idealerweise erschaffen Sie demnach mit Ihrem Shop-Content eine Atmosphäre, die jedes gute Ladengeschäft ausmacht:

- Zeit und Raum zum Stöbern und Inspirieren mit stimmungsvollen Bannern und Teasern, aber auch mit einer gut durchdachten Gliederung und damit der Möglichkeit, sehr zielgemrichtet einzukaufen
- ausreichend gut geschultes Verkaufspersonal in Form von exzellenten Produktbildern und Videos, Anwenderbeispielen und emotionalisierten sowie kundenfreundlichen Texten
- einen Ort, an dem Ihre Zielgruppe schnell und unkompliziert zahlen kann mit einem gut sichtbaren Warenkorb und einem problemlosen, übersichtlichen Bestellabschluss, dem Check-out

Damit schlagen Sie die Brücke zum stationären Handel und kurbeln aktiv Ihre Conversion Rate nach oben.

9.2 Ab in den Spam-Ordner? Wie Sie Newsletter sinnvoll im E-Commerce einsetzen

Sie haben nun ein ganzes Potpourri an Maßnahmen kennengelernt, wie Sie Ihren Content onsite optimieren können. Lassen Sie uns nun einen kleinen Exkurs in Richtung Marketing starten und am Beispiel Newsletter schauen, wie Sie von extern Traffic in Ihren Shop lenken.

Die einen werden noch eines kurzen Blickes gewürdigt, die anderen sind bereits im Spam-Ordner gelandet, weitere längst abgemeldet – Newsletter haben als vergleichsweise kostengünstiger Marketingkanal ihre großen, unkomplizierten Erfolgsjahre bereits hinter sich. Kein Wunder, dass viele Kundinnen und Kunden die Bombardierung mit elektronischen Neuigkeiten leid sind und diese nur noch konsumieren, sobald ein Rabatt zur Anmeldung winkt. Genauso schnell sind die Bezugspersonen des Abos dann auch wieder verschwunden und melden sich ab.

Doch sind die Newsletter-Abonnierenden wirklich so wichtig? Man hat zumindest nicht den Eindruck, wenn man sich anschaut, was einige Unternehmen immer noch als elektronische Post versenden: Haufenweise SALE-Headlines machen auf Dauer unglaubwürdig, Rabattversprechen mit vielfachem Sternchentext und aberwitzigen Einlösebedingungen verärgern Menschen, und wen interessiert schon, welche neuen Farben der Saison Modehersteller XY zu bieten hat?

Man kommt also nicht umhin zu fragen: Ist der Newsletter bereits tot? Ganz klar nein, denn Push-Content wird immer relevant bleiben, lediglich die Kanäle und Formate können sich ändern. Auch hier gilt die goldene Regel: Was ist spannend für Ihre Zielgruppe, und auf welchen Kanälen ist diese unterwegs? Für die einen wird es Werbung auf Social Media sein, andere fühlen sich von Messenger-Apps angesprochen, wiederum andere lesen gerne Newsletter.

Was aber ist das für Content, der Menschen im Newsletter begeistert, der sie überhaupt erst dazu veranlasst, die E-Mail zu öffnen? Die Antwort ist simpel: Es ist relevanter Content. Personalisierung wird vielerorts als Zauberformel für den Erfolg eines Newsletters gesehen. Aber wie Alexander Graf in einem Interview mit E-Commerce-Experte Stefan Tobel einmal so treffend formulierte, versuchen die meisten Shopbetreibenden, Newsletter nach *»irgendwelchen Business-Regeln zu versenden: Die Kunden, die einen besonders hohen Warenkorb hatten, bekommen die Kampagne und die, die sich seit drei Monaten nicht auf die Kampagne gemeldet haben, bekommen einen Gutschein«*[3]. Dabei gehe vieles rein über *»gesunden Menschenverstand«*, ergänzte Tobel richtig.

Dies zeigt auch meine Erfahrung, denn es ist wirklich einfach: Sobald Sie Ihre individuelle Zielgruppe in den Fokus stellen, ihre Bedürfnisse und Wünsche kennen, dann können Sie auch exakt auf dieser Basis einen wirkungsvollen Newsletter verfassen, mit echten Neuigkeiten, personalisierten Inhalten, packenden Storys oder bewegenden Momenten. Es geht um Emotionen, um Geschichten, um Neues, um Hintergründe, natürlich auch um Angebote – authentisch erzählt, unterhaltsam aufbereitet. Keine Textwüsten, keine langweiligen Ansprachen und vor allem keine Romane.

Wie richtig guter Newsletter-Content aussehen kann, möchte ich Ihnen an folgenden Beispielen zeigen.

9.2.1 Your Superfoods – Nahrungsergänzungspulver, die mehr können

Dass Newsletter und gesundes Essen großes Fun-Potenzial haben, zeigt das deutsch-niederländische Unternehmen Your Superfoods. Mit ihren Superfood-Pulvern in den unterschiedlichsten Geschmacksrichtungen beleben sie das langweilige Image jedes Nahrungsergänzungsmittels und bauen sich damit eine große Fangemeinde auf. Kundinnen und Kunden von Your Superfoods sind der Regel ohnehin an gesunder Ernährung interessiert, aber das Unternehmen versteht es immer wieder exzellent, saisonale Themen mit seinen Produkten zu verknüpfen: Beautymasken im Frühjahr, Detoxkuren im Sommer, Suppenrezepte im Herbst, Plätzchen und Kuchen in der Weihnachtszeit. Dazu gibt's unterhaltsame Animationen, schöne Bilder des ebenso schönen Gründerteams von Your Superfoods und jede Menge neuer Impulse.

3 *www.kassenzone.de/2019/02/02/wie-geht-personalisierung-stefan-tobel-aboutyou-etribes/*

Abbildung 9.11 Ausschnitt eines Newsletters von Your Superfoods

Was Sie von Your Superfoods lernen können:

- Starten Sie mit einem professionellen Foto. Gut gemachte Fotografien wecken Aufmerksamkeit. Hier lohnt sich die Investition allemal, denn um aus all den Textwüsten im E-Mail-Postfach herauszustechen, braucht es etwas Besonderes. Planen Sie demnach in Ihren Fotoshootings immer auch Imagebilder mit ein, auf denen Sie Ihr Produkt in der Anwendung zeigen: stimmungsvoll mit Accessoires oder mit Menschen, die Ihrer Zielgruppe entsprechen, wie im Fall von Your Superfoods. Ist das Eis erst einmal gebrochen, wird Ihre Kundschaft auch gerne den Rest des Newsletters durchscrollen.
- Schaffen Sie Aha-Momente: Superfood-Pulver als Gesichtsmaske verwenden? Die Headline des Banners irritiert im ersten Augenblick und macht gleichzeitig neugierig. Demnach können und sollten auch Texte Aufmerksamkeit erzeugen und jederzeit ein stimmiges Ganzes mit dem Bildmaterial bilden. Was gibt es für Hintergründe, die Sie über Ihr Produkt erzählen können? Was ist neu für die User? Womit können Sie inspirieren, überraschen, erstaunen? Menschen lieben es, unterhalten zu werden, und nahezu jedes Produkt hat das Potenzial dazu. Nutzen Sie dies in Ihrem Newsletter!
- Bleiben Sie flexibel: Der beste Redaktionsplan hilft nichts, wenn er nicht flexibel ist. Allzu oft planen Content-Abteilungen ihre Newsletter so weit im Voraus, dass der Inhalt zum tatsächlichen Versandzeitpunkt nicht mehr passt. Bestes Beispiel: das Wetter. Im Herbst geht man davon aus, dass es regnet. Ein Schuhhändler, der beispielsweise in der zweiten Oktoberwoche fest das Thema Gummistiefel geplant hat und dann feststellt, dass seit Tagen schönster Sonnenschein herrscht, sollte kurzerhand seinen Content umplanen. Aus den Regenstiefeln werden dann z. B. feste Schuhe für den Waldspaziergang im goldenen Herbst. Viel zu viele Unternehmen ziehen ihre Planung stur durch und verunsichern dadurch ihre Kundschaft. Der Klick auf ABMELDEN ist in solchen Fällen vorprogrammiert. Machen Sie es Your Superfoods nach und blicken Sie über den Tellerrand. Sie haben ein sommerliches Produkt? Was kann Ihre Zielgruppe den Rest des Jahres damit anfangen?
- Nutzen Sie Cross-Sales: Nach dem Peeling und dem Auftragen der nährenden Gesichtsmaske empfiehlt Your Superfoods Wohlfühlnahrung von innen und zeigt damit sein vielseitiges Sortiment. Überlegen auch Sie, welche Produkte gut zu anderen passen. Im Onlineshop sind solche Empfehlungen auch als Cross-Sales bekannt. Um beim wetterabhängigen Beispiel Schuhe zu bleiben: Neben den Regenstiefeln könnte der Hersteller gleich die passende Imprägnierung für empfindlichere Schuhe im Newsletter anbieten oder – je nach Sortiment im Shop – Regenschirme.

- Machen Sie Ihr Angebot unwiderstehlich: Der Gutscheincode am Ende für das gesamte Superfood-Set setzt das Tüpfelchen auf das i des Newsletters. Wer jetzt immer noch überlegt, kann mit dem Couponcode satte 21 % sparen.

  Passende Call-to-Action-Buttons machen den Einstieg in den Shop leicht. Ganz nach dem Motto »Das Beste zum Schluss« können auch Sie alle Zweifler immer wieder mit einem passenden Gutschein am Ende des Newsletters locken. Passend ist hierbei ganz entscheidend, denn oftmals verweisen komplizierte Sternchentexte auf die aberwitzigsten Einlösebedingungen. Dieses unverständliche Kleingedruckte verärgert die Kundschaft mehr, als dass es sie zum Kaufen anregt.

  Was Your Superfoods in unserem Beispiel demnach noch besser machen könnten: Sie könnten den angepriesenen grünen Mix mit Power Matcha ebenso in das Vorteilsset packen – so kann der Kunde oder die Kundin gleich das ganze Wellnessprogramm zum Vorteilspreis genießen.

9.2.2 Lillydoo – Produktproben clever beworben

Frisch gebackene Eltern sind in der Regel ohnehin empfänglich für alles, was ihren Nachwuchs verwöhnt. Wenn's dann auch noch hübsch, schadstofffrei und nachhaltig ist, geht so manch einem und einer das Herz auf, online und offline. Wie man selbst weniger schöne Themen wie Wickeln aufhübschen kann, zeigt der Windelhersteller Lillydoo.

So entzückt auch der Newsletter des Unternehmens in gewohnt stilvoll-hippem Baby-Look, mit zauberhaften Animationen und einer starken Botschaft. Denn in diesem Fall hat die Abonnentin nicht nur den Newsletter, sondern auch die Windeln abonniert. Und das, was sie als Produktmuster eben noch aus dem passend designtem Paket zog, wird sogleich in elektronischer Form thematisiert, *»weil unsere Kleinsten den größten Luxus verdienen«*.

Damit wären verkaufspsychologisch wirklich alle Trigger der Zielgruppe aktiviert.

Abbildung 9.12 Ein Newsletter von Lillydoo

Was Sie von Lillydoo lernen können:

- Bleiben Sie Ihrem Branding treu: Ein Wiedererkennungswert ist für Ihre Zielgruppe sehr wichtig. Nutzen Sie demnach den Newsletter, um Ihr *Look-and-feel* zu manifestieren, und entwickeln Sie Vorlagen, anhand derer Sie Ihre Farben, Schriften und Designelemente immer wieder geschickt platzieren. So bleiben Sie im Gedächtnis und stärken Ihre Marke.
- Verbinden Sie on- und offline: Ihre Marketing- und Content-Strategie sollte immer kanalübergreifend sein. Dafür ist Lillydoo ein sehr gutes Beispiel. Nahezu jeder Versandhändler arbeitet mit Paketbeilegern, einem eigenen Gutschein für die nächste Bestellung, einem Gutschein von Kooperationspartnern oder Produktproben. Erwähnen Sie diese kleinen Aufmerksamkeiten einmal im Newsletter, erklären Sie Ihrer Kundschaft, warum Sie mit Partner XY arbeiten oder welche Vorteile die neueste Produktprobe zu bieten hat. Das macht Ihr Unternehmen sympathisch, und Ihre Kundschaft fühlt sich ganzheitlich beraten.
- Verwenden Sie verkaufspsychologische Trigger: Ein einheitliches, auf die Zielgruppe zugeschnittenes Wording ist auf allen Ihren Kanälen wichtig. Je nach Typ reagieren Menschen auf Wörter unterschiedlich. Während sich die eine frisch gebackene Mama gerne »verzaubern« lässt, wünscht sich eine andere Mutter respektive Vater eine klare Sprache und bevorzugt eher, wenn sie oder er von Fakten »überzeugt« wird. Analysieren Sie demnach sehr gut, mit welcher Kundengruppe Sie es zu tun haben, kreieren Sie Personas und testen Sie verschiedene Wordings in A/B-Tests. Insbesondere der Newsletter bietet hierfür beste Möglichkeiten. Erst wenn Sie genau die richtigen Worte wählen, aktivieren Sie Trigger bei Ihrer Zielgruppe und erzeugen genau die gewünschten Handlungen – den Klick auf JETZT HINZUFÜGEN etwa.

9.2.3 Grainger – B2B muss nicht langweilig sein!

Während im B2C Content bereits nach allen Mitteln der Kunst attraktiv platziert wird, hat der B2B-Markt noch an vielen Stellen Nachholbedarf. Doch auch Einkäufer und Einkäuferinnen sind eine Zielgruppe, die sich über einen gut gemachten Newsletter freut und Angebote oder News des Großhändlers in ansprechender Darstellung bevorzugt. Ein gutes Beispiel, wie es geht, ist Grainger, einer der größten Händler für Industriegüter in Nordamerika. Sowohl optisch als auch sprachlich ist dieser Willkommens-Newsletter clever konzipiert: Der Kunde und die Kundin wird direkt angesprochen und kann wählen, für welchen Geschäftsbereich er oder sie künftig E-Mail-Infos erhalten möchte. Dazu ist das Design klar strukturiert, alle Inhalte sind auf den ersten Blick verständlich und werden ansprechend präsentiert.

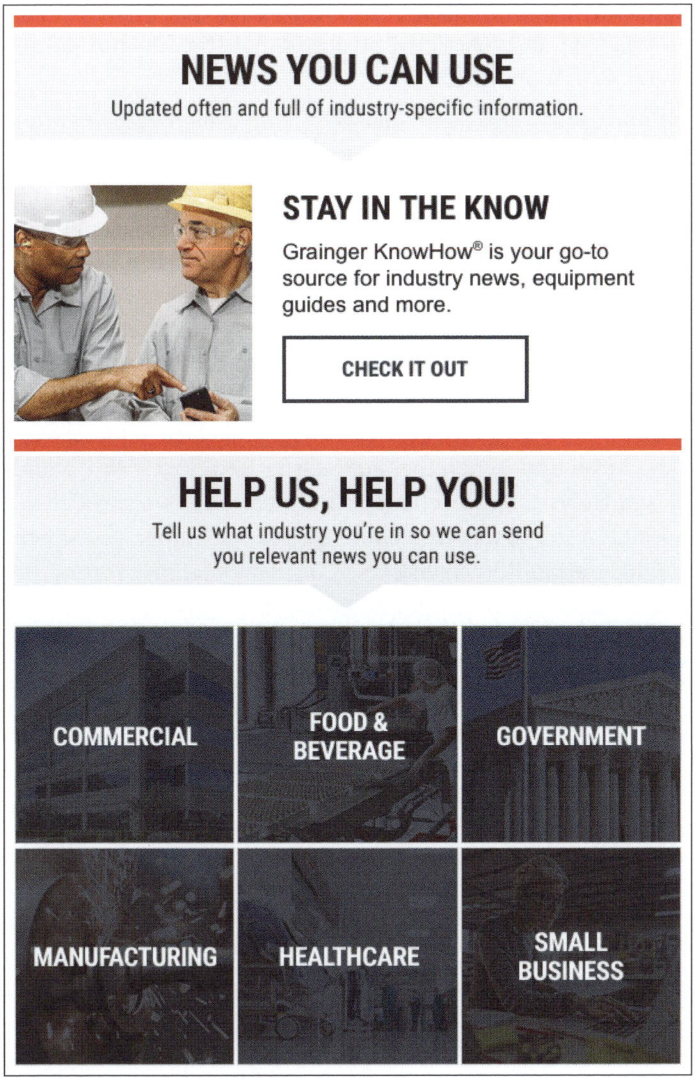

Abbildung 9.13 Ausschnitt eines Newsletters von Grainger

Was Sie von Grainger lernen können:

- Erstellen Sie ruhige, klare Templates: Niemand liest gerne lange, schwere Texte in E-Mails, dafür ist die Zeit Ihrer Kundschaft einfach zu kostbar. Newsletter mit Textwüsten landen demnach häufig direkt im Spam-Ordner oder im Papierkorb des E-Mail-Postfachs. Um dies zu vermeiden, überlegen Sie bereits bei der Erstellung Ihrer Templates (Designvorlagen), was eine gute Mischung aus Text und Bild sein könnte. Arbeiten Sie mit Überschriften und Statements, um Ankerpunkte zu setzen, schaffen Sie Lesepausen mit zielgruppengerechten Fotos, integrieren Sie immer wieder Call-to-Action-Buttons, damit Ihre Zielgruppe den Schritt vom Newsletter in den Shop schafft.

- Sprechen Sie Ihre Kundschaft direkt an: Viel zu häufig gehen Unternehmen immer noch davon aus, dass genau ihr Content jederzeit relevant für alle ist – und dies, ohne genau die Wünsche und Bedürfnisse der wahren Konsumierenden zu kennen. Fragen Sie demnach Ihre Newsletter-Empfängerinnen und -Empfänger immer wieder, was sie sich im E-Mail-Newsletter wünschen. Welche Themen interessieren sie? Welche Angebote möchten sie erhalten? Doch ganz gleich, ob Kundenumfrage mit Intensivierung in Form eines Gutscheins oder direkter Frage nach konkreten Interessen der Zielgruppe: Werten Sie im Anschluss des Versands unbedingt aus, wie der Newsletter bei den Usern angekommen ist. Allmählich bieten alle Newsletter-Tools die Möglichkeit zu umfassenden Analysen. Nutzen Sie diese, und lernen Sie, auf welche Betreffzeile Ihre Kundschaft reagiert, um den Newsletter überhaupt zu öffnen, oder welche Call-to-Action-Buttons sie klickt. Auch so lernen Sie Ihre Zielgruppe immer besser kennen und können wirklich relevanten Newsletter-Content erstellen.

Sie sehen anhand der Beispiele, dass guter Newsletter-Content erst dann funktioniert, wenn er die Aufmerksamkeit der Lesenden gewinnt. Genau dann gibt es diese wertvollen Momente, die den Finger magisch auf den Call-to-Action-Button ziehen, in denen Ihre Kundschaft herzhaft lacht, staunt, verzückt ist oder inspiriert wird. Emotionen sind auch hier der Schlüssel zum Glück. Das ist sozusagen das virtuelle Verkaufsteam, das genau zum richtigen Zeitpunkt mit genau dem richtigen Angebot um die Ecke kommt.

Die Standard-Newsletter ohne Relevanz und dem abermaligen SALE haben ihre Daseinsberechtigung bereits lange verloren. Personalisierte Newsletter dagegen, die cleveres Storytelling nutzen und auf Basis von stichhaltigen Kundendaten erstellt wurden, haben durchaus eine Chance auf eine blendende Zukunft.

9.3 Textautomation – wann guter Content auf Knopfdruck funktioniert

Heilsversprechen gibt es viele im E-Commerce, sei es das neue Alleskönnertool, mit dem Content spielend leicht gesteuert wird, die Recommendation Engine, mit der Kundenempfehlungen wie von allein laufen, oder die clevere Filter- und Suchsystematik, bei der Ihre Kundschaft das begehrte Produkt mit wenigen Klicks in Ihrem Shop finden. Bewusst gebe ich Ihnen in diesem Buchkapitel keine konkreten Empfehlungen für Tools, Plug-ins oder Software, denn ein Onlineshop ist ein komplexes Gefüge, bei dem die einzelnen Bereiche alle aufeinander abgestimmt werden sollten. Sollten Sie demnach Bedarf an neuer Shopsystematik oder zusätzlichen Programmen haben, so empfehle ich Ihnen unbedingt, die für Sie relevanten Abteilungen (IT, Buchhaltung, Kundenservice, Logistik usw.) bei der Entscheidung zu involvieren und sich intern eng abzustimmen. Nur so haben Sie die Möglichkeit, das neue Tool erfolgreich in Ihre ganz eigene Unternehmenssystemlandschaft zu implementieren, sodass hinterher alles einwandfrei funktioniert.

Auf ein ganz besonderes Content-Tool möchte ich dennoch näher eingehen, denn meine Kunden sprechen mich häufig auf diese KI an: die *Textautomation*. Guter Content kostet Geld, so viel steht fest. Doch ist er im Laufe der vergangenen Jahre immer mehr zu einem erbitterten Preiskampf geworden. Für 3 Cent pro Wort können Sie mittlerweile Texte im Internet bestellen – die Qualität sei dahingestellt, denn welcher halbwegs professionelle Texter oder welche Texterin ist in der Lage, für solch einen jämmerlichen Preis gute Arbeit zu leisten? Ganz natürlich ergibt sich daraus für viele Unternehmer und Shopbetreibende demnach die Frage: Ist eine Textmaschine eventuell die bessere, preisattraktivere Lösung zum Erstellen von Shop-Content? Ein Tool, das ganz von allein Produktbeschreibungen oder Kategorientexte verfasst und damit den menschlichen Schreibenden ersetzt?

Ganz so einfach ist es natürlich nicht. Denn es reicht bei Weitem nicht aus, einen Knopf zu drücken und damit seinen gesamten Content auf allen Kanälen zu erstellen. Es braucht immer Menschen, die den Input für die Maschine liefern und diese immer wieder justieren, damit ein gutes Ergebnis herauskommt. Es müssen Attribute und Regeln erstellt, die Eckdaten der Marke und Kommunikation festgelegt werden, ebenso solche für die Tonalität. Eines steht fest: Die wirklich guten Textmaschinen sind mächtig und haben eine ganze Bandbreite an Möglichkeiten, einen Text so attraktiv wie möglich zu machen – von der Verwendung der spezifischen SEO-Keywords über die Übersetzung in zig Sprachen und eine sinnvolle Lokalisierung bis hin zu smartem Storytelling. Der Mensch füttert, die Maschine verkauft, völlig automatisiert, rasend schnell, in einer ungeahnten Dimension.

Dennoch scheuen sich viele E-Commerce-Betreibende immer noch davor, Ihre Produkttexte per Automation zu erstellen. So höre ich immer wieder, dass es an Emotionen fehle, die Produkte erlebbar und spürbar machen, die den Job des virtuellen Verkaufsteams übernehmen und der Kundschaft die Wünsche von den Lippen ablesen. Bestenfalls zumindest, denn wie wir aus den Tipps zur Erstellung eines guten Produkttextes gelernt haben, ist das Verfassen einer solchen, professionellen Artikelbeschreibung durchaus nicht trivial. Können es die Maschinen gegebenenfalls dennoch besser?

Ich habe mir Beispiele des deutschen Automationstoolanbieters *AX Semantics* angeschaut, anhand derer Sie sehen, welche Potenzial automatisierte Produkttexte haben.

Mytheresa – Produktvorteile clever verpackt

Dieser Produkttext zeigt, was Textautomation kann. Das hochwertige, präzise Foto würde womöglich für diese Louboutin Pumps im Luxus-Onlineshop Mytheresa für viele Kundinnen bereits als Verkaufsargument reichen, aber der passende Text schließt den Kauf zurecht ab. »Wann kann ich die Schuhe tragen? Woraus sind sie hergestellt? Ach, und meine Beine wirken auch noch länger dadurch?« Alles Fragen, die der Kundin schnell und einfach beantwortet werden.

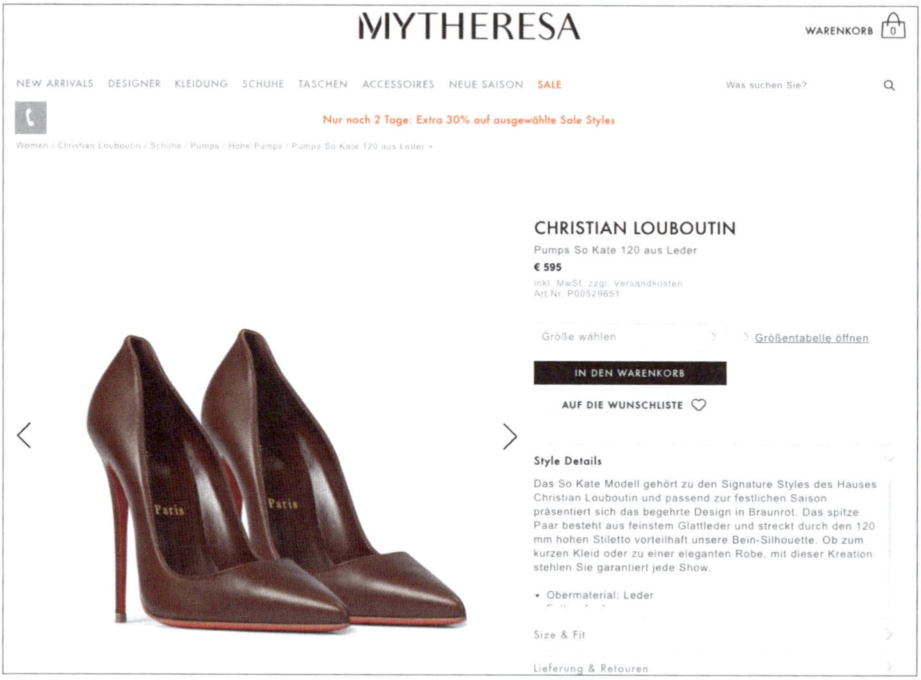

Abbildung 9.14 Ausschnitt einer Produktdetailseite von Mytheresa (Quelle: *www.mytheresa.com*)

Fazit: In diesem Fall übernimmt der Produkttext die Rolle des virtuellen Verkaufsteams. Es werden Empfehlungen ausgesprochen, die Marke wird gut platziert und der Kundin wird nahegelegt, wie sie sich beim Tragen des Schuhs fühlen könnte. Dass dahinter eine Textmaschine steckt, wird selbst die Vielshopperin auf Mytheresa.com nicht ahnen.

Otto – die hohe Kunst des Produkttextens maschinell umgesetzt

Der ultimative Test auf Otto.de: Können Sie sich das dreiteilige Babyset für Mädchen auch ohne Produktfoto vorstellen? Gut, den genauen Druck auf Strampler und

Co. erfahren wir nicht, hier ist noch inhaltliches Potenzial, aber eines steht fest: Dieses Set ist einfach zauberhaft, praktisch und aus Biobaumwolle! Sämtliche Trigger für junge Eltern wurden hier eingesetzt, charmant kombiniert und in einen textlich sinnvollen Rahmen gepackt. Und wer hat's geschrieben? Nicht die frisch gebackene Mama, sondern die leblose, kalte Maschine.

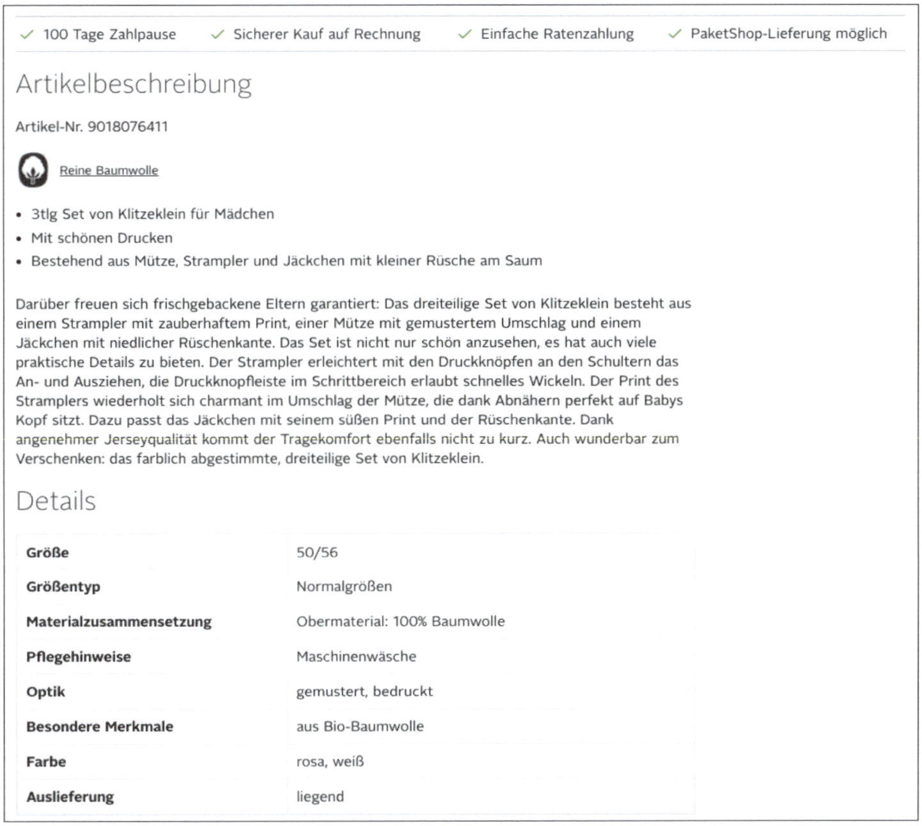

✓ 100 Tage Zahlpause ✓ Sicherer Kauf auf Rechnung ✓ Einfache Ratenzahlung ✓ PaketShop-Lieferung möglich

Artikelbeschreibung

Artikel-Nr. 9018076411

Reine Baumwolle

- 3tlg Set von Klitzeklein für Mädchen
- Mit schönen Drucken
- Bestehend aus Mütze, Strampler und Jäckchen mit kleiner Rüsche am Saum

Darüber freuen sich frischgebackene Eltern garantiert: Das dreiteilige Set von Klitzeklein besteht aus einem Strampler mit zauberhaftem Print, einer Mütze mit gemustertem Umschlag und einem Jäckchen mit niedlicher Rüschenkante. Das Set ist nicht nur schön anzusehen, es hat auch viele praktische Details zu bieten. Der Strampler erleichtert mit den Druckknöpfen an den Schultern das An- und Ausziehen, die Druckknopfleiste im Schrittbereich erlaubt schnelles Wickeln. Der Print des Stramplers wiederholt sich charmant im Umschlag der Mütze, die dank Abnähern perfekt auf Babys Kopf sitzt. Dazu passt das Jäckchen mit seinem süßen Print und der Rüschenkante. Dank angenehmer Jerseyqualität kommt der Tragekomfort ebenfalls nicht zu kurz. Auch wunderbar zum Verschenken: das farblich abgestimmte, dreiteilige Set von Klitzeklein.

Details

Größe	50/56
Größentyp	Normalgrößen
Materialzusammensetzung	Obermaterial: 100% Baumwolle
Pflegehinweise	Maschinenwäsche
Optik	gemustert, bedruckt
Besondere Merkmale	aus Bio-Baumwolle
Farbe	rosa, weiß
Auslieferung	liegend

Abbildung 9.15 Ausschnitt einer Produktdetailseite von Otto (Quelle: *www.otto.de*)

Fazit: Bei diesem Text zeigen sich alle Möglichkeiten der Textautomation. Zum Einsatz kommt ein zielgruppengerechtes *Wording* mit Adjektiven, die die Kundschaft positiv triggern. Verkaufsargumente zum Produkt werden im logischen Aufbau aufgezählt, und alle notwendigen Informationen sind enthalten. Bulletpoints sowie eine Detailtabelle gliedern den Text optisch und bieten allen Kundinnen und Kunden die Möglichkeit des selektiven Lesens.

Kein Wunder demnach, dass Patrick Zackert, Projektmanager bei Otto.de, behauptet, Textautomation sei die Zukunft des E-Commerce.[4] Derselben Meinung ist auch Managing Director bei AX Semantics Saim Rolf Alkan[5], der neben Otto auch weitere namhafte Kunden wie Euronics oder billiger.de betreut. Aber Namedropping allein macht den Erfolg nicht aus. Auch ist es ein kluges, jahrzehntelang konzipiertes und immer wieder nachjustiertes technisches System, das AX Semantics als einem der erfolgreichsten Textautomationsanbieter recht gibt.

Dennoch ist auch die beste Textmaschine bei Weitem kein Allheilmittel aller Content-Probleme, dafür sind das Aufsetzen und die Pflege der KI zu komplex. Es gibt selbstverständlich eine Menge an Negativbeispielen, die Sie selbst sehr schnell in diversen Shops finden können. Ob Textautomation für Ihr Unternehmen dennoch eine gute Wahl ist, können Sie anhand folgender Entscheidungshilfen klären:

Textautomation im Onlineshop: Die wichtigsten Fragen auf einen Blick

- **Für wen lohnt es sich?** Für alle, die ihr Textteam entlasten möchten und den Fokus auf die Konzeption legen wollen. Dies ist selbst bei einer geringen Anzahl an Produkten möglich. So hat beispielsweise der kleinste Kunde von AX Semantics nach eigenen Angaben lediglich 70 Artikel im Onlineshop.
- **Was sind die Vorteile?** Ihr Textteam kann sich verstärkt mit den USPs des Produkts beschäftigen und überlässt den Schreibprozess der Maschine. Sie entwerfen zuerst eine Reihe von Produkteigenschaften, die es auszuloben gilt, und machen sich tiefgehende Gedanken darüber, was die Kundschaft am Produkt interessiert oder auch stört. Das ist im zeitlich sehr engen Tagesgeschehen regulärer Produkttexter oder -texterinnen in der Regel kaum möglich. Vor allem bei einer großen Menge an Texten wiederholen sich selbst beim manuellen Verfassen gewisse Passagen immer wieder, und es fällt schwer, Synonyme zu finden. So gesehen fühlen sich Texterinnen und Texter, die viele Produktbeschreibungen für ein und dieselbe Produktgruppe erstellen, ab einem gewissen Punkt selbst wie eine Textmaschine. Somit wird die künstliche Intelligenz zum Zeitpunkt des Wechsels auf die Automation vielerorts mehr als Entlastung und weniger als Bedrohung betrachtet.
- **Was sind die Nachteile?** Textautomation braucht Zeit und ein Team, das sich mit dem strategischen Aufsetzen der Basis beschäftigt. Sie werden demnach insofern keine Mitarbeiterkosten sparen, indem Sie Mensch durch Maschinen ersetzen, sondern Ihrem Textteam vielmehr ein neues Arbeitsfeld erschaffen. Das ist ein ganz entscheidender Punkt, den viele Verantwortliche außer Acht lassen. Wie jedes neue Tool muss sich Ihr Team zunächst einmal mit allen technischen Möglichkeiten der

4 Zitiert nach einem Interview des Onlinemagazins »Com! Professional«: *www.com-magazin.de/praxis/e-commerce/weniger-schreibarbeit-textroboter-1721648.html?page=2_im-gespraech-mit-patrick-zackert-projektmanager-bei-otto.de*

5 Aussage aus einem persönlichen Interview mit Saim Rolf Alkan, Managing Director von AX Semantics GmbH am 20.11.2020.

Textmaschine auseinandersetzen und diese ernsthaft und langfristig planen sowie immer wieder nachjustieren. Erst dann können wirklich hochwertige Texte entstehen, bei denen Ihre Zielgruppe keinen Unterschied zum manuellen Verfassen mehr spüren wird.

- **Wie ermittle ich die Kosten für ein passendes Tool?** Auch hier ist der Faktor Zeit entscheidend: Kalkulieren Sie die Kosten demnach nie rein nach den einmaligen Installierungskosten und den wiederkehrenden Lizenzkosten. Errechnen Sie zuerst, wie viel Zeit Sie oder Ihr Team für das Erstellen eines Textes benötigen, und rechnen Sie dieses gegen den zeitlichen Aufwand für die automatische Erstellung. Wie bereits beschrieben, ist die Pflege der Textmaschine recht aufwendig für ein wirklich gutes Ergebnis.
- **Kann ich Textautomation bei verschiedenen Ländershops einsetzen?** Ja. Denn gute Textmaschinen übernehmen nicht nur den Übersetzungsprozess, sondern auch die Lokalisierung. So werden beispielsweise ländertypische Begrifflichkeiten beim Übersetzen beachtet und nicht stur 1:1 übersetzt. Allein beim Einsatz von amerikanischem und britischem Englisch kann dies ein entscheidender Verkaufsfaktor sein, denn teilweise stimmen gewisse Begriffe nicht überein und werden von der jeweiligen Zielgruppe gar falsch verstanden.
- **Lassen sich SEO-Kriterien integrieren?** Ja. Durch das Erstellen von kundenrelevanten Keywords und unterschiedlichsten Textphrasen vor der eigentlichen Texterstellung haben automatisch generierte Texte in der Regel alle Möglichkeiten einer suchmaschinenoptimierten Gestaltung. Auch hier kommt es darauf an, wie gut Ihr Textteam vorab die Maschine »füttert«. Kann diese auf eine Vielzahl an Wörtern, Sätzen und Strukturen für eine Produktgruppe zurückgreifen, dann wird die Maschine nach allen Regeln der Kunst die unterschiedlichsten Produkttexte generieren und damit *Duplicate Content* so gut es geht vermeiden.
- **Wie fehleranfällig sind Textmaschinen?** Gute Textautomation arbeitet analog zu einem guten Textprogramm wie Word oder Pages. Dabei erkennen die Textroboter sowohl orthografische wie auch grammatikalische Fehler und korrigieren sie automatisch. Dadurch entstehen weniger Flüchtigkeitsfehler, was ein großer Vorteil gegenüber dem manuellen Verfassen eines Produkttextes ist. In der Regel werden solche nämlich direkt im *CMS* (Content-Management-System) verfasst und von dort über Schnittstellen an den Shop bzw. vorab an ein Übersetzungsteam weitergeleitet. Ein CMS hat jedoch in den meisten Fällen keine oder nur rudimentäre automatische Textkorrekturmöglichkeiten, was bei einem schnellen Verfassen von Texten unter Zeitdruck ein wesentlicher Nachteil ist.

Relevanter und einzigartiger Content ist demnach auch bei Textautomation ein entscheidender Hebel – selbst, wenn er in diesem Fall von einer künstlichen Intelligenz erstellt wurde.

9.4 Safety first – wie Sie E-Commerce rechtssicher gestalten

DSGVO, AGB, UWG, PangV, EGBGB – Sie ahnen bereits, in welchem Sektor wir uns bewegen: im Internetrecht. Auch die komplexe Welt der Gesetzeslage ist Teil einer jeden Content-Strategie und wird leider häufig stiefmütterlich behandelt. Doch gerade dieses Ignorieren – hier und da auch Kopieren oder Interpretieren – von Rechtstexten kann sehr kostspielig werden. Manche Rechtsanwaltskanzleien haben es sich gar zum Schwerpunkt gemacht, nicht rechtskonforme Onlineshops abzumahnen und damit ein lukratives Geschäft zu generieren. Von daher nehmen Sie das Thema Rechts-Content unbedingt ernst, und holen Sie sich frühzeitig einen Experten oder eine Expertin an die Seite.

So gehe ich mit gutem Beispiel voran und habe für die folgende Übersicht die Düsseldorfer Rechtsanwältin Andrea Stein zurate gezogen.

Komponenten für einen rechtssicheren Onlineshop

- **URL**: Wählen Sie sorgfältig Ihre Shop-Domain aus. Denn Domains können Marken und andere Rechte Dritter verletzen, wie z. B. Unternehmenskennzeichen oder Werktitel. In solchen Fällen drohen teure Abmahnungen und letztlich der Verlust der Domain.
- **Allgemeine Anforderungen an Websites, insbesondere an das Impressum**: Die Anforderungen an ein Impressum ergeben sich aus § 5 TMG (Telemediengesetz) und bei der Veröffentlichung von redaktionell-journalistischen Inhalten aus § 18 Abs. 2 MStV (Medienstaatsvertrag). Zudem müssen alle Website-Besuchenden über die sie betreffende Datenerhebung und -verarbeitung aufgeklärt werden. Das korrekte Erstellen dieser Rechtstexte kann und sollte demnach von Fachleuten übernommen werden, denn für Laien sind die gesetzlichen Anforderungen dieser bedeutenden Passagen häufig nicht verständlich.
- **AGB**: Die Allgemeinen Geschäftsbedingungen sollten Shopbetreibende ebenso keinesfalls einfach kopieren, sondern von Profis erstellen lassen. Denn für urheberrechtliche Probleme, die im Falle eines solchen Kopierens entstehen können, drohen auch aufgrund der weiten Verbreitung unwirksamer AGB-Klauseln Abmahnungen. So ist beispielsweise seit 2016 in § 309 Nr. 13 BGB (Bürgerliches Gesetzbuch) geregelt, dass für Erklärungen, wie z. B. Kündigungen, in AGB nicht mehr die Schriftform (Papier mit Originalunterschrift), sondern nur noch die Textform (z. B. E-Mail) verlangt werden darf. Das sind wichtige Details, über die Sie nur Fachleute aufklären können.
- **Anforderungen an die Verbraucherinformationspflichten und Spezialgesetze**: Für juristische Laien besonders schwer zu überblicken sind die Anforderungen, die sich aus den Verbraucherinformationspflichten der §§ 312 ff. BGB und Art. 246 ff. EGBGB (Einführungsgesetz zum Bürgerlichen Gesetzbuch), der Preisangabenverordnung (PAngV) und diversen Spezialgesetzen sowie dem AGB-Recht ergeben können. Wenn Onlineshops sich auch an Verbraucher und Verbraucherinnen richten, sollten diese z. B. über Folgendes informiert werden:

  - den Gesamtpreis
  - den Preis je Mengeneinheit einschließlich der Umsatzsteuer und sonstiger Preisbestandteile (Grundpreis)
  - die wesentlichen Eigenschaften der Waren oder Dienstleistungen
  - die Zahlungs-, Liefer- und Leistungsbedingungen
  - den Liefertermin
  - das Bestehen eines gesetzlichen Mängelhaftungsrechts
  - durch welche Erklärungen der Vertrag zustande kommt
  - das Widerrufsrecht

  Dies ist nur ein Auszug aus den Informationspflichten aus den §§ 312 ff. BGB und Art. 246 ff. EGBGB und der PAngV. Zudem gibt es noch weitere Informationspflichten. So sieht die Lebensmittelinformations-Verordnung (LMIV) beispielsweise vor, dass alle im dortigen Anhang II aufgeführten Zutaten angegeben werden müssen, ebenso wie eine Nährwertedeklaration.

- **Produktbeschreibungen und Werbetexte**: Last but not least müssen natürlich auch die Produktbeschreibungen und Werbetexte den Wettbewerbs- und werberechtlichen Anforderungen genügen sowie frei von Urheberrechtsverletzungen sein. Einen ersten Überblick über das Wettbewerbsrecht kann man sich durch die Lektüre des Gesetzes gegen den unlauteren Wettbewerb (UWG) verschaffen. Bezüglich des Urheberrechts gilt: »Wer selbst schreibt, der bleibt.« Ansonsten können Sie natürlich auch Lizenzen an fremden Werken erwerben.

Diese Punkte sollen Ihnen einen groben Überblick darüber liefern, was Sie im Einzelnen mit Ihrem Rechtsexperten oder Ihrer Rechtsexpertin besprechen sollten. So trocken und unverständlich für Laien juristische Texte oftmals sein mögen, so haben Sie mit allen anderen Texten in Ihrem Onlineshop eines sicherlich gemein: Unique Content ist auch hier das A und O, denn simples Kopieren von anderen Stellen ist weder relevant noch langfristig erfolgreich.

9.5 Ein Blick in die Content-Glaskugel – wie Onlineshopping auch in der Zukunft funktioniert

E-Commerce wächst nicht nur rasant, sondern entwickelt sich genauso schnell weiter. Beinahe täglich kommen neue Formate hinzu und neue Möglichkeiten, das Warenangebot auf den unterschiedlichsten Kanälen anzubieten. Sie müssen sich demnach immer wieder die Frage stellen: Mache ich mit beim neuesten Shoppingtrend? Lohnt sich die Investition?

Selbstverständlich rate ich meinen Kundinnen und Kunden dazu, beim Onlinehandel sinnvolle Weiterentwicklungen von Sales-Content zu berücksichtigen. Die

Betonung liegt auf sinnvoll, denn wie wichtig Relevanz für den Onlineshop-Content ist, konnte ich Ihnen hoffentlich in diesem Kapitel vermitteln. Und bei all der Schnelllebigkeit des E-Commerce-Business war es für mich selbst beim Verfassen dieser Worte immer wieder die Herausforderung: Gilt dieser Ratschlag auch noch morgen, nächstes Jahr oder in fünf Jahren? Denn das war und ist letztendlich mein tiefes Bedürfnis.

Ich möchte Sie dazu einladen, Ihre grundlegende Einstellung zum Thema Content zu verändern. Ganz gleich, wie E-Commerce sich entwickelt, wie sich die Customer Journey Ihrer Zielgruppe gestaltet oder ob es den klassischen Onlineshop in einigen Jahren überhaupt noch geben mag: Mit der hundertprozentigen Fokussierung auf die Bedürfnisse Ihrer Kundschaft werden Ihre Texte, Bilder oder Videos immer funktionieren. Darum sparen wir uns einfach den Blick in die Content-Glaskugel und konzentrierten uns rein auf die Customer Centricity. Nur mit dieser Haltung haben Sie die Möglichkeit, erfolgreich online zu verkaufen und Ihren Shop-Content zum Umsatz-Rockstar machen! Ich wünsche Ihnen viel Spaß und Erfolg dabei!

Kapitel 10

Content-Profi werden und bleiben – Aus- und Weiterbildungsmöglichkeiten

Einmal die Ausbildung zum Content Manager machen, und dann bis zur Rente auf die faule Haut legen? Not a content professional's cup of tea!

Wie meine Mitautor*innen gezeigt haben, bietet die Arbeit mit Content ein abwechslungsreiches Berufsfeld. Langeweile? Fehl am Platz! Dafür sorgen allein schon die verschiedenen Medienformate und Plattformen, deren Funktionalitäten und Kultur sich immer wieder verändern. Nur wer auf der Hut bleibt, wird seinen Content dauerhaft wirksam an die eigenen Zielgruppen ausspielen. Sich regelmäßig mit den neuesten Trends auseinanderzusetzen gehört für jeden erfolgreichen Content-Profi, ob angestellt oder selbstständig, dazu. Genauso wichtig wie die Arbeit in der Praxis und das *training on the job* sind aber auch solides Handwerk und eine sehr gute Ausbildung.

Wer allerdings schon einmal versucht hat, für sich oder sein Team die passende Aus- oder Weiterbildung zu finden, wird sich fühlen wie auf einem Basar: erschlagen von all den Möglichkeiten. Man fragt sich: Sind die Angebote wirklich gut, die in den Google-Anzeigen ganz oben aufpoppen? Kann ich den Anbietern vertrauen, dass sie Qualität liefern und sowohl mein Geld (oder das begrenzte Weiterbildungsbudget der Firma) als auch meine Zeit (die mühsam angesparten Fortbildungstage) gut investiert sind? Welches der vielen Angebote passt zu mir?

Dieses Kapitel soll Licht in den Weiterbildungsdschungel bringen, sodass Sie am Ende wissen, wie und wo Sie die richtige Fortbildung für sich oder Ihr Team finden.

10.1 Einmal Content-Profi, immer Content-Profi? Gründe, nicht stehen zu bleiben

Wovon hängt ein erfolgreiches Content-Projekt ab? Eindeutig von den Menschen, die es leiten und umsetzen. Und diese benötigen die richtigen Skills. Spoiler: Wer einmal in den Content-Bereich eingestiegen ist, kann sich nicht bis zum Ruhestand auf dem einmal erworbenen Wissen ausruhen, sondern muss ständig dazulernen. Über welche Wege dies erfolgen kann, ist typabhängig – zum Glück bietet der Markt nicht nur inhaltlich etwas für jeden Geschmack, sondern auch für jeden Lerntyp die passende Lernform. Auch darauf kommen wir auf den folgenden Seiten zu sprechen.

Darum müssen sich Content-Profis regelmäßig weiterbilden:

- Die Newsfeed-Algorithmen von Social Media, die bestimmen, ob Ihr Content überhaupt ausgespielt und wem er angezeigt wird, ändern sich in enger Taktung.
- Technologien wie *Augmented* und *Virtual Reality* werden immer ausgefeilter und bieten neue Möglichkeiten, z. B. im Metaverse. Immer wieder wird auch diskutiert, was künstliche Intelligenz, vor allem im Bereich der Content-Erstellung, besser kann als der Mensch. Sicher ist, wir müssen uns mit Sprachmodellen wie GPT-4 beschäftigen, um mit der technischen Entwicklung Schritt zu halten.
- Plattformen kommen und gehen. Erinnern Sie sich noch an Clubhouse? Dieser Social-Audio-Plattform wurde Großes vorausgesagt, letztendlich konnte sie sich jedoch in der Breite nicht etablieren. Solche Hypes rund um neue Tools und Formate müssen immer wieder beobachtet, verstanden und beurteilt werden.

Doch natürlich hat Weiterbildung auch erheblichen Einfluss auf Ihren Marktwert – ob Sie nun angestellt sind oder selbstständig! Ihr Ansehen und das Vertrauen in Sie steigen, wenn Sie stets up to date bleiben und den Wettbewerb beobachten. Wenn Sie dann noch dieses Wissen, angereichert um Ihre eigene Erfahrung, klug verpackt mit anderen in der Öffentlichkeit teilen, werden Sie sich sehr bald einen Namen machen und als eine oder einer der *Thought Leader* in der Branche gelten. Dass dies wiederum einen Einfluss auf die Menge an Anfragen und damit die Dicke Ihrer Geldbörse haben wird, brauche ich Ihnen nicht zu sagen, oder?!

Regelmäßige Weiterbildung ...

- ... erhöht die eigene Unabhängigkeit vom aktuellen Arbeit- oder Auftraggeber.
- ... ist ein Argument für ein höheres Gehalt oder einen höheren Stundensatz.
- ... sorgt dafür, dass man sich von der Konkurrenz wahrnehmbar unterscheidet.
- ... ermöglicht, über die neu erlernten Kenntnisse öffentlich zu sprechen (z. B. in den sozialen Medien oder auf Konferenzen) und damit seine Wahrnehmung als Fachexpert*in zu steigern – vielleicht werden Sie eines Tages sogar als Buchautor*in angefragt.
- ... erhöht die eigenen Möglichkeiten in wirtschaftlichen Krisenzeiten und bietet damit Schutz vor Arbeitslosigkeit/Auftragsflaute.

Weiterbildung lohnt sich – auch für »alte Hasen«

Selbst erfahrene Praktiker im Content Marketing absolvieren nach vielen Jahren im Job noch mal eine (grundständige) Aus- oder Weiterbildung. Oftmals sind sie so früh ins Content-Umfeld gekommen, als der Bildungssektor noch kein Content Marketing oder Management kannte. Andere sind Quereinsteiger und wollen endlich einen anerkannten Abschluss oder schriftlichen Nachweis darüber haben, was sie in der Praxis tagtäglich umsetzen. Damit mag es dann auch leichter fallen, den Arbeitgeber zu wechseln und sich auf einen neuen Job zu bewerben.

10.1.1 An Führungskräfte: Warum Sie großzügig in die Weiterbildung Ihres Teams investieren sollten

Ein Showstopper, wenn es in Unternehmen um das Thema Weiterbildung geht, ist oft das liebe Geld. Auch heute, in Zeiten des Fachkräftemangels, müssen Mitarbeiter immer noch dafür kämpfen, eine Weiterbildung genehmigt zu bekommen. Dabei sollte mit dem vielzitierten Dialog in Abbildung 10.1, bekannt als »Corporate Dilemma« zwischen Finanzabteilung und Geschäftsführung eigentlich alles gesagt sein.

Abbildung 10.1 Corporate Dilemma – Investing in Employees (Quelle: *www.workshouldntsuck.co/blog2/2016/02/01/investing-in-our-people*)

Da jedoch nicht jeder diesen Comic kennt und in der Praxis die Fortbildung häufig nur als weitere Ausgabe auf der Payroll gesehen wird statt als Investition in die Zukunft des gesamten Unternehmens, möchte ich Ihnen mit einem Beispiel noch etwas auf die Sprünge helfen: Es geht nicht nur um Mitarbeiter Timo Maier, der nach anderthalb Jahren als Junior Content Manager in Ihrem Büro vor Ihnen steht und um eine Weiterbildung in Höhe von 1.600 € und zwei freie Tage bittet.

Wie Timo Maier im Content-Umfeld zu arbeiten, heißt in der Regel, mit anderen an etwas zusammenzuarbeiten und an internen wie externen Schnittstellen tätig zu sein, gegebenenfalls auch dicke Bretter zu bohren, wenn mal wieder der Satz »das haben wir schon immer so gemacht« fällt, während Sie Ihr Unternehmen endlich am Zahn der Zeit positionieren wollen.

Zum Content-Erfolg trägt also auch bei, wie gut die Zusammenarbeit mit anderen Abteilungen (Menschen!) sowie mit Ihren externen Partnern (Freelancern oder Agenturen) läuft. Wer glaubt: »Ach, darum kümmert sich doch die Agentur!«, wird schnell eines Besseren belehrt. Denn auch die Profis, die in Agenturen arbeiten, müssen von Ihnen, dem Auftraggeber, gesteuert bzw. geführt werden. Darum können Fähigkeiten, egal, ob es um Texten, Videoproduktion, Fotografie etc. geht, nie komplett ausgelagert werden. Die Qualitätssicherung ist und bleibt bei Ihnen. Neben einem guten Briefing gehört zu Ihrer Aufgabe als Auftraggeber auch die Fähigkeit, konstruktiv und fair Feedback geben zu können, selbst wenn man vom Gestaltungsvorschlag des Gegenübers enttäuscht ist. Gar nicht so leicht! Schließlich ist ein Austausch auf Augenhöhe nur möglich, wenn Auftraggeber und Dienstleister die gleiche Sprache sprechen: Dazu gehören Fachtermini genauso wie das Wissen um Formate und aktuelle Trends (unter anderem).

10.1.2 Unwissenheit schützt nicht vor Verlust und Strafe

Beispielsweise passiert es immer noch täglich, dass Tausende Euros von Unternehmen in den Sand gesetzt werden, weil die eigenen Mitarbeiter keine Ahnung von der Dienstleistung haben, mit der sie eine Agentur beauftragen, unter anderem im Bereich Suchmaschinenmarketing. Es tut mir leid, aber Ihr Geld, das Sie hoffnungsvoll in den Auftrag »bei Google auf Platz 1 kommen« bei der nächsten Wald-und-Wiesen-Agentur investiert haben, werden Sie nie wieder sehen! Diese Aufgabenstellung ist zum einen ungenau und zum anderen ein unhaltbares Versprechen eines unseriösen Dienstleisters.

Ein heißes Thema ist auch der Datenschutz. Mit der Umsetzung der DSGVO wurde für Unternehmen, in denen mehr als 20 Personen regelmäßig personenbezogene Daten verarbeiten, ein Datenschutzbeauftragter Pflicht. Diese Aufgabe können Firmen auch einem Externen übertragen. Doch auch Rechtsanwälte haben mehrere Mandanten zu betreuen und ganz bestimmt nicht immer Ihre neueste Kampagne auf dem Schirm. Darum lohnt es sich, Ihre Mitarbeiter im Marketing sogar auch einmal in eine Rechtsfortbildung zu senden, damit diese gemeinsam mit Ihren externen Partnern den Rechtsraum für Ihren neuesten Marketing-Coup ausloten können. Denn am Ende gilt das Sprichwort: Unwissenheit schützt vor Strafe nicht, wie das folgende Beispiel zeigt.

Gut gemeint ist nicht immer gut gemacht

Das Hamburger Modekaufhaus »Hummel Mors« hat mehrere Filialen in Norddeutschland und vertreibt Markenkleidung im hanseatischen Stil. Um weitere und jüngere Kund*innen anzusprechen, möchte Inhaberin Frau Müller ihren bisher nur stiefmütterlich behandelten Onlineshop bewerben. Das Marketingteam schlägt eine Kampagne auf Instagram vor und begleitend Plakate in Hamburgs angesagten Stadtteilen sowie in Berlin und Flensburg.

Da Produktfälschungen bei Bekleidung stets ein Thema sind, schreibt das Marketing »nur Originalware« auf die Plakate und in die Instagram-Reels. Ein paar Tage später: Eine Boutique-Inhaberin aus Würzburg sieht die Instagram-Werbung, die Plakate werden von dem Inhaber eines Berliner Jeansladens entdeckt. Beide lassen die Werbung prüfen und schicken zwei Tage nach Start der Kampagne eine Abmahnung: Jede verkaufte Ware muss Originalware sein, niemand darf Fälschungen verkaufen, ohne dies zu kennzeichnen. »Nur Originalware« sei Werbung mit Selbstverständlichkeiten und daher unlauter. Beide Abmahnungen verlangen die Änderung der Werbung sowie die Erstattung der Abmahnkosten von je knapp 1.700 €.

Frau Müller lässt die Werbung ebenfalls prüfen und erfährt, dass die Marktbegleiter recht haben. Alle Plakate müssen überklebt werden, die neuen Reels für Instagram erstellt und eine Bearbeitungsgebühr für das neue Motiv bezahlt werden. Insgesamt ist ein Schaden von über 25.000 € entstanden – die zusätzliche Arbeitszeit des Marketingteams und die Nerven nicht mit eingerechnet. Der Zuwachs an Bestellungen im Onlineshop hat diesen Schaden erst nach acht Monaten wieder eingespielt.

(Das Beispiel lieferte Ulrike Berger, Rechtsanwältin bei der Anwaltskanzlei Diercks in Hamburg.)

Diese fiktive Geschichte zeigt: Ihre Mitarbeiter sollten auch an Weiterbildungen zu Themen teilnehmen, die sie vielleicht niemals selbst operativ ausführen werden. Denn nur so können bereits in der Briefing-Phase teure Fehler vermieden werden. Um sicherzustellen, dass Sie Ihr Geld gut ins Team investieren, sollten Sie prüfen, welche Ressourcen Sie bereits im Team haben und welche noch fehlen. Ein sogenanntes *Team-Audit* gibt Ihnen einen Überblick, welche Fähigkeiten, Softwarekenntnisse und Erfahrungen in Ihrem Team bereits vorhanden sind und wo Ihre Mitarbeiter*innen noch Wissenslücken bzw. Nachholbedarf haben.

10.2 So gehen Sie Weiterbildung strategisch an – Durchführung von Team-Audits

»Wir hatten für dieses Jahr noch Weiterbildungsbudget übrig und durften uns was aussuchen – und Ihr Seminar klang einfach gut!« – Welche Trainerin oder welcher Trainer kennt dieses Szenario nicht? Diese vermeintliche Luxussituation für alle Lehrenden ist nur auf den ersten Blick vorteilhaft. Denn fraglich ist: Werden die im Seminar behandelten Themen im Unternehmen überhaupt gebraucht? Gibt es einen konkreten Anwendungsfall, für den die vermittelten Fähigkeiten und Kenntnisse benötigt werden? Und wie hoch ist wohl die Motivation derjenigen, am Seminar mitzuarbeiten, wenn sie davon nichts in ihrem Arbeitsalltag gebrauchen können?

Besser ist es, von Anfang an mit Strategie ans Thema Weiterbildung heranzugehen. Ein Team-Audit ist die strategische Herangehensweise an das Thema Weiterbildung. Gerade wenn Abteilungen neu aufgebaut oder zusammengelegt werden, ist ein Audit sinnvoll, um sich über das vorhandene Skillset Ihrer Leute und deren Weiterbildungsbedarf klar zu werden. Da ein Veränderungsprozess wie die Restrukturierung des Unternehmens immer von Menschen gemacht wird, wollen Sie doch bestimmt sichergehen, dass Ihre Mannschaft alle Fähigkeiten mitbringt, das Change-Projekt erfolgreich zu Ende zu bringen, oder?

10.2.1 Von der Vision zum Weiterbildungsplan

Zuallererst muss allen Beteiligten klar sein: Wo wollen wir in Zukunft stehen? Die Beantwortung dieser Frage für das gesamte Unternehmen wurde in der Regel bereits durch die Unternehmensleitung vorgegeben und liegt als ausformulierte Vision vor. Für die einzelne Abteilung, wie das Marketing oder die Kommunikation, muss diese Frage individuell geklärt werden. Vor allem, was die Unternehmensvision für das eigene Tagesgeschäft bedeutet.

Finden Sie mit Ihrem Team Antworten auf die folgenden Fragen:

- Was wollen Sie als Abteilung erreichen?
- Wie wollen Sie das erreichen, das heißt, welche Aufgaben müssen getan werden, um dahin zu kommen?
- Welche Mitarbeiter haben welche Fähigkeiten, wer kann was übernehmen?
- Wenn die bestehenden Mitarbeiter mit passenden Aufgaben verplant sind, sind dann noch Ressourcen übrig? Wenn ja, wie viele?
- Braucht es gegebenenfalls externe Kräfte, um die Vision zu erreichen?

10.2.2 Wann führt man ein Team-Audit durch?

Das Skillset des Teams zu überprüfen, sollte normalerweise mindestens einmal im Jahr geschehen, z. B. im Rahmen von jährlichen Entwicklungsgesprächen. Ansonsten ist ein Mitarbeiter-Audit immer dann sinnvoll, wenn es große Veränderungen gibt:

- bei unternehmensweiten Veränderungsprozessen wie der Umstrukturierung von Abteilungen oder der Einführung einer neuen Unternehmensstrategie und Positionierung
- bei Veränderungen in der Kommunikation, z. B. bei der Entwicklung einer Content-Strategie, dem Wechsel auf neue Medienformate und -kanäle
- um sich einen generellen Überblick zu verschaffen, z. B. wenn Sie neue Leiterin der Kommunikationsabteilung geworden sind und wissen möchten, wo Ihr Team noch Ressourcen benötigt oder Kräfte einsparen kann

Wenn z. B. die Chefin von einer Konferenz zurückkommt und zum Presseverantwortlichen sagt, er solle jetzt auch einen Instagram-Kanal aufmachen, dann steckt in der Aussage viel mehr, als beide zunächst absehen können. Zum erfolgreichen Aufbau und der Pflege eines Instagram-Kanals gehört Wissen über Storytelling, Content Design, Videoformate, Audio- und Videotechnik, Hashtags, Algorithmen, Community-Aufbau, gegebenenfalls Influencer Management und Advertising. Während die Chefin vermutlich wie selbstverständlich davon ausgeht, dass ihr Mitarbeiter über alle notwendigen Kenntnisse verfügt (aus Chefsicht ist es doch nur ein weiterer Kanal), traut sich der Mitarbeiter womöglich nicht, zuzugeben, dass er gar nicht so recht weiß, wie er anfangen soll. Wenn dann der Mitarbeiter ohne Austausch mit anderen im stillen Kämmerlein vor sich hin werkelt, ist dies eher schädlich fürs Unternehmen, weil aufgrund mangelnder Fachkenntnis nicht das volle Potenzial von Instagram ausgeschöpft wird und es schließlich dem Kanal an Reichweite mangelt.

10.2.3 Wie führt man ein Team-Audit für eine Abteilung durch?

Nehmen Sie sich ausreichend Zeit, z. B. einen Vormittag, um mit Ihrem Team im Rahmen eines Kurzworkshops zu prüfen, welche Aufgaben tagtäglich anfallen. Manchmal sind die Tasks so »klein«, dass man sich schämt, sie zu nennen. Für dieses Audit ist es jedoch wichtig, dass wirklich an alles gedacht wird, und da ist die gegenseitige Kontrolle durch Kolleg*innen bzw. deren freundliche Erinnerung an Projekt XYZ, das man auch noch nebenbei wuppt, eine Hilfe.

Wenn diese Gesamtliste steht, darf der nächste Schritt des Audits in intimerer Runde stattfinden, das heißt in Form von 1:1-Interviews. Am besten gelingt das Interview mit einem strukturierten Fragebogen, auf dem die Antworten schriftlich festgehalten werden (siehe Abbildung 10.2).

Interview

Name: ____________________ Datum: ________________

Position: ____________________

Fragen	Antwort	Kommentar Interviewer
Was ist dein Aufgabengebiet?		
Was ist dein Background (Ausbildung, Branchenkenntnisse, Praxiserfahrung...)?		
Beschreibe deinen durchschnittlichen Arbeitstag bei dir womit legst du los, was machst du alles, wie lange brauchst du wofür?		
Hast du das Gefühl, dass du deine Arbeit gut erledigen kannst?		
Gibt es Tage, an denen du unzufrieden nach Hause gehst? Woran liegt das?		
Was läuft bisher nicht so gut?		
Welche Unterstützung wünschst du dir?		
Brauchst du noch etwas, z. B. zusätzliches Wissen, Fertigkeiten oder eine neue Software, um deine Arbeit besser zu erledigen?		

Abbildung 10.2 Beispielhafter Interviewfragebogen im Team-Audit

Notieren Sie sich zum Schluss, ob Sie bei dieser Person noch freie Kapazitäten oder Umstrukturierungsbedarf sehen.

Tipp: Engagieren Sie sich eine externe Beraterin für diese 1:1-Interviews

Mitarbeiter sind in der Regel offener gegenüber Externen und sprechen ehrlicher über ihre tatsächlichen Aufwände, Sorgen und Bedürfnisse. Bei einem externen Coach muss keiner befürchten, dass er oder sie an den Pranger gestellt und vorgeführt wird, weil z. B. die aufgetragenen Arbeiten nicht in der vorhandenen Zeit geschafft werden oder bestimmte Fähigkeiten nicht vorhanden sind. Der oder die externe Expert*in kann dann zwischen Führungskraft und Mitarbeiter vermitteln und neutral über die aktuelle Situation und den Handlungsbedarf berichten. Zudem wissen Externe besser, welche Kenntnisse und Fähigkeiten am Markt gefragt sind, und können durch den Einblick in die verschiedensten Unternehmen realistische Einschätzungen und Empfehlungen abgeben.

Eine zeitsparendere Alternative, mit der Sie den Weiterbildungsbedarf im Team feststellen können, ist ein Fragebogen zur Selbsteinschätzung. Dazu notieren Sie die für Ihre Abteilung wichtigen Skills (Methodenwissen, Softwarekenntnisse, ...) auf einem Blatt untereinander in Tabellenzeilen. In den Spalten steht die Skala der Fertigkeiten, von »noch nie davon gehört (0 %)« über »ich habe Grundkenntnisse (25 %)«, »ich kenne mich damit gut aus (50 %)« und »ich kann Aufgaben eigenständig erledigen (75 %)« bis hin zu »ich kann dies anderen beibringen« oder »ich traue mich, auf einer internationalen Konferenz darüber zu sprechen (100 %)«. Gemeinsam mit Ihrem Team einigen Sie sich auf einen Sollwert. Wenn alle Ihre Mitarbeiter dies ausgefüllt haben, können Sie den Durchschnittswert pro Fähigkeit auswerten, Ist- und Sollwert miteinander abgleichen und entscheiden, ob es Handlungsbedarf gibt. Gegebenenfalls können sich die Mitarbeiter gegenseitig schulen. Durch dieses komprimierte Verfahren gehen zwar einige Informationen, die Sie über den Fragebogen und Interview erfragen würden, verloren, doch auch so erfahren Sie, wie es um die Fähigkeiten in Ihrem Team steht. Eine beispielhafte Vorlage für einen solchen Fragebogen zur Selbsteinschätzung finden Sie übrigens auf meiner Website zum Download unter *www.contentwerk.eu/vorlage-team-audit*.

10.2.4 Aufwandschätzung

Im nächsten Schritt prüfen Sie den Content-Aufwand für das neue Vorhaben. Schätzen Sie diesen nicht einfach ins Blaue hinein, sondern sprechen Sie dazu mit Kolleg*innen aus der Branche und hören Sie auf den Rat und die Erfahrung Ihrer externen Beraterin oder Ihres Beraters. Informieren Sie sich, wie viel Workload das neue Projekt, z. B. der Aufbau und die Pflege eines Instagram-Kanals, mit sich bringen.

Rechenbeispiel: Schätzen Sie realistisch!

Angenommen, die Teilaufgabe »Erstellung einer Bildunterschrift für Instagram« benötigt inklusive Hashtag-Recherche 20 Minuten. Ihre Teilzeitkraft arbeitet 4 Stunden am Tag. Kann sie dann zwölf Instagram-Bildunterschriften am Tag erstellen? Wahrscheinlich nicht! Auch bei ihr geht Zeit für E-Mails drauf, für Kommunikation und Abstimmung mit anderen. Verplanen Sie daher maximal 80 % der verfügbaren Zeit.

10.2.5 Mapping von Aufwand und Ressourcen

Dieser Schritt ist mit Sicherheit der spannendste: Prüfen Sie, inwiefern das neue Content-Vorhaben zu den vorhandenen Ressourcen (Skillsets Ihres Teams sowie der vorhandenen Arbeitszeit) passt.

Beziehen Sie Ihr Team in diesen Prozess mit ein, und fragen Sie, ob es genügend Kapazitäten hat, um das Projekt zu stemmen, oder ob noch weitere interne oder externe Unterstützung benötigt wird. Gegebenenfalls haben Ihre Mitarbeitenden auch gleich Ideen, wo sie diese weitere Unterstützung herbekommen können. Prüfen Sie kritisch, ob sich Zeit einsparen lässt, z. B. indem Ihre Mitarbeiter zu einem bestimmten Thema noch ein Training absolvieren. Ermutigen Sie Ihr Team, Schulungsbedarf anzumelden. Fragen Sie: Würden wir schneller werden, wenn wir zu Thema X noch eine Fortbildung besuchen würden?

Steht der Weiterbildungsbedarf fest, geht es daran, den passenden Anbieter und die passende Form für Ihre Mitarbeiter zu finden. Möglichkeiten, zu sparen, gibt es auch hier. Zum einen gibt es mittlerweile zahlreiche staatliche Fördermöglichkeiten für Bildung. Die andere Sache ist, innerhalb des Unternehmens kreativ zu werden:

- Schauen Sie sich in anderen Abteilungen oder an anderen Standorten um: Arbeiten hier Kolleg*innen, die die benötigten Skills bereits haben? Suchen Sie den Austausch.
- Etablieren Sie feste interne Weiterbildungsstrukturen, bei denen Kollegen von Kollegen lernen. Fragen Sie die Personalabteilung um Hilfe bei der Organisation. Hier kann zunächst ein abteilungsübergreifendes Audit durchgeführt werden, um alle intern versammelten Kompetenzen aufzulisten und mit dem Bedarf abzugleichen. Die Personalabteilung kann dann anhand der Wissenslücken einen Schulungsplan aufstellen, bei dem z. B. jeden Freitagvormittag ein anderer Kollege »sein« Thema den anderen beibringt.
- Ermutigen Sie Ihr Team, Aufgaben gemeinsam zu bearbeiten, z. B. wie im *Pair Programming*, wobei zwei Softwareentwickler gemeinsam an einem Rechner programmieren. Das Zusammenspiel aus Content-Produktion, -Management und -Distribution ist viel zu komplex, um im stillen Kämmerlein lange »vor sich hin werkeln« zu können.

10.3 Der Weiterbildungsmarkt im Überblick – viele Wege führen nach Rom, doch welcher ist meiner?

Haben Sie schon mal eine Google-Suche nach dem Stichwort »Content Marketing Weiterbildung« durchgeführt? Bei einer Trefferanzahl im Millionenbereich ist wohl jeder schnell geneigt, das Suchfenster ohne Ergebnis wieder zu schließen.

Content Marketing lässt sich nämlich an den unterschiedlichsten Ausbildungsinstituten erlernen – privat oder staatlich, online oder vor Ort, in wenigen Stunden oder mehreren Jahren, mit Zertifikat/Abschluss oder ohne, finanziell gefördert oder nicht. Um die passende Weiterbildung zu finden, sollten Sie sich zunächst über Ihren Bedarf sowie Ihre zeitlichen und finanziellen Möglichkeiten klar werden.

Entscheidungsfragen auf der Suche nach der richtigen Fortbildung

- Suche ich eine grundlegende Ausbildung oder eher eine gezielte Wissensauffrischung?
- Benötige ich Vorkenntnisse für die Weiterbildung?
- Bis wann brauche ich das Wissen und die Fähigkeiten aus der Fortbildung? Kann ich drei Jahre investieren, drei Tage oder bloß drei Stunden?
- Wie viel Budget steht mir zur Verfügung?
- Wie viel Zeit kann ich in die Weiterbildung und mögliches Selbststudium/Hausaufgaben investieren?
- Welcher Lerntyp bin ich? Auditiv, visuell, kommunikativ oder kinästhetisch? Wenn Sie ein kinästhetischer Lerntyp sind, ist ein Onlinestudium wenig sinnvoll.
- Welches Lern-Setting benötige ich: Lerne ich lieber allein oder in der Gruppe?
- Möchte ich bequem von zu Hause aus lernen oder bin ich an einem schönen Seminarort aufmerksamer und inspirierter? Bin ich geografisch eingeschränkt?
- Benötige ich ein Zertifikat oder einen bestimmten Nachweis, um meine erlernten Fähigkeiten zu »beweisen«? Muss es z. B. ein »IHK-Zertifikat« sein?
- Gibt es neben den offiziellen Ausbildungstagen mit Trainern weitere verpflichtende Termine, z. B. für das Lernen in der Peer Group? Muss ich dafür Arbeitszeit reduzieren, um an Terminen teilnehmen zu können?

10.3.1 Interne oder externe Weiterbildung – pro und kontra

Eine weitere spannende Frage, die es zu klären gilt, ist, ob nicht auch eine Inhouse-Weiterbildung für Sie infrage kommt. Dies ist der Fall, wenn nicht nur Sie selbst, sondern auch Ihre Kolleg*innen von der gleichen Weiterbildung profitieren würden. Beispielsweise wurde im Team-Audit (siehe Abschnitt 10.2) festgestellt, dass die Kenntnisse für SEO-gerechtes Schreiben bei jedem Redakteur aufgefrischt werden sollten.

Argumente für eine Inhouse-Weiterbildung	Argumente für eine externe Weiterbildung
Der Seminarort ist in der Regel das eigene Unternehmen, Reisekosten für Mitarbeiter fallen weg.	Die Mitarbeiter kommen raus aus dem gewohnten Arbeitsumfeld – man ist eher offen für Neues.
Sie können einen passenden Termin mit dem Referenten abstimmen und müssen nicht auf den nächsten Durchlauf des Anbieters warten.	Man wird nicht durch den Betriebsablauf gestört oder in den Pausen von anderen Kollegen mit den Sorgen des Tagesgeschäfts abgelenkt.

Tabelle 10.1 Interne und externe Weiterbildung im Vergleich

Argumente für eine Inhouse-Weiterbildung	Argumente für eine externe Weiterbildung
Der Experte kommt zu Ihnen ins Haus – Mitarbeiter sparen Zeit.	Man lernt andere Personen aus dem gleichen Tätigkeitsfeld kennen und kann direkt netzwerken.
Der Team-Spirit wird gestärkt.	Man bekommt Impulse von außen, fremde Sichtweisen auf die eigenen Herausforderungen im Unternehmen.
Der Referent oder die Referentin kann bereits beim Briefing Ihre inhaltlichen Wünsche berücksichtigen und die Weiterbildung genau auf Ihren Bedarf zuschneiden – ein hoher Praxisbezug ist sehr wahrscheinlich.	Die Inhalte sind abhängig von der Flexibilität des Referenten, sein Programm auf die Teilnehmer zuzuschneiden und wie diese im Unterricht mitarbeiten bzw. Fragen stellen
Für mehrere Mitarbeitende im Gesamtpaket ist die Fortbildung in der Regel günstiger als separate Fortbildungen für jeden Einzelnen.	Der/die Mitarbeiter*in kann ein Zertifikat einer renommierten Stelle (z. B. IHK) erhalten.

Tabelle 10.1 Interne und externe Weiterbildung im Vergleich (Forts.)

Sollten Sie sich für ein Inhouse-Seminar entscheiden, haben Sie das große Glück, dass Sie die Seminarinhalte selbst bestimmen können. Doch zunächst fängt alles mit der Auswahl des passenden Trainers an.

So finden Sie eine/n gute/n Trainer/in für Ihr Inhouse-Seminar:

- Fragen Sie in Ihrem persönlichen Netzwerk, auf LinkedIn, in Facebook-Gruppen etc. nach Empfehlungen. Dies ist weit effektiver, als lange auf Google zu suchen.
- Suchen Sie nach Videos der Referentin. Gefällt Ihnen, wie die Person spricht und neue Sachverhalte erklärt?
- Gibt es auf der Website des Trainers passende Referenzen aus Ihrer Branche?
- Welche fachlichen Nachweise hat der- oder diejenige? Auch unter den Fachbuchautor*innen finden sich häufig passende Trainer*innen.
- Wenn Sie ein Angebot anfragen: Fragt derjenige Ihren Bedarf genau ab oder haben Sie das Gefühl, Ihr Gegenüber möchte Ihnen lieber ein Seminar von der Stange verkaufen?
- Wie ist das Angebot aufgebaut? Können Sie den Aufwand in der Seminarvorbereitung, -durchführung und -nachbereitung nachvollziehen?
- Wie viel Zeit ist für Praxis-/Übungsphasen eingeplant?

- Welche Seminarunterlagen werden zur Verfügung gestellt?
- Wie können Ihre Mitarbeiter im Nachgang des Seminars weiter betreut werden? Gibt es Möglichkeiten von Einzelcoachings? Was kostet diese individuelle Zusammenarbeit?

10.4 Weiterbildung – was will der Markt?

Weiterbildung ist kein Selbstzweck. Wenn wir uns fortbilden, verfolgen wir damit ein konkretes Ziel, etwa die Voraussetzungen für einen neuen Job zu erfüllen, den Berufseinstieg zu finden, sich für ein unternehmensweites Projekt zu wappnen oder mehr Gehalt fordern zu können.

Wagen wir einen Blick in die Stellenanzeigen im Content-Umfeld, schauen wir also auf die Anforderungen, die Unternehmen an ihre Mitarbeitenden stellen, begegnet uns seit Jahren das gleiche Bild, das hervorragend in dem Tweet in Abbildung 10.3 zusammengefasst ist.

Abbildung 10.3 Tweet einer Freelancerin über die vielen Hüte, die ein Marketingverantwortlicher allein trägt (Quelle: *https://twitter.com/kaleighf/status/1526287372622647297*)

Gesucht wird die eierlegende Wollmilchsau. Im Marketing soll eine Person oft das leisten, wozu es eigentlich vier (oder noch mehr) verschiedene Personen bräuchte, wie das Beispiel aus Abbildung 10.4 zeigt.

Die Suche nach einem Generalisten, der sowohl Text-, Bild- als auch Video-Content erstellt, die Community in den sozialen Netzwerken betreut und seine Arbeit noch mittels Analysen und Reportings auswertet, ist zwar finanziell nachvollziehbar, in der Realität jedoch nicht mehr zeitgemäß. Doch woher kommt das? Die Frage ist, wie eigentlich Anforderungsprofile für Stellenanzeigen entstehen.

Welche Aufgaben Sie erwarten:

- Sie texten und gestalten lesens- und erlebenswerte Contents auf der Basis Ihres rasch erworbenen MARTOR-Marken- und -Produktwissens und spielen diese zielgruppengenau über die unterschiedlichsten (digitalen) Kanäle aus.
- Sie entwickeln Strategien und Handlungspläne im Bereich Social-Media und perspektivisch für weitere Kommunikationskanäle wie etwa Blogs, Newsletter etc..
- Sie bauen die für MARTOR relevanten Social-Media-Kanäle auf und aus. Dabei kümmern Sie sich um die regelmäßige Pflege, Befüllung sowie das Community Management.
- Sie planen und organisieren performancegetriebene Online-Marketing-Maßnahmen in enger Zusammenarbeit mit Ihrer Marketingleitung, dem Vertrieb und dem Produktmanagement.
- Im Rahmen unserer internationalen Expansion beraten Sie unsere ausländischen Vertriebssitze, insbesondere unsere Niederlassungen in Frankreich und den USA, in Sachen Content Marketing und speziell Social Media.
- Sie führen Performance-Messungen und -Analysen durch, erstellen die entsprechenden Reportings und werten diese umsetzungsorientiert aus.
- Sie verfolgen Themen und Trends in Online- und Social-Media-Marketing und leiten daraus Handlungsempfehlungen ab.
- Sie kooperieren aufs Engste mit unserem Online-Marketing-Manager, aber auch mit unseren externen Marketing-Dienstleistern.

Abbildung 10.4 Auszug aus einer nicht mehr verfügbaren Stellenanzeige zum Content Marketing Manager der Martor KG (Quelle: *www.stepstone.de*)

10.4.1 Achtung, Stelle zu vergeben – Strategie, Management oder Kreation?

Ich glaube ja, dass zu viele Unternehmen immer noch bei der Konkurrenz abschreiben, ohne sich je einen Gedanken darüber gemacht zu haben, was sie wirklich brauchen. Die Folge: Bewerber und Unternehmen reden aneinander vorbei, Gehaltsvorstellungen gehen zu sehr auseinander, Erwartungen sind unklar und neue Stellenbesetzungen enden in Enttäuschung – für beide Seiten. Aus meiner Sicht wäre dem schon mal vorgebeugt, wenn der Unterschied zwischen den folgenden drei Stellenprofilen bekannt wäre: Content-Stratege, Content Manager und Content Creator. Der Manager heißt z. B. nicht so, weil er ein Team und Budget verwaltet, sondern weil er vorwiegend für die Verwaltung der Inhalte zuständig ist. Klarheit bringt Tabelle 10.2.

Selbstverständlich ist diese Unterscheidung in der Realität nie so trennscharf, wie hier dargestellt, doch sie gibt eine Richtung vor. Zudem ist sie auch Basis für die Auswahl der passenden Weiterbildung. Man sollte sich immer die Frage stellen: Will ich eher strategisch, optimierend-analysierend oder kreativ tätig sein?

Würde eine Person dies alles, so wie es die Unternehmen wünschen, allein leisten, ist der GAU (größte anzunehmende Unfall) vorprogrammiert: Entweder leidet die Qualität der Kommunikation, ihre Konsistenz oder die verantwortliche Person ist dem Burn-out sehr nahe. Für gut aufgestellte Content-Redaktionen braucht es daher ein Team aus mehreren Personen mit unterschiedlichen Kompetenzen. Denn wie eingangs schon erwähnt, ändern sich Content-Formate, -plattformen und deren -kultur so rasant, dass nicht ein und die gleiche Person Video-Ads schneiden und gleichzeitig noch das Monitoring und Reporting der Ads-Kampagne übernehmen kann.

Merkmale der Rolle	Content-Stratege	Content Manager	Content Creator
Alternative Bezeichnungen	Head of Content, Content Strategist	Content Marketing Manager	Content Writer, Content Producer, Redakteur
Tätigkeitsschwerpunkt	Strategie/Konzeption, Steuerung interner Kommunikation, Prozess- und Projektmanagement, Qualitätssicherung	Planung, Koordination, Monitoring, Controlling, Aktualisierung von Inhalten	Erstellung von Inhalten
Gefordertes Kreativitätslevel	mittel	niedrig bis mittel	sehr hoch
Level im Unternehmen	hoch, idealerweise C-Level	mittel	niedrig bis mittel
Einstiegsgehalt	60.000 €	40–50.000 €	35.000 €
Daily Business	Führung eines Teams, zuständig für die Budgetverwaltung, gibt strategisch-inhaltliche Vorgaben in Abstimmung mit der Geschäftsleitung.	Überwacht und optimiert die Website in Bezug auf neue Inhalte, beobachtet SEO, pflegt neue Inhalte des Content Creators in das CMS, steuert Dienstleister.	Erstellt Inhalte in spezifischen Formaten (Text, Bild, Video), kennt sich mit den neuesten Trends und Communitys auf den verschiedenen Plattformen aus.

Tabelle 10.2 Vergleich der Stellenprofile Content-Stratege, Content Manager und Content Creator

Nun sind wir mittendrin im Fachkräftemangel, und es stellt sich die Frage: Wie kommt man an Spezialisten? Ich möchte Sie ermutigen, Ihr Team zum einen um freie Mitarbeiter (Freelancer) zu erweitern und zum anderen an das Potenzial von Quereinsteigern zu denken.

Wie der Quereinstieg gelingt

Sie selbst haben mal etwas anderes gelernt und wollen in den Content-Bereich wechseln? Auf die Frage, was Bewerber bei ihrer Bewerbung beachten sollten, antwortet Sascha Stoltenow, Partner bei der Agentur Script Communications:

»Wir suchen Menschen, die sich wirklich dafür interessieren, was Unternehmen zusammenhält, die analysieren können, die verstehen, was Menschen bewegt, und die Projekte durchdenken und steuern wollen. Wo sie das gelernt haben, ist zweitrangig. Auch Mindestanforderungen haben wir nicht definiert. Allerdings wissen wir aus unserer Erfahrung, dass viele Menschen ein Stand- und ein Spielbein haben. Gemeinsam mit den Bewerbern finden wir heraus, wo ihre Stärken liegen – und die stärken wir dann. Geht es um eure zukünftige Rolle, fragt euch doch einfach mal, welche Rolle ihr gern bei der Organisation der nächsten großen Familienfeier haben wollt: Rede schreiben oder halten? Gästemanagement? Kochen? DJ? Oder den ganzen Laden zusammenhalten?«

10.4.2 Weiterbildung für Führungskräfte

Wäre es sinnvoll, dass ein Head of Content an der Inhouse-Weiterbildung zum SEO-gerechten Texten teilnimmt? Nein, denn dafür hat er oder sie das Team aus Content Creators. Zwar sollte ein Background in Marketing, Journalismus oder PR vorhanden sein, im Alltag sind jedoch Leadership-Qualitäten gefragt. Das heißt, zum einen sind sicherlich klassische Führungskräftetrainings nützlich, zum anderen bedienen sich auch immer mehr Marketingabteilungen moderner Produktentwicklungs- sowie Managementmethoden aus der IT. Neben der fachlichen Verantwortung, die die Content-Führungskräfte für die Konzeption und die Qualitätssicherung der Content-Produkte tragen, wird erwartet, dass sie Prozesse und Workflows optimieren, Stakeholder-Management betreiben und ihr interdisziplinäres Team zu Höchstleistungen motivieren, wie die folgenden zwei Stellengesuche in Abbildung 10.5 und Abbildung 10.6 zeigen.

Deine Aufgaben

- Du bist der fachliche und disziplinarische Vorgesetzte eines wachsenden Teams von Content Managern.
- Agilität und Lean-Prinzipien wie "relentless improvements" bestimmen Deine Arbeitsweise.
- Du gestaltest aktiv unsere offene, positive Arbeitsumgebung und Kultur mit, in der man gerne zur Arbeit kommt und Leistung wertgeschätzt wird.
- Du arbeitest nicht nur für uns, sondern auch maßgeblich an unserer Organisation und treibst dabei u.a die ständige Optimierung unseres standortunabhängigen Zusammenarbeitsmodells voran.
- Du kümmerst Dich intensiv um Dein Team, vertrittst deren Interessen und sorgst dafür, dass Dein Team die bestmöglichen Arbeitsbedingungen zur Verfügung hat und entwirfst individuelle Weiterentwicklungsmöglichkeiten.
- Du begleitest und berätst Content Manager im Hinblick auf die Projektziele, motivierst sie zu Höchstleistungen und begleitest die persönliche Entwicklung jedes einzelnen Teammitglieds, förderst und unterstützt.
- Du implementierst und moderierst Prozesse in deinem Team, interdisziplinär mit anderen Abteilungen und gemeinsam mit Kunden.
- Du verfolgst einen einheitlichen Stil in der Content Erstellung und wahrst hohe Qualitätsansprüche.
- Du verantwortest eine Reihe von Projekten mit dem Fokus auf E-Commerce im Automotive Bereich.
- Du vermittelst zwischen internen und externen Stakeholdern.

Abbildung 10.5 Auszug aus einer nicht mehr verfügbaren Stellenanzeige zum »Director of Content Management« der Digitalberatung diconium (Quelle: *https://jobs.diconium.com*)

Dein Verantwortungsbereich

- Du verantwortest inhaltlich und organisatorisch das gesamte Content-Team der größten Marke des Unternehmens, die eine starke Strahlkraft, auch über die Branche hinaus, besitzt.
- Du sorgst für eine konsequente Weiterentwicklung der Positionierung bestehender und neuer Content-Produkte.
- Du übernimmst die Verantwortung über die Konzeption und Erstellung von Magazinen und weiteren, insbesondere auch digitalen Medienprodukten; von Themenplanung über Gestaltung bis zur Layout-Abnahme.
- Du trägst die Verantwortung für die strategische Content-Weiterentwicklung über sämtliche Ausgabe- und Kommunikationskanäle der Marke.
- Du leitest fachlich & disziplinarisch das 20-köpfige Content-Team aus Redakteuren, Grafikern & Serviceabteilung.
- Du überprüfst und optimierst stetig die laufenden Prozesse und Workflows mit dem Ziel einer medienübergreifenden Zusammenarbeit.

Dein Profil

- Du weißt, was Medienmachen im Jahr 2022 bedeutet und wie man Medienmarken mit Content bespielt. Du greifst dabei auch auf digitale Kennzahlen zurück und leitest hiervon operative wie strategische Ziele ab.
- Du bist ausgebildete/r Journalist:in und hast bereits erste Erfahrungen in der Leitung crossmedialer Teams.
- Gutes Storytelling ist in jedem Format Deine Passion. Du weißt, wie ein guter Inhalt in allen Kanälen funktioniert – ob in der Zeitschrift, auf der Website oder in Sozialen Medien, ob als Text-, Video- oder Audio-Format.
- Du begeisterst Dich für die breite Palette der Themen rund um Umwelt- und Klimaschutz. Du hast einen kreativen Kopf und ein gutes Gespür für relevante Themen, neue Trends und Entwicklungen.
- Du zeichnest Dich durch eine ergebnisorientierte Arbeitsweise, verbunden mit Kostenbewusstsein sowie kaufmännischem Verständnis aus.
- Du identifizierst Dich mit unseren Werten von Nachhaltigkeit, partizipativem Management und fairem Wirtschaften und hast Lust, mit uns gemeinsam die Welt zu verbessern.
- Du stehst gerne in der ersten Reihe und bringst Kommunikations- und Führungsstärke mit.

Abbildung 10.6 Stellenanzeige für einen Head of Content/Leiter*in des Magazins Schrot&Korn (Quelle: *www.bioverlag.de/files/bioverlag/texte/Stellenausschreibung-HeadofContent-0222.pdf*)

Geeignete Anbieter für diese Themen sind z. B.:

- *www.oose.de*: Der Hamburger Anbieter ist seit 1998 am Markt und bietet vielfältige Weiterbildungen zu den Themen *Design Thinking*, *Scrum*, *Objectives and Key Results*, Coachingskills, Selbstmanagement etc.
- *https://xd-i.com*: Agile Methoden mit Content Strategy verknüpfen? Das lernt man beim Kölner Unternehmen XDI, das zum Certified Agile Content Strategist ausbildet.
- *www.ajsmart.com*: Die Berliner Beratung ist die Anlaufstelle für *Design Sprints*. Das ist ein viertägiger Prozess, um große Probleme oder Herausforderungen schnell zu lösen, neue (Content-)Produkte zu entwickeln oder bestehende zu verbessern. Monatelange Arbeit kann damit auf wenige Tage komprimiert werden, was bereits Unternehmen wie Google, LEGO und Spotify erfolgreich anwenden.
- *www.quadriga-hochschule.com*: Die Hochschule für Führungskräfte bietet in ihrem Kurs »Agile Leadership kompakt« Kompetenzen für flexible Teamführung und ergebnisorientiertes Projektmanagement.
- *https://qundg.de*: Die Darmstädter Agentur Quäntchen und Glück bringt Teams ins Verändern: Dazu bietet sie innovative Workshopformate zu den Themen *Design Thinking*, *Prototyping* und *New Work*. Hier arbeiten übrigens heute noch einige Absolventen des Studienganges Onlinekommunikation der Hochschule Darmstadt, über die ich im folgenden Abschnitt mehr berichte.

10.5 Weiterbildungsangebote

Spätestens seit der Corona-Pandemie und der Home-Office-Pflicht kann jeder lehren und mit Laptop, Webcam und Internetanschluss anderen etwas beibringen. Zumindest scheint es so, denn die Onlinelernangebote sprießen seitdem wie Pilze aus dem Boden. Ob sich dahinter jedoch wirkliche Qualität verbirgt, ist für Laien nicht einfach zu durchblicken. Wer sich nicht die Mühe macht, eine ordentliche Recherche zu einem Weiterbildungsangebot durchzuführen, riskiert, bei einem blutigen Anfänger als Referenten zu landen und enttäuscht zu werden. Ich würde jedenfalls weder einen Trainer noch sein Angebot buchen, wenn ich durch eine schnelle Google-Suche keine eindeutigen Hinweise auf sein Fachwissen finde. Für mich ist wichtig zu erkennen, dass sich die Person regelmäßig mit ihren Fachthemen auseinandersetzt, z. B. durch das Schreiben eines Blogs oder Newsletters, die Teilnahme an Podcasts, in sozialen Medien oder Ähnlichem. Wenn ich den Namen noch nie gehört habe und auch keine weiteren Nachweise im Netz über die Person finden kann, wirkt das Angebot auf mich unglaubwürdig. Wie soll jemand Content verkaufen, ohne dass er oder sie sich selbst nachweislich damit beschäftigt? Ich gebe Ihnen daher im Folgenden auch Tipps, wie Sie mittels Recherche die Perlen aus dem Überangebot herausfischen können.

Die konkreten Beispiele, die ich dabei nenne, sind von mir sowie aus meinem Netzwerk. Die Liste erhebt keinerlei Anspruch auf Vollständigkeit, soll aber den Einstieg in die Recherche erleichtern.

10.5.1 Studiengänge

In Zeiten von YouTube und kostenfreien Online-Masterclasses noch ein Studium beginnen? Warum sollte man drei bis vier Jahre auf einer alten Holzbank buckeln, wenn man sich das Wissen schneller, losgelöst von Stundenplänen und von jedem schönen Ort der Erde draufschaffen kann? Wer sein Studium hinter sich hat, der weiß, dass es an einer Hochschule oder Universität nur zum Teil auf das vermittelte Fachwissen ankommt. Viel mehr zählt es, das Lernen an sich zu lernen, sich mit anderen Kommilitonen bei Gruppenarbeiten die Nächte in der Bibliothek um die Ohren zu schlagen, auf Fachebene über komplexe Themen zu streiten und schließlich, sich durchzubeißen und über mehrere Jahre an etwas dranzubleiben.

Bachelor-Studiengänge:

- Onlinekommunikation an der Hochschule Darmstadt hat seinen Schwerpunkt in der strategischen Kommunikation und legt dabei viel Wert darauf, seinen Absolvent*innen eine hohe Schnittstellenkompetenz mitzugeben, sodass diese in der Lage sind, gut mit Kolleg*innen benachbarter Bereiche zusammenzuarbeiten: *www.onkomm.de*

- Social Media Systems an der Technischen Hochschule Mittelhessen in Gießen bietet nach einem einjährigen Grundstudium die Möglichkeit, den eigenen Schwerpunkt entweder auf IT, Management oder Medien zu setzen:

  www.thm.de/site/studium/unsere-studienangebote/social-media-systems-bachelor-bsc-mni-giessen.html#studienprogramm
- Medien- und Kommunikationsdesign an der SRH Hochschule Heidelberg zeichnet sich durch einen einzigartigen Studienaufbau aus: Alle fünf Wochen wird die Kommunikationsabteilung gewechselt. Mal lernt man die Arbeitsweise einer Internetagentur kennen, mal die der Tageszeitung, der Unternehmenskommunikation usw.:

  www.srh-hochschule-heidelberg.de/bachelor/medien-und-kommunikations-management
- Online-Redaktion an der TH Köln vermittelt neben eher theoretischen journalistischen Grundlagen und Methoden der empirischen Sozialforschung auch praxisnahe Themen wie Content Management, UX und multimediale Content-Produktion: *www.th-koeln.de/studium/online-redaktion-bachelor--inhalte_52755.php*
- Kommunikation und Medienmanagement an der Hochschule Karlsruhe. Im Vordergrund steht das Beschaffen, Verwalten und multimediale Aufbereiten von technisch-produktbezogenen Informationen:

  www.h-ka.de/bachelor/kommunikation-und-medienmanagement/studieninhalte

Master-Studiengänge:

- Content Strategy an der FH Johanneum in Graz richtet sich an berufstätige Praktiker, die ihr Wissen über Content-Strategie und Onlinekommunikation vertiefen und direkt im Job anwenden wollen. International ist es der einzige Studiengang mit dem Fokus auf Content Strategy:

  www.fh-joanneum.at/content-strategie-und-digitale-kommunikation/master
- Digital Marketing an der HS Ansbach bildet Full Stack Marketer (Strategie, Creation, Analytics) aus. Das Blended-Learning-Format macht den Studiengang sehr flexibel: *www.hs-ansbach.de/master/digital-marketing*

Trotz YouTube und Co.: Studieren lohnt sich noch!

Thomas Pleil, Professor an der Hochschule Darmstadt, und Heinz Wittenbrink, Lektor von der FH Johanneum in Graz, waren beide an der Konzeption der jeweiligen Studiengänge beteiligt. Ich habe sie gefragt: Was spricht heute noch für ein Studium? Ihre Antwort: Fundierte Inhalte – und das gratis!

> *»Wir haben viel mehr Überblickswissen, als dies eine einzige Agentur vermitteln kann. Als Beispiel: Es gibt sehr viel Forschung zu Krisenkommunikation und zur Bewältigung von Shitstorms. Wer diese Erkenntnisse kennt und berücksichtigt, zahlt deutlich weni-*

ger Lehrgeld, als wenn er oder sie sich allein auf die Praxiserfahrung oder das berühmte ›Bauchgefühl‹ verlässt. Genauso ist es mit vielen anderen Fragen, wie z. B. der Analyse von Daten, der Usability, medienpsychologischen Aspekten in Kampagnen oder beim Aufbau von Onlineshops«, so Pleil.

Wittenbrink ergänzt:

»Als öffentliche Hochschule können wir diese Inhalte sogar gratis anbieten – und dabei eine ›wissenschaftliche Neutralität‹ wahren. Wir vermeiden Marketing für bestimmte Positionen oder Herangehensweisen von Lehrenden. Das ganze Studium ist kompetenzorientiert angelegt. Es kommt also nicht darauf an, tagesaktuelle Dinge zu lernen, die morgen wieder überholt wären.«

Übrigens: Bevor Sie sich auf ein Studium festlegen, durchforsten Sie die Seiten *www.studycheck.de*, *www.gutefrage.net*, *www.studis-online.de* sowie die Social-Media-Auftritte der Studiengänge nach Bewertungen. Zudem würde ich nach konkreten Praxisprojekten in Zusammenarbeit mit der Industrie fragen. Für Studierende ist es sehr wertvoll, bereits in der Ausbildung Aufgabenstellungen von Unternehmen umsetzen zu dürfen und so ein erstes berufliches Netzwerk aufbauen zu können.

10.5.2 Ausbildungen

Hier kommt Klassengefühl auf! Ausbildungen bereiten hauptberuflich oder berufsbegleitend über einen Zeitraum von mindesten sechs Wochen auf den Abschluss vor.

- Social Media Akademie: Als eine der ersten Schulen bot sie Weiterbildungen im Onlinemarketingbereich an. Heute zählt sie immer noch zu den führenden Anbietern. Bekannte Dozenten sind unter anderem Felix Beilharz, Dina Brandt und Tanja Laub. Innerhalb von drei bis sechs Monaten kann man z. B. Online Marketing Manager, Social Media Manager oder E-Commerce Manager werden: *www.socialmediaakademie.de*
- Digital Content Marketing Academy von contentbird: Von und mit Co-Autor Robert Weller entwickelt, richtet sich das Angebot an Fortgeschrittene, die ihre Kenntnisse vertiefen wollen und in den Gruppencoachings von den aktuellen Fallbeispielen aller lernen wollen: *https://de.contentbird.io/academy*
- OMR Academy: Mit 2–3 Stunden Selbststudium pro Woche wird man hier von OMR-Experten zu Themen wie SEO, E-Mail-Marketing und Social Media fit gemacht: *https://education.omr.com*
- Ihre nächstgelegene IHK: Auch hier können Sie nach entsprechenden Lehrgängen fragen. Aus Platzgründen ist hier jedoch kein expliziter Standort erwähnt.

10.5.3 (Mehr-)Tagesseminare und Workshops

Seminare und Workshops bieten Spezialwissen in wenigen Stunden bis wenigen Tagen. Das hat den Vorteil, dass man in einer kurzen Zeitspanne fokussiert an einem Thema dranbleiben kann, ohne dass man vom Alltag abgelenkt wird. Diese Art des Lernens eignet sich gut für jene Praktiker, die bereits über Grundkenntnisse in einem Gebiet verfügen und noch tiefer in ein Thema eintauchen wollen.

Etablierte Anbieter sind z. B.:

- eMBIS, Akademie für Onlinemarketing: Seit über 20 Jahren lernt man hier in Gruppen von maximal zwölf Personen online oder an bis zu sieben Standorten Themen wie »Texten fürs Web« (mit Miriam Löffler), E-Commerce, SEO, Google Analytics, Social Media und vieles mehr: *www.embis.de*
- Content Design London: Sehr methodenreiches und fundiertes englischsprachiges Angebot, um User-centered Content produzieren zu lernen:

  https://contentdesign.london/courses
- DAPR, Deutsche Akademie für Public Relations, ist eines der ältesten Weiterbildungsinstitute in der deutschen Kommunikationsbranche. In der Weiterbildung zum Digital Strategist lernt man Tools und Methoden, um digitale Content-Strategien umzusetzen: *www.dapr.de/digital-strategist*
- DEPAK: Deutsche Presseakademie in Berlin für Themen wie interne Kommunikation, digitale Kommunikation, Kommunikationsstrategie und -management: *www.depak.de/seminare/*
- 121Watt: Ob Content Marketing, Technical SEO oder Marketingautomation, hier gibt es die größte Themenvielfalt an Seminaren: *www.121watt.de*
- Leipzig School of Media bietet ebenso eine breite Themenvielfalt rund um Content Marketing an: *www.leipzigschoolofmedia.de*
- Hamburg Media School: Das Content Marketing Camp lehrt in zwei Tagen alles rund um Content-Strategie, Planung, Distribution und Prozesse:

  www.hamburgmediaschool.com/weiterbildung/online-marketing-seminare/content-marketing-camp
- Hutter Consult ist eine bekannte Anlaufstelle, wenn es um LinkedIn, Facebook und Instagram Advertising geht: *www.hutter-consult.com*

10.5.4 Begleitete (moderierte) E-Learnings, Live-Webinare, Onlinekurse

Ob man die Onlinetrainings nun Masterclasses, Deep Dives oder klassisch Webinar nennt, sie zeichnen sich durch ihre Kurzweiligkeit aus und dadurch, dass man ziemlich spontan von jedem Hotelzimmer der Welt aus an ihnen teilnehmen kann.

Außerdem hat man die Möglichkeit, dem Referenten oder der Referentin live seine Fragen zu stellen sowie von den Fragen anderer zu lernen.

- *https://digital-publishing-report.de*: Das kostenpflichtige Angebot dpr wurde gegründet von dem ehemaligen Journalisten und Stadtzeitungs-Chefredakteur Steffen Meier. Monatlich gibt es mindestens ein Webinar im Umfang von 60–90 Minuten. Die Themen variieren von Content Marketing über E-Mail-Marketing, barrierefreies Publishing, Customer Centricity bis hin zu Social Media Marketing. Richtet sich an Einsteiger wie Fortgeschrittene. dpr-Flatrate-Kunden erhalten die Webinare kostenfrei.
- *www.omt.de/content-marketing-webinare*: Die Online Marketing Tage bieten kostenfreie Webinare für Einsteiger und Fortgeschrittene mit Experten der Branche wie Felix Beilharz, Anna Turner, Robert Weller, Helen Schrader etc. zu Themen wie SEO, Social Media, Gendern im Marketing etc. Für das Anschauen ist kein Login oder Ähnliches notwendig.
- *https://shop.wuv.de/akademie#masterclasses*: Die Zeitschrift »Werben und Verkaufen« bietet kostenpflichtige Online-Masterclasses zu den Themen Content Marketing, E-Commerce, Voice Marketing, Texten, Augmented Reality usw.

10.5.5 Kursplattformen für Selbstlerner

Bei internationalen, mehrsprachigen Kursplattformen wie Udemy oder Skillshare sind Ihnen weder thematisch (was Sie lernen wollen) noch zeitlich (wann Sie lernen wollen) Grenzen gesetzt. Hier findet sich wohl die meiste Vielfalt an Themen und Trainern, aber auch die größte Varianz, was die Länge eines Trainings, den Preis und die Qualität der Inhalte angeht. Viele Unternehmen sind mittlerweile dazu übergegangen, ihren Mitarbeitern als Corporate Benefit ein Abonnement einer solchen Plattform zu schenken. Ohne Einfluss darauf, was ein Mitarbeiter dort lernen soll und vor allem, ob und wie er oder sie das gewonnene Wissen mal in der Firma anwenden wird, halte ich dies jedoch eher für ein Gimmick als für eine nützliche Weiterbildungsmaßnahme.

Durch das Überangebot ist die Wahrscheinlichkeit hoch, dass Mitarbeiter am Ende gar nichts lernen und umsetzen, Problem ist das *Paradoxon of Choice*. Sie kennen bestimmt das Marmeladenexperiment, bei dem Personen einmal zwischen sechs und ein anderes Mal zwischen 24 verschiedenen Marmeladen zum Probieren wählen durften. Bei der Gruppe, die aus nur sechs verschiedenen wählte, war die Wahrscheinlichkeit um ein Vielfaches höher, dass schließlich auch eine Marmelade gekauft wurde. Die anderen sind schlicht von der Auswahl überfordert und handeln gar nicht. So können Sie sich das mit der Kursauswahl auf z. B. Udemy vorstellen.

Udemy tut aber dennoch etwas, um den Lernwilligen die Entscheidung leichter zu machen: Die Plattform, die seit 2010 existiert, ist sehr userfreundlich aufgebaut. Von jedem Kurs können Sie sehen, wie viele Personen ihn bereits gekauft haben, und Sie können sich natürlich auch Rezensionen der bisherigen Teilnehmer durchlesen.

Abbildung 10.7 Udemy-Kursübersicht mit Bewertungen und Teilnehmeranzahl

Außerdem sehen Sie, wann der Kurs zum letzten Mal aktualisiert wurde. Dieses Feature würde ich mir gern bei anderen Seminaren, in Präsenz und online, wünschen: Wann hat eigentlich der oder die Referent*in das letzte Mal ihr Fachwissen und damit auch die angebotenen Trainingsinhalte auf den aktuellen Stand gebracht? Bei einem Thema wie Facebook-Ads schalten ist dies immens wichtig, da sich mindestens einmal im Jahr etwas verändert.

Genau wie auf Udemy können Personen auf Skillshare ihre eigenen Kurse anbieten und verkaufen. Doch es gibt ausreichend Kurse kostenlos, z. B. zum Thema Marketing und UX/UI-Design. In Deutschland ist die Plattform noch relativ unbekannt, was sich am ausschließlich englischsprachigen Kursangebot zeigt. Die Kurse zum Thema Digital Marketing sind besonders für Einsteiger geeignet und geben einen guten Überblick. Was mir positiv auffällt, ist, dass im englischsprachigen Bereich viel mehr Frauen ihr Wissen in E-Learnings teilen. Wer also nicht immer »die gleichen bekannten Experten« hören und sehen will, ist hier richtig.

Weitere Plattformen für Selbstlerner sind die Google Zukunftswerkstatt (*https://learndigital.withgoogle.com/zukunftswerkstatt/courses*), LinkedIn Learning (*www.linkedin.com/learning/*) und Coursera (*https://de.coursera.org*).

10.6 Wie Sie das meiste aus einer Weiterbildung herausholen

Ob und wie viel Sie aus einer Weiterbildung mitnehmen, fängt nicht erst bei der Suche nach dem passenden Anbieter an. Vielmehr ist Ihre innere Haltung von

Bedeutung: Gehen Sie nur hin, weil Ihr Chef Sie schickt? Oder wollen Sie wirklich etwas Neues lernen, und haben Sie auch schon ein konkretes Projekt im Auge, bei dem Sie die Kenntnisse umsetzen können? Im Folgenden erhalten Sie Tipps, wie Sie das Beste für sich herausholen.

10.6.1 Kaufen Sie nicht die Katze im Sack – Qualitätskriterien für Weiterbildung

Da Sie mit der Teilnahme an einer Weiterbildung nicht nur Geld, sondern auch Zeit investieren, wollen Sie auf jeden Fall ein gutes Gefühl bei der Buchung haben. Nehmen Sie sich ausreichend Zeit, den Anbieter und sein Ausbildungsangebot ausführlich zu bewerten, bevor Sie eine Entscheidung treffen:

- Recherchieren Sie Rezensionen zum Anbieter, z. B. auf Google, provenexpert oder Facebook. Googeln Sie Keywords wie »Erfahrungen [Ausbildungsanbieter]«, »Kritik [Ausbildungsanbieter]«, »Bewertungen [Ausbildungsanbieter]«.
- Wie ist die Servicequalität des Anbieters? Wird zügig und freundlich auf Ihre telefonische oder schriftliche Anfrage reagiert?
- Informieren Sie sich über die Referenten der Ausbildung. Es spricht für das Ausbildungsinstitut, wenn diese bereits auf der Website genannt werden, denn dann ist davon auszugehen, dass diese keiner hohen Fluktuation unterliegen. Außerdem wirbt ein gutes Ausbildungsinstitut gerne und stolz mit bekannten Namen der Branche. Wenn die Referent*innen nicht auf der Angebotsseite des Seminaranbieters erwähnt werden, fragen sie dort telefonisch nach. Recherchieren Sie mehr über deren Hintergrund, wie viel Berufserfahrung sie haben, ob sie aus der Praxis kommen, für welchen Arbeitgeber sie tätig sind oder welche Kunden sie haben, sind bekannte Autoren darunter?
- Hinterfragen Sie den Preis der Weiterbildung. Wie viel kostet eine Weiterbildungsstunde bei der angegebenen Teilnehmerzahl? Oft gilt: Was nichts kostet, ist nichts wert.
- Wie lange ist der Anbieter schon am Markt?
- Wie viel Ausbildungsgänge dieser Art wurden schon erfolgreich durchgeführt, oder ist es der erste Durchlauf und Sie sind damit das Versuchskaninchen?
- Welche Überprüfung Ihres Wissens folgt auf die Vermittlung der Lehrinhalte? Gibt es überhaupt eine Prüfung oder zählt die reine Teilnahme?
- Wie ist die Gruppengröße? Passt sie zu Ihrer Vorstellung einer optimalen Lernumgebung?
- Wie erfolgt der Wissenstransfer in die Praxis?
- Auf der Website lässt sich keine Schulungsagenda finden? Schlechtes Zeichen!
- Ist Zeit für Übungen/Hausaufgaben, Lerngruppen eingeplant?

- Wird auf Ihre individuellen Fragen eingegangen?
- Wie sind die Lernmaterialien aufgebaut? In welcher Form werden Ihnen diese zur Verfügung gestellt?
- Wird der Austausch unter den Teilnehmenden über die Weiterbildung hinaus gefördert, z. B. über eine Onlineplattform?
- Bei Onlineausbildungen: Wie lange stehen Ihnen die Kursinhalte auch nach Ablauf der Ausbildung zur Verfügung?

Auf den ersten Blick finde ich es selbst als Profi in der Branche sehr schwierig, im Überangebot an Ausbildungsanbietern herauszufinden, welcher wirklich etwas taugt. Namen sind oft wie Schall und Rauch, selbst Einpersonenunternehmen ist es nicht untersagt, sich »Institut für Medienmanagement« oder »Akademie der deutschen Onlinemedien« zu nennen. Fallen Sie nicht auf diese wohlklingenden Bezeichnungen herein, sondern nutzen Sie Ihre Recherchefähigkeiten und die Möglichkeiten der sozialen Netzwerke, wie z. B. Nadine Stritzke, die nach konkreten Empfehlungen für ihren weiteren Berufsweg fragt (siehe Abbildung 10.8).

Abbildung 10.8 Frage einer Userin in der Facebook-Gruppe »Digital Media Women« (Quelle: *www.facebook.com/groups/DigitalMediaWomen/permalink/1441703919356414/*)

Des Weiteren können Sie bei LinkedIn nach Kontakten des ersten, zweiten und dritten Grades suchen, die eine bestimmte Schule bzw. ein bestimmtes Ausbildungsinstitut besucht haben. Gehen Sie dazu im Menü auf auf Ihr Netzwerk • LinkedIn Kontakte • Mit Filtern suchen • Alle Filter, und geben Sie dann im Feld Hoch-/Berufsschule den Namen des Ausbildungsanbieters an, z. B. »Social Media Akademie«. Im Folgenden werden Ihnen alle Personen Ihres Netzwerkes angezeigt, die diese Info im Profil angegeben haben. So können Sie direkt Kontakt aufnehmen und sich über das Weiterbildungsangebot austauschen!

Nehmen Sie an Schnupperstunden oder -tagen teil

Bei einigen Ausbildungen ist es möglich, kostenfrei für ein paar Stunden oder sogar ganze Tage »hineinzuschnuppern«. Nutzen Sie dieses Angebot, denn hier können Sie die Referenten und die vermittelten Inhalte auf Herz und Nieren prüfen. Außerdem haben Sie die Chance, aktuelle Teilnehmer kennenzulernen und nach ihren Erfahrungen zu fragen. Bei Studiengängen gibt es häufig einen Tag der offenen Tür, an dem Sie mit Professoren und Dozierenden persönlich sprechen können. Auch wenn offiziell auf der Website keine Schnupperstunden angeboten werden: Danach fragen kostet nichts, oder?

Lassen Sie sich nicht blenden: Gütesiegel- und Zertifikatsmissbrauch

Ein weiteres Thema, das leider immer wieder aufkommt, ist die Verwendung von nichtssagenden Siegeln und Zertifikaten. Heutzutage kann sich jeder und jede ein Siegel im Grafikprogramm selbst erstellen, auf dem steht »geprüft durch XYZ«. Genauso kann sich jeder Anbieter sein eigenes Ausbildungszertifikat erstellen. Daran ist prinzipiell erst einmal nichts auszusetzen. Ihnen sollte aber bewusst sein, dass das Zertifikat eines »Wald-und-Wiesen-Anbieters« eine andere Qualität hat als das einer renommierten Schule.

»Zertifikate von anerkannten Einrichtungen wie der IHK haben mindestens eine Reputation und sind oft auch inhaltlich bundesweit geregelt, wie z. B. die Lehrgänge zum Online Marketing Manager, Social Media Manager oder Online Redakteur«, erklärt Lars Hahn, Leiter der LVQ Weiterbildung und Beratung GmbH.

Letztendlich zählt: Was haben Sie gelernt? Können Sie es in Ihrem Job umsetzen? Mussten Sie dies gegebenenfalls in einer Prüfung nachweisen? Um den passenden Anbieter zu finden, empfiehlt Hahn, der bereits seit über 30 Jahren im Weiterbildungsgeschäft tätig ist, auch den *Cultural Fit* eines Anbieters zu prüfen: »Wenn jemand eine Content Marketing Weiterbildung verkaufen will, nutzt dieser dann auch selbst die Instrumente des Content Marketings oder finde ich ein völlig veraltetes Blog auf der Website?«

Auf der LVQ-Website finden sich z. B. Interviews mit den Absolventen über ihre Karrierepfade, darunter auch einige Quereinsteiger oder ehemals Arbeitsuchende, die dank einer qualifizierten Weiterbildung wieder erfolgreich in eine gut bezahlte Position fanden.

10.6.2 Was Sie selbst für einen gelungenen Seminartag tun können

Tages- oder Mehrtagesseminare können ganz schön anstrengend sein – spätestens nach dem Mittagessen fällt der Großteil der Gruppe in ein »Suppenkoma«. Es ist zum einen Aufgabe des Referenten, Ihnen in dieser Zeit ein möglichst interessantes und aktivierendes Programm zu liefern, um Ihre eingeschlafenen Zellen wieder zu aktivieren. Es liegt aber auch an Ihnen als Teilnehmer, Ihre Bedürfnisse zu äußern und gut für sich zu sorgen, damit Sie fit und aufmerksam bleiben.

Der wichtigste Punkt ist wohl, dass Sie als Mitarbeiter für das Seminar wirklich freigestellt sind. Wenn Sie sich gezwungen fühlen, nebenbei immer wieder in Ihre Arbeits-E-Mails zu schauen, bekommen Sie zu wenig vom Programm mit und nerven mit Ihrer sporadischen Abwesenheit gleichzeitig den Trainer und Ihre Mitlerner. Eine entsprechende Abwesenheitsnotiz in Ihrem E-Mail-Postfach ist schon mal die halbe Miete, um entspannt beim Seminar zu erscheinen.

Die restlichen Punkte sind totale »Basics«. Ich bin jedoch immer wieder überrascht darüber, wie schnell man sie vergisst. Und wie schnell es dann so weit kommt, dass die ganze Truppe überreizt ist, ungeduldig wird und man sich fragt: Warum? – Ach ja, man hat einfach die folgenden Grundsätze missachtet:

- Vermeiden Sie eine »Pumakäfigatmosphäre«: Lüften Sie regelmäßig den Raum.
- Machen Sie lieber kürzere und häufigere Pausen und fordern Sie diese auch außerhalb der geplanten Agenda ein, wenn Sie sie brauchen.
- Haben Sie ein paar Snacks bei sich: Ein paar Nüsse und Obst (das gute alte Studentenfutter) hilft bis zur Mahlzeit in der großen Pause.
- Trinken Sie ausreichend Wasser.
- Nutzen Sie die Pausen entsprechend Ihrem Typ: Introvertierte laufen vielleicht gern eine Runde um den Block, Extrovertierte entspannen beim Plausch an der Kaffeebar, andere machen ein paar Fitnessübungen oder haben ihre Mini-Hanteln dabei.
- Wenn die Räumlichkeiten es bieten: Nutzen Sie verschiedene Orte für Gruppenarbeiten, arbeiten Sie als Gruppe nicht immer im selben Raum. Nutzen Sie auch mal die Sofaecke oder den Garten, wenn vorhanden.
- Trauen Sie sich, kritische Fragen zu stellen. Diese ärgern nicht die Dozentin, sondern regen die gesamte Gruppe zur Diskussion an – das ist immer noch der beste Weg, damit sich das Gelernte im Langzeitgedächtnis einprägt.
- Nutzen Sie die seltene Chance, Insights von einem Profi aus der Branche zu bekommen, beteiligen Sie sich, fragen Sie auch mal etwas, was nichts mit der Seminaragenda zu tun hat.
- Last but not least … Kaffee!!!

10.6.3 Nach dem Lernen ist vor dem Üben – was Sie nach dem Seminar tun können, um das Gelernte zu festigen

Mal ehrlich, nach dem Seminar wird erst mal der Ordner mit den Unterlagen beiseitegelegt und endlich wieder das Tagesgeschäft bearbeitet, richtig? Machen Sie es besser! Festigen Sie Ihr Wissen, indem Sie es mit anderen teilen. Wie wäre es mit einem regelmäßigen Peer Group Austausch mit anderen Absolventen derselben Fortbildung? Einmal pro Monat treffen Sie sich in gemütlicher Runde und besprechen Ihre Herausforderungen aus der Firma oder aktuelle Kundenprojekte. Dabei kommen sicherlich spannende Ideen zutage. Außerdem lernen Sie von den Cases, Erfahrungen und Fehlern in anderen Unternehmen.

Eröffnen Sie einen Slack-Channel oder eine Messenger-Gruppe für sich und Ihre Mitlernenden. So bleiben Sie über das Ausbildungsende hinaus in Kontakt und können sich immer mal wieder unkompliziert Hilfestellung im Berufsalltag geben oder spannende Links miteinander teilen. Sharing is Caring! Tragen Sie Ihr Wissen auch in Ihre Firma. Es sollte gängige Praxis sein, dass Mitarbeiter, die auf einer Fortbildung waren, ihre wichtigsten Erkenntnisse mit dem Team teilen, damit alle davon profitieren. Dies kann z. B. in informeller Runde bei einem Mittagessen im Konferenzraum geschehen.

Lernen durch Lehren: Besuchen Sie ein Barcamp (siehe Abschnitt 10.7.2) und halten Sie einen Vortrag über eines der neu erlernten Themen. Durch die Vorbereitung Ihrer Session werden sich die Inhalte noch mal viel stärker bei Ihnen festigen. Zudem ist ein Barcamp sehr lebhaft, sodass Sie schnell mit anderen Praktikern desselben Fachs in den Austausch kommen. Ich selbst habe positive Erfahrungen damit gemacht, meine neuen Kenntnisse immer direkt an meine Kunden in der Beratung weiterzugeben. Habe ich auf einer Konferenz etwas Neues gelernt, habe ich dies im nächsten Kundenvortrag oder -workshop eingebaut. Dadurch, dass ich auf jede Rückfrage meiner Kunden gut vorbereitet sein wollte, habe ich mich nochmals ausgiebig mit den neuen Erkenntnissen beschäftigt und sie so weiter gefestigt.

Wie Führungskräfte den nachhaltigen Lernerfolg fördern können – das sagt die Lerntransferforscherin

Führungskräfte haben erheblichen Einfluss darauf, was mit dem Wissen, das ihre Mitarbeitenden in einer Fortbildung erwerben, geschieht und ob dies überhaupt zur Anwendung kommt. Wie Ina Weinbauer-Heidel, Gründerin und Leiterin des Instituts für Transferwirksamkeit, weiß, können Vorgesetzte bewusst oder unbewusst sogar die Anwendung des Gelernten blockieren. Ich habe sie gefragt, was ihre Toptipps sind, wie Führungskräfte den Trainingstransfer unterstützen können. Das sind ihre Antworten:

1. Vor dem Training: Lassen Sie sich die Inhalte des Trainings geben. Definieren Sie gemeinsam in einem Gespräch mit Ihrem Mitarbeiter, bei welchen konkreten Aufgaben und Projekten die neuen Fähigkeiten und Ideen umgesetzt werden. Vereinbaren Sie vorab einen Gesprächstermin für die Zeit nach dem Training, in dem Sie das Besprochene nachverfolgen.
2. Während des Trainings: Entbinden Sie den Mitarbeiter durch passende Vertretungsregeln vom Tagesgeschäft. Zeigen Sie Interesse, z. B. durch eine kurze Nachricht am Abend: »Wie läuft's? Bin gespannt auf deine Ideen und freue mich auf unseren Austausch.« Ihr Mitarbeiter muss spüren, dass Sie sich viel vom Training versprechen. Denn wenn Sie es wichtig nehmen, tut es Ihr Mitarbeiter auch.

3. Nach dem Training: Führen Sie zeitnah ein Gespräch mit Ihrem Mitarbeiter, um die folgenden Fragen zu klären:
   - Woran werden wir in den nächsten vier Wochen merken, dass sich das Training gelohnt hat – für das Unternehmen, das Team, unsere Kunden, dich selbst?
   - Was sind die wichtigsten Learnings aus dem Training, die du mit deinen Kollegen bzw. deinem Team teilen wirst?
   - Welche Erkenntnisse und Tools würdest du mir als deiner Führungskraft empfehlen, um mich weiterzuentwickeln?
   - Wer in unserem Umfeld (Unternehmen, Abteilung, Funktion etc.) sollte die Inhalte, Methoden und Werkzeuge aus dem Training noch kennenlernen?

10.7 Mit Netzwerken am Ball bleiben – wie Content-Profis ihr Wissen up to date halten

Neben dem »institutionellen« und strukturierten Weiterbildungssektor gibt es noch die sehr wichtige Komponente des »unstrukturierten« Lernens: das Netzwerken, das für mich eine noch bedeutendere Rolle spielt, als irgendein Zertifikat von »Schule xyz« in den Händen zu halten. Denn wo wäre ich heute ohne geschicktes On- und Offlinenetzwerken? Ich hätte sicher nicht an diesem Fachbuch mitgearbeitet und ob meine Selbstständigkeit nach über zehn Jahren noch bestehen würde, daran hätte ich auch starke Zweifel. Das Schöne am Networking ist: Für jeden Geschmack gibt es das passende Event oder Tool. Wer keine Liveevents mag oder die Feierabende lieber mit der Familie verbringt, kann genauso in den sozialen Netzwerken ein berufliches Netzwerk aufbauen und pflegen. Wichtig nur: Man verschwindet aus der Unsichtbarkeit und zeigt sich.

10.7.1 Konferenzen

Mit einem Konferenzbesuch schlagen Sie zwei Fliegen mit einer Klappe: Sie eignen sich in Vorträgen und Workshops neues Wissen an und nutzen das Rahmenprogramm, um neue Kontakte zu knüpfen oder alte Bekannte wiederzutreffen. Die folgenden Konferenzen in Tabelle 10.3 wurden von Content-Profis aus meinem Netzwerk als Teilnehmer oder Speaker empfohlen.

Name der Konferenz	Link	Ort
AllFacebook Marketing Conference	*https://conference.allfacebook.de*	München

Tabelle 10.3 Übersicht über die wichtigsten Konferenzen für Content-Profis

Name der Konferenz	Link	Ort
CONTENTiXX	*www.campixx.de/campixx/*	online und Berlin
Digital Bash	*https://digitalbash.de*	online und Hamburg
Hallo.digital	*https://hallo.digital/convention*	Karlsruhe
OMR – Online Marketing Rockstars Festival	*https://omr.com*	Hamburg
OMT – Online Marketing Tag	*www.omt.de/konferenz/*	Mainz
OXD – Online Expert Days	*www.onlineexpertdays.com*	Salzburg
Rheinwerk Konferenz	*www.rheinwerk-konferenz.de*	Köln
republica – Festival für die digitale Gesellschaft	*https://re-publica.com/de*	Berlin
SEOKomm	*www.onlineexpertdays.com/seokomm*	Salzburg
SMX München	*https://smxmuenchen.de*	München
Webinale	*https://webinale.de*	Berlin

Tabelle 10.3 Übersicht über die wichtigsten Konferenzen für Content-Profis (Forts.)

Es lohnt sich, in puncto Konferenzen auch mal einen Blick über den großen Teich zu werfen. Schließlich ist uns der angloamerikanische Raum oft ein paar Jahre voraus, wenn es um das Thema Content geht. BrainTraffic, die Agentur von Content-Koryphäe Kristina Halvorson, organisiert z. B. jährlich »Confab – The Content Strategy Conference« (*www.confabevents.com*) sowie die »Button Conference« speziell für Content Designer (*www.buttonconf.com*). Weitere englischsprachige Events finden sich, filterbar nach Thema, Land oder Kontinent, unter *https://online.marketing/conferences*.

So profitieren Sie am meisten von einem Konferenzbesuch:

Cornelia Ilg hat über zehn Jahre Erfahrung in der Projektleitung internationaler Kongresse in der Größenordnung von 500 bis 5.000 Teilnehmern. Ihre Tipps zur Vor- und Nachbereitung eines Konferenzbesuchs:

- Achten Sie bei der Konferenzauswahl auf partizipatorische und interaktive Formate. Gehen Sie nur dorthin, wo Sie sich einbringen können und wo Sie auch als Individuum gehört werden.
- Seien Sie vorbereitet! Behalten Sie Ihr konkretes Problem, vor dem Sie gerade im Unternehmen stehen, immer im Hinterkopf, wenn Sie Veranstaltungen besuchen

oder beim Networking am Buffet stehen. Der passende Kontakt oder der noch fehlende Impuls ist manchmal nur eine Nasenlänge entfernt.

- Beteiligen Sie sich auch bei Hybridformaten in Diskussionen, z. B. über Chat, und machen Sie nebenher keine anderen Sachen (E-Mails checken etc.).
- Nehmen Sie ein Tablet oder Ähnliches mit, auf dem Sie sich Notizen machen.
- Wenn Sie in sozialen Medien über die Konferenz berichten, schreiben Sie mehr als ein »Ich war da«. Geben Sie Inhalte weiter, von denen andere auch profitieren.
- Vernetzen Sie sich am besten bereits vor Ort mit Ihren neuen Kontakten – manchmal sagt man sich »bis morgen« und verpasst sich dann doch. Besser, Sie haben sich gleich auf LinkedIn oder einer ähnlichen Plattform verbunden.

10.7.2 Barcamps

Barcamps sind die sogenannten »Unkonferenzen« unter den Events. Ihr Charakter ist, dass die Agenda vor der Veranstaltung selbst noch nicht vorgegeben ist, sondern abhängig vom Interesse der Teilnehmer am Morgen des Veranstaltungstages festgelegt wird. So kann es sein, dass aus Diskussionen in der Kaffeepause am nächsten Tag eine ganze »Session« entsteht. Besonders ist auch, dass es nicht »den Referenten« und »die Zuhörer« gibt. Stattdessen spricht man vom »Sessiongeber« und weiteren »Teilgebern« – statt passiven »Teilnehmern«. Ein Barcamp lebt vom ständigen Austausch, und wer nach 10 Minuten feststellt, dass er sich doch in den falschen Raum verirrt hat, der nimmt einfach »das Gesetz der Füße« wahr und wechselt – ohne von anderen schief angeschaut zu werden – in einen anderen Raum mit einem interessanteren Thema. Übrigens: Barcamps sind auch ein super Übungsfeld, um in ungezwungener Atmosphäre seine Fähigkeiten als Speaker zu testen.

Für Content-Profis lohnt sich auf jeden Fall das »Content Strategy Camp«, das seit 2013 einmal jährlich in Kooperation mit dem Studiengang Onlinekommunikation der Hochschule Darmstadt veranstaltet wird, wie auch Online-PR-Profi Marie-Christine Schindler und Autorin des Buches »PR im Social Web« bestätigt:

> *»Für mich ist das #Cosca jedes Jahr ein fester Termin im Kalender, weil sich im Hochschulkontext der Nachwuchs mit erfahren Profis zur Vernetzung trifft. Neben vielen Fachbeiträgen, Diskussionen und informellen Gesprächen mit Gleichgesinnten schätze ich es auch immer, eigene Themen auf den Prüfstand zu stellen und Meinungen einzuholen.«*

Übrigens: Auch der Studiengang Content Strategy in Graz veranstaltet einmal jährlich ein Barcamp, das – aufgepasst, nicht verwechseln – unter dem Hashtag #coscamp zu finden ist.

Eine vollständige Barcamp-Liste mit allen kommenden und vergangenen Terminen gibt es unter *www.barcamp-liste.de*.

10.7.3 Stammtische und Netzwerkabende

Es gibt sie in jeder Stadt: Feierabendveranstaltungen, bei denen sich Angestellte wie Selbstständige treffen, um in gemütlicher Atmosphäre Neues zu lernen oder Branchen-Insights auszutauschen:

- *http://webmontag.de*: In über 70 Städten kommen hier Entwickler Gründer, Blogger, Designer und sonstige Interessenten zu verschiedensten digitalen Themen wie Chatbots, KI, Social Media, IoT, DSGVO etc. zusammen.
- *https://digitalmediawomen.de*: Der Verein fördert die Sichtbarkeit und gleichberechtigte Teilhabe von Frauen in der Digitalbranche und veranstaltet in zehn deutschen Städten regelmäßig On- und Offline-Meet-ups zu Themen rund um Female Empowerment, Karrierewege und Digitales. Viele der Mitglieder arbeiten im content-nahen Umfeld.
- *https://content-queens.com*: Das Netzwerk unterstützt den fachlichen Austausch seiner selbstständigen Mitglieder. Es gibt regelmäßige Meet-ups zu Content-Trends sowie eine spezielle Mitgliedsform, in der auch eine Jobvermittlung angeboten wird.
- *https://de.wordpress.org/meetups/*: Über 30 Städte in Deutschland veranstalten Meet-ups rund um das beliebteste CMS. WordPress-Entwickler, -designer, aber auch vor allem die Nutzer können sich hier rund um neueste Entwicklungen in Sachen Content Management, WordPress-Plug-ins, Marketing und SEO auf den aktuellen Stand bringen.
- *https://usability-testessen.org*: Bringt Entwickler*innen und Nutzer*innen bei Pizza, Bier und Brause an einen Tisch. Hier werden pro Event maximal sechs Websites, Apps oder Prototypen auf ihre Gebrauchstauglichkeit hin getestet. Findet in über 20 deutschen Städten statt.
- SEO-Stammtisch/SEO-Meet-up: Gibt es in zahlreichen deutschen Städten – durch eine Google-Suche nach »SEO Stammtisch + Stadt« wird man schnell fündig. Beginner wie fortgeschrittene SEOs aus Agenturen und Unternehmen sowie Selbstständige geben Einblick in ihre Erfahrungen, Tools und Methoden.
- *http://socialmedianight.online*: Die sehr gut besuchten »Social Media Nights« sind fast so alt wie das Social Web selbst. Hier kommen im Raum Stuttgart Professionals der verschiedenen Branchen zusammen, um ihre Best Practices zu teilen.
- *www.texttreff.de*: Das etwa 1.000 Mitgliedsfrauen große Netzwerk aus den Bereichen Werbetext, Journalismus, Lektorat/Korrektorat, Übersetzung, Fachlite-

ratur und Belletristik bietet regionale Stammtische sowie ein jährliches Workshop-Wochenende zur Weiterbildung. Viele der Frauen vermitteln sich gegenseitig Aufträge und arbeiten bereits seit Jahren zusammen.

Keines der genannten Netzwerke bietet etwas in Ihrer Stadt an? Über die regionsbezogene Suche auf *www.eventbrite.de* oder *www.meetup.com* werden Sie garantiert fündig.

Netzwerken für ruhigere Typen?

Fühlen Sie sich nach einem Konferenzbesuch ausgelaugt und fällt es Ihnen schwer, am nächsten Tag Ihrem Tagesgeschäft nachzugehen? Dann gehören Sie vielleicht wie ich zu den eher Introvertierten, die in der Ruhe des Alleinseins ihre Kraft tanken und genügend Pausenzeit vom Trubel brauchen. Gleichzeitig liebe ich das Lernen von Neuem, und der Austausch mit anderen inspirierenden Menschen gibt mir Energie. Wie kann ich beiden Bedürfnissen gerecht werden? Wie bereits gesagt, beim Netzwerken gibt es für jeden Typ das richtige Tool! Mit Folgendem habe ich gute Erfahrungen gemacht:

Überprüfen Sie den »Geist« einer Veranstaltung: Massenevent oder eher kleine, feine Runde von Anwender*innen? Begrüßt Sie z. B. auf der Event-Website eine »Riesenshow« mit viel Bewegtbild, das von den Inhalten ablenkt, oder finden Sie schnell eine klar strukturierte Agenda?

- Recherchieren Sie in Ihrem erweiterten Netzwerk, wer Besucher und Speaker auf dem Event ist. Identifizieren Sie sich mit diesen?
- Suchen Sie auf Twitter und LinkedIn mittels Event-Hashtag nach früheren Beiträgen der Besucher.
- Verabreden Sie sich für die Veranstaltung mit zwei, drei Personen aus Ihrem Netzwerk, die Sie bereits gut kennen.
- Kündigen Sie auf sozialen Netzwerken an, dass Sie auf das Event gehen werden.
- Notieren Sie während des Events Ihre wichtigsten Erkenntnisse und teilen Sie diese in kurzen Häppchen auf sozialen Netzwerken (entweder live oder im Nachgang). Verlinken Sie die jeweiligen Speakerprofile.
- Seien Sie offen für neue Begegnungen! Lassen Sie sich gegebenenfalls von bekannten Personen den Ihnen noch unbekannten Personen vorstellen.
- Verfassen Sie einen Blogbeitrag über das Event. Einen hilfreichen Vergleich der beiden Konferenzen republica und OMR hat z. B. Content Creatorin Stephanie Kowalski geschrieben, die sich auch zu den eher introvertierten Persönlichkeiten zählt: *https://stephanieakowalski.de/rp22-versus-omr22-welches-event-universum-besuchst-du/* – Ihren Beitrag habe ich übrigens zufällig über eine Google-Suche nach den Konferenzen entdeckt. Auch gute Suchmaschinenoptimierung kann der Beginn vom Netzwerken sein!

Sie merken: Auch als »ruhigerer Typ« können Sie Netzwerkevents besuchen, dabei ihre Stärken ausleben und sich durch kluge Beiträge einen Namen in der Branche machen – und kommen dabei ganz ohne »lautes Gegacker« aus.

10.7.4 Fach- und Berufsverbände

Fach- und Berufsverbände setzen sich bundesweit, zum Teil auch international, für die Belange ihrer Berufsgruppen in Politik und Wirtschaft ein. Sie stärken das Selbstverständnis ihrer Mitglieder und helfen weiter bei fachlichen, aber auch rechtlichen Fragen.

Für Content-Marketing-Profis gibt es im Speziellen keinen Berufsverband, aber es gibt ähnliche Gruppen, bei denen unsere »Zunft« gern gesehen ist:

- *www.texterverband.de* – Verband freier Werbetexter
- *www.bvdw.org* – Bundesverband Digitale Wirtschaft
- *www.vgsd.de* – Verband Gründer und Selbstständige Deutschlands
- *www.marketingverband.de* – Dachverband der Marketingclubs, den es in 65 deutschen Städten gibt, und führendender Berufsverband für Marketing in Europa.

Alle Verbände bieten regelmäßige Veranstaltungsreihen, bei denen unseresgleichen sich weiterbilden und netzwerken kann.

10.7.5 Special Interest Groups in Social Media

Kennen Sie das? Sie brauchen möglichst schnell eine zweite Meinung, sind auf der Suche nach einem Tool oder haben ein dringendes technisches Problem und wissen nicht, wen Sie fragen können? Ich habe meine Antworten auf berufliche Fragen schon häufig in Facebook-Gruppen gefunden. Dabei gilt: Nur moderierte Communitys, in denen werbliche und unsachliche Beiträge herausgefiltert werden, sind gute Communitys. Je mehr Mitglieder, desto höher ist in der Regel auch die Interaktivität. Tipp: Wenn Sie eine neue Community auf Facebook suchen, prüfen Sie, wann der letzte Beitrag erschienen ist. In einer belebten Gruppe erscheinen jeden Tag neue Beiträge. Folgende Gruppen lege ich Ihnen ans Herz:

- Social Media Advertising Community:
  www.facebook/.com/groups/socialmedia.advertisers/
- Digital Media Women (nicht nur für Frauen!):
  www.facebook.com/groups/DigitalMediaWomen/
- WordPress & SEO: *www.facebook.com/groups/314914585244316*

Weitere Gruppen können Sie über die Suche entdecken. Geben Sie einfach Ihr häufig genutztes Arbeitstool, z. B. »Google Analytics«, ein und lassen Sie sich überraschen!

10.7.6 Fachzeitschriften

»Print bleibt an, wenn alles aus ist« – mit diesem Claim hat die Handelsgruppe IGEPA Group GmbH & Co. KG nicht ganz unrecht. Ich weiß ja nicht, wie es Ihnen geht, aber wenn ich den ganzen Tag am Bildschirm saß, genieße ich es sehr, abends abschalten zu können und auch mal wieder ein Stück gedrucktes Papier in den Händen zu halten, anstatt erneut in eine »Glotze« zu schauen. Fündig werden Content-Enthusiasten im Bahnhofsbuchhandel oder direkt bei den Verlagen der folgenden Magazine:

- T3n – seit Jahren die Nr. 1 unter den deutschen Printmagazinen, wenn es um die verständliche Beschreibung und Einordnung neuester Technologien aus dem Silicon Valley, Marketingtrends und die digitale Kultur geht. Erscheint vierteljährlich.
- Website Boosting – dieses Magazin schätze ich für seine Hands-on-Tipps, die sich direkt in die Praxis umsetzen lassen, z. B. im Bereich SEO. In der Rubrik »Site Clinic« werden Websites in allen relevanten Bereichen wie Content, UX, Recht, Gestaltung, SEO, Performance etc. auf Herz und Nieren getestet und bewertet.
- Page – für visuelle Content Creators interessant: Diese erhalten hier Tipps für ihre eigene Positionierung sowie Wissen über die neuesten Gestaltungstrends, Tools und Techniken.
- Internet World Business – hier werden vor allem Fans des Onlinemarketings und E-Commerce fündig.

Nicht ausdrücklich für Content Marketer gedacht, aber doch wichtige Business-Insights und Hintergrundwissen über verschiedenste Branchen (das hilft bei Kundenprojekten) liefern die folgenden Magazine:

- Brand Eins
- Impulse
- Neue Narrative

10.7.7 Podcasts, Vlogs, Blogs und Newsletter

Wenn es darum geht, in der Onlinewelt up to date zu bleiben, dürfen natürlich digitale Formate wie Audio- und Videoformate, Blogs und Newsletter nicht fehlen. Onlinemarketing-Dozent und Content-Stratege Thorsten Ising empfiehlt sogar, jeden Tag 1 Stunde etwas Neues zu lernen. Ich habe ihn gefragt, wie ich diese Stunde noch in einen vielbeschäftigten Alltag reinquetschen soll, und seine Antwort war so einfach wie pragmatisch: *»Früher aufstehen oder länger wachbleiben!«* Doch warum nicht das Angenehme mit dem Nützlichen verbinden und die Zugfahrt oder die lästige Hausarbeit mit einer aktuellen Folge Ihres liebsten Marketing-Podcasts verbinden?

So finden Sie Ihre persönliche News-Quelle:

- Suchen Sie in Ihrer Podcasts-App (z. B. spotify, Apple) oder auf YouTube nach den Namen von Speakern, Trainern oder Autoren, mit denen Sie bereits positive Erfahrungen gemacht haben. Vermutlich sind diese auch mindestens einmal schon Gast in einer Podcast- oder YouTube-Show gewesen oder sind sogar selbst Host einer solchen.
- Fragen Sie in Ihrem persönlichen Netzwerk auf Instagram, LinkedIn, XING oder Facebook nach Tipps für Newsletter, Blogs, Audio- und Videokanälen.
- Nutzen Sie Facebook-Gruppen oder Ihren nächsten Onlinestammtisch, um nach Empfehlungen zu fragen.
- Klappern Sie die Websites Ihrer liebsten Toolanbieter (z. B. HubSpot, Scompler, contentbird, Publer, Hootsuite, …) ab und abonnieren Sie deren Newsletter oder Blog über einen Feedreader wie feedly.

Übrigens: Auch auf dem Businessnetzwerk LinkedIn gibt es mittlerweile Liveaudio- und -videoshows.

10.8 Was darf Weiterbildung kosten?

»If I do a job in 30 minutes, it's because I spent 10 years learning how to do that in 30 minutes. You owe me for the years, not the minutes.« – Was für Handwerker gilt, gilt auch für Trainer: Ihr Preis gilt nicht für den Schulungstag, den sie bei Ihnen inhouse lehren, sondern für die Jahre an praktischer Erfahrung, die es braucht, um Ihnen in nur einem Tag das Wissen zu vermitteln. Hinterfragen Sie daher kritisch, wenn Weiterbildungen für wenige hundert Euro zu haben sind.

Laut haufe.de investieren Unternehmen rund 820 € pro Jahr in ihre Mitarbeiter an Weiterbildung – eine Summe[1], die knapp bemessen ist, selbst für Inhouse-Seminare, bei denen mehrere Mitarbeiter zusammenkommen. Für Weiterbildungen auf Führungskräftelevel genügt dies längst nicht mehr.

Unternehmen sollten sich immer wieder vor Augen führen, was es kostet, ihre Mitarbeitenden nicht weiterzubilden. Sind dann ein paar hundert oder tausend Euro entscheidend, wenn auf der anderen Seite der Verlust dieser Human Resource steht? Ganz sicher nicht!

Zudem bietet der Staat Unterstützung an, wenn es darum geht, Menschen beim Thema Fortbildung finanziell zu entlasten (siehe Tabelle 10.4).

---

1 *www.haufe.de/personal/hr-management/weiterbildung-investitionen-oft-verschwendet_80_491694.html*

Name des Förderprogramms	Zielgruppe Angestellte	Zielgruppe Arbeitsuchende
Bildungsgutschein	x	x
Bildungscheck je nach Bundesland	x	
Bildungsurlaub je nach Bundesland	x	

Tabelle 10.4 Staatliche Förderungsmöglichkeiten für Weiterbildung

Einige Weiterbildungsanbieter informieren und beraten direkt auf ihrer Internetseite darüber, welche ihrer Ausbildungen mit welcher Weiterbildungsmaßnahme gefördert werden können.

Zudem können Arbeitgeber im Rahmen der »Qualifizierungsoffensive« (*https://web.arbeitsagentur.de/weiterbildungssuche/suche*) Förderungen für die Weiterbildung ihrer Beschäftigten erhalten.

Praxistipp für Angestellte und Selbstständige: Den Fiskus beteiligen

Kosten für Fortbildung können von der Steuer abgesetzt werden, bei Angestellten unter den Werbungskosten, bei Selbstständigen direkt als Betriebsausgabe.

10.9 5 Thesen zur Weiterbildung der Zukunft – wo geht die Reise hin?

Die Zeiten, in denen Unternehmen für drei Tage »einfach so« mit ihrer gesamten Belegschaft auf ein schönes Schloss zur Klausurtagung fahren, Vollpension und attraktives Freizeitprogramm inklusive, sind spätestens seit der Corona-Pandemie vorbei. Es kostet zu viel Geld und nimmt zu viel der kostbaren Zeit, auch der privaten, in Anspruch. Was bringt die Zukunft am Weiterbildungsmarkt? Meine fünf Thesen:

1. **Weiterbildung unterliegt einer noch stärkeren Kosten-Nutzen-Rechnung – online ist da klar im Vorteil**

   Wer Weiterbildung wahrnimmt, muss einen klaren Nutzen für sich und das Unternehmen erkennen und diesen vor seinen Vorgesetzten rechtfertigen können. Wie Cornelia Ilg, Tagungsmanagerin, glaube ich, dass die Zukunft der Weiterbildung in hybriden Formaten liegt. Der Grund: Fortbildungsveranstaltungen werden immer mehr auf die Frage ihrer Nachhaltigkeit hin untersucht – je höher der Onlineanteil, desto mehr gehen diese Formate als Gewinner hervor.

2. **Personalabteilungen transformieren sich – vom Verwalter zum Entwickler**

   Gleichsam werden diejenigen, die in den Genuss kommen, ein paar Tage außerhalb des Unternehmens auf einer Konferenz oder einem Training verbringen zu dürfen, mehr gefordert sein, ihre Erkenntnisse ins Unternehmen zu tragen. Personalabteilungen wie Führungskräfte werden mit verantwortlich dafür sein, dass dieser Lerntransfer geschieht. Trainings werden nicht mehr daran gemessen, dass am Ende der Dozent positiv evaluiert wird, sondern wie hoch die Anwendungs- und Umsetzungsquote des Wissens sein wird. Personalabteilungen müssen diesen Wissenstransfer organisieren und die Rahmenbedingungen (Terminorganisation, Integration ins Tagesgeschäft, physische Austauschräume, Identifizierung der relevanten Stakeholder) dafür schaffen.

3. **Lernzyklen werden länger**

   Ich glaube, dass die Tage von Weiterbildungsinstituten, die ausschließlich »Druckbetankung« in Form von Blockseminaren anbieten, gezählt sind. Es ist schlicht nicht sinnvoll, sich drei Tage hintereinander theoretisches Wissen »reinzuprügeln« und mit der Anwendung des Wissens allein gelassen zu werden. Lernveranstaltungen brauchen entweder Pausen für diese Integrationsphasen oder zusätzliche Austauschgruppen unter den Teilnehmern (gegebenenfalls mit Dozent) über die Seminarzeit hinaus. Wenn ich an meine Zeit als Lehrbeauftragte an der Universität zurückdenke, sehe ich, dass einzig ich als Auftragnehmerin und die Universität als Auftraggeberin vom Format Blockseminar profitierten – nicht aber die Lernenden. Ich sparte wöchentliche An- und Abreisezeit, die Universität die sonst viel höher ausgefallenen Reisekosten. Die Studierenden freuen sich zwar, dass sie nach bereits vier Tagen wieder ein weiteres Modul in ihrem ECTS-Punkte-Katalog abhaken können, aber dann ist das Gelernte auch wieder vergessen. Anders ist es in meiner zweieinhalbjährigen Ausbildung zum Systemischen Coach. Hier habe ich Zeit, das Gelernte in den Berufsalltag zu integrieren und immer wieder Anliegen aus der Praxis im Rahmen von Supervision bzw. kollegialer Beratung einzubringen. Besonders an dieser Ausbildungsgestaltung ist, dass zirkulär gelernt wird: Anders als bei anderen Fortbildungen, kann ein neuer Interessent jederzeit einsteigen. Es wird kein Wissen vorausgesetzt und es baut auch kein Modul auf dem anderen auf. So sind auch Unterbrechungen (z. B. aufgrund von familiären Verpflichtungen wie Elternzeit oder Pflege oder eines intensiveren Arbeitsalltags im Beruf) möglich – man kann jederzeit wieder zurückkehren. Aus meiner Sicht ist das die zeitgemäßere Form der Ausbildungsgestaltung als nur einmal im Jahr einen neuen Lehrgang anzubieten. Anbieter von Ausbildungen sollten diesbezüglich ihr Angebot überdenken.

4. **Fortbildung – ja oder nein? Die Mitarbeiter entscheiden selbst**

   »Als ich mal von einer meiner Mitarbeiterinnen gefragt wurde, ob sie auf eine bestimmte Konferenz gehen dürfe, habe ich ihr geantwortet, dass ich diese Frage aus pädagogischen Gründen nicht beantworten darf«, erzählt mir Jürgen Hoffmann, Agile Coach bei der agilen Unternehmensberatung Emendare. Dies zeigt: Unternehmen, die Selbstorganisation bereits verinnerlicht haben, lassen ihrem Team auch beim Thema Fortbildung freie Hand. Doch für selbstständige Entscheidungen braucht es Einblicke statt Wissenssilos. Laut Hoffmann *»müssen die Mitarbeiter erstens wissen, wie es dem Unternehmen finanziell geht; zweitens müssen sie ihren Beitrag zur Wertschöpfungskette kennen. Wenn sie allerdings nur Warenein- und ausgang bearbeiten, a. k. a. ihren Posteingang abarbeiten und keinen weiteren Einblick in das gesamte Unternehmensgeschehen haben, können sie keine fundierte Entscheidung treffen.«*

5. **Mentoring, auch Reverse Mentoring, gewinnt an Bedeutung**

   Bisher eher im angelsächsischen Raum oder in internationalen Konzernen verbreitet, wird Mentoring auch im hiesigen Mittelstand ankommen. Je komplexer die Welt im außen, desto notweniger wird es sein, für aufkommende Herausforderungen diverse Teams zusammenzustellen – nicht nur fachlich divers, sondern auch Persönlichkeit, Alter und Erfahrung betreffend. Aus meiner Sicht werden junge Kräfte, die in technischen Fragen am Puls der Zeit sind, im Rahmen von Reverse Mentoring ihr Toolwissen weitergeben, während Mitarbeitende höherer Senioritätslevel ihr Erfahrungswissen mit ihnen teilen. »Content-Profis mit langjähriger Erfahrung und einem 360-Grad-Blick kennen oftmals eine Abkürzung, wenn es darum geht, Prozesse effizienter zu gestalten. Auf diese Weise können sie Diskussionen pragmatisch und zielorientiert abzukürzen«, so Miriam Löffler. Aus meiner Sicht wird der Fachkräftemangel diese Entwicklung, wieder verstärkt auf erfahrene Kräfte zu setzen, beschleunigen. Damit wird auch der vorherrschende Ageism, nach dem Fachkräfte ab 50 (trotz ihres umfangreichen Branchenwissens und des lang erprobten Netzwerkes) bei Stellenbesetzungen benachteiligt werden, abnehmen.

10.10 Fazit

In der VUCA-Welt (VUCA steht für Volatility, Uncertainty, Complexity and Ambiguity, also für eine wenig vorhersehbare, komplexe Welt), in der wir leben, gibt es immer mehr neue Regelungen, Arbeitsabläufe und Softwareupdates. Doch was ist mit uns Menschen? Auch wir brauchen regelmäßig ein »Update« und müssen uns dem technischen Fortschritt mit all seinen Veränderungen anpassen. Formale Lernangebote decken dabei nur einen Teil der Anforderungen ab, wie schon in den

1990er Jahren am Center for Creative Leadership in North Carolina herausgefunden wurde[2]. Demnach erwerben Mitarbeitende ihre Kompetenzen zu 70 % durch Bewältigung schwieriger Aufgaben, zu 20 % durch den Austausch mit anderen und nur zu 10 % durch Seminare, Bücher und Ähnliches. Die Bedeutung informeller Lernangebote wie Barcamps und Feierabendveranstaltungen wird daher noch steigen. Auch intern etablieren sich solche Austauschformate wie bei der Script Communications das »Hands on Content Strategy«. Dabei stellen die Mitarbeitenden bekannte und neue Methoden (z. B. Content-Audit, Empathy Map, Customer Journey) vor. Mit dem Aufbereiten des Wissens für andere befindet man sich zugleich auf der höchsten Stufe der Lernpyramide – wer anderen etwas erklärt, festigt das Gelernte am besten. Weitere Unternehmen haben Formate in der Mittagspause (z. B. »Lunch & Learn« bei der Agentur Quäntchen und Glück) oder treffen sich zum internen Barcamp (z. B. »duesentrieb Camp« beim IT-Beratungsunternehmen esentri) – immer mit dem Ziel, voneinander zu lernen.

»Futter fürs Hirn« gibt es schließlich in vielen verschiedenen Formaten, ob bei der Feierabendveranstaltung (mal sehen, wie lange diese noch ihrem Namen gerecht wird, denn auch Fortbildung nach 18 Uhr ist Arbeitszeit), im Podcast oder online. Mitarbeiter, die beruflich weiterkommen wollen, bleiben nicht stehen: Mit Formaten wie Working Out Loud (z. B. bei Bosch) oder Flow Free Friday (beim Online-Marktplatz Chrono24) setzen sie sich selbst ihre Lernziele und bauen sich abteilungs- oder unternehmensübergreifend ein Netzwerk auf.

Trotz des wachsenden Trends der Selbstorganisation: Wenn die Maxime »lebenslanges Lernen« keine Floskel bleiben soll, braucht es immer noch Taten seitens der Unternehmen: Finanzierung von Weiterbildung, Freistellung und einen kulturellen Wandel, was mit dem Wissen der Mitarbeiter gemacht wird. Es darf nicht sein, dass Mitarbeiter als »Goodie« oder um sie alternativ zu einer Gehaltserhöhung zufriedenzustellen, in eine Fortbildung gesendet werden, sie zurückkommen mit dem neuen Wissen und dann bei der Umsetzung von Veränderungen, die durch die Fortbildung angeregt wurden, wieder ausgebremst werden.

Nehmen Sie sich den Comic vom Anfang zu Herzen: Wer Weiterbildung blockiert, riskiert nicht nur ein Stehenbleiben des Unternehmens, sondern auch ein Abwandern der Fachkraft. Dabei sind die Fortbildungskosten so viel geringer als die Kosten der Neugewinnung von Mitarbeitern.

Nun habe ich viel vom Dazulernen geschrieben, doch eine Sache ist mindestens genauso wichtig: das »Unlearning«. Um Neues zu gestalten, müssen wir Bewährtes über Bord werfen. In diesem Sinne: Bleiben Sie neugierig!

---

2 *www.haufe-akademie.de/blog/themen/personalentwicklung/das-702010-modell-lernen-neu-entdecken/*

Die Beiträger*innen in diesem Buch

Miriam Löffler

Ich arbeite seit Mitte der 1990er Jahre im Medien- und Digitalgeschäft. Im Zentrum meiner Arbeit standen immer (digitale und crossmediale) Inhalte, egal, in welcher Rolle ich im Einsatz war (Managing Editor, Business Development, Product Management, Leitung Marketing & Kommunikation). Daher hat sich bei mir im Laufe der Zeit eine sehr ausgeprägte 360-Grad-Content-Denke entwickelt, die ich 2014 erstmals in Buchform weitergegeben habe (»Think Content!«, Rheinwerk Verlag). Seit 2010 bin ich freiberuflich als Beraterin und Trainerin im Einsatz.

Was ich alles mit Content für meine Kunden anstelle und welche Leistungen ich konkret anbiete, finden Sie auf meiner Owned Media, sprich auf meiner Website: *www.miriam-loeffler.com*

Besuchen Sie gerne auch meine LinkedIn-Seite: *www.linkedin.com/in/miriam-loeffler*

Und der schnellste Kontaktweg zu mir lautet: *kontakt@miriam-loeffler.com*

Danksagung

Kurz und knapp in Bullets verpackt. Ich danke:

- Christine van Tübbergen, wertschätzender Teamplayer, optimistischer Glückskeks und großartige Buch-Sparringspartnerin in einem
- allen Autoren und Autorinnen dieses Buches, die sich mit uns auf dieses Abenteuer eingelassen haben und sich geduldig wie auch engagiert durch den ganzen Buchentstehungsprozess gekämpft haben
- Stephan Mattescheck vom Rheinwerk Verlag, der an unser Konzept geglaubt hat und im Verlag die Weichen für den Buchstart gestellt hat
- Erik Lipperts, ebenfalls vom Rheinwerk Verlag, für seine freundliche und gelassene Art – auch wenn wir die eine oder andere Deadline anpassen mussten
- Marco Schmidt für sein motivierendes Anfeuern sowie seine Unterstützung in stressigen (Buch-)Zeiten
- Rudy Halek, meinem Optimismus-Coach und Businessbuddy
- Markus Bockhorni von der eMBIS Akademie für Online Marketing. Danke für die loyale Zusammenarbeit und dafür, dass ich mein Fachwissen als Teil von eMBIS konstant auf- und ausbauen darf.

- Katrin Kremer, Freundin und Geschäftspartnerin, für ihren starken Rückhalt in all den Jahren sowie die tolle Zusammenarbeit – auch im Rahmen dieses Buchprojekts
- allen, die am Buch mitgewirkt haben, Korrektorat (Annette Lennartz), Fachgutachter (Thorsten Ising), Querleser (Friends and Family), Inputgeber, Mitschreiber, Kritiker, Coverdesigner (Mai Loan Nguyen Duy) sowie der empathischen Verlagsleiterin Judith Stevens-Lemoine

Kathi Grelck

(Foto: Sarah Glathe)

Kathi Grelck ist studierte Kulturwissenschaftlerin und hat nach dem Bachelor zwei Jahre als technische Redakteurin gearbeitet. 2019 hat sie sich als Texterin, Übersetzerin und Lektorin selbstständig gemacht und ist eines der ersten Mitglieder der Content Queens geworden. 2020 hat sie sich im Content Marketing weitergebildet und nach und nach immer mehr Aufträge in diesem Bereich angenommen. Anfang 2023 hat sie ihre Selbstständigkeit aufgegeben und leitet jetzt als Director Content Marketing die Marketingabteilung der Germanedge Unternehmensgruppe.

Danksagung

Es gibt so viele Menschen, ohne die ich mein Kapitel nicht hätte schreiben können. Mein größter Dank geht an die Mutter aller Content Queens, Christine van Tübbergen. Ich danke dir für alle Türen, die du für mich geöffnet und wie sehr du an mich geglaubt hast. Ohne dich und die Content Queens wäre ich professionell nicht dort, wo ich jetzt glücklicherweise bin.

Ich danke dem Rheinwerk Verlag für die Möglichkeit, mein Wissen einem breiten Publikum präsentieren zu dürfen. Die Zusammenarbeit war partnerschaftlich und lehrreich.

Fachlich bedanke ich mich besonders bei meinen Kolleginnen Iris Staron, Nicola Stefan-Weissenböck, Natalie Müller, Ulrike Zecher und Hilge Kohler für Ihre Beiträge. Außerdem danke ich den Unternehmen ax semantics, Einhorn und heyconnect, dass ich sie für Praxisbeispiele heranziehen und Screenshots benutzen durfte.

Und ganz privat danke ich meiner Partnerin Jule. Ohne deine Motivation und deinen Antrieb hätte ich es nicht geschafft.

Robert Weller

Robert Weller ist Content-Stratege für die Unternehmensberatung konversionsKRAFT sowie Gründer und Autor der Content-Plattform toushenne.de. Seit 2021 unterrichtet er Content Marketing im Masterstudiengang Content Strategy an der FH JOANNEUM in Graz in Ergänzung zu seinem Engagement als fachlicher Leiter der Digital Content Marketing Academy, die er 2018 gemeinsam mit dem damaligen CEO von contentbird gründete.

Als Fachbuchautor debütierte Robert Weller 2015 mit der Neuauflage von »Blog Boosting« (mitp Verlag), das sich im deutschsprachigen Raum schnell als Standardwerk für Blogger etablierte, inzwischen jedoch nicht mehr vertrieben wird. In 2017 bzw. 2021 in einer umfangreichen Neuauflage folgte sein zweites Buch »Content Design« (Hanser Verlag) und in 2019 sein Buch »Portfoliomanagement im Content-Marketing« (Springer Gabler).

In 2013 wurde Robert Weller zunächst beim Sport-E-Commerce-Unternehmen Keller Sports als Online Marketing Manager tätig. Dort arbeitete er in unterschiedlichen Marketingbereichen: von Performancemarketing über Suchmaschinenoptimierung bis hin zu Social Media und Content Marketing. Schnell kristallisierte sich der Aufbau eines Onlineratgebers (der heutige »Keller Sports Guide«) sowie die Entwicklung eines Influencer-Programms in Kooperation mit Marken wie Asics, Adidas oder New Balance als sein Schwerpunkt heraus.

In 2015 wechselte er in die Agenturbranche: Zunächst zu den webguerillas (inzwischen Teil von Territory), wo er Social-Media- und Content-Strategien für Unternehmen wie PayPal, Telekom, Wrigley, Volvic und Bahlsen entwickelte, später zu d.Tales (heute Schlütersche). Dazwischen lag ein Ausflug in das SaaS-Start-up Shore, wo er sich für Inbound und Content Marketing verantwortlich zeichnete und sowohl das Team als auch die Marketingaktivitäten in diesen Bereichen leitete. Seit 2019 ist er bei konversionsKRAFT tätig, anfänglich als Leiter des Fort- und Weiterbildungsbereichs, später interimsweise als Marketingdirektor und seit 2022 in seiner aktuellen Rolle als Content-Stratege.

Danksagung

Mein Dank geht allen voran an den Rheinwerk Verlag für das Vertrauen und die gute Zusammenarbeit in den letzten Jahren. Uns verbinden viele gemeinsame Interessen und Aktivitäten – sei es mein Engagement als Fachgutachter oder Beirat für die Rheinwerk Online Marketing Konferenz oder ihr Engagement als Plattformpartner von toushenne.de. Ein gemeinsames Buch haben wir uns lange gewünscht und nun in dieser Form endlich realisiert.

Ich danke dafür auch den beiden Initiatorinnen und Herausgeberinnen Miriam Löffler und Christine van Tübbergen, dass sie mich in dieses Projekt involviert und das Buch um ein Kapitel zu meinem Lieblingsthema erweitert haben. Es ist mir eine Herzensangelegenheit, Menschen auf Content Design als spannendes Tätigkeits- und zunehmend auch vollwertiges Berufsfeld aufmerksam zu machen und das Potenzial der gezielten Gestaltung digitaler Inhalte aufzuzeigen.

Zuletzt geht mein Dank an meine Frau Katharina, die mir besonders zum Endspurt die notwendige Freiheit und Motivation verschafft hat, meine Buchprojekte erfolgreich abzuschließen.

Christine Henning und Hendrik Unger

Seit 2015 leiten Christine Henning und Hendrik Unger die 36grad GmbH als Gründer und Geschäftsführer. Ihre Kernkompetenzen sind dabei Social Media Marketing, die Entwicklung von ganzheitlichen Content-Strategien und der Reputationsaufbau von Marken und Personen.

Christine Henning lebt in der Eifel und arbeitet in Köln. Die Content-Spezialistin und Kreativ-Strategin steht für die ganzheitliche Aufstellung von Marken im Netz. Besonders am Herzen liegt der studierten Medienwirtin die Abwechslung im Arbeitsalltag, denn dies ist die Basis für Kreativität. Christine Henning moderierte preisgekrönte Sendungen in Internet und TV, wie die Internetshow »Ehrensenf«, »Du bist kein Werwolf – Leben in der Pubertät« im KiKA oder »The Taste« in SAT1, weswegen sie Kunden auch als Bewegtbildexpertin in ihrer Video-Content-Strategie berät. Neben der Moderation arbeitete Henning seit 2008 bis zur Gründung von 36grad als Unternehmensberaterin für Social Media unter anderem für Kunden wie Peek & Cloppenburg, ANSON'S und Jacobs Krönung. Um stets am Puls der Zeit zu sein, gibt sie seit 2013 ihr Wissen und ihre Erfahrungen als Dozentin oder Speakerin weiter.

Hendrik Unger lebt und arbeitet in Köln. Er gilt dank seines Erfindungsreichtums als kreativer Macher. Seit seinem 19. Lebensjahr verdient der studierte Kommunikationsdesigner sein Geld im Marketing. In ganz Europa ist Hendrik Unger als Speaker, Dozent und Buchautor unterwegs und gibt regelmäßig Interviews in Radio und TV zum Thema Marketing. Nach erfolgreichen eigenen Projekten, wie z. B. dem Betreiben zweier Onlineshops während seines Studiums, widmet sich der Kreativkopf nun ausschließlich der Beratung von Kunden. Besonders am Herzen liegt ihm dabei die Kreativität im Beruf. Mit seinem Team entwickelt der Social-Media-

Experte innovative Konzepte und geht ungewöhnliche Wege in der Kampagnenstrategie. Als Dozent für Webdesign und Social Media Marketing gibt Hendrik Unger sein Fachwissen seit 2013 an Hochschulen weiter.

Danksagung

Unser Dank geht zum einen an den Rheinwerk Verlag. Hier veröffentlichten wir bereits das YouTube-Marketing-Buch »Play!«, das mittlerweile als Standardwerk im Bereich YouTube-Marketing gilt und aktuell in der 3. Auflage erhältlich ist. Zudem durften wir bereits mehrfach als Speaker bei der Rheinwerk Online Marketing Konferenz mit Vorträgen unser Wissen teilen. Des Weiteren danken wir ganz herzlich Christine van Tübbergen und Miriam Löffler sowie dem Netzwerk der Content Queens für die Möglichkeit, ein Fachkapitel in diesem Buch beitragen zu dürfen. Wir freuen uns auf weitere spannende Kollaborationen in der Zukunft. Zudem danken wir auch dem 36grad-Team, insbesondere Canan Timurdas, die mit uns bei der Umsetzung des Kapitels für die optimale Formatierung, den inhaltlichen Feinschliff und die Fehlerfreiheit gekämpft hat.

Katrin Schüler-Springorum

Katrin Schüler-Springorum arbeitet seit über 30 Jahren als Musikerin live und im Studio, ist Komponistin und Produzentin für zahlreiche TV-, Hörspiel- und Podcast-Formate (ZDF, WDR, RBB, NDR, Deutschlandradio, Arte) sowie Arrangeurin und musikalische Leitung für Bands, Ensembles und Musiktheaterproduktionen. Ihre musikalische wie stilistische Vielseitigkeit reicht von klassischen a cappella und Orchesterarrangements über Releases in Rock, Pop, Jazz und Hip Hop bis hin zu Produktionen von Elektropop und Clubsounds.

Danksagung

Mein Dank gilt Christine van Tübbergen und Miriam Löffler für das Vertrauen, mir dieses Kapitel in die Hände zu geben, sowie für ihre unermüdliche Unterstützung, Maike Petersen für die wunderbare Mitarbeit und Jennifer Fritz für den kreativen Austausch. Ein besonderer Dank geht an meine Interviewpartner*innen Paul Draegert, Freddy Pasch und Susanne Franzmeyer, die mir alle einen spannenden Einblick in ihre Arbeit gegeben haben. Meiner Nichte Leonie Schüler-Springorum danke ich für die erste Korrekturlesung und meinem Neffen Fabian Schüler-Springorum für das 34.000-Klick-Reel – und allen beiden für ihre geduldige Social-Media-Nachhilfe.

Ein sehr persönlicher Dank gilt der Frau in meinem Leben, Silv Widmer, für die Diskussionen, das Schreiben und nicht zuletzt die Musik.

Jennifer Fritz

Jennifer Fritz ist Storytellerin und Konzepterin. Mit über zehn Jahren Erfahrung in den Bereichen Konzeption, Texten und Storytelling mit Fokus auf Geschichten, die Wissen vermitteln, arbeitet sie für Unternehmen, Start-ups und Einzelpersonen. Sie hat British and American Studies im Bachelor und Geschichte im Master an der Universität Konstanz studiert. Durch ihr Volontariat beim Südwestrundfunk hat sie die Liebe zum Digitalen und Schreiben entdeckt. Seit einigen Jahren arbeitet sie als Learning Experience Designerin und Autorin selbstständig. Sie glaubt daran, dass Lernen das Potenzial hat, Spaß zu machen und gleichzeitig Dinge verändern zu können.

Danksagung

Mein Dank gilt zuallererst den vielen wunderbaren jetzigen und ehemaligen Content Queens, die mein Buchkapitel und mein Leben seit 2019 mit ihrer Expertise, ihrer Motivation und ihren Beispielen bereichert haben. An erster Stelle danke ich natürlich Christine van Tübbergen und Miriam Löffler, die dieses Buch erst möglich gemacht haben. Für die fachliche Unterstützung danke ich den Queens Anna Turner, Irene Michel, Daniela Rorig, Eva List, Jana Diebold und Irina Plochinger. Ohne euch wäre das Kapitel nur halb so gut geworden, und ich bin überaus glücklich, euch kennengelernt zu haben.

Auch außerhalb der Content Queens gab es Menschen, die dieses Projekt mit Fachwissen und Rat bereichert haben. Mit Tobias Ilg und Christina-Maria Schollerer teile ich die Leidenschaft dafür, immer am Puls der Zeit und immer mit Menschen im Fokus zu arbeiten, danke euch! Maren Steinlen haucht jedem Projekt mit ihren großartigen Designs Leben ein.

Zu guter Letzt ein riesiges Danke an Stephan Urbanski für das didaktische Sparring und meinen beiden Testleserinnen Irma Klerings und Michelle Elicker.

Anna Turner

Anna Turner ist begeisterte Content-Strategin, Ideensammlerin und stolze Solopreneurin. Seit 2015 versorgt die ehemalige Lehrerin Selbstständige, Non-Profits und KMU mit kreativem Content und achtsamen Marketingstrategien. Nach drei Jahren in den USA, wo sie eine Ausbildung im digitalen Marketing an der Cornell University absolvierte, lebt Anna heute mit ihrem Mann und Hund in Wien und teilt ihre Expertise in Büchern, Podcasts, Kursen und Workshops. Weitere Infos zur Autorin und ihren aktuellen Angeboten bekommst du auf ihrer Website *www.anna-turner.com*.

Danksagung

Mein Dank gilt allen voran Irene Michl, die mir im Sommer 2020 bei Tee und Kuchen von einem internationalen Netzwerk für Freelancerinnen im Content-Bereich erzählt hat. Ein paar Wochen später wurde ich von der Gründerin Christine van Tübbergen als neuestes Mitglied der Content Queens willkommen geheißen. Ihr verdanke ich auch die großartige Möglichkeit, meine Erfahrungen im Content- und Social-Media-Marketing in diesem Buch zu verewigen. Dankbar bin ich ebenfalls Stephan Mattescheck vom Rheinwerk Verlag, der mich sofort eingeladen hat, zu weiteren Buchprojekten und Konferenzen beizutragen, sowie Erik Lipperts, Miriam Löffler, Thorsten Ising und allen Fachexpert*innen für euren hilfreichen Input.

Mein größtes Dankeschön geht aber an meinen Mann Brandon, der mir bei jedem neuen Vorhaben ohne Wenn und Aber zur Seite steht, sei es ein weiteres Studium, die Erstellung meines Onlinekurses oder eben dieses Buchprojekt. I appreciate you!

Caroline Hof

Caroline Hof ist Digitalstrategin und Content Marketerin mit Fokus auf B2B-Unternehmen aus IT und Tech. Sie hat mehr als zehn Jahre Berufserfahrung im digitalen Marketing und in der Kommunikation – als Technologieredakteurin, PR- und Digital-Marketing-Beraterin. Mit ihrem Unternehmen berät sie seit 2019 Start-ups und KMU, wie sie mit der passenden Content-Strategie im Web, auf LinkedIn oder weiteren Social Media für ihre Zielgruppen nachhaltig sichtbar werden und neue Kunden, Partner und Mitarbeiter gewinnen. In Bootcamps und Workshops gibt Hof ihr Wissen und ihre Erfahrungen weiter und erarbeitet gemeinsam mit ihren Kunden nachhaltige Content-Strategien. Als Beraterin und Impulsgeberin begleitet sie Teams unterschiedlicher Größe und befähigt sie, Content Marketing langfristig erfolgreich umzusetzen. Hof arbeitet überwiegend remote und lebt in München.

Danksagung

Ich danke den beiden Herausgeberinnen des Buches, Miriam Löffler und Christine van Tübbergen, für die wertvolle Begleitung während des gesamten Projekts und das konstruktive Feedback. Ich freue mich sehr, mit einem Beitrag zu meinem Lieblingsthema »Content Marketing im B2B« dabei zu sein. Und ich hoffe, dass mein Kapitel mehr kleine und mittlere B2B-Unternehmen und -Start-ups dazu inspiriert, mit strategischem Content Marketing zu starten, und ihnen dabei hilft, es erfolgreich umzusetzen.

Mein Dank gilt außerdem dem Team des Rheinwerk Verlags, das uns Autorinnen und Autoren immer mit Rat und Tat zur Seite stand. Besonders bedanke ich mich auch bei der LinkedIn-Expertin Britta Behrens, die mit ihrem Fachwissen und Praxistipps am LinkedIn-Teil meines Kapitels mitgewirkt hat. Danke auch an die Co-Autoren. Für mich war es eine tolle Erfahrung, gemeinsam mit anderen Content-Experten an diesem Buch zu arbeiten. Ich habe wertvolle Kontakte geknüpft und neue Perspektiven auf das Thema »Content« gewonnen.

Am Ende möchte ich mich noch bei meiner Familie bedanken, die mich während des Schreibprozesses unterstützt hat und immer ein offenes Ohr für mich hatte.

Christine van Tübbergen

Christine van Tübbergen ist Gründerin und Geschäftsführerin des weltweit agierenden Freelancerinnen-Netzwerkes »Content Queens Sisterhood«. Als Unternehmensberaterin im Bereich Content-Strategie mit Schwerpunkt E-Commerce profitiert sie von rund 15 Jahren Erfahrung bei namhaften internationalen Brands.

Christine ist, nicht zuletzt durch die Content Queens, hervorragend vernetzt und kann ihren Kunden neben der Strategie diverse Content-Dienstleistungen für Text, Bild oder Social Media anbieten.

Als geschäftsführende Gesellschafterin im Immobiliensektor bringt sie zudem umfassendes unternehmerisches Know-how mit, was ihr Profil als Beraterin weitergehend schärft. Die beiden Welten von Content und Immobilien vereint Christine als passionierte Speakerin und Moderatorin. Bekannt ist sie zudem für ihren starken Einsatz im Bereich Female Empowerment.

www.linkedin.com/in/christine-van-tübbergen-853915178

www.content-queens.com

www.cvtext.de

Danksagung

Mein erstes Buch – wow! Das verdient ein großes Danke an viele Menschen, die das ermöglicht haben. Zuerst möchte ich mich bei meiner Co-Autorin Miriam Löffler bedanken. Durch sie kam der Kontakt zum Rheinwerk Verlag zustande, und auch wenn in den zweieinhalb Jahren der Entstehung nicht immer alles glattlief, hat das Buch Miriam und mich sehr zusammengeschweißt. Der Rheinwerk Verlag verdient ebenfalls ein großes Dankeschön: für das Vertrauen in mich, für all das wertschätzende Feedback, den Mut, den das gesamte Team mir in der Zeit der Buchentstehung mit auf den Weg gegeben hat. Ich sehe es als großes Privileg, mein erstes Buch in einem solch renommierten Haus veröffentlichen zu dürfen.

Für die Inhalte des Buches gibt es eine ganze Reihe an Menschen, die mich begleitet haben. Fortwährend waren es die Frauen der Content Queens, meine Sisterhood, die mit einem unglaublichen Engagement und großzügiger Wissensweitergabe an nahezu jedem Kapitel mitgewirkt haben. »Content 360 Grad« gäbe es ohne die Freelancerinnen der Content Queens nicht, so viel ist gewiss.

Im E-Commerce-Kapitel haben mich erfahrene Kolleginnen und Kollegen begleitet und ihr Wissen geteilt:

- Rebeca Seara del Moral, Team Leader Online Sales bei Liebherr-Hausgeräte
- Alexander Graf, Co-Founder und Co-CEO bei Spryker Systems GmbH
- Lutz Spannuth, Inhaber von SPANNUTH DIRECT!
- Olaf Grueger, Owner von Go eCommerce
- Saim Rolf Alkan, CEO bei AX Semantics

Mit ihren Impulsen, dem wertvollen Branchen-Know-how und ungeschönten Erfahrungen aus der Praxis konnte ich meine Gedanken zum Kapitel festigen und erweitern.

Das Beste zum Schluss und ein Klassiker in vielen Büchern: Ich danke vor allem meiner Familie, insbesondere meinem Mann Nils, der mir den Rücken gedeckt hat und mich mit seinen klugen Fragen immer wieder angeregt hat, noch tiefer in die Thematik einzusteigen. Ich danke meinen Kindern Moritz, Clara und Josephine, dass sie mich während des gesamten Schreibprozesses stetig daran erinnert haben, wofür wir eigentlich alle Fachbücher schreiben: Damit wertvolles Wissen nicht verloren geht und wir durch das Teilen von Erfahrungen nicht nur heute, sondern auch noch für die Zukunft einen wichtigen Beitrag zu einer besseren (Arbeits-)Gesellschaft leisten.

Ute Klingelhöfer

Ute Klingelhöfer (*www.contentwerk.eu*) ist Technische Redakteurin mit über zehn Jahren Erfahrung in den Bereichen Content-Strategie und Marketing. Als B2B-Expertin erstellt sie Texte für alle, die sich schwertun, ihr komplexes Produkt oder ihre Dienstleistung in leichte und verständliche Sprache zu packen. Am liebsten arbeitet sie für Kunden aus der Software-, Finanz- oder Consulting-Branche.

Einige Jahre war sie in der Aus- und Weiterbildung als Dozentin tätig, lehrte an verschiedenen Universitäten und Hochschulen in Karlsruhe und Konstanz die Fächer Informations- und Social Media Management. Außerdem arbeitete sie für IHKs und Handwerkskammern in der Erwachsenenbildung und brachte Existenzgründern Onlinemarketing und digitalen Vertrieb bei.

Neben ihrer Arbeit mit contentwerk hat sie noch eine zweite Leidenschaft: Gründungswilligen Frauen gibt sie ihre Erfahrungen und Erfolgsrezepte für den Start in eine tragfähige Selbstständigkeit weiter: *www.uteklingelhoefer.de*

Ute Klingelhöfer lebt und arbeitet mit ihrer Familie in Karlsruhe.

Danksagung

Anders als es das Klischee besagt, sitzt man als Autorin nicht allein im stillen Kämmerlein. Das war und ist meine wichtigste Erkenntnis, die ich bei diesem Gemeinschaftsprojekt gewonnen habe!

Allen voran möchte ich Miriam Löffler für ihr Vertrauen danken, die mich für das Buchkapitel angefragt hat und gemeinsam mit Christine van Tübbergen dieses Mammutprojekt Fachbuch auf die Beine gestellt hat. Dazu gehören auch Erik Lipperts und Patricia Zündorf vom Rheinwerk Verlag, die mit ihrer Geduld und Expertise uns als Autor*innen »gemanagt« haben. Allen meinen Mitautorinnen und -autoren danke ich für den Austausch und die Tipps im Slack-Channel. Ich bin froh, Teil dieses großartigen Autorenteams gewesen zu sein!

Es gibt eine Menge an Expertinnen und Experten, die mit ihrem Input dafür gesorgt haben, dass das Kapitel für Sie als Leserinnen und Leser besonders praxisnah und beispielhaft geworden ist. Ich danke euch für die Zeit, die ihr mir und meinem

Buchkapitel in Telefonaten, E-Mails, WhatsApp-Nachrichten oder LinkedIn-Messages gewidmet habt. Merci, dass ich euch und euer Netzwerk anzapfen durfte, euch mit meinen Fragen löchern konnte und ihr eure Zeit und Aufmerksamkeit verschenkt habt: Ulrike Berger, Sascha Stoltenow, Ina Weinbauer-Heidel, Harald Ille, Cornelia Ilg, Lars Hahn, Nadine Stritzke, Sven O. Rimmelspacher, Steffen Oechsle, Marie-Christine Schindler, Prof. Dr. Thomas Pleil, Heinz Wittenbrink, Sonja Theile-Ochel und Dr. Jürgen Hoffmann aka »Mentos«. Christian de Vries, dir ein großes Danke, dass du dich mehrmals meinem bisher Geschriebenen angenommen und sowohl inhaltlich als auch sprachlich konstruktiv Feedback gegeben hast!

Und dann ist da immer noch die eine Person im Hintergrund, die einem den Rücken freihält und einen in Durststrecken stets motiviert, in meinem Fall mein Partner. Roman, ich danke dir dafür, dass du deinen Urlaub, deine Wochenenden und deine Feierabende zur Verfügung gestellt hast, um dich um unsere kleine Familie zu kümmern, während ich am Schreibtisch saß. Ich bin froh, dass wir das gemeinsam geschafft haben! Es wird bestimmt nicht das letzte Buchprojekt gewesen sein.

Index

D

E

F

G

H

I

J

K

L

M

N

O

P

Q

R

S

X

Y

Z

Rheinwerk
Online Marketing
Konferenz

Create Content!
Mindful Social Media Marketing
BRANDING mit LinkedIn
TikTok-Marketing
E-Commerce Manager*in
Pinterest-Marketing
THAT'S ME!
TELL ME!
Social Storytelling
Follow me!
Think Content!
Insta it!
Suchmaschinen-Optimierung
Markus Vollmert
Google Analytics 4
Grundlagen, Praxis, Migration
Rheinwerk

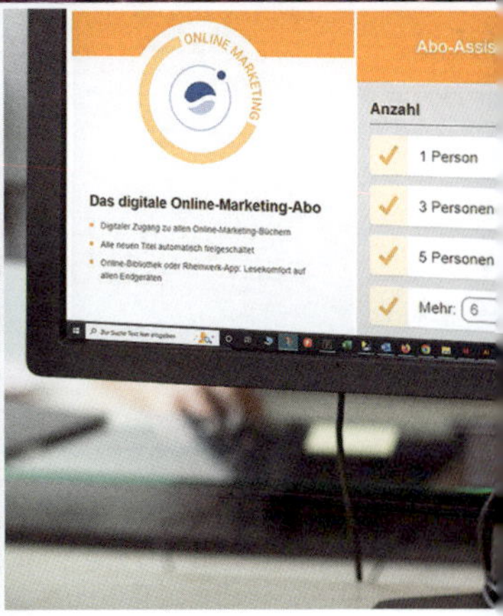
ONLINE MARKETING
Abo-Assis
Anzahl
1 Person
3 Personen
5 Personen
Mehr:
Das digitale Online-Marketing-Abo